Ernst Käppeli

Aufgabensammlung zur Fluidmechanik

Teil 2
Hydrostatik
Hydrodynamik
Gasdynamik
Strömungsmaschinen

Verlag Harri Deutsch

Die Deutsche Bibliothek • CIP - Einheitsaufnahme

Käppeli, Ernst:
Aufgabensammlung zur Fluidmechanik / Ernst Käppeli. -
Frankfurt am Main ; Thun : Deutsch.
NE: HST
Teil 2. Hydrostatik, Hydrodynamik, Gasdynamik,
Strömungsmaschinen. - 1996
ISBN 3-8171-1259-9

ISBN 3-8171-1259-9

1. Auflage 1996

Druck: Rosch - Buch, Hallstadt
Printed in Germany

Vorwort

Die vorliegende Aufgabensammlung ergänzt die im gleichen Verlag erschienenen Titel "Strömungslehre und Strömungsmaschinen", "Aufgabensammlung zur Fluidmechanik Teil 1 Potentialströmungen" und "Strömungsmaschinen an Beispielen".

Die Sammlung richtet sich an Studenten von Fachhochschulen und vergleichbaren Ausbildungsrichtungen, in der Praxis tätige Ingenieure und Techniker des Maschinenbaus und verwandten oder ähnlichen Fachrichtungen.

Nützliche Anregungen wurden aus verschiedenen Quellen und aus namhaften Werken übernommen, die im Literaturverzeichnis angegeben sind. Bei diesen Autoren bedanke ich mich und spreche ihnen meine beste Anerkennung aus.
Dem Verlag Harri Deutsch danke ich für die gute Zusammenarbeit und die Herausgabe des Titels.

CH-8630 Rüti, November 1995 Ernst Käppeli

Inhalt

1 Hydrostatik

1.1 Flüssigkeitskräfte auf ebene Flächen; Auftrieb

Flüssigkeitskräfte auf ebene Flächen (Bild 1.1)

Voraussetzung: Gedrückte Fläche A liegt symmetrisch zur y-Achse

Flüssigkeitskraft F. Auf ein beliebig geneigtes ebenes Flächenelement dA in der Tiefe z unter dem Flüssigkeitsspiegel wirkt senkrecht auf dA die Kraft

$$dF = p\,dA = \rho g z dA = \rho g y \cos\alpha\, dA \tag{1}$$

Die Gesamtkraft auf die Fläche A beträgt $F = \int_{y_o}^{y_u} p dA = \rho g \cos\alpha \int_{y_o}^{y_u} y dA$ (2)

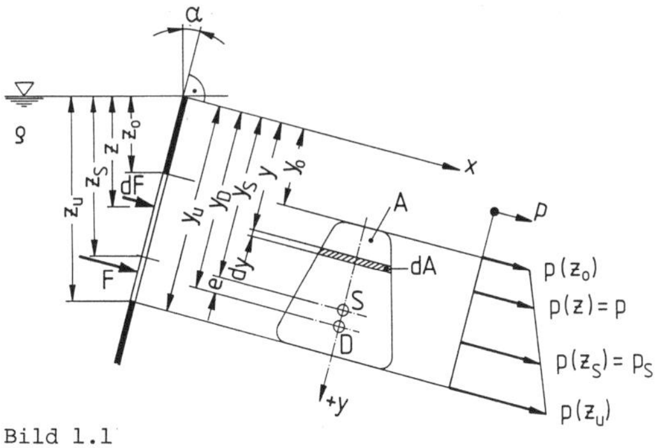

Bild 1.1

In (2) ist $\int y dA$ in den gegebenen Grenzen das statische Moment von A bezüglich der x-Achse. Mit Einführung des Schwerpunktabstandes y_s lautet der Momentensatz

$$\int_{y_o}^{y_u} y dA = y_s A \tag{3}$$

(3) in (2) ergibt schliesslich $F = \rho g y_s \cos\alpha \, A = \rho g z_s A = A \, p_s$ (4)

p_s ist der statische Druck im Flächenschwerpunkt S.

Angriffspunkt D von F

Der Momentensatz der Kräfte lautet

$$F y_D = \int_{y_o}^{y_u} y \, dF \qquad (5)$$

(1) und (4) in (5) führt auf

$$y_s \, y_D \, A = \int_{y_o}^{y_u} y^2 dA = J_x \qquad (6)$$

J_x ist das Flächenträgheitsmoment von A bezüglich der x-Achse. Hiermit folgt aus (6) der Abstand von D in Bezug auf die x-Achse

$$y_D = \frac{J_x}{y_s A} \qquad (7)$$

Setzt man nach dem bekannten Satz von Steiner in (7) $J_x = J_s + A y_s^2$, wo J_s das Trägheitsmoment bezüglich der Schwerachse durch S ist, so kommt für die

Exzentrizität

$$e = y_D - y_s = \frac{J_s}{A y_s} \qquad (8)$$

Auftrieb (Bild 1.2)

Der dargestellte Körper ist vollständig in die Flüssigkeit getaucht. Am infinitesimalen Prisma der Fläche dA und der Höhe $z_2 - z_1$ wirken folgende Flüssigkeitskräfte:

Von oben $dF_1 = \rho g z_1 dA$

Von unten $dF_2 = \rho g z_2 dA$

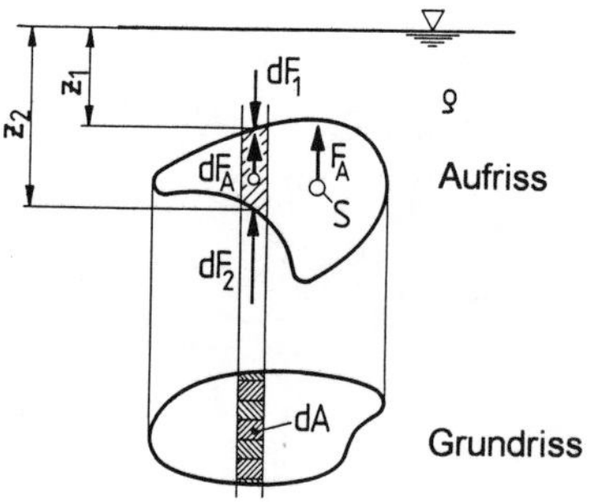

Bild 1.2

Der resultierende Auftrieb am Prisma $dA(z_2 - z_1)$ ist

$$dF_A = dF_2 - dF_1 = \rho g \, dA(z_2 - z_1) \qquad (9)$$

In (9) bedeutet $dA(z_2 - z_1) = dV$ (10)

Die gesamte Auftriebskraft gewinnt man demnach aus (9) mit (10) durch Summierung über die Oberfläche (Ob)

$$F_A = \rho g \int_{Ob} dV = \rho g V \qquad (11)$$

F_A ist gleich der Gewichtskraft der verdrängten Flüssigkeit und greift im Schwerpunkt S des verdrängten Flüssigkeitsvolumens V an. Ist der Körper nur teilweise in der Flüssigkeit, aber von unten her vollständig benetzt, so führen dieselben Ueberlegungen zu der angreifenden Auftriebskraft F_A nach (11). V ist dabei wiederum das verdrängte Flüssigkeitsvolumen.

Aufgabe 1 (Bild 1.3)

Man berechne die Grösse und Lage der Kraft F auf eine rechteckige Seitenwand, wenn folgende Werte gegeben sind: Wandhöhe H = 3 m, Wandbreite b = 6 m, Flüssigkeitsdichte $\rho = 10^3 kg/m^3$, Neigungswinkel $\alpha = 25^o$.

Lösung:

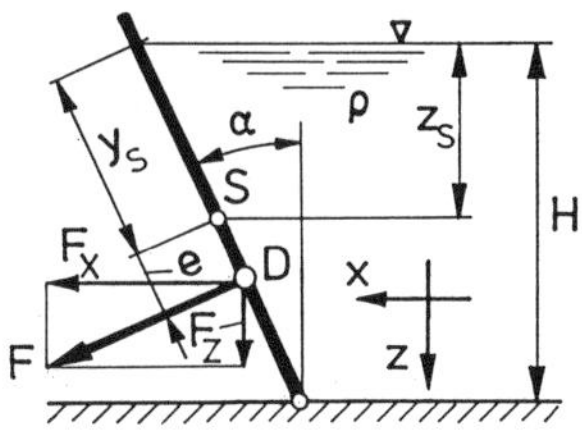

Bild 1.3 A(Aufgabe) 1

Die resultierende Druckkraft beträgt

$$F = \int_{y_o}^{y_u} \rho g z dA = \rho g A z_s \qquad (1)$$

$$e = J_s/Ay_s \qquad (2)$$

beschreibt die Lage des Druckmittelpunktes D bezüglich des Flächenschwerpunktes S. Der Angriffspunkt der Resultierenden F ist durch den Schwerpunkt D des Flüssigkeitsdruckdreiecks festgelegt. J_s ist das axiale Flächenmoment 2. Ordnung der Fläche A, y_s die Koordinate des Flächenschwerpunktes S. Für die vorliegende Rechteckfläche der Breite b und der Länge H/cos α hat (2) für die Rechteckfläche A = Hb/cos α den Wert

$$e = \frac{H}{6 \cdot \cos \alpha} \qquad (3)$$

(D liegt in $z = \frac{2}{3} H$ unter dem Flüssigkeitsspiegel entsprechend dem Flüssigkeitsdruckdreieck).
Damit folgt mit $z_s = H/2$ aus (1)

$$F = \frac{\rho g b H^2}{2 \cos \alpha} = \frac{10^3 \cdot 9{,}81 \cdot 6 \cdot 3^2}{2 \cos 25^o} = \underline{\underline{292{,}25 \text{ kN}}}$$ und greift nach (3)

im Abstand $$e = \frac{3}{6 \cos 25^o} = \underline{\underline{0{,}906 \text{ m}}}$$ vom Flächenschwerpunkt

der rechteckigen Seitenwand an.

Kontrolle: (Siehe auch Flüssigkeitskräfte auf gekrümmte Flächen)

F setzt sich aus den Komponenten F_x und F_z zusammen.

$$F_x = A \cos\alpha \, p_s = H \, b \, \rho g \frac{H}{2} = \frac{\rho g \, b \, H^2}{2} \tag{4}$$

(aus dreieckförmiger statischer Druckverteilung)

$$F_z = \frac{H^2 \tan\alpha \; b \rho g}{2} \tag{5}$$

(Auflast der Flüssigkeit "luftseitig" der Senkrechten von F aus)

(4) und (5) in $F = \sqrt{F_x^2 + F_z^2}$ eingesetzt ergibt $F = \frac{\rho g \, b \, H^2}{2 \cos\alpha}$ wie oben berechnet.

Aufgabe 2 (Bild 1.4)

Ein Behälter für Wasser ist durch einen Deckel mit dem Durchmesser d verschlossen. Wie gross ist die auf den Deckel wirkende Kraft F und in welcher Tiefe z_D unterhalb des Wasserspiegels greift sie an ? Gegeben: d = 800 mm, a = 200 mm, H = 3 m, $\alpha = 30^\circ$, $\rho = 10^3$ kg/m^3.

Lösung: Resultierende Kraft $F = \rho g \; z_s A$

$z_s = H + a \sin\alpha = 3 + 0{,}2 \sin 30^\circ = 3{,}10$ m

$F = 10^3 \cdot 9{,}81 \cdot 3{,}10 \frac{\pi}{4} /0{,}8^2 = \underline{15{,}286 \text{ kN}}$

Angriffspunkt D, Abstand e vom Flächenschwerpunkt:

$$e = \frac{J_s}{A \, y_s} = \frac{(\pi/64) d^4}{(\pi/4) d^2 z_s / \cos\alpha} = \frac{4}{64} d^2 \frac{\cos\alpha}{z_s}$$

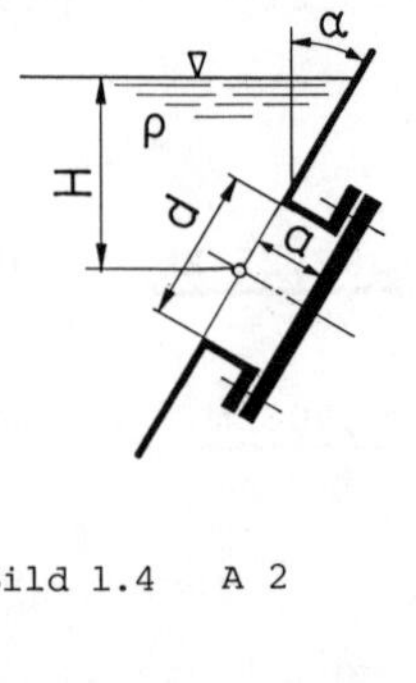

Bild 1.4 A 2

Somit $e = (\frac{d^2}{4})\frac{\cos\alpha}{z_s} = (\frac{0,8}{4})^2 \frac{\cos 30^\circ}{3,10} = 0,0111$ m

Dann wird $z_D = z_s + e\cos\alpha = 3,10 + 0,0111 \cos 30^\circ = \underline{3,11 \text{ m}}$

Aufgabe 3 (Bild 1.5)

Man bestimme das Drehmoment M, welches durch den Wasserdruck auf die kreisförmige Drosselklappe K ausgeübt wird.
Gegeben: H, D, α, ρ .

Lösung:

Gesamtkraft $F = \rho g H \frac{\pi}{4} D^2$ (1)

Drehmoment $M = F \cdot e$ (2)

Daraus die Exzentrizität $e = \frac{J_s}{Ay_s} = \frac{(\pi/64)D^4}{(\pi/4)D^2 \frac{H}{\cos\alpha}} = (\frac{D^2}{4})\frac{\cos\alpha}{H}$ (3)

(3) und (1) in (2) eingesetzt ergibt

$$M = \frac{\pi}{64} D^4 \rho g \cos\alpha = \underline{J_s \rho g \cos\alpha}$$

Aufgabe 4 (Bild 1.6)

Man bestimme für ein B = 1 m breites Stück der Gewichtsstaumauer die Gewichtskraft G, die Schwerpunktabszisse e, die Wasserlast F und ihr Angriffspunkt im Abstand y_F , den Auftrieb U und die vertikale Reaktionskraft (Bodenkraft) $Q = G-U$ sowie die Abstände x_U und x_Q. Gegeben: Für Beton $\rho_B = 2400$ kg/m^3, $\rho = 10^3$ kg/m^3,

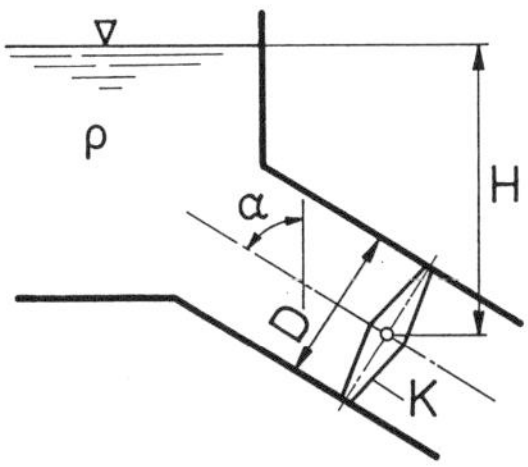

Bild 1.5 A 3

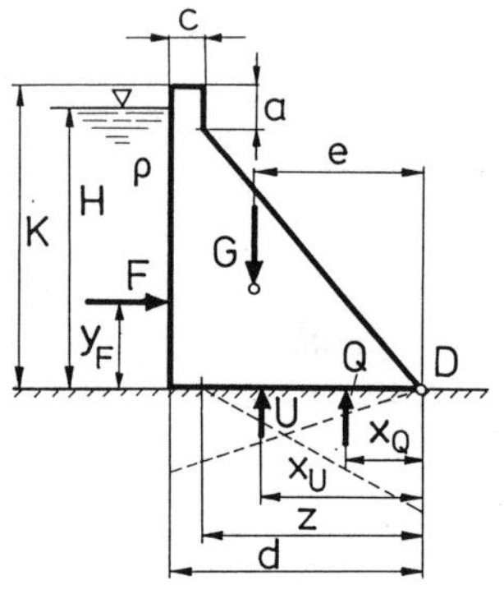

Bild 1.6 A 4

Stauhöhe H = 29 m, Momentenpunkt im Randpunkt rechts der Mauer, Mauerkronenhöhe K = 30 m, Basislänge der Mauer d = 21,5 m, aufgesetzte Mauerkrone mit a = 6 m und c = 4 m. Sickerwasserdruck $p_{max} = \rho g H$ am Mauerfuss, linear abfallend auf Null am Ende der Basislänge d im Momentenpunkt D. Der Angriffspunkt der Bodenkraft Q wird in der Tiefe $x_Q = z/3$ angenommen, wo z die Länge der dreieckförmigen Bodendruck-Spannungsverteilung ist.

Lösung:

Gewichtskraft G:

Mauerquerschnitt $$A = \frac{d\,K}{2} + \frac{c\,a}{2} \quad (1)$$

Aus der Aehnlichkeit der Dreiecke folgt $$a = \frac{c\,M}{d} \quad (2)$$

Damit $$A = \frac{K}{2}\,\frac{c^2 + d^2}{d} \quad (3)$$

Für die Breite B = 1 m hat das Volumen V den Zahlenwert von (3). Daraus

$$G = V\,\rho_B g = \left(\frac{30}{2}\,\frac{4^2 + 21{,}5^2}{21{,}5}\right) 2400 \cdot 9{,}81 =$$

$$= \underline{\underline{7{,}8557 \cdot 10^6 N}}$$

Schwerpunktabszisse e:

Aus dem Momentensatz für den aus zwei Dreiecken zusammengesetzten Mauerquerschnitt ergibt sich

$$e = \frac{2(d^3 - c^3) + 3c^2 d}{3(d^2 + c^2)} = \underline{\underline{14{,}48\ m}}$$

Wasserlast F: $$F = \frac{B\,H^2}{2}\rho g = \underline{\underline{4{,}1251 \cdot 10^6 N}}$$

F greift in der Höhe $y_F = H/3 = \underline{\underline{9{,}66\ m}}$ an.

Sickerwasserauftrieb U:

Man nimmt eine dreieckförmige Druckverteilung über d an, die in

D auf Null abfällt (gestrichelt eingetragen).

$$U = \frac{B\ H\ d}{2}\ \rho g = \underline{3{,}0582 \cdot 10^6 N}$$

Abstand $x_u = (2/3)d = \underline{14{,}33\ m}$ (aus dreieckförmiger Druckverteilung)

Resultierende Vertikalkraft Q:

$$Q = G - U = (7{,}8557 - 3{,}0582)10^6 = \underline{4{,}7975 \cdot 10^6 N}$$

Q wird als Resultierende einer dreieckförmigen Bodendruckverteilung angenommen, die in der Tiefe z auf Null abfällt(gestrichelt dargestellt).

Momentengleichung $\sum M = 0$ bezüglich D

$$F \frac{H}{3} + U \frac{2}{3} d + Q \frac{z}{3} - G\ e = 0$$

und daraus die wirksame Basislänge z des dreieckig verteilten Bodendruckes:

$$z = \frac{3\ G\ e - 2\ U\ d - F\ H}{G - U} = 18{,}80\ m < d$$

Schliesslich findet man $x_Q = z/3 = \underline{6{,}26\ m}$

Aufgabe 5 (Bild 1.7)

Ein Kreisrohr vom Durchmesser D mit skizziertem Flüssigkeitsstand ist durch eine Drosselklappe verschlossen. Wie gross ist das resultierende Drehmoment M auf die Drosselklappe ? Gegeben: D = 2,0 m, $\rho = 10^3 kg/m^3$.

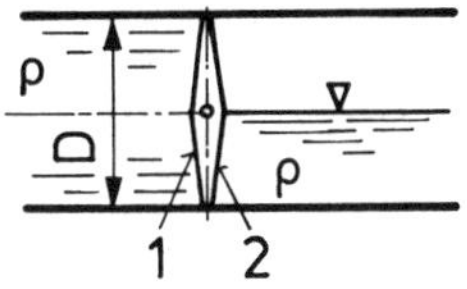

Bild 1.7 A 5

Lösung:

Kreis 1: $J_s = \frac{\pi D^4}{64}$ Schwerpunkt in $D/2 = y_s$

$A_1 = \frac{\pi D^2}{4}$ Exzentrizität $e_1 = \frac{J_s}{A_1 y_s} = D/8$

(Abstand e_1 unterhalb des Kreismittelpunktes)

Druckkraft $F_1 = A_1 p_{s_1} = \frac{\pi D^2}{4} \rho g \frac{D}{2} = \frac{\rho g\ D^3}{8}$

Drehmoment $M_1 = F_1 e_1 = \frac{\rho g \pi D^4}{64}$ (1)

Halbkreis 2:

Schwerpunktsabstand von Spiegelfläche aus (x-Achse)

$$z_s = \frac{2}{3}\frac{D}{\pi}$$

Satz von Steiner $J_s = J_x - A z_s^2 = \frac{\pi D^4}{128} - \frac{\pi D^2}{8}\frac{2}{3}\frac{D}{\pi} = D^4\left(\frac{\pi}{128} - \frac{1}{18\pi}\right)$

Exzentrizität $e_2 = \frac{J_s}{A z_s} = 12\, D\left(\frac{\pi}{128} - \frac{1}{18\pi}\right)$

Druckkraft $F_2 = p_{s_2} A_2 = \rho g z_s \frac{\pi D^2}{8} = \rho g \frac{D^3}{12}$

Angriffspunkt von F_2 bezüglich Drehachse:

$$y_D = e_2 + z_s = \frac{3}{32}\pi D$$

Drehmoment $M_2 = F_2 y_D = \frac{\pi \rho g D^4}{128}$ (2)

Resultierendes Drehmoment aus (1) und (2):

$$M = M_1 - M_2 = \frac{\pi \rho g D^4}{128} \quad (3)$$

Damit aus (3)

$$M = \frac{\pi \cdot 10^3 \cdot 9{,}81 \cdot 2^4}{128} = \underline{\underline{3852\ \text{Nm}}}$$

Aufgabe 6 (Bild 1.8)

Eine Bohrung vom Durchmesser $d = 2r$ ist durch einen Ventilkegel vom Radius R und der Höhe $H = R$, dessen Masse m beträgt, verschlossen. Die Flüssigkeit der Dichte ρ steht in der Höhe T über der Bohrung. Wie gross ist die notwendige Kraft F, um den Ventilkegel von seinem Sitz abzuheben ? Gegeben: $R = H = 60$ mm, $d = 2r = 80$ mm, $T = 0{,}2$ m, $m = 0{,}3$ kg, $\rho = 10^3 \text{kg/m}^3$.

Lösung:

Das flüssigkeitsverdrängende Volumen des Ventilkegels ist ein Kegelstumpf. Am Auftrieb ist allerdings nur der über den Bohrungsdurchmesser d hinausragende ringförmige Körper mit dem Aussendurchmesser 2R beteiligt. Die in die Bohrung eintauchende Kegelspitze erhält keinen Auftrieb. Anderseits ergibt sich eine abwärts gerichtete Kraft, die der Gewichtskraft (Wasserauflast) der über dem Bohrungsdurchmesser d lastenden Flüssigkeitssäule der Höhe T-h entspricht.

Man erhält:

Wasserauflast $$Q = \pi r^2 (T - h)\,\rho g \qquad (1)$$

Ringförmiges auftrieberzeugendes Volumen (Kegelstumpf minus Bohrungsvolumen der Höhe h)

$$V = \frac{\pi}{3} h (R^2 + Rr + r^2) - \pi r^2 h \qquad (2)$$

Auftrieb $$U = V \rho g \qquad (3)$$

Zugkraft $$F = mg + Q - U \qquad (4)$$

Mit (1), (2) und (3) sowie h = R - r folgt aus (4)

$$F = mg + \rho g \pi \left(r^2 T - \frac{R^3 - r^3}{3}\right) = \underline{\underline{11{,}243\ \text{N}}}$$

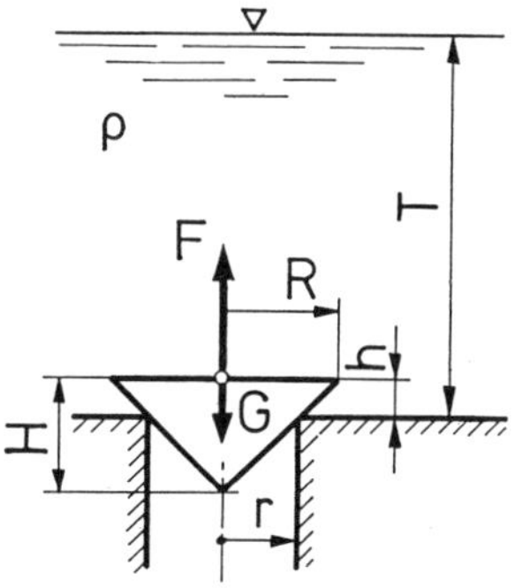

Bild 1.8 A 6

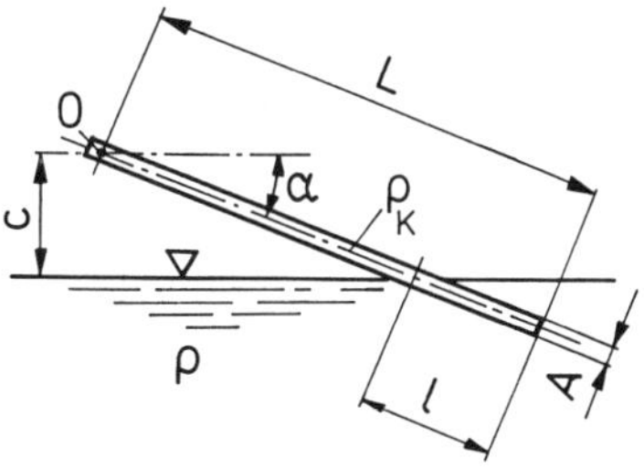

Bild 1.9 A 7

Aufgabe 7 (Bild 1.9)

Ein prismatischer Holzstab von der Länge L, dem Querschnitt A und der Dichte ρ_K ist in 0 drehbar gelagert und taucht mit dem anderen Ende in Wasser ein. Man berechne den Neigungswinkel α des Stabes, wenn der Drehpunkt um c über dem Wasserspiegel liegt. Der schräge Schnitt der Wasserlinie mit der Stabachse ist der Einfachheit halber senkrecht zur Stabachse liegend zu nehmen.
Gegeben: $L = 1$ m, $A = 10$ cm^2, $c = 0{,}2$ m, $\rho_K = 0{,}7$ kg/dm^3, $\rho = 10^3$kg/m^3.

Lösung:

Gewicht des Stabes $\quad G = A\,L\,\rho_K g \qquad (1)$

Auftrieb $\quad U = A\ell\,\rho\,g \qquad (2)$

Gleichgewichtsbedingung $\sum M = 0$:

$$G\frac{L}{2}\cos\alpha - U\left(L - \frac{\ell}{2}\right)\cos\alpha = 0 \qquad (3)$$

(1) und (2) in (3) eingesetzt ergibt

$$\ell^2 - 2\,\ell\,L + \frac{\rho_K g}{\rho}L^2 = 0 \qquad (4)$$

und daraus

$$\ell = L\left(1 - \sqrt{1 - \frac{\rho_K g}{\rho}}\right) \qquad (5)$$

Neigungswinkel α aus

$$\sin\alpha = \frac{c}{L - \ell} = \frac{c}{L\sqrt{1 - \rho_K/\rho}} \qquad (6)$$

ergibt mit (6) und den weiteren gegebenen Werten $\underline{\underline{\alpha = 21{,}41^\circ}}$

1.2 Flüssigkeitskräfte auf gekrümmten Flächen

Voraussetzung: Die gekrümmten Flächen sind Zylinderflächen.

An gekrümmten Flächen ist die Neigung α der Flächenelemente dA veränderlich (Bild 1.10). Daher muss man zur Berechnung der wirksamen Kraft von der entsprechenden Horizontal- und Vertikalkomponente ausgehen.

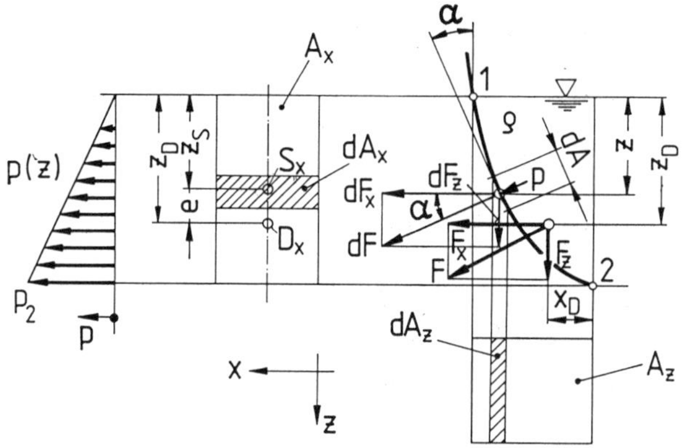

Bild 1.10

<u>Horizontalkraft</u> F_x : $dF_x = dF \cos\alpha = \rho g z \, dA \cos\alpha = \rho g z \, dA_x$ (1)

Ueber die ganze Fläche A_x erhält man daraus

$$F_x = \int_1^2 dF_x = \rho g \int_1^2 z \, dA_x \qquad (2)$$

worin das zweite Integral das statische Moment der Projektionsfläche A_x bezüglich der x-Achse (Spiegellinie) bedeutet. Demnach gilt für den Momentensatz

$$\int_1^2 z \, dA_x = z_s A_x$$

und in Verbindung mit (2) wird $\underline{\underline{F_x = \rho g z_s A_x = p_s A_x}}$ (3)

worin $p_s = p(z_s)$ der Druck in S_x ist. F_x ist unabhängig von der Krümmung der gedrückten Fläche und entspricht dem statischen

Flüssigkeitsdreieck p(z).

Angriffspunkt D_x der Kraft F_x : Der Momentensatz lautet mit (1)

$$z_D \, F_x = \int_1^2 dF_x \, z = \rho g \int_1^2 z^2 \, dA_x \tag{4}$$

$\int_1^2 z^2 dA_x$ ist das Flächenträgheitsmoment J_x der Fläche A_x bezüglich der Spiegellinie (x-Achse).

Damit gewinnt man aus (4) mit (3)

$$z_D = \rho g \; J_x / F_x = \underline{J_x / z_s A_x} \tag{5}$$

und durch Beizug des Satzes von Steiner den Abstand zwischen S_x und D_x

$$e = z_D - z_s = \underline{J_s / A_x z_s} \tag{6}$$

Vertikalkraft F_z : $dF_z = dF \sin\alpha = \rho g z \; dA \sin\alpha = \rho g z \; dA_z$ (7)

An der gesamten Fläche A_z wirkt

$$F_z = \int_1^2 dF_z = \rho g \int_1^2 z \; dA_z = \rho g \int_1^2 dV \tag{8}$$

(8) über der gedrückten Projektionsfläche A_z integriert führt auf

$$\underline{F_z = \rho g \; V} \tag{9}$$

F_z entspricht der Gewichtskraft der über der gedrückten Fläche 1 - 2 lagernden Flüssigkeit und geht durch den Schwerpunkt dieses Flüssigkeitsvolumens.

Gesamtkraft F : Aus (3) und (9) folgt $\underline{F = \sqrt{F_x^2 + F_z^2}}$ (10)

Wichtiger Sonderfall: Ist die gekrümmte Fläche Teil eines Kreiszylinders, dann geht die Wirkungslinie von F durch die Zylinderachse. Grund: Alle Teilkräfte dF stehen radial, damit auch die Resultierende F.

Flüssigkeit drückt von unten: Wir denken uns in Bild 1.10 die Flüssigkeit links der gekrümmten Wand 1 - 2. Die Berechnung der Horizontal-und Vertikalkraft verläuft genau so wie oben dargelegt. Einzig das Vorzeichen wechselt, wenn die angegebene Achsrichtung beibehalten wird.

Horizontal wirkt jetzt von links nach rechts die betragsmässig durch (3) gegebene Kraft F_x.

Vertikal greift von unten nach oben wirkend die Auftrieskraft F_z an, gegeben durch (9). In (9) ist nun V das Volumen über der gekrümmten Fläche 1 - 2 (das ist der nicht mit Flüssigkeit gefüllte Raum) bis zur Spiegellinie.

Zusammenfassung

Wendet man die Beziehung für die Horizontalkraft $F_x = \rho g \int_1^2 z \, dA_x$

und für die Vertikalkraft $F_z = \rho g \int_1^2 z \, dA_z$

auf ebene oder beliebige zylindrische Wände an, dann lässt sich die Bestimmung der Gesamtkraft F so zusammenfassen (Bild 1.11):

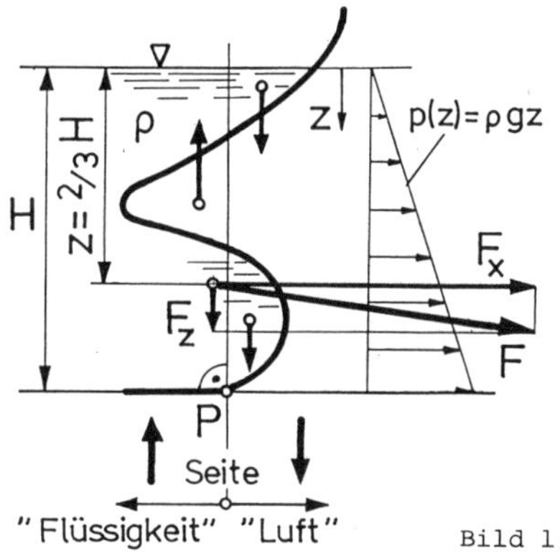

Bild 1.11

- ★ Senkrechte errichten im Fusspunkt P
- ★ Flächenteile auf "Flüssigkeitsseite" von der Senkrechten aus ergeben Auftrieb
- ★ Flächenteile auf "Luftseite" von der Senkrechten aus ergeben Auflast
- ★ Die Horizontalkraft ist stets durch die dreieckförmige statische Druckverteilung p(z) gegeben
- ★ Der Angriffspunkt (Druckmittelpunkt) der Resultierenden ist durch den Schwerpunkt des Flüssigkeitsdruckdreiecks bestimmt

Die für die Berechnung massgebenden Flächenteile sind oft Teile einer Kreisfläche oder von einem Kreis begrenzt. Flächen- und Schwerpunktsformeln solcher geometrischer Figuren entnimmt man der einschlägigen Literatur.

Aufgabe 1 (Bild 1.12)

Man bestimme die Grösse und Richtung der auf die Zylinderwand einwirkenden Flüssigkeitslast F.

Gegeben: R = H = 1,2 m, Breite B = 4 m,
$\rho = 10^3 kg/m^3$.

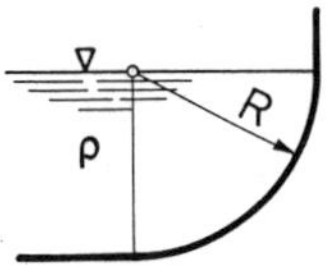

Bild 1.12 A 1

Lösung:

Horizontalkomponente aus dreieckförmiger Druckbelastung

$$F_x = \frac{\rho g\ H\ H\ B}{2} = \frac{B\ H^2\ \rho g}{2} = \frac{4 \cdot 1{,}2^2 \cdot 10^3 \cdot 9{,}81}{2} = \underline{28{,}253\ kN}$$

F_x greift in z = 2/3 H = 2/3·1,2 = 0,90 m unter dem Flüssigkeitsspiegel an.

Vertikalkomponente

Viertelkreisfläche liegt "luftseitig" der Senkrechten von B aus. Somit erzeugt die Flüssigkeit eine Auflast entsprechend der Flüssigkeitsmasse im Viertelzylinder. Man erhält

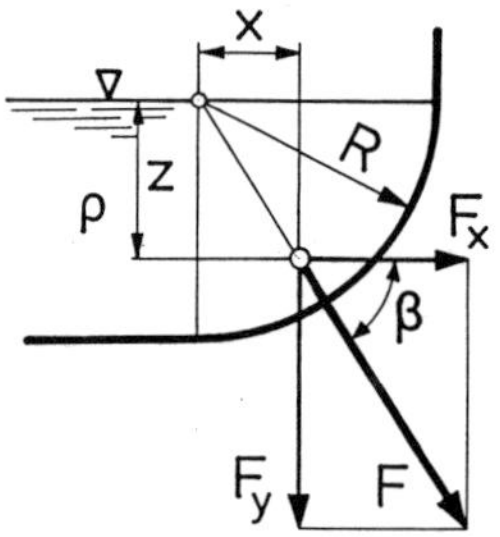

Bild 1.13 A 1

$$F_z = \frac{\pi\ R^2}{4}\ B\ \rho g =$$

$$= \frac{\pi \cdot 1{,}2^2}{4}\ 4 \cdot 10^3 \cdot 9{,}81 = \underline{44{,}379\ kN}$$

Die berechneten Kräfte sind in Bild 1.13 skizziert. F_z liegt in einer Achse durch den Schwerpunkt des Viertelkreises. Der Abstand von der Senkrechten beträgt x = 4R/3π = 0,509 m.

Resultierende:

$$F = \sqrt{F_x^2 + F_z^2} = \sqrt{28{,}253^2 + 44{,}379^2} = \underline{52{,}609\ kN}$$

Richtung:

$$\tan \beta = F_z/F_x = 44{,}379/28{,}253 = 1{,}57 \Rightarrow \underline{\beta = 57{,}52^\circ}$$

Beachte: Ist die gekrümmte Fläche wie im vorliegenden Beispiel ein Teil eines Kreiszylinders, dann geht die resultierende Kraft F stets durch die Zylinderachse.

Aufgabe 2 (Bild 1.14)

Man bestimme die an einem 1 m breiten Stück des Gesimses mit dem Radius R angreifenden hydrostatischen Kräfte sowie die Lage von F_x und F_z und die Richtung der Resultierenden F.

Gegeben: R = 0,24 m, H = 1 m, B = 1 m, $\rho = 10^3 kg/m^3$.

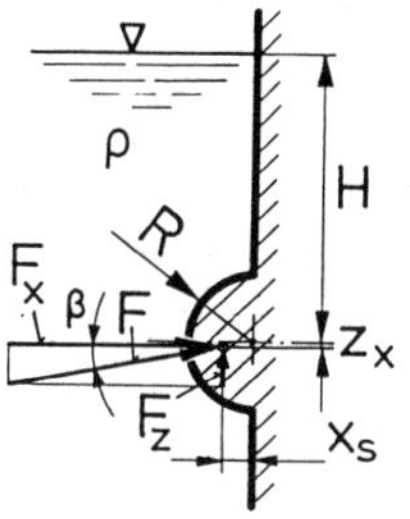

Bild 1.14 A 2

Lösung:

Der Halbzylinder befindet sich "wasserseitig" und erfährt in z-Richtung den Auftrieb F_z = 887,80 N. F_z geht durch den Schwerpunkt der Halbkreisfläche im Abstand x_s = 0,102 m von der Wand. Die Horizontalkomponente F_x ergibt sich aus der trapezförmigen Druckfläche mit den Grenzwerten $p_o = \rho g(H - R)$ oben und $p_u = \rho g(H + R)$ unten am Gesims. Mit dem daraus gebildeten Mittelwert kommt $F_x = 2RBH\rho g$ = 4,709 kN. F_x geht durch den Schwerpunkt der trapezförmigen Belastungsfläche und liegt z_x = 0,0192 m unterhalb des Kreismittelpunktes. Schliesslich die Resultierende F = 4,791 kN in Richtung $\beta = 10,67^\circ$ von links nach rechts oben gegen den Mittelpunkt des Halbkreises.

Aufgabe 3 (Bild 1.15)

Von der kreiszylindrischen Staufläche sind gegeben:

R = 2,4 m, Breite B = 10 m, H = 2,20 m, $\rho = 10^3 kg/m^3$.

Man bestimme die Kräfte F_x, F_z und F sowie deren Lage und Richtung.

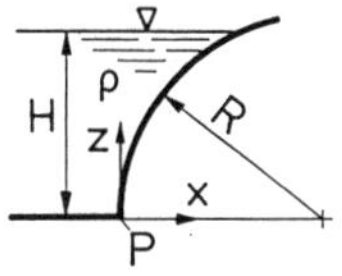

Bild 1.15 A 3

Lösung:

Die massgebende Fläche ist ein Segmentzwickel mit der Fläche A = 0,8851 m^2. Vertikallast F_z = 86,828kN, wirkend im Abstand x = 0,395 m vom Fusspunkt P. Horizontallast F_x = 237,40 kN in der Höhe z = H/3 = 0,733 m über dem Boden angreifend. Resultierende F = 252,78 kN geht durch den Kreismittelpunkt unter dem Winkel $\beta = 20,09^\circ$ in Bezug auf die x-Achse.

Aufgabe 4 (Bild 1.16)

Wie gross ist die resultierende Kraft F, die auf die Breite B der skizzierten Stauwand von der Flüssigkeit ausgeübt wird ? In welchem Punkt und unter welchem Winkel gegen die Horizontale greift die Kraft F an ?
Gegeben: H = 4,2 m, R = 2,1 m, B = 1 m, $\rho = 10^3 kg/m^3$.

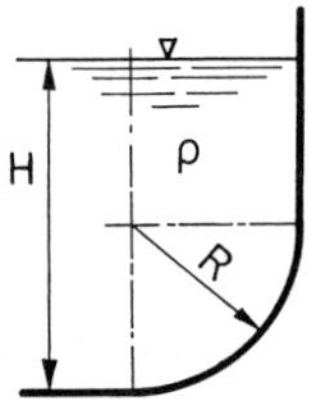

Bild 1.16 A 4

Lösung:

Die Vertikalkomponente F_z (Auflast) geht durch den gemeinsamen Schwerpunkt der aus einem Rechteck und dem Viertelkreis zusammengestzten Fläche und beträgt F_z = <u>77,244 kN</u>. Die Horizontalkomponente beträgt F_x = <u>86,524 kN</u> im Abstand H/3 = 1,4 m vom Boden wirkend. Aus F_z und F_x kommt die Resultierende <u>F = 115,987 kN</u>, nach unten gerichtet mit dem Neigungswinkel <u>$\beta = 41,75^\circ$</u> gegen die Horizontale. Sie greift im Schnittpunkt der Flächenschwerlinie mit der Horizontalkomponente an.

Aufgabe 5 (Bild 1.17)

Für das Klappenwehr sind die Wasserlast F und das Wasserlastmoment M = F a zu ermitteln. a ist der senkrechte Abstand vom Drehpunkt zur Wirkungslinie von F. B die Breite des Wehres.
Gegeben: R = 3,95 m, H = 3,05 m, B = 21 m, $\rho = 10^3 kg/m^3$.

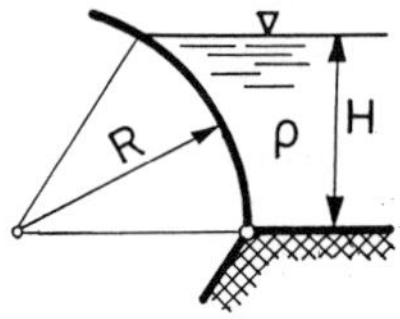

Bild 1.17 A 5

Lösung: F ≈ <u>1000,62 kN</u>, a = <u>1,14 m</u>, M ≈ <u>1140,71 kNm</u>

Aufgabe 6 (Bild 1.18)

Welche Kraft F ist am Kugelventil erforderlich, um die Kugel mit der Masse m von ihrem Sitz abzuheben ? Gegeben: m = 0,4 kg, D = 100 mm, d = 60 mm, T = 200 mm, $\rho = 10^3$ kg/m^3.

Lösung: <u>F = 4,478 N</u>

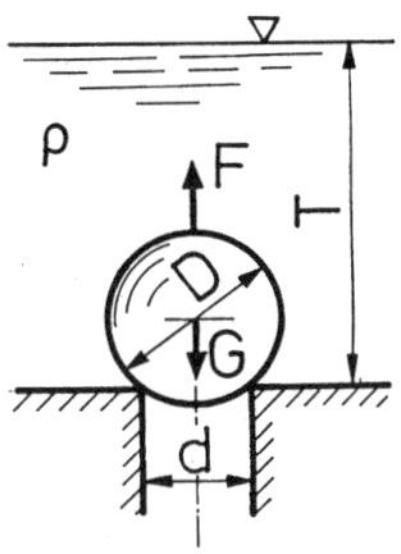

Bild 1.18 A 6

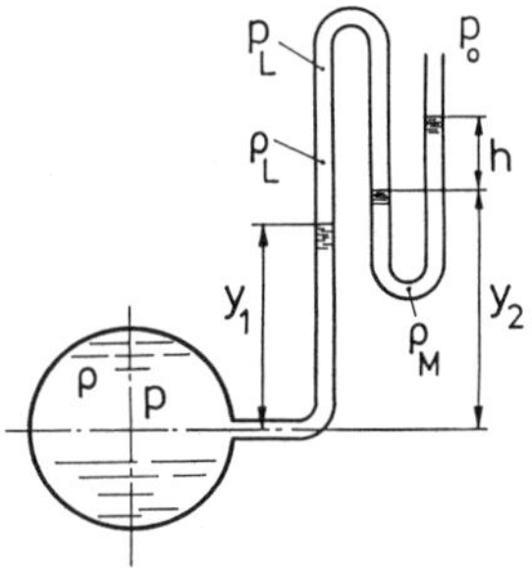

Bild 1.19 A 1/2

1.3 Flüssigkeitsmanometer

Aufgabe 1 (Bild 1.19)

Man berechne den Ueberdruck p in dem mit Wasser gefüllten Kessel, wenn in der Verbindungsleitung Luft eingeschlossen ist. Unter welchem Druck steht die Luft ? Gegeben: $y_1 = 0{,}6$ m, $y_2 = 0{,}8$ m, $h = 0{,}32$ m, $\rho_M = 13600\ \text{kg/m}^3$, $\rho = 10^3\ \text{kg/m}^3$.

Lösung:

An der Grenzstelle Luft-Wasser gilt $\quad p - \rho g y_1 = p_L \qquad (1)$

Am U-Rohrmanometer gilt bei Vernachlässigung von ρ_L

$$p_L = \rho_M g h \qquad (2)$$

Aus (1) und (2) folgt der Kesseldruck $\quad p = \rho g y_1 + \rho_M g h \qquad (3)$

(3) ausgewertet ergibt

$$p = 10^3 \cdot 9{,}81 \cdot 0{,}6 + 13600 \cdot 9{,}81 \cdot 0{,}32 = \underline{\underline{0{,}48579\ \text{bar}}}$$

und (2) liefert

$$p_L = 13600 \cdot 9{,}81 \cdot 0{,}32 = \underline{\underline{0{,}4269\ \text{bar}}}$$

Aufgabe 2 (Bild 1.19)

In der Messanordnug der Aufgabe 1 Bild 1.19 wird die Luft restlos entfernt. Vom Kessel bis zur Quecksilberfüllung ist die Messleitung mit Wasser gefüllt. Unverändert bleibt die Ablesung h und die Höhe y_2. Welchen Wert hat jetzt der Kesseldruck p ?
Gegeben: $y_2 = 0{,}8$ m, $h = 0{,}32$ m, $\rho_M = 13600$ kg/m^3, $\rho = 10^3$kg/m^3.

Lösung: In der Schnittebene in der Höhe y_2 (zusammenhängender Wasserfaden) gilt $p - \rho g y_2 = \rho_M g h$ und daraus

$$p = g(\rho_M h + \rho y_2) = 9{,}81(13600 \cdot 0{,}32 + 10^3 \cdot 0{,}80) = \underline{0{,}5094 \text{ bar}}$$

Aufgabe 3 (Bild 1.20)

Man bestimme für das Einrohr-Differentialmanometer formelmässig die Druckdifferenz $\Delta p = p_1 - p_2$ in Funktion der Ablesung h, der Flächen A_1 und A_2 sowie der Dichten ρ und ρ_M.

Lösung: In der zusammenhängenden Flüssigkeit mit der Dichte ρ (linke Seite) und der Messflüssigkeit mit der Dichte ρ_M (rechte Seite) herrscht in derselben Höhe y der gleiche Druck. Somit

$$p_1 - \rho g y = p_2 - \rho g h_2 + \rho_M g h_2 \qquad (1)$$

Ausgehend von der Nullebene besteht Volumengleichheit hinsichtlich der verdrängten Messflüssigkeit im Topf und dem Manometerrohr, somit

$$h_1 A_1 = h A_2 \qquad (2)$$

Ferner ist
$$h = h_2 - h_1 \qquad (3)$$

Mit (2) und (3) in (1) erhält man die gesuchte Beziehung

$$\underline{\Delta p = \rho g h \left(\frac{\rho_M}{\rho} - 1\right)\left(\frac{A_2}{A_1} + 1\right)}$$

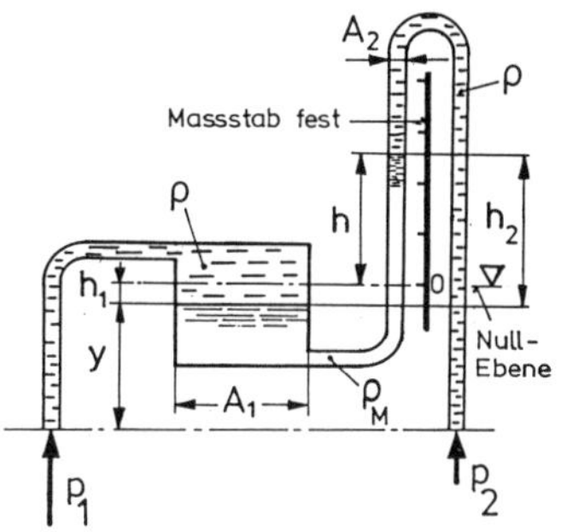

Bild 1.20 A 3

Aufgabe 4 (Bild 1.21)

Mit der gegebenen Messanordnung wird die Förderhöhe H der Kreiselpumpe durch die Beziehung

$$H = H_d + H_s + y + \frac{c_d^2 - c_s^2}{2g} \quad [m] \tag{1}$$

beschrieben. Hierin ist $H_s = \Delta h_s \cdot 0{,}0125$ mit der Anzeige Δh_s in mm Quecksilbersäule am U-Rohr-Manometer.
Man weise die Beziehung (1) nach. Gegeben: H_d, y, Δh_s, c_d, c_s, $\rho_{Hg} = \rho_M = 13550\ kg/m^3$, $\rho = 1000\ kg/m^3$.

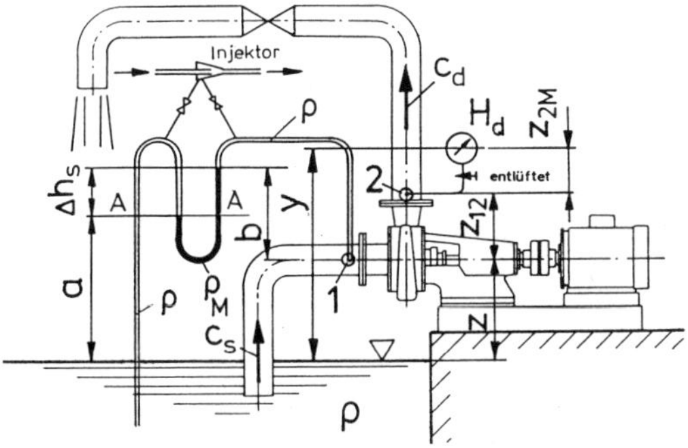

Bild 1.21 A 4

Lösung: In der Ebene A-A am U-Rohr gilt

$$p_A = p_b - \rho g a = p_1 - \rho g b + \rho_{Hg} g\, \Delta h_s \qquad (2)$$

Die Drücke in (2) sind Absolutdrücke. Setzt man Relativdrücke in (2), dann folgt für den <u>statischen Druck im Saugstutzen</u> (Punkt 1)

$$p_1 = \rho g(b - a) - \rho_{Hg} g\, \Delta h_s \qquad (3)$$

Ferner ist $b - a = \Delta h_s - z$ (4)

(4) in (2) ergibt $p_1 = g\, \Delta h_s (\rho - \rho_{Hg}) - \rho g z$ (5)

Für den <u>statischen Druck im Druckstutzen</u> (Punkt 2) erhält man

$$p_2 = \rho g H_d + \rho g z_{2M} \qquad (6)$$

Also beträgt die in Meter umgerechnete Differenz der Druckhöhen zwischen den Ebenen 1 und 2 aus (5) und (6):

$$\frac{p_2 - p_1}{\rho g} = H_d + z_{2M} + z + \frac{\Delta h_s}{\rho}(\rho_{Hg} - \rho) \qquad (7)$$

Die Förderhöhe **H** einer Pumpe setzt sich aus drei Anteilen zusammen:

Die hauptsächlich durch (7) ausgedrückte Höhe,

die Differenz der Geschwindigkeitshöhen $\frac{c_d^2 - c_s^2}{2g}$

und dem hier vorliegenden Höhenunterschied z_{12} zwischen der Aus- und Eintrittsseite der Pumpe.

Die Addition der durch (7) und (8) ausgedrückten Höhen zusammen mit z_{12} ergibt schliesslich unter Beachtung der in Bild 1.21 eingetragenen Abmessungen ($y = z + z_{2M} + z_{12}$) für die Förderhöhe die Gleichung

$$H = H_d + y + \frac{\Delta h_s}{\rho}(\rho_{Hg} - \rho) + \frac{c_d^2 - c_s^2}{2g} \qquad (1)$$

In (9) ist die Differenzhöhe Δh_s am U-Rohrmanometer in Metern einzusetzen. Setzt man Δh_s in mm, $\rho = 10^3$ kg/m^3 und $\rho_{Hg} = 13550$ kg/m^3, so nimmt der Ausdruck $\Delta h_s/\rho(\rho_{Hg} - \rho)$ die Form an:

$$\frac{\Delta h_s}{10^3 \cdot 10^3}(13550 - 1000) = \Delta h_s \cdot 0{,}01255 = H_s$$

(In Bild 1.21 ist entsprechend den Saugverhältnissen H_s positiv)

Damit kann man die durch (9) gegebene Förderhöhe in der Form

$$H = H_d + H_s + y + \frac{c_d^2 - c_s^2}{2g}$$

darstellen in Uebereinstimmung mit (1).

1.4 Druckverteilung in rotierenden Behältern mit relativ ruhender Flüssigkeit

Aufgabe 1 (Bild 1.22)

Ein zylindrisches, oben offenes Gefäss, mit Flüssigkeit der Dichte ρ rotiert mit der Winkelgeschwindigkeit ω um die vertikale Achse. Wie gross ist die Niveaudifferenz Δy zwischen den zwei Punkten 1 und 2 auf den Radien r_1 bzw. r_2 ? Gegeben: ω = 8 rad/s, r_1 = 12 cm, r_2 = 20 cm, ρ = 1000 kg/m^3.

Lösung:

An einem Flächenelement dm wirkt in senkrechter Richtung die Gewichtskraft und radial die Zentrifugalkraft. Der Flüssigkeitsspiegel des Elementes dm steht zufolge der sehr geringen innern Rei-

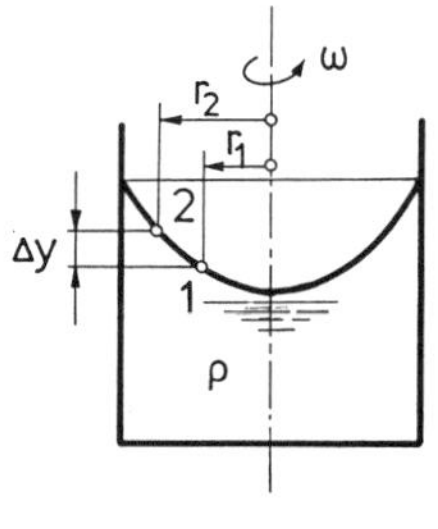

Bild 1.22 A 1

bung in Flüssigkeiten immer senkrecht zu der dort wirkenden Resultierenden aus Gewichts- und Fliehkraft. Im offenen Gefäss drückt sich der Druckaufbau infolge Fliehkraftwirkung durch eine Höhenänderung des Flüssigkeitsspiegels aus. Aus der bekannten Beziehung

$$\Delta p = \frac{\rho}{2}(u_2^2 - u_1^2)$$

folgt sogleich

$$\Delta y_{12} = \frac{1}{2g}(u_2^2 - u_1^2) = \frac{1}{2g}\omega^2(r_2^2 - r_1^2)$$

Wir erhalten

$$\Delta y_{12} = \frac{1}{2 \cdot 9{,}81}\, 8^2(0{,}2^2 - 0{,}12^2) = 0{,}0835\ \text{m} = \underline{8{,}35\text{cm}}$$

Hinweis: Eine vielfältige Uebersicht über die Lage der sich entwickelnden Spiegelkurven der Flüssigkeitsoberflächen in rotierenden Gefässen gibt [1]. Besprochen werden rotierende teilweise mit Flüssigkeit gefüllte zylindrische oben offene und allseits geschlossene Gefässe. Die Veränderung der sich einstellenden rotationsparaboloidförmigen Flüssigkeitsspiegel sowie die Volumina dieser Formen werden in Abhängigkeit der Winkelgeschwindigkeit dargestellt.

Aufgabe 2 (Bild 1.23, 1.24, 1.25)

Axialschub auf Kreiselpumpenlaufräder (Bild 1.23). Auf das Laufrad einer radialen Kreiselpumpe wirken eine Reihe von Axialkräften. Die zwei bedeutendsten sind:

1. der statische Axialschub

$$F_{st} = F_d - F_s$$

entstanden durch die axialen Druckkräfte auf die saug- und druckseitige (Index s bzw. d) Laufraddeckscheibe.

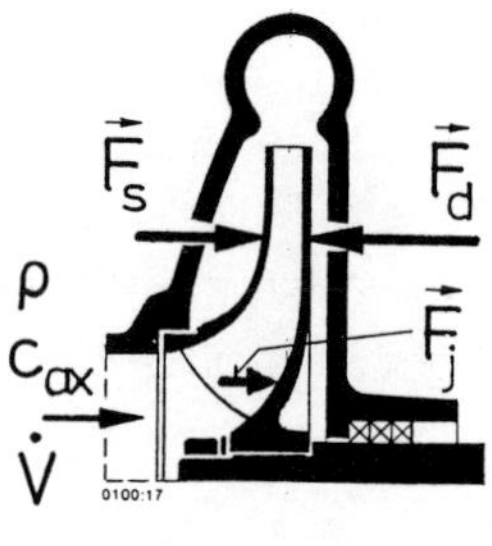

Bild 1.23 A 2

2. der dynamische Axialschub

$$F_J = c_{ax}\dot{V}\rho$$

als Impulskraft, erzeugt durch die

Umlenkung des Fluides von der axialen in die radiale Richtung. Man bestimme den statischen Axialschub unter der Annahme, dass das Fördermittel in den beiden Hohlräumen zwischen Laufrad und Gehäuse etwa mit der mittleren Winkelgeschwindigkeit $\omega_m = \omega/2$ umläuft. Gegeben: Statischer Druck p_2 am Laufradeintritt, Druck p_s im Saugmund, $\omega = \pi n/30$ rad/s. Radien: R_2 (Laufrad aussen), R_i (Mittelwert an Spaltdichtung), R_N (Nabe aussen).

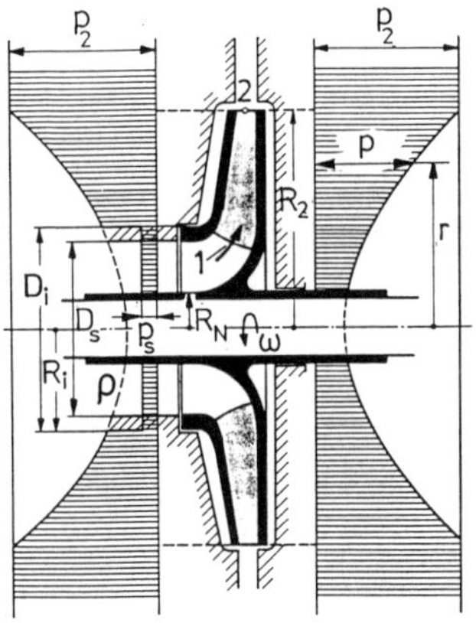

Bild 1.24   A 2

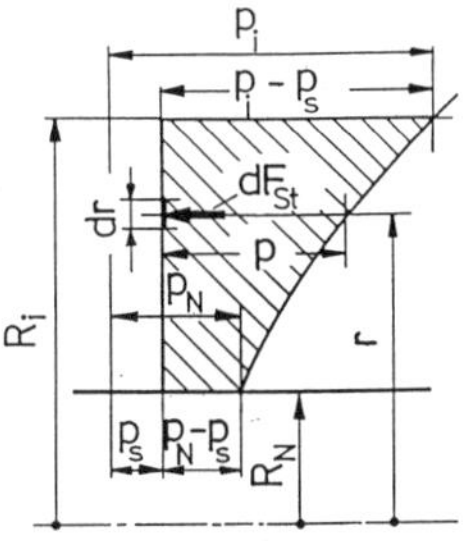

Bild 1.25   A 2

Lösung:

Die mit ω_m rotierenden Fluidmassen unterliegen den Gesetzen der parabolischen Druckverteilung und erzeugen axiale Kräfte. Wir gehen aus von dem bekannten Druck p_2 am Laufradaustritt und p_s im Saugmund (Bild 1.24). An einem beliebigen Radius r beträgt der statische Druck p nach der bekannten Druckverteilung in einer rotierenden Flüssigkeitssäule

$$p = p_2 - \frac{\rho}{2}\omega_m^2 (R_2^2 - r^2) \tag{1}$$

Danach nimmt von R_2 aus nach innen der Druck p ab, nach aussen nimmt er zu. Für unsere Untersuchung ist die Druckentwicklung im Bereiche $r < R_2$ von Interesse. Mit $\omega_m = \omega/2$ folgt aus (1)

$$p = p_2 - \frac{\rho}{8}(R_2^2 - r^2) \tag{2}$$

In Achsmitte (r=0) wäre aus (2) der Druck

$$p_o = p_2 - \frac{(\omega R_2)^2}{8g} \tag{3}$$

womit der Scheitel des Druckparaboloides festliegt. An der Laufradnabe mit dem Aussenradius R_N beträgt der Druck

$$p_N = p_2 - \frac{\rho}{8}\omega^2(R_2^2 - R_N^2) \tag{4}$$

Am saugmundseitigen Spalt mit dem mittleren Radius R_i bewirkt der mit ω_m rotierende Flüssigkeitsring den Druck

$$p_i = p_2 - \frac{\rho}{8}\omega^2(R_2^2 - R_i^2) \tag{5}$$

Wie ersichtlich, sind zwischen den Radien R_i und R_2 sämtliche Drücke ausgeglichen. Nicht ausgeglichen ist einzig der Bereich zwischen R_N und R_i (Bild 1.25). Für den nicht ausgeglichenen statischen Axialschub kann man schreiben:

$$F_{st} = 2\pi \int_{R_N}^{R_i} prdr \tag{6}$$

worin

$$p = p_2 - p_s - \rho\frac{\omega_m^2}{2}(R_2^2 - r^2) \tag{7}$$

Mit $\omega_m = \omega/2$ in (7) und Einsatz in (6) liefert schliesslich die Integration von (6) für den nicht ausgeglichenen <u>statischen Axialschub</u>

$$\underline{F_{st} = \pi(R_i^2 - R_N^2)\left[(p_2 - p_s) - \rho\frac{\omega^2}{8}\left(R_2^2 - \frac{R_i^2 + R_N^2}{2}\right)\right]} \tag{8}$$

Die <u>resultierende Druckkraft</u> $\vec{F}_R$ beträgt demnach zusammen mit der entgegen $\vec{F}_{st}$ wirkenden Impulskraft $\vec{F}_J = \vec{c}_{ax}\dot{V}$ (Vektoriell angeschrieben, weil Vorzeichen zu beachten sind)

$$\underline{\vec{F}_R = \vec{F}_{st} + \vec{F}_J} \tag{9}$$

Aufgabe 3 (Bild 1.24)

Für das Laufrad einer Radialpumpe zur Förderung von Wasser gelten folgende Werte: Drehzahl n = 1500/min, R_2 = 200 mm (D_2 = 400 mm),

$R_i \approx \frac{R_2}{2}$, $R_N = \frac{R_2}{4}$, $p_2 - p_s = 4$ bar, $c_{ax} = 6$ m/s, $\rho = 10^3$ kg/m^3.

Wie gross ist der Axialschub ?

Lösung:

Eintritssfläche $A_1 \approx \pi(R_i^2 - R_N^2) = \pi(0{,}1^2 - 0{,}05^2) = 0{,}02356$ m^2

Volumenstrom $\dot{V} = A_1 c_{ax} = 0{,}02356 \cdot 6 = 0{,}14137$ m^3/s

Winkelgeschwindigkeit $\omega = \frac{\pi n}{30} = \frac{\pi \cdot 1500}{30} = 157{,}1$ rad/s

Statischer Axialschub aus Gl.(8) Aufgabe 2:

$$F_{st} = \pi(R_i^2 - R_N^2) \left[(p_2 - p_s) - \rho \frac{\omega^2}{8} \left(R_2^2 - \frac{R_i^2 + R_N^2}{2} \right) \right] =$$

$$\pi\ (0{,}1^2 - 0{,}05^2)\left[4 \cdot 10^5 - 10^3\ \frac{157{,}1^2}{8}\,(0{,}2^2 - \frac{0{,}1^2 + 0{,}05^2}{2})\right] = \underline{6971{,}5\ \text{N}}$$

Dynamischer Axialschub $F_J = c_{ax}\rho\dot{V} = 6 \cdot 10^3 \cdot 0{,}14137 = \underline{848{,}2\ \text{N}}$

wirkt entgegen dem statischen Axialschub F_{st}. Resultierende Schubkraft nach (9) in Aufgabe 2:

$$F_R = F_{st} - F_J = 6971{,}5 - 848{,}2 = \underline{6123\ \text{N}}$$

Vergleich mit Axialschubtheorie in [2] . Danach beträgt der Axialschubanteil $F_{st} + F_J$ von nicht entlasteten geschlossenen Laufrädern (d.h. Laufräder mit saugseitiger Deckscheibe), wie im Beispiel angenommen,

$$F_{st} + F_J = \alpha\rho g H\ D_2^2 \frac{\pi}{4}$$

mit $\alpha = 0{,}5(D_i/D_2)^3 + 0{,}9$, gültig im Bereiche der spezifischen Drehzahlen $6 < n_q < 130$ min , der das vorliegende Laufrad einschliesst. Für die Auswertung erhalten wir mit $D_i = 200$ mm und $D_2 = 400$ mm

$$\alpha = 0{,}5\left(\frac{200}{400}\right)^3 + 0{,}09 = 0{,}1525$$

Mit $\rho g H = 4 \cdot 10^5$Pa folgt schliesslich der resultierende Schub

$$F_R = F_{st} + F_J = 0{,}1525 \cdot 4 \cdot 10^5 \cdot 0{,}4^2 \frac{\pi}{4} = \underline{7665\ \text{N}}$$

Ein Unterschied gegenüber dem auf der Basis der rotierenden Flüssigkeit im Spaltraum berechneten Wert besteht (ca 25 % Differenz). Dennoch kann man den aus der angenommenen parabolischen Druckverteilung mit Annahme einer mittleren Winkelgeschwindigkeit ω_m berechneten Schub fürs erste als praktisch brauchbar annehmen.

2 Hydrodynamik

2.1 Bernoullische und Eulersche Gleichung

Aufgabe 1 (Bild 2.1)

Durch eine Heberleitung mit konstantem Durchmesser d fliesst Wasser aus einem Gebirgssee zu einem Ort, der H Meter unter dem Seespiegel liegt. a) Wie gross ist die sekundlich abfliessende Wassermenge ? b) Welche Höhe H_2 darf der Heberscheitel höchstens aufweisen, damit dort der Druck nicht unter den Verdampfungsdruck p_d sinkt ? Gegeben: $\ell_1 = 100$ m, $\ell_2 = 200$ m, $\ell = 300$ m, $d = 30$ mm, $p_o = 750$ hPa, $t_o = 15^\circ$C, $p_d = 872$ Pa, $H = 9$ m, die Druckverlustzahlen, bezogen auf $\rho/2\ c_3^2$ sind $\zeta_R = 0{,}05$ und $\zeta = 300$ (für die Rohrlänge ℓ), $\rho = 1000$ kg/m³.

Lösung:

a) Bernoulli-Gleichung mit Verlustglied von Oberwasser bis 3:

$$p_o + \rho g H = p_o + \frac{\rho}{2} c_3^2 + \frac{\rho}{2} c_3^2 (\zeta_1 + \zeta_R) \qquad (1)$$

Aus (1) $$c_3 = \sqrt{\frac{2gH}{1 + \zeta_1 + \zeta_R}} = \sqrt{\frac{2 \cdot 9{,}81 \cdot 9}{1 + 0{,}05 + 300}} = 0{,}765\ ^m/s$$

Damit $\dot{V} = c_3 A_3 = c_3 \frac{\pi}{4} d_3^2 = 0{,}765 \frac{\pi}{4} 0{,}03^2 = \underline{0{,}54\ \ell/s}$

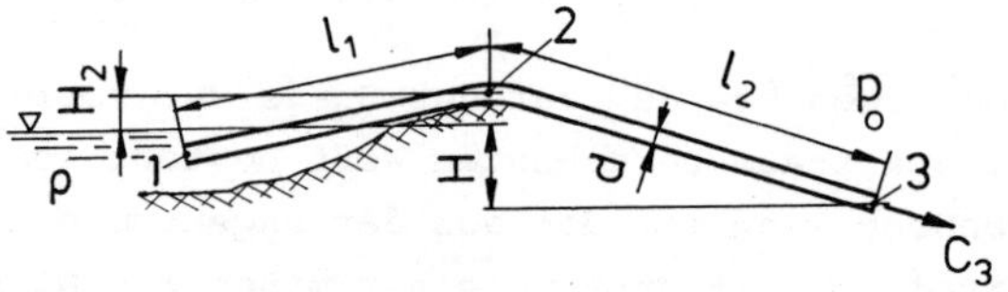

Bild 2.1 A 1/2

b) Bernoulli-Gleichung von Oberwasser bis 2, Oberwasser als Basis:

$$p_o = p_d + \frac{\rho}{2} c_3^2 + \rho g H_2 + \frac{\rho}{2} c_3^2 \left(\zeta_1 + \frac{\ell_1}{\ell_1 + \ell_2} \zeta_R\right)$$

Damit wird $$H_2 = \frac{p_o - p_d - \frac{\rho}{2} c_3^2 \left(1 + \zeta_1 + \frac{\ell_1}{\ell_1 + \ell_2} \zeta_R\right)}{\rho g}$$

$$= \frac{750 \cdot 10^2 - 872 - (10^3/2) \cdot 0{,}765^2 \left(1 + 0{,}05 + \frac{100}{300} 300\right)}{10^3 \cdot 9{,}81}$$

$$= \underline{4{,}54 \text{ m}}$$

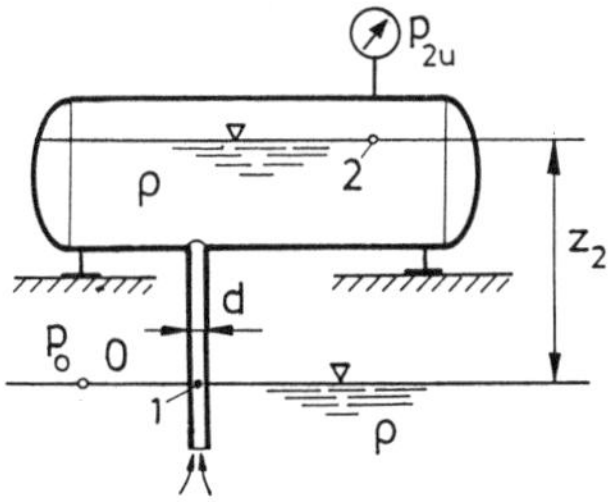

Bild 2.2 A 3

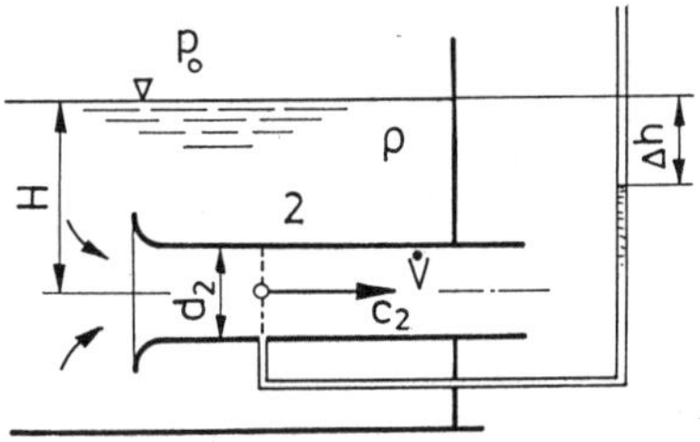

Bild 2.3 A 4

Aufgabe 2 (Bild 2.1)

Wie gross ist c_3 und H_2, wenn in Aufgabe 1 die Rohrreibungszahl $\lambda = 0{,}03$, die Druckverlustzahl $\zeta = 0{,}12$ (auf $\rho/2\, c_3^2$ bezogen), $\ell_1 = 200$ m, $\ell_2 = 300$ m, d = 50 mm, H = 7 m, $p_o = 525$ mm Hg, p_d = 1227 Pa beträgt ?

Lösung: $c_3 = \underline{0{,}675 \text{ m/s}}$, $H_2 = \underline{4{,}19 \text{ m}}$.

Aufgabe 3 (Bild 2.2)

Zulauf in Kessel mit Unterdruck. Eine Flüssigkeit mit der Dichte ρ strömt durch eine Leitung mit dem Durchmesser d in einen Saugwindkessel. Die Reibungsverluste in der Saugleitung betragen H_v.

Auf den freien Flüssigkeitsspiegel mit der konstanten Höhe wirkt der Atmosphärendruck p_o. Wie gross ist der Unterdruck p_{2u}, wenn in den Kessel sekundlich das Volumen $\dot{V}$ einströmt ? Gegeben: d = 50 mm, z_2 = 2,8 m, H_v = 0,35 m, $\dot{V}$ = 14ℓ/s, p_o = 995 hPa, ρ = 895 kg/m³.

Lösung: $p_{2u} = -\rho\left[\frac{c_1^2}{2} + g(z_2 + H_v)\right] = \underline{-\ 0{,}50406\ \text{bar}}$

Aufgabe 4 (Bild 2.3)

Aus einem offenen Behälter mit konstanter Spiegelhöhe wird der Flüssigkeitsstrom $\dot{V}$ mit der Dichte ρ angesaugt. Zur Mengenmessung dient die Saugleitung. An der angeschlossenen offenen Messleitung stellt sich die Differenzhöhe Δh ein. Die Verluste der Einlaufdüse und des Saugrohres bis zum Messpunkt 2 werden durch die Verlustzahl ζ erfasst, bezogen auf $(\rho/2)c_2^2$. Wie lautet der Volumenstrom $\dot{V}$? Gegeben: H = 0,9 m, Δh = 300 mm, d_2 = 152 mm, ζ = 0,05, $\rho = 10^3$ kg/m³.

Lösung: $\dot{V} = \pi d_2^2 \sqrt{\frac{g}{8(1+\zeta)}}\sqrt{\Delta h} = \underline{0{,}043\ \text{m}^3/\text{s} = 43\ell/\text{s}}$

Aufgabe 5 (Bild 2.4)

Eine Pumpe arbeitet in eine Rohrleitung und erteilt dem zuströmenden Wasser einen Druckhöhenzuwachs H von 1 bis 2. In 3 strömt das Medium als Freistrahl ab mit der Geschwindigkeit $c_3 = c_1$. Der Druckhöhenverlust von 2 bis 3 beträgt ΔH_v. Wie gross ist der Ueber-oder Unterdruck in 1 ? Gegeben: H = 45 m, ΔH_v = 3 m, z = 20 m, $\rho = 10^3$ kg/m³.

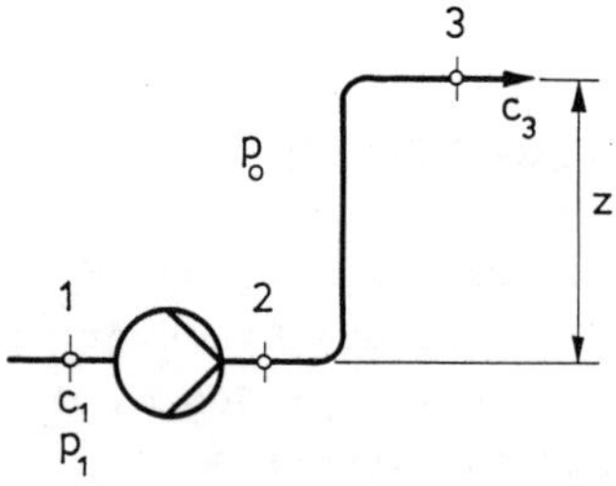

Bild 2.4 A 5

Lösung: $p_1 - p_o = \rho g\ (\Delta H_v - H + z) = \underline{-\ 0{,}2158\ \text{bar}}$ (Unterdruck)

Aufgabe 6 (Bild 2.5)

Eine Pumpe fördert Wasser in die dargestellte Anlage. Wie gross ist die von der Pumpe an das strömende Wasser übertragene Leistung ? Gegeben: $\dot{m}$ = 10 kg/s, p_1 = 3 bar, p_2 = 4,8 bar, z = 47 m, c_1 = 4 m/s, c_2 = 6 m/s, L = 200 m, d = 50 mm, λ = 0,03, ρ = 10^3 kg/m^3.

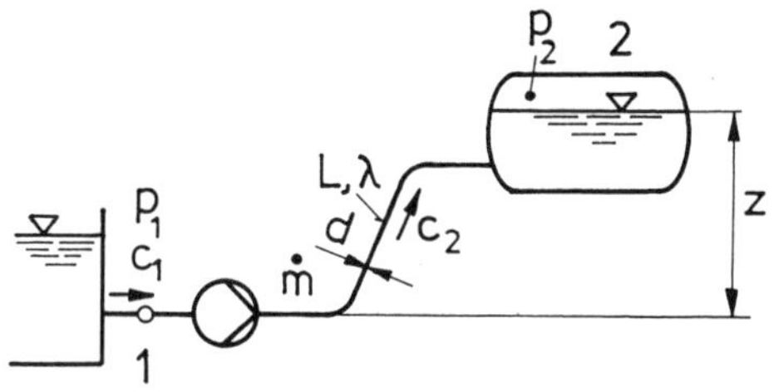

Bild 2.5 A 6

Lösung:

Bernoulli-Gleichung mit Arbeits- und Verlustglied von 1 bis 2. Die von der Pumpe an das strömende Fluid übertragene Leistung P geht über in:

- Aenderung der Energie der Lage
- Aenderung der kinetischen Energie des Fördermittels
- Verlustenergie in der Rohrleitung

Damit wird

$$\dot{m}\left(\frac{c_1^2}{2}+\frac{p_1}{\rho}\right) + P = \dot{m}\left(\frac{c_2^2}{2}+\frac{p_2}{\rho} + zg + \lambda\frac{L}{d}\,\frac{c_2^2}{2}\right) \qquad (1)$$

Aus (1)

$$P = \dot{m}\left(\frac{c_2^2-c_1^2}{2} + \frac{p_2-p_1}{\rho} + gz + \lambda\frac{L}{d}\,\frac{c_2^2}{2}\right)$$

$$= 10\left(\frac{6^2-4^2}{2} + \frac{(4,8-3)10^5}{10^3} + 9,81\cdot 47 + 0,03\,\frac{200}{0,05}\,\frac{6^2}{2}\right) = \underline{28,11\ \mathrm{kW}}$$

Aufgabe 7 (Bild 2.6)

Durch eine Rohrleitung mit dem streckenweise Höhenunterschied H fliesst der Volumenstrom $\dot{V}$ Oel mit der Dichte ρ . In der Ebene 1 hat die Rohrleitung den Durchmesser d_1, das Medium den Druck p_1.

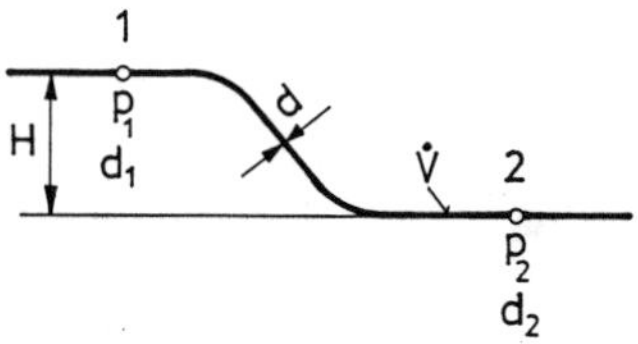

Bild 2.6 A 7

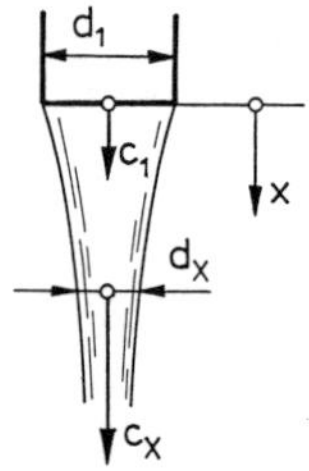

Bild 2.7 A 8

In 2 mit dem Durchmesser d_2 beträgt der Druck p_2. Zwischen diesen Punkten hat die Rohrleitung den Durchmesser d. Wie gross ist der Druckverlust zwischen den Ebenen 1 und 2 und in welcher Richtung verläuft die Rohrströmung ? Gegeben: $d_1 = 35$ cm, d = 25 cm, $d_2 = 17$ cm, $\dot{V} = 295$ /s, $p_1 = 2{,}65$ bar, $p_2 = 3{,}50$ bar, H = 5 m, $\rho = 845\ kg/m^3$.

Lösung: Druckverlust $\Delta p_v = p_2 - p_1 + \frac{\rho}{2}(c_2^2 - c_1^2) - \rho g H = \underline{1{,}109\ bar}$. Δp_v ist positiv, dann fliesst die Strömung in Richtung von 2 nach 1.

Aufgabe 8 (Bild 2.7)

Aus der Mündung einer vertikalen Rohrleitung vom lichten Durchmesser d_1 tritt ein Flüssigkeitsstrahl mit der Geschwindigkeit c_1 aus. a) Welchen Durchmesser d_x hat der Strahl im Abstand x unterhalb des Mündungsquerschnittes ? b) Wie gross ist die Reynoldszahl Re des Strahles mit dem Durchmesser d_x ? Gegeben: $d_1 = 50$ mm, $c_1 = 1$ m/s, x = 0,5 m, $\nu = 1{,}006 \cdot 10^{-6} m^2/s$.

Lösung:

a) Energiegleichung
$$\frac{c_x^2}{2} = \frac{c_1^2}{2} + gx \qquad (1)$$

Kontinuität
$$c_1 A_1 = c_x A_x \qquad (2)$$

(2) in (1) liefert mit $A_1 = \frac{\pi}{4} d_1^2$
$$d_x = d_1 \sqrt{\frac{c_1}{\sqrt{c_1^2 + 2gx}}}$$

damit
$$d_x = 0{,}05 \sqrt{\frac{1}{\sqrt{1^2 + 2 \cdot 9{,}81 \cdot 0{,}5}}} = \underline{27{,}6\ mm}$$

b) $Re_x = \frac{c_x\ d_x}{\nu}$ mit $c_x = \sqrt{c_1^2 + 2gx}$ aus (1) liefert

$$Re_x = \frac{\sqrt{1^2 + 2 \cdot 9{,}81 \cdot 0{,}5} \cdot 0{,}0276}{1{,}006 \cdot 10^{-6}} = \underline{\underline{9{,}01 \cdot 10^4}}$$

Aufgabe 9 (Bild 2.8)

Beim Wasserstrahlschneiden wird das Arbeitsvermögen eines Strahles hoher Geschwindigkeit ($c \approx 1000$ m/s, $\Delta p = p_1 - p_o \geqq 3000$ bar) zum Materialabtrag an spröden Stoffen eingesetzt. Wie lauten die Ausdrücke für folgende Grössen, wenn Δp in bar, d in mm und für $\rho = 1000$ kg/m^3 gesetzt wird:

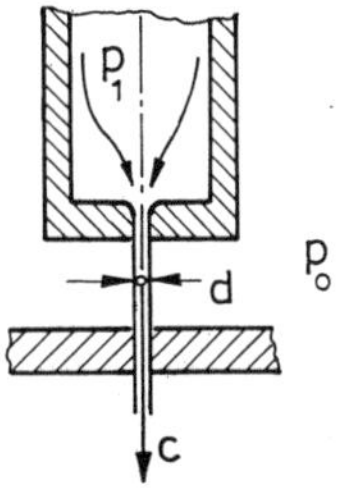

Bild 2.8 A 9

a) Ausflussgeschwindigkeit $c = \varphi c_{th}$, worin c_{th} die Abströmgeschwindigkeit bei reibungsfreier Strömung wäre ?

b) Durchsatzvolumen $\dot{V}$ in ℓ/min ?

c) Leistung P des Wasserstrahles in kW ? d) Von der Impulsstromänderung des Wasserstrahles auf die Düse ausgeübte Reaktionskraft F ? e) Wie lauten die numerischen Werte für a) bis d) mit den Daten: $\varphi = 0{,}9$, d = 0,3 mm, $\Delta p = p_1 - p_o = 4000$ bar ?

Lösung:

a) Wir fassen p_1 zufolge des hohen Druckgefälles und der geringen Zuströmgeschwindigkeit $c_1 \ll c$ als Totaldruck auf und erhalten aus der Bernoulli-Gleichung

$$\Delta p = p_1 - p_o = \frac{\rho}{2} c_{th}^2 \qquad (1)$$

Daraus
$$c_{th} = \sqrt{\frac{2\Delta p}{\rho}} \qquad (2)$$

als Strahlgeschwindigkeit bei reibungsfreier Strömung. Die effektive Strahlgeschwindigkeit beträgt

$$c = \varphi c_{th} = \underline{\underline{14{,}1417\, \varphi \sqrt{\Delta p}}} \qquad (3)$$

b) Durchsatzvolumen

$\dot{V} = c\ A$ mit $A = \frac{\pi}{4} d^2$ und Zusammenfassung der Konstanten ergibt

$$\dot{V} = \underline{\underline{0{,}66641\ d^2 \varphi \sqrt{\Delta p}}} \quad (\ell/\text{min}) \qquad (4)$$

c) Strahlleistung $P = \dot{m}\frac{c^2}{2} = \frac{\pi}{4} d^2 \frac{1}{10^6} c \rho \frac{c^2}{2}$.

$$= \underline{1{,}1106 \varphi^3 d^2 \Delta p^{3/2}} \quad \text{(kW)} \qquad (5)$$

d) Impulsstromänderung $\Delta J = F = \dot{m}(c - c_1)$. Weil $c_1 \ll c$, ist c_1 vernachlässigbar und man erhält für die Reaktionskraft aus

$F = \frac{\pi}{4} d^2 \varphi c^2$ mit den errechneten Konstanten

$$\underline{F = 0{,}1571 \varphi^2 d^2 \Delta p} \quad \text{(N)} \qquad (6)$$

e) Aus (3) $c = 14{,}1417 \cdot 0{,}9 \cdot \sqrt{4000} = \underline{804{,}9 \text{ m/s}}$

Aus (4) $\dot{V} = 0{,}6664 \cdot 0{,}3^2 \cdot 0{,}9 \sqrt{4000} = \underline{3{,}414 \ell/\text{s}}$

Aus (5) $P = 1{,}1106 \cdot 0{,}9^3 \cdot 0{,}3^2 \cdot 4000^{3/2} = \underline{18{,}43 \text{ kW}}$

Aus (6) $F = 0{,}1571 \cdot 0{,}9^2 \cdot 0{,}3^2 \cdot 4000 = \underline{45{,}8 \text{ N}}$

Aufgabe 10 (Bild 2.9)

Eine Rohrleitung hat die dargestellte Einschnürung. Die Reibung bis zum engsten Querschnitt wird durch die auf $(\rho/2)c_2^2$ bezogene Verlustzahl ζ erfasst. Gemessen werden die Drücke p_1 und p_2 im Querschnitt A_1 bzw. A_2. Wie gross ist der Volumenstrom bei inkompressibler Strömung ? Gegeben: A_2/A_1, ζ, $\Delta p = p_1 - p_2$, ρ .

Lösung:

Bernoulli-Gleichung mit Verlustglied von 1 bis 2

$$\frac{\rho}{2} c_1^2 + p_1 = \frac{\rho}{2} c_1^2 + p_2 + \zeta \frac{\rho}{2} c_2^2 \qquad (1)$$

Kontinuität: $A_1 c_1 = A_2 c_2$ (2)

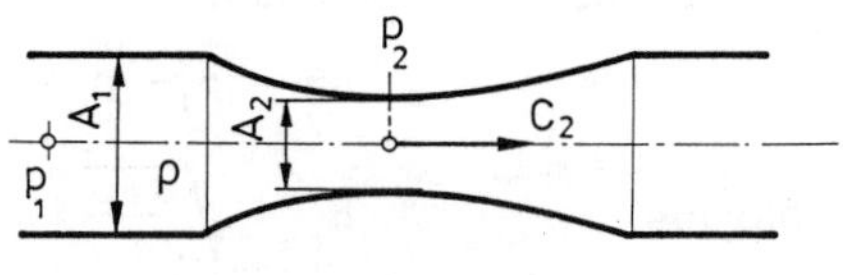

Bild 2.9 A 10

Aus (2) $c_1 = \frac{A_2 c_2}{A_1}$ in (1) ergibt nach einfacher Zwischenrechnung c_2 und daraus

$$\dot{V} = A_2 c_2 = A_2 \sqrt{\frac{2 \Delta p}{\rho\left[1 - \left(\frac{A_2}{A_1}\right)^2 + \zeta\right]}} \qquad (3)$$

Hinweis: In der technischen Literatur findet man für die Durchflussmessung inkompressibler Medien mit Drosselgeräten (Düsen, Blenden und Venturidüsen) die Formel

$$\dot{V} = \alpha\ m\ A_1 \sqrt{\frac{2\ \Delta p}{\rho}} \qquad (4)$$

worin $\alpha = \alpha$(Re, Ausflusszahl μ, Geschwindigkeitsprofil, Lage der Druckentnahme) die Durchflusszahl, A_1 der Rohrquerschnitt, $\Delta p = p_1 - p_2$ der Wirkdruck und ρ die Dichte des Mediums ist. (4) resultiert aus (3). Für den in (3) in eckiger Klammer stehenden Ausdruck lässt sich schreiben:

$$\alpha = \frac{1}{\sqrt{1 - m^2 + \zeta}}$$

und es verbleibt in (4) weiterhin $\sqrt{2\ \Delta p/\rho}$. Multipliziert mit $\alpha\ (A_2/A_1)A_1$ ist sonach die formelle Uebereinstimmung von (3) mit (4) erkennbar.

Beispiel: $A_1 = 150\ cm^2$, $A_2 = 105\ cm^2$, $m = A_2/A_1 = 0{,}55$, $\Delta p = 40000$ Pa, $\zeta = 0{,}06$, $\rho = 10^3 kg/m^3$.

Daraus $$\alpha = \frac{1}{\sqrt{1 - o{,}55^2 + 0{,}06}} \approx 1{,}15$$

in angemessener Uebereinstimmung mit $\alpha = 1{,}11$ nach Normdüsenwert DIN 1952 (Bild 2.94 in 2.3) und

$$\dot{V} = 1{,}15 \cdot 0{,}55 \cdot 0{,}015 \sqrt{\frac{2 \cdot 40000}{10^3}} = 0{,}0848\ m^3/s$$

Weitere Beispiele zur Durchflussmessung mit Drosselgeräten sind im Abschnitt 2.3 (Rohrströmung) angegeben.

Aufgabe 11 (Bild 2.10)

Man berechne die Strömungsgeschwindigkeit c_1 und c_2 vor bzw. nach der Tauchwand, wenn gegeben sind: $H_1 = 2{,}8$ m, $H_2 = 1{,}9$m

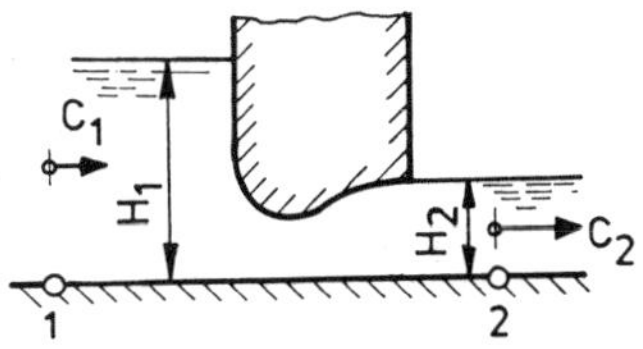

Bild 2.10 A 11

Lösung:

Kontinuität $c_1 H_1 = c_2 H_2$ (1)

$c_1 = c_2 H_2 / H_1$ (2)

$c_2 = c_1 H_1 / H_2$ (3)

Bernoulli-Gleichung von 1 bis 2: $\frac{\rho}{2}c_1^2 + \rho g h_1 = \frac{\rho}{2}c_2^2 + \rho g H_2$ (4)

(2) in (4) und geringe Umformung liefert

$$c_2 = \sqrt{\frac{2\,g\,H_1}{1 + H_2/H_1}} \quad (5)$$

Ebenso folgt aus (3) in (4)

$$c_1 = \sqrt{\frac{2\,g\,H_2}{1 + H_1/H_2}} \quad (6)$$

Ausgewertet: Aus (5) $c_2 = \underline{5{,}72\ m/s}$, aus (6) $c_1 = \underline{3{,}88\ m/s}$

Aufgabe 12 (Bild 2.11)

Am Walzenwehr mit dem Durchmesser d ist der Grundablass an der Stelle 6 geöffnet. Die Spaltweite s ist im Verhältnis zu d klein. Es wird reibungsfreie Strömung angenommen. a) Gesucht wird die Druckverteilung p (Relativdruck) an der Walze von der Stelle 0 bis 6 (Höhenänderung zwischen zwei benachbarten Punkten $\Delta h = d/6$). b) Man skizziere den Druckverlauf entlang der Walze. Gegeben: $d = 5$ m, $\rho = 10^3 kg/m^3$.

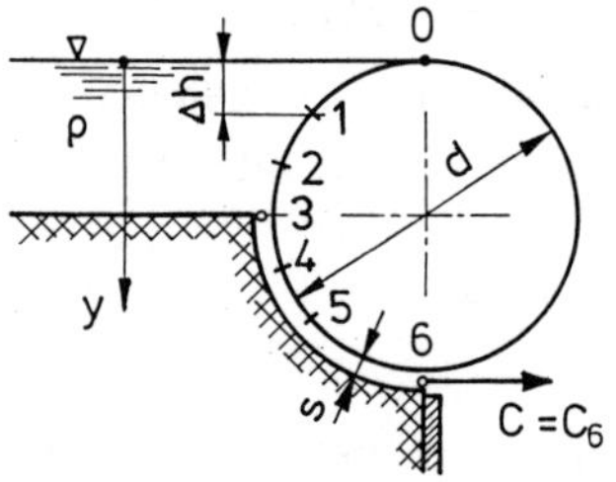

Bild 2.11 A 12

Lösung:

a) Von Punkt <u>0 bis 3</u> (ausserhalb des Spaltes) herrscht die hydrostatische Druckverteilung

$$\underline{p = \rho g y} \quad (1)$$

Die Abströmgeschwindigkeit im Punkt 6 ergibt sich aus $\rho g d = (\rho/2)c_6^2$:

$$c_6 = \sqrt{2gd} \quad (2)$$

<u>Im Spalt von 3 bis 6</u> ist $c = c_6$ konstant. Aus der Bernoulli-Gleichung von 3 (noch ausserhalb des Spaltes) bis zur Tiefe y unterhalb des Oberwasserspiegels

$$\rho g\frac{d}{2} + \rho g\frac{d}{2} = \rho g(d - y) + p + \frac{\rho}{2}c^2 \quad (3)$$

folgt mit (2) und (3) der statische Unterdruck von 3 bis 6 im Spalt entlang der Walze:

$$p = \rho g(y - d) \tag{4}$$

(1) und (4) ausgewertet ergibt für den Druck p Werte der nachstehenden Tabelle:

An der Stelle

	0	1	2	vor 3	in 3	4	5	6
p $(Pa \cdot 10^3)$	0	8,17	16,35	24,50	-24,50	-16,35	-8,175	0

Wie ersichtlich, sind die Drücke nach (1) und (4) betragsmässig gleich. Aber nach Punkt 0 bis 3 herrscht Ueberdruck, während im strömenden Wasser von 3 an Unterdrücke vorliegen, die sich bis zum Austritt in Punkt 6 restlos abbauen (Freistrahl).

b) Aus Bild 2.12 ist die berechnete Druckverteilung p ersichtlich. Der p-Verlauf im Einlauf in den Spalt in 3 weist in Wirklichkeit nicht die dargestellte Unstetigkeit auf. Die Aenderung von Ueberdruck zu Unterdruck in der Spaltzone verläuft zwar schroff, aber doch stetig (gestrichelt eingezeichnet).

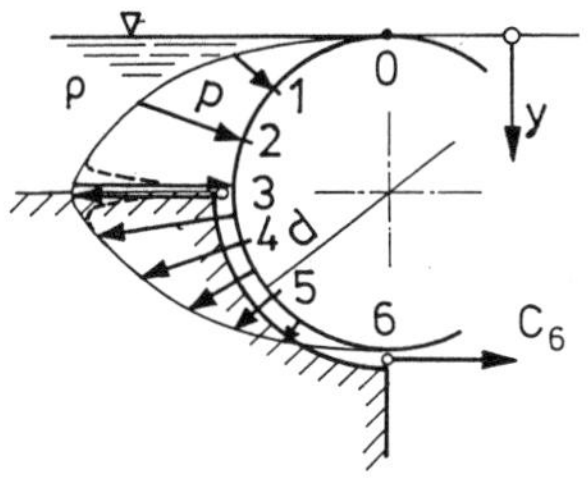

Bild 2.12 A 12

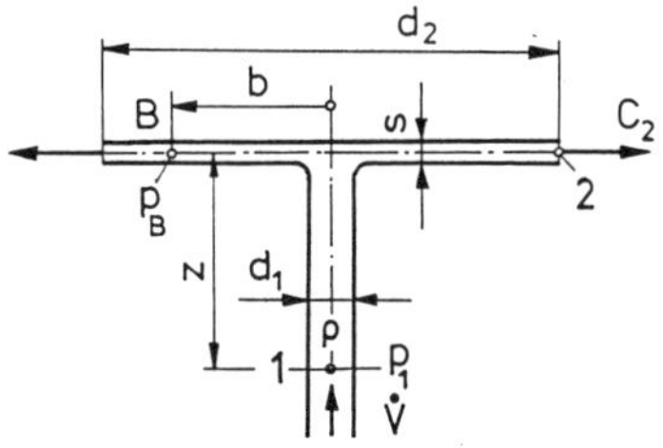

Bild 2.13 A 13

Aufgabe 13 (Bild 2.13)

Zwischen zwei runden Scheiben vom Durchmesser d_2 im Abstand s strömt Wasser radial nach aussen in die Atmosphäre. Das Wasser wird durch ein Rohr vom Durchmesser d_1 zugeführt. Im Punkt 1 im Abstand z unter dem Ausfluss beträgt der statische Druck p_1. Man berechne für die reibungsfreie Strömung a) den Volumenstrom $\dot{V}$, b) den statischen Druck p_B in B im Abstand b von der Scheibenmitte. Gegeben: d_1 = 100 mm, d_2 = 2000 mm, z = 1200 mm, b = 700mm, p_1 = - 0,20 bar, s = 20 mm, ρ = 10^3kg/m^3.

Lösung:

a) Bernoulli-Gleichung von 1 bis 2 und die Kontinuitätsgleichung führen mit $A_1 = \pi/4\ d_1^2$ und $A_2 = \pi/4\ d_2^2$ auf

$$\dot{V} = A_1 \sqrt{\frac{2(\rho g z - p_1)}{\rho\left[1-\left(\frac{A_1}{A_2}\right)^2\right]}} = \underline{0{,}06273\ m^3/s}$$

b) Aus der Bernoulli-Gleichung von 1 bis B folgt

$$p_B = \frac{\rho}{2}(c_1^2 - c_B^2) + p_1 - \rho g z,$$ was mit $c_B = \dot{V}/2\pi b s$ ergibt:

$$p_B = \underline{-\ 130{,}2\ Pa}$$

Aufgabe 14 (Bild 2.14)

Wie gross ist die zulässige Saughöhe H_s, um Kavitation an der Engstelle 2 mit dem Durchmesser d_2 zu vermeiden ? Der Flüssigkeitsspiegel in 1 bleibt unverändert. Gegeben: p_o = 970 hPa, p_d = 2337 Pa (Wasser, 20°C), d_1/d_2 = 2, c_1 = 4,3 m/s, Verlustzahl ζ = 2,7 (auf $\rho/2\ c_1^2$ bezogen), ρ = 10^3kg/m^3.

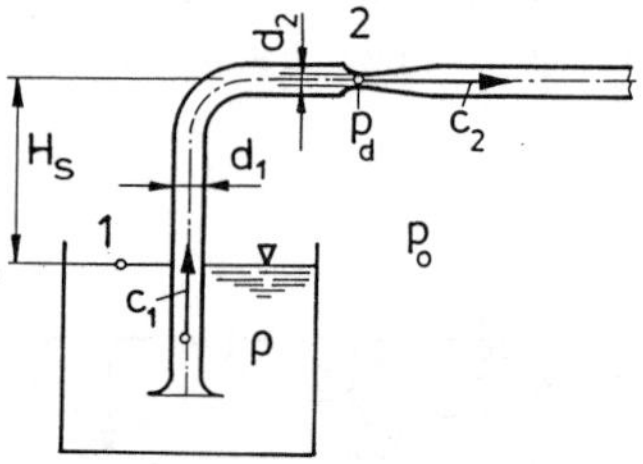

Bild 2.14 A 14

Lösung:

Aus der Bernoulli-Gleichung von 1 bis 2

$$\frac{p_o}{\rho g} = \frac{p_d}{\rho g} + \frac{c_2^2}{2g} + H_s + \zeta\frac{c_1^2}{2g} \qquad (1)$$

folgt mit $c_2 = c_1(d_1/d_2)^2$

$$H_s = \frac{1}{\rho g}(p_o - p_d) - \frac{1}{2g} c_1^2 \left[1 + \left(\frac{d_1}{d_2}\right)^4\right] \qquad (2)$$

(2) ausgewertet ergibt $\underline{H_s = 3{,}33 \text{ m}}$

Zusatz: Welche Saughöhe H_s ist zulässig, wenn Wasser von 85°C angesaugt wird ? Gegeben: p_o = 970 hPa, p_d = 57800 Pa, ρ = 968,4 kg/m³.

Aus (2) folgt $\underline{H_s = -\ 0{,}585 \text{ m}}$

Das heisst, der Flüssigkeitsspiegel muss in diesem Fall 0,585 m über der engsten Stelle in 2 liegen.

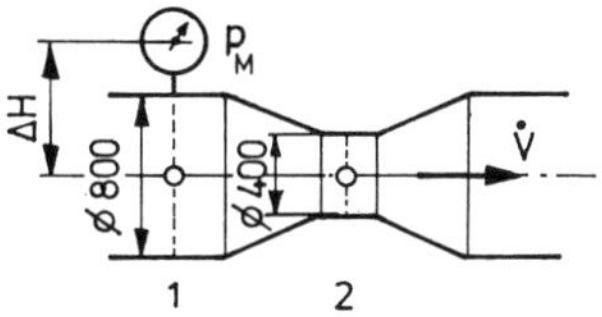

Bild 2.15 A 15

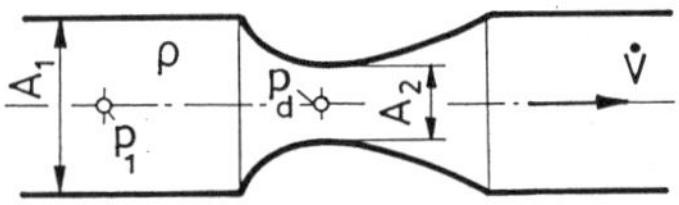

Bild 2.16 A 16

Aufgabe 15 (Bild 2.15)

Durch eine Rohrverengung strömt Diethylether $(C_2H_5)_2O$ der Dichte ρ und dem Verdampfungsdruck p_d bei der Temperatur t. Vor der Verengung zeigt ein Manometer den Ueberdruck p_M an. Der Umgebungsdruck p_o entspricht einer Quecksilbersäule der Höhe ΔH mit der Dichte ρ_M. Bei welchem Volumenstrom $\dot{V}$ wird an der engesten Stelle 2 der Verdampfungsdruck p_d erreicht (Kavitationsgefahr) und wie gross ist dann die Strömungsgeschwindigkeit c_2? Verluste bleiben unberücksichtigt. Gegeben: p_d = 1,3 bar (40°C), p_M = 0,9 bar, d_1 = 800 mm, d_2 = 400 mm, ΔH = 69 cm, ρ = 685 kg/m³, ρ_M = 13550 kg/m³ (30°C).

Lösung:

$$\dot{V} = \sqrt{\frac{p_M + \rho_M g\ \Delta H - p_d}{\rho/2\ (1/d_2^4 - 1/d_1^4)}} = \underline{2{,}0306 \text{ m}^3/\text{s}}$$

$$c_2 = \dot{V}/A_2 = \underline{16{,}16 \text{ m/s}}$$

Aufgabe 16 (Bild 2.16)

Durch ein Rohr mit der Verengung des Querschnittes von A_1 auf A_2 strömt Flüssigkeit mit dem sekundlichen Volumenstrom $\dot{V}$. Im Querschnitt A_1 ist der Druck p_1. Der verengte Rohrteil hat die Druckverlustzahl ζ, welche sich auf $(\rho/2)\ c_1^2$ bezieht. An der engsten Stelle A_2 wird der Dampfdruck der strömenden Flüssigkeit gerade erreicht (Kavitationsgefahr). Wie gross ist dann der Zulaufdruck p_1? Gegeben: $A_1 = 176$ cm ($d_1 = 150$ mm), $A_2 = 88{,}2$ cm ($d_2 = 106$ mm), $p_d = 1704$ Pa (15°C), $\dot{V} = 176$ /s, $\zeta = 0{,}2$, $\rho = 10^3 kg/m^3$ (H_2O).

Lösung:

$$p_1 = \frac{\rho}{2}\,(\dot{V}/A_2)^2\left[1 - (A_2/A_1)^2(1 - \zeta)\right] + p_d =$$

$$= \underline{1{,}608\ \text{bar}}$$

$$c_1 = 10\ \text{m/s}, \quad c_2 = 19{,}95\ \text{m/s}$$

Aufgabe 17 (Bild 2.17)

Durch eine Querschnittsverengung in einer Heisswasserleitung ist der Druck an der engesten Stelle in 2 um 4,5 bar tiefer als vor der Einschnürung in 1, wo das Wasser bei 80°C mit der Geschwindigkeit $c_1 = 10$ m/s und der Dichte $\rho = 972$ kg/m^3 fliesst. Die Verengung verursacht zwischen den Stellen 1 und 2 einen Druckverlust von k = 30 % des Staudruckes der achsparallelen Zuströmung in 1. Man berechne das Durchmesserverhältnis d_1/d_2 der Verengung.

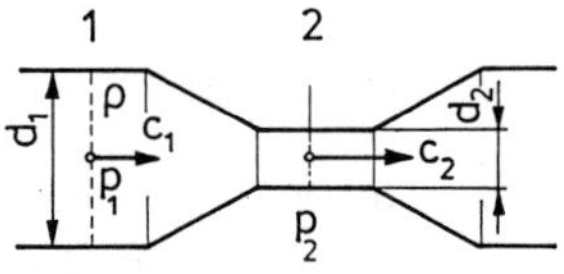

Bild 2.17 A 17

Lösung:

$$\frac{d_1}{d_2} = \sqrt[4]{\frac{2(p_1 - p_2)}{\rho\ c_1^2} + (1 - k)} = \underline{1{,}776}$$

Aufgabe 18 (Bild 2.18)

In einer nahe des Einlaufes gelegenen Rohrverengung wird mit einem U-Rohr-Manometer, das Wasser als Messflüssigkeit enthält, der

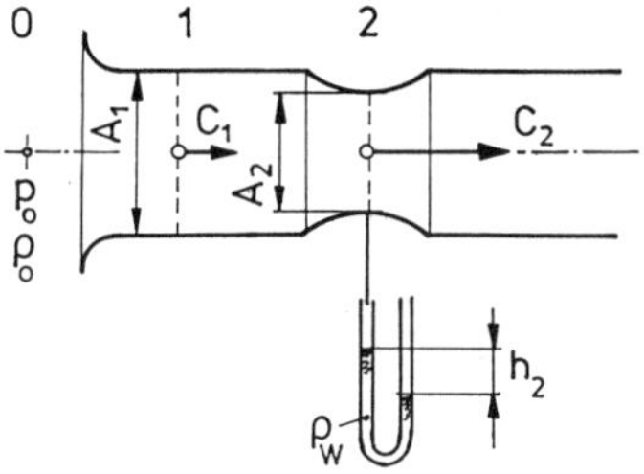

Bild 2.18 A 18

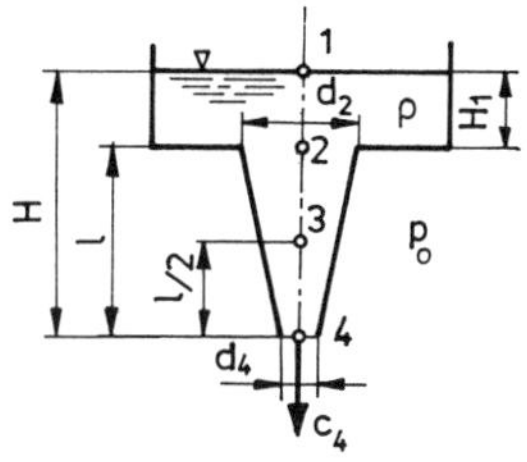

Bild 2.19 A 19

statische Druck gemessen. Die Differenz der Flüssigkeitsspiegel beträgt h_2. Die vorliegende Luftströmung wird reibungsfrei und inkompressibel angenommen. Man berechne die Strömungsgeschwindigkeiten c_1 und c_2 sowie den Volumenstrom $\dot{V}$. Gegeben: $A_1 = 5\ dm^2$, $A_2 = 3\ dm^2$, $h_2 = -315$ mm WS, $\rho_W = 10^3 kg/m^3$, $\rho_o = 1{,}15\ kg/m^3$.

Lösung: $c_2 = \sqrt{\frac{2(\rho_W g h_2)}{\rho_o}} = \underline{73{,}3\ m/s}$, $c_1 = c_2(A_2/A_1) = \underline{44\ m/s}$

$\dot{V} = c_1 A_1 = \underline{2{,}20\ m^3/s}$

Aufgabe 19 (Bild 2.19)

Aus einem Gefäss strömt durch ein konisches Rohr sekundlich der Volumenstrom $\dot{V}$ aus. Die Spiegelhöhe bleibt dabei konstant. Es wird reibungsfreier Abstrom angenommen mit der Geschwindigkeit c_4. a) Wie gross muss d_4 gewählt werden ?, b) Wie gross ist die Druckhöhe H ?, c) In welcher Höhe H_1 steht der Flüssigkeitsspiegel, wenn im Rohrquerschnitt in 2 der Druck $p_2 = p_o$ beträgt ?, d) Wie gross ist der Druck p_3 in $\ell/2$ oberhalb der Ausflussrichtung ? Gegeben: $\dot{V} = 5\ \ell/s$, $d_2 = 60$ mm, $c_4 = 3$ m/s, $\rho = 875\ kg/m^3$.

Lösung:

a) Aus der Kontinuität $\dot{V} = c_4 A_4$ folgt mit $A_4 = \pi/4\ d_4^2$

$$d_4 = \sqrt{\frac{4\ \dot{V}}{\pi c_4}} = \sqrt{\frac{4 \cdot 0{,}005}{\pi \cdot 3}} = \underline{46{,}06\ mm}$$

b) Bernoulli-Gleichung von 1 bis 4:

$$p_0 + \rho g H = p_0 + \frac{\rho}{2} c_4^2 \text{ , daraus}$$

$$H = \frac{c_4^2}{2g} = \frac{3^2}{2\cdot 9,81} = \underline{0,458\ \text{m}}$$

c) Bernoulli-Gleichung von 1 bis 2:

$$p_0 + \rho g H_1 = p_2 + \frac{\rho}{2} c_2^2 \text{ , worin } p_0 = p_2\text{. Somit}$$

$$H_1 = c_2^2/2g = (\dot{V}/A_2)^2 \frac{1}{2g} = \frac{0,005^2}{0,002827^2}\,\frac{1}{2\cdot 9,81} = \underline{159,4\ \text{mm}}$$

d) Bernoulli-Gleichung von 1 bis 3:

$$p_0 + g(H - \ell/2) = p_3 + \rho/2\ c_3^2 \text{ , ferner } A_3 = \pi/4 \left(\frac{d_2 + d_4}{2}\right)^2 = 22,08\,\text{cm}^2$$

$$\text{und } c_3 = \dot{V}/A_3 = \frac{0,005}{0,002208} = 2,263\ \text{m/s.}$$

Aus $p_3 - p_0 = \rho g(H - \ell/2) - \rho/2\ c_3^2$ folgt mit c_3 und

$$\ell/2 = (H - H_1)/2 = \frac{0,4587 - 0,1594}{2} = 0,1496\ \text{m}$$

der Relativdruck $p_3 - p_0 = 875\cdot 9,81(0,4587 - 0,1496) - \frac{875}{2}\,2,2637^2 =$

$\underline{411,4\ \text{Pa}}$ (Ueberdruck)

Aufgabe 20 (Bild 2.20)

Wie gross ist die Abströmgeschwindigkeit c_3, die Druckdifferenz $p_2 - p_0$ und der Druck p_2 im engsten Strömungsquerschnitt und der Volumenstrom $\dot{V}$, wenn gegeben sind: $H_1 = 8,5$ m, $H_2 = 1,2$ m, $d_2 = 160$ mm, $d_3 = 200$ mm, Druckhöhenverlust von 1 bis 2 $h_{v12} = 1,52$ m, von 2 bis 3 $h_{v23} = 2,13$ m, $\rho = 10^3\,\text{kg/m}^3$.

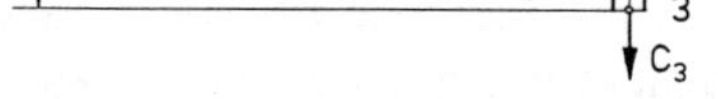

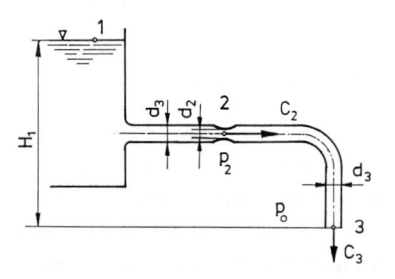

Bild 2.20 A 20

Lösung:

$$c_3 = \ \ 2g(H_1 - h_{v12} - h_{v23}) = \underline{9,75\ \text{m/s}}$$

$$p_2 - p_0 = \rho g\left(H_1 - \frac{c_2^2}{2g} - h_{v12}\right) = \underline{-\ 0,47655\ \text{bar}}$$

$$p_2 = (p_2 - p_0) + p_0 = \underline{0,41345\ \text{bar}}$$

Aufgabe 21 (Bild 2.21)

Ein Behälter vom Durchmesser d ist bis zur Spiegelhöhe h mit Flüssigkeit gefüllt. Die Flüssigkeit strömt durch eine Oeffnung vom Querschnitt $A \ll \pi/4\ d^2$ und der Ausflusszahl μ (berücksichtigt Reibung und Kontraktion) ab. Man bestimme die Zeit t, bis die Spiegelhöhe auf $z < h$ abgesenkt ist. Gegeben: h, d, A, μ, z.

Lösung: Ansatz $dV = \mu A \sqrt{2gz}\, dt = \pi/4\ d^2 dz$, somit

$$dt = \frac{\pi d^2}{4 \mu A \sqrt{2g}} \frac{dz}{\sqrt{z}}, \quad \text{daraus}$$

$$t = \frac{\pi d^2}{4 \mu A \sqrt{2g}} \int_z^h \frac{dz}{\sqrt{z}} = \underline{\frac{\pi d^2}{2 \mu A \sqrt{2g}} (\sqrt{h} - \sqrt{z})}$$

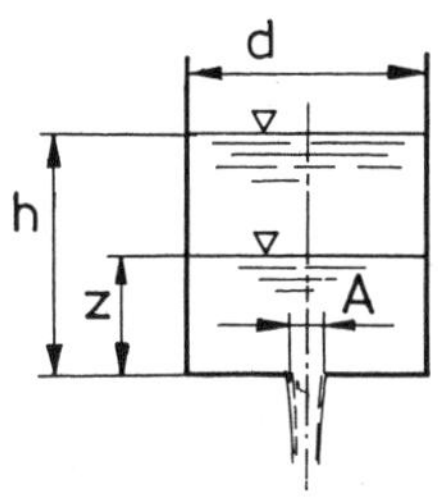

Bild 2.21 A 21

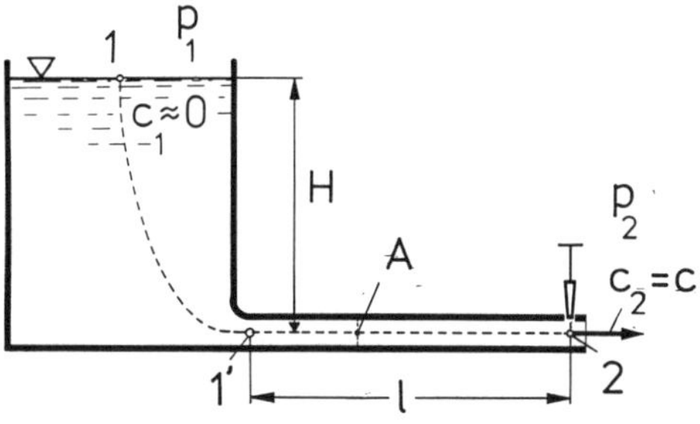

Bild 2.22 A 22

Aufgabe 22 (Bild 2.22)

Instationäre Strömung. Anlaufvorgang in Rohrleitung.
In 2 wird das horizontale Abflussrohr eines grossen Behälters plötzlich geöffnet. Das Rohr hat den konstanten Querschnitt A und die Länge ℓ. Wegen A = konstant ist zu jeder Zeit t die Strömungsgeschwindigkeit $c_2 = c(t)$ im Rohr augenblicklich überall gleich gross, also vom Ort s im Rohr unabhängig. Der Druck am Rohrende und an der Spiegelfläche des Behälters ist gleich

gross: $p_1 = p_2$. Wie gross ist die zeitabhängige Ausflussgeschwindigkeit $c_2 = c(t)$ bei konstanter Flüssigkeitshöhe H für die reibungsfreie Strömung ?
Gegeben: $H = 12$ m, $\ell = 600$ m.

Lösung:

Für zwei Punkte 1 und 2 auf einer Stromlinie längs s im Rohr der Länge ℓ gilt zu einer festen Zeit t die Bernoulli-Gleichung für die inkompressible instationäre Strömung (Energiebilanz)

$$p_1 + \frac{\rho}{2} c_1^2 + \rho g z_1 = p_2 + \frac{\rho}{2} c_2^2 + \rho g z_2 + \rho \int_0^1 \frac{\partial c(s,t)}{\partial t} ds \tag{1}$$

In (1) ist bei vorliegendem horizontalem Rohr $z_1 = z_2$ und $p_1 = p_2$, wodurch die Druckhöhen- und Druckterme verschwinden. Das Integral in (1) beschreibt die von der zeitlichen Geschwindigkeitsänderung abhängige Druckhöhe

Zu Beginn ist bei $t_0 = 0$ auch $c = 0$. Danach ist $c(t) = c_2$ und im Endzustand des Anlaufvorganges wird mit $H = z_1 - z_2$ die Austrittsgeschwindigkeit

$$c = c_2 = c_e = \sqrt{2gH} \tag{2}$$

$$= 15{,}34 \text{ m/s}$$

Zu einer bestimmten Zeit (Zeitpunkt) ist $c = c_2$ überall im Rohr gleich gross, ändert aber mit der Zeit t. $\partial c/\partial t$ ist vom Ort s im Rohr unabhängig. Man darf daher schreiben: $\partial c/\partial t = dc/dt$.
Mit $z_1 = z_2$ und $p_1 = p_2$ und (2) in (1) ergibt sich

$$\frac{1}{g}\frac{dc}{dt} + \frac{c^2}{2g} = \frac{c_e^2}{2g} = H \tag{3}$$

und damit

$$\frac{dc}{dt} = \frac{c_e^2 - c^2}{2\ell} \tag{4}$$

woraus sich ergibt:

$$\frac{dc}{c_e^2 - c^2} = \frac{dt}{2\ell} \tag{5}$$

(5) integriet (zum Beispiel durch Verwendung einer Integralsammlung) führt auf

$$\frac{1}{c_e} \text{artan h} \frac{c}{c_e} = \frac{t - t_0}{2\ \ell} = \frac{t}{2\ell} \tag{6}$$

Setzt man $\tau = \frac{2\ell}{c_e}$ und führt vorangehende Area-Funktion in eine Hyperbelfunktion über, so bleibt

$$\frac{c}{c_e} = \tanh\frac{t}{\tau} = \tanh\frac{c_e t}{2\ell} \tag{7}$$

(7) ausgewertet ergibt den Geschwindigkeitsverlauf $c(t) = c_2(t)$ als Kurve (1) in Bild 2.23. Hier ist der Anlaufvorgang nach $t = 207\,s$ (Linie 4) und der Geschwindigkeit $c_2 = 0{,}99\sqrt{2gH}$ praktisch vollzogen.

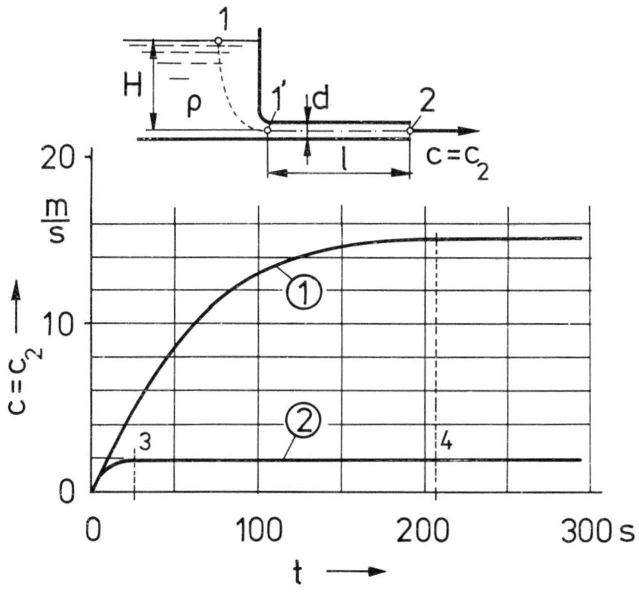

Bild 2.23 A 22

Hinweis zur Strömung mit Reibung:

Aus (1) erhält man unter Beachtung der Ausgangswerte unter a) und der Rohrreibung $\Delta p_v = (\lambda\ell/d)(\rho/2)c^2$ eine zu (4) entsprechende Gleichung:

$$\frac{dc}{dt} = \frac{1}{\ell}\,\frac{gH - c^2}{2(1 + \lambda\frac{\ell}{d})} \tag{8}$$

(8) liefert integriert mit Setzung von $k = 1 + \frac{\lambda\,\ell}{d}$, $c_e = \sqrt{\frac{2gH}{k}}$

$$\text{und}\quad \varphi = \frac{c}{\sqrt{\frac{2gH}{k}}}\quad \text{auf}\quad c = c_2 = \tanh\left[\frac{gHt}{\ell\sqrt{\frac{2gH}{k}}}\right]\sqrt{\frac{2gH}{k}}$$

Der reibungsbehaftete Geschwindigkeitsverlauf von c_2 in einer Rohrleitung mit der Rohrreibungszahl $\lambda = 0{,}02$ und sonst gleichen Bedingungen wie weiter oben angenommen ist als Kurve (2) in Bild 2.23 eingetragen. Nach bereits t = 26,5 s (Linie 3) erreicht c_2 schon 99% der Endgeschwindigkeit $c_e = 1{,}964$ m/s (Im Vergleich: Reibungsfrei ist $c_e = 15{,}34$ m/s), womit der Anlaufvorgang praktisch abgeschlossen ist.

Aufgabe 23 (Bild 2.24)

Durch die kleine Oeffnung A im Boden des Behälters (Zylindergefäss mit Halbkugelboden) strömt die ursprünglich 3r über dem Kugelmittelpunkt stehende Flüssigkeit ab.
Man berechne die Entleerungszeit t, wenn der Ausfluss mit der Ausflusszahl μ erfolgt.
Gegeben: r, A, μ.

Lösung:

In 2 Schritten: 1. Entleerung des zylindrischen Oberteiles
2. Entleerung des verbleibenden Halbkugelvolumens

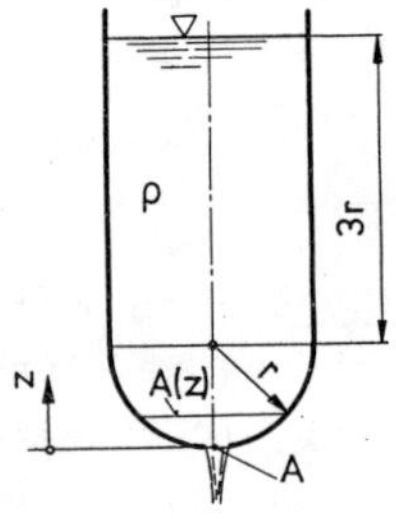

Bild 2.24 A 23

1. Aus $dV = \mu A \sqrt{2gz}\, dt = \pi r^2 dz$ durch Integration in den Grenzen r bis 4r für z:

$$t_1 = \frac{\pi r^2}{\mu A \sqrt{2g}} \int_r^{4r} \frac{dz}{\sqrt{z}} = \frac{2 \pi r^2 \sqrt{r}}{\mu A \sqrt{2g}} (\sqrt{4} - 1) \qquad (1)$$

2. $dV = \mu A(z) \sqrt{2gz}\, dt = \pi [r^2 - (r - z)^2] dz$

Somit $dt = \frac{\pi}{\mu A \sqrt{2g}} \frac{2rz - z^2}{\sqrt{z}} dz$ und daraus durch Integration in den Grenzen z = 0 bis z = r

$$t_2 = (\frac{14}{15} r^2 \sqrt{r}) \frac{\pi}{\mu A \sqrt{2g}} \qquad (2)$$

Damit ergibt sich aus (1) und (2) die Gesamtentleerungszeit

$$\underline{\underline{t = t_1 + t_2 = 2{,}933 \frac{\pi r^2 r}{\mu A \sqrt{2g}}}}$$

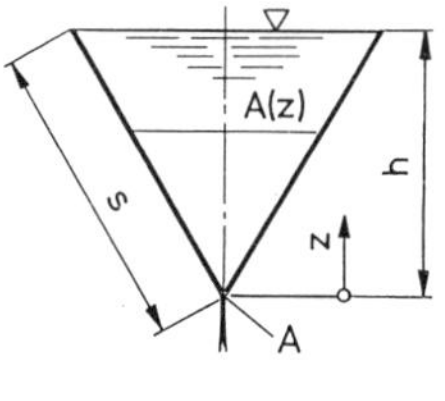

Bild 2.25 A 24

Aufgabe 24 (Bild 2.25)

Aus einem kegelförmigen gleichseitigen Trichter mit einer kleinen Oeffnung vom Querschnitt A und der Ausflusszahl μ an der Spitze fliesst das Flüssigkeitsvolumen des zu Beginn vollständig gefüllten Gefässes ab. Man berechne die Entleerungszeit t. Gegeben: s, A, μ.

Lösung: Aus der Kegelgeometrie folgt $d = 2z/\sqrt{3}$, $h = (s/2)\sqrt{3}$,

$$A(z) = \pi/4\ d^2 = \pi/3\ z^2, \quad dV = A(z)dz = (\pi/3)z^2dz = \mu A \quad 2gz\ dt$$

$$\text{Daraus} \quad t = \frac{\pi}{3\,\mu A\sqrt{2g}} \int_0^{s/2\sqrt{3}} \frac{z^2 dz}{\sqrt{z}} = \frac{\pi\,\sqrt[4]{3}}{20\,\mu\,A\sqrt{g}}\ s^2\sqrt{s}$$

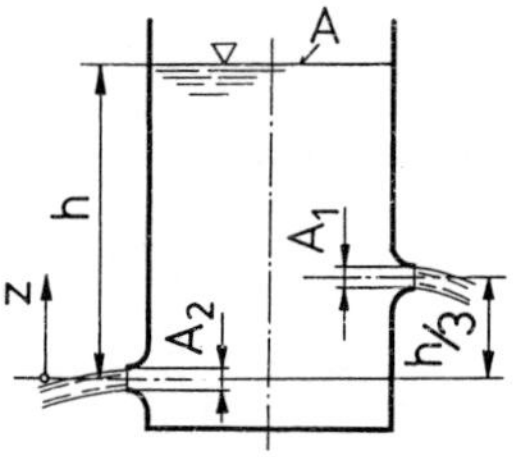

Bild 2.26 A 25

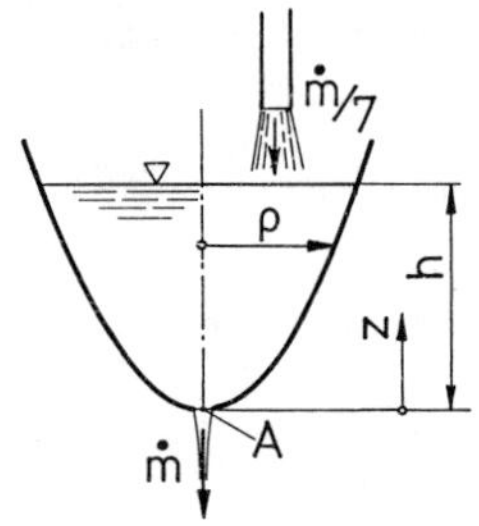

Bild 2.27 A 26

Aufgabe 25 (Bild 2.26)

Ein zylindrischer Behälter mit dem Querschnitt A und der anfänglichen Spiegelhöhe h hat zwei gleichgrosse Auslassöffnungen vom Querschnitt $A_1 = A_2$. A_1 liegt um h/3 höher als A_2. Für beide gerundeten Oeffnungen wird $\mu = 1$ angenommen. Man berechne die Entleerungszeit t. Gegeben: A, h, $A_1 = A_2$, A_1 in $z = h/3$.

Lösung:

1.Phase. Ausfluss aus beiden Oeffnungen:

$$\text{Volumenänderung} \quad A\,dz = \left[A_1\sqrt{2g(z - \tfrac{h}{3})} + A_2 \cdot \sqrt{2gz}\right]dt \tag{1}$$

$$dt = \frac{A\,dz}{A_1\sqrt{2g}\left[\sqrt{z - h/3} + \sqrt{z}\right]}$$

$$t_1 = \frac{A}{A_1\sqrt{2g}} \int_{h/3}^{h} \frac{dz}{\sqrt{z - h/3} + \sqrt{z}} \tag{2}$$

(2) ist irrationale Funktion mit bekanntem Integral (vgl. Integralsammlung). Man findet

$$t_1 = \frac{A}{A_1\sqrt{2g}}\,\frac{2}{h}\left[\sqrt{(z-h/3)^3} - \sqrt{z^3}\right]\Bigg|_{h/3}^{h}$$

$$= \frac{2A}{A_1\sqrt{2g}}\left[\sqrt{(\tfrac{2}{3}h)^3} - \sqrt{h^3} + \sqrt{(\tfrac{h}{3})^3}\right] \qquad (3)$$

2.Phase. Restlicher Ausfluss aus der Oeffnung in Bodenhöhe $z = 0$. Anfängliche Höhe $z = h/3$. In Anlehnung an den Ausdruck (1) erhält man

$$dt = \frac{A\,dz}{A_2\sqrt{2g}\sqrt{z}} \qquad (4)$$

und daraus $$t_2 = \frac{A}{A_2\sqrt{2g}}\int_0^{h/3} z^{-1/2}\,dz = \frac{2A}{A_2\sqrt{2g}}\left(\frac{h}{3}\right)^{1/2} \qquad (5)$$

Mit (2) und (5) gilt dann für die gesamte Entleerungszeit

$$t = t_1 + t_2$$

Aufgabe 26 (Bild 2.27)

Ein rotationssymmetrischer Behälter mit parabelförmiger Wandform $\rho^2 = z$ ist bis zur Spiegelhöhe h gefüllt. Der aus der kleinen Bodenöffnung vom Querschnitt A und der Ausflusszahl μ ausströmende Massenstrom $\dot{m}$ wird laufend durch den Zufluss von $\dot{m}/7$ teilweise ergänzt. Man berechne die Entleerungszeit t. Gegeben: h, A, $\rho^2 = z$, μ.

Lösung: $$\mu A\sqrt{2gz}\,dt = \pi\rho^2 dz + \frac{1}{7}\mu A\sqrt{2gz}\,dt \qquad (1)$$

$$\rho^2 = z \qquad (2)$$

(2) in (1) $$\frac{6}{7}\mu A\sqrt{2gz}\,dt = \pi z\,dz \qquad (3)$$

Aus (3) $$t = \frac{7\pi}{6\mu A\sqrt{2g}}\int_0^{z=h}\frac{z}{\sqrt{z}}\,dz \qquad (4)$$

(4) integriert: $$t = \frac{7\pi h^2\sqrt{h}}{9\mu A\sqrt{2g}}$$

Aufgabe 27 (Bild 2.28)

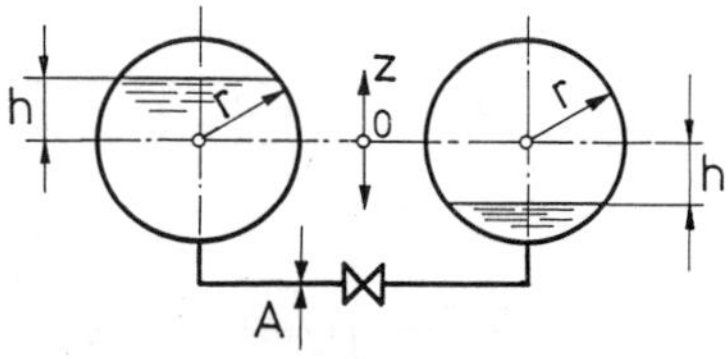

Bild 2.28 A 27

Die mit einer absperrbaren Rohrleitung vom Querschnitt A verbundenen Kugelbehälter mit dem Radius r sind teilweise mit Flüssigkeit gefüllt. Die Niveaudifferenz in Bezug auf die Kugelzentren beträgt nach oben und unten jeweils h. Wie gross ist die Zeitspanne t, bis nach Oeffnung des Absperrventils die Spiegelhöhen ausgeglichen sind, wenn Strömungsverluste vernachlässigt werden ? Gegeben: r, h, A.

Lösung:

Die Flüssigkeitsinhalte bilden zusammen das Kugelvolumen. Daher beträt der Niveauunterschied stets 2z. Die Kontiniutätsbedingung lautet:

$$\pi(r^2 - z^2)dz = A\sqrt{4gz}\,dt \qquad (1)$$

und daraus

$$dt = \frac{\pi(r^2 - z^2)}{A\sqrt{4g}}\,\frac{dz}{z} \qquad (2)$$

(2) integriert von 0 bis h. Man erhält

$$\underline{\underline{t = \frac{\pi}{A}\sqrt{h/g}\,\left(r^2 - \frac{h^2}{5}\right)}}$$

Aufgabe 28 (Bild 2.29)

Die Schützentafel schliesst zunächst eine rechteckförmige Seitenöffnung a·b (Breite b senkrecht zur Bildebene) ab und wird danach mit der konstanten Geschwindigkeit c um a angehoben. Wie gross ist das abströmende Volumen während des Hebevorganges, wenn der Wasserspiegel unverändert auf der Höhe H angenommen und mit einer Ausflusszahl μ gerechnet wird ? Gegeben: H, a, b, c, μ.

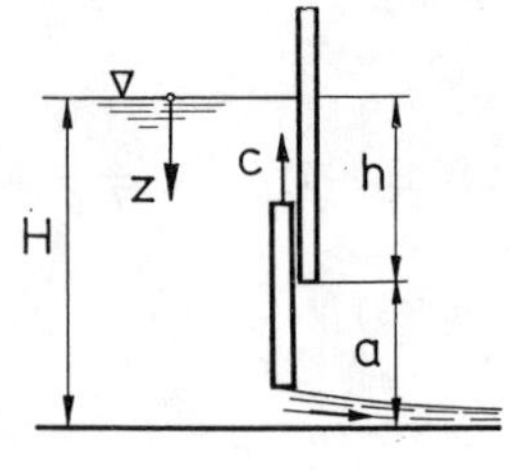

Bild 2.29 A 28

Lösung:

Im Spalt der Höhe dz in der Tiefe z strömt

$$d\dot{V} = \mu\sqrt{2gz}\; b\; dz \tag{1}$$

Im Spalt mit der Höhe H-z ergibt sich hieraus

$$\dot{V} = \int_z^H d\dot{V} = \mu\, b\,\sqrt{2g}\int_z^H z^{1/2} dz = \frac{2}{3}\mu b\,\sqrt{2g}\,(H^{3/2} - z^{3/2}) \tag{2}$$

Im Zeitelement dt strömt auf Grund von (2)

$$dV = \dot{V}\, dt \tag{3}$$

Die Abnahme des wirksamen Gefälles z durch die Bewegung mit der Hubgeschwindigkeit c beträgt

$$dz = -\, c\, dt \tag{4}$$

(4) in (3) mit (2) ergibt die Volumenstrombeziehung

$$dV = -\frac{2}{3}\mu\, b\,\sqrt{2g}\,(H^{3/2} - z^{3/2})\,\frac{dz}{c} \tag{5}$$

(5) integriert in den Grenzen von H bis h liefert das ausfliessende Flüssigkeitsvolumen während des Hebevorganges

$$\underline{V = \frac{2}{15}\,\frac{\mu\, b}{c}\sqrt{2gH}\; H^2\left[3 - 5\frac{h}{H} + 2\left(\frac{h}{H}\right)^{5/2}\right]}$$

Aufgabe 29 (Bild 2.30)

Die rechteckigen Schleusenkammern mit den Flächen A_1 und A_2 sind durch die Oeffnung mit dem Querschnitt A verbunden. Der Spiegelunterschied beträgt anfänglich h.

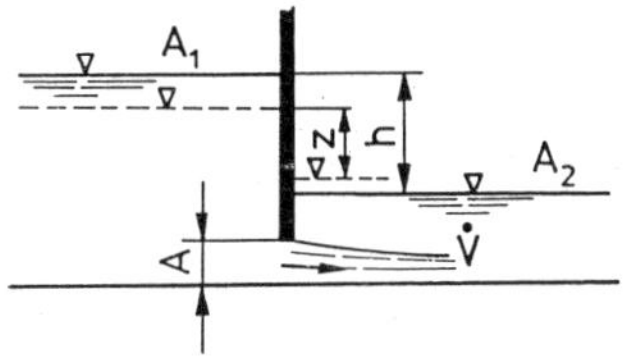

Bild 2.30 A 29

a) Wie gross ist die Schleusenfüllzeit t zur Verringerung des Spiegelunterschiedes auf $z < h$, wenn der Ausflussbeiwert μ beträgt ? b) Wann tritt vollständige Ausspiegelung ($z = 0$) ein ? c) Nach welcher Zeit t ist die vollständige Ausspiegelung abgeschlossen, wenn die Oberwasserfläche A_1 sehr gross ist ($A_1 \rightarrow \infty$)?

d) Welche Gesetzmässigkeit besteht für den zeitlichen Verlauf der Füllwassermenge $\dot{V}$? Gegeben: A_1, A_2, A, h, z, μ.

Lösung:

a) Es gilt $dV = \dot{V}\,dt = A_1 dz_1 = A_2 dz_2 = \mu A\sqrt{2gz}\,dt$ (1)

$$dz_1 + dz_2 = -dz = -(1/A_2 + 1/A_1)\dot{V}\,dt \tag{2}$$

(1) in (2) liefert $dt = -\frac{dz}{\sqrt{z}}\,\frac{A_1A_2}{A_1+A_2}\,\frac{1}{\mu A\sqrt{2g}}$ (3)

Für die Faktoren von $dz/\sqrt{z}$ in (3) setzen wir K und erhalten die Füllzeit bei Beachtung des negativen Wertes von dz:

$$t = K\int_z^h \frac{dz}{\sqrt{z}} = 2\,K(\sqrt{h} - \sqrt{z}) \tag{4}$$

b) Vollständige Ausspiegelung (z=0) tritt ein gemäss (4) in der Zeit

$$\underline{t = 2\,K\sqrt{h}} \tag{5}$$

c) Für sehr grossen Oberwasserspiegel $A_1 \to \infty$ nimmt die Konstante K in (3) den Wert

$$K = A_2\,\frac{1}{\mu A\sqrt{2g}} \tag{6}$$

an. Damit folgt aus (5) und (6)

$$\underline{t = \frac{2\,A_2\sqrt{h}}{\mu A\sqrt{2g}}} \tag{7}$$

d) Sekundlicher Wasserstrom $\dot{V} = \mu A\sqrt{2gz}$ (8)

Aus (3) entnimmt man $dz/\sqrt{z} = -(1/A_2 + 1/A_1)\,\mu A\sqrt{2g}\,dt$ (9)

und daraus durch Integration $2\sqrt{z} = -(1/A_2 + 1/A_1)\,\mu A\sqrt{2g}\cdot t + C$ (10)

Randbedingungen: $t = 0 \Rightarrow z = h \qquad C = 2\sqrt{h}$

Also wird aus (10) $z = \left[\sqrt{h} - \frac{1}{2}(1/A_2 + 1/A_1)\,\mu A\sqrt{2g}\,t\right]^2$ (11)

(11) in (1) und der in (4) eingeführten Konstanten K führt auf den Zusammenhang

$$\underline{\dot{V} = \mu A\sqrt{2g}\left[\sqrt{h} - \frac{t}{2\,K}\right]} \tag{12}$$

(12) ist eine <u>lineare</u> Funktion von t. Der ausgleichende Volumenstrom $\dot{V}$ nimmt somit linear mit der Zeit t ab.

Aufgabe 30 (Bild 2.31)

Bei einem gewissen Anstellwinkel α nimmt die durch

$$\frac{p - p_\infty}{(\rho/2)\ U_\infty^2} = \frac{\Delta p}{q}$$ ausgedrückte

Druckverteilung p an einem Tragflügel folgende Werte an:

Punkt	1	2	3	4
$\Delta p/q$	1	-2,5	-0,5	0,4

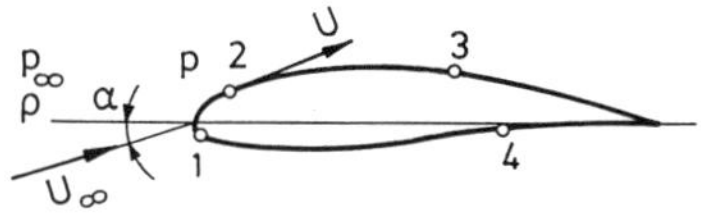

Bild 2.31 A 30

a) Man drücke die an der Profilkontur herrschende Geschwindigkeit U formal durch die Zuströmgeschwindigkeit U_∞ und $\Delta p/q$ aus, b) Wie gross ist U in den Punkten 1 bis 4, wenn p_∞= 0,98 bar, U_∞= 60 m/s und ρ = 1,15 kg/m^3? c) Wie nennt man Stellen im Strömungsfeld mit den Eigenschaften, wie sie im Punkt 1 auftreten ?

Lösung:

a) Aus $$\frac{\rho}{2}U_\infty^2 + p_\infty = \frac{\rho}{2}U^2 + p \qquad (1)$$

und Setzung von $\Delta p/q = (p - p_\infty)/((\rho/2)U_\infty^2)$ kommt

$$\underline{\underline{U = U_\infty\sqrt{1 - \Delta p/q}}} \qquad (2)$$

b) Aus (2) folgt mit den gegebenen Werten U_1= <u>0 m/s</u>, U_2= <u>112,25m/s</u>, U_3= <u>73,5 m/s</u>, U_4= <u>46,47 m/s</u>.

c) Punkt 1 ist Staupunkt (auch Verzweigungspunkt) der Strömung.

Aufgabe 31

Verkehrsflugzeug . Man berechne den erforderlichen Auftriebsbeiwert c_a des Verkehrsflugzeuges Fokker 100 für fogende Flugzustände:
a) Start in Meereshöhe, H = 0 m, ρ = 1,225 kg/m^3, b) Reiseflug mit der Machzahl M = 0,7 in 7000 m Höhe, p = 41061 Pa, ρ = 0,58950 kg/m^3, t = - 30°C, Schallgeschwindigkeit a = 312 m/s,
c) Landung in Meereshöhe H = 0 m. Weitere gegebene Daten: Flügelfläche A = 93,5 m^2, Startmasse m_S= 43100 kg, Landemasse m_L= 39915 kg, Startgeschwindigkeit u_S= 280 km/h = 77,8 m/s, Landegeschwindigkeit u_L= 240 km/h = 66,7 m/s.

Lösung:

a) $$c_a = \frac{m_S g}{A \frac{\rho}{2} u_S^2} = \frac{43100 \cdot 9{,}81 \cdot 2}{93{,}5 \cdot 1{,}225 \cdot 77{,}8^2} = \underline{\underline{1{,}22}}$$

b) Mit $u_F = M \cdot a = 0{,}7 \cdot 312 = 218{,}4$ m/s wird

$$c_a = \frac{m_S g}{A \frac{\rho}{2} u_F^2} = \frac{43100 \cdot 9{,}81 \cdot 2}{93{,}5 \cdot 0{,}58950 \cdot 218{,}4^2} = \underline{\underline{0{,}32}}$$

c) $$c_a = \frac{m_L g}{A \frac{\rho}{2} u_L^2} = \frac{39915 \cdot 9{,}91 \cdot 2}{93{,}5 \cdot 1{,}225 \cdot 66{,}7^2} = \underline{\underline{1{,}54}}$$

Aufgabe 32 (Bild 2.32)

Tragflügelprofil NACA 6412. Das Profil hat für unterschiedliche c_a-Werte die dargestellte Druckverteilung c_p, gültig bei $Re = 3 \cdot 10^6$.
Relative Profildaten sind:
Wölbungsverhältnis $f/\ell = 6\%$,
Wölbungsrücklage $x_f/\ell = 40\%$,
Profildicke $d/\ell = 12\%$.
Für $Re = 8{,}15 \cdot 10^6$ gilt:
Nullauftriebswinkel $\alpha_0 = -5{,}7°$ ' Auftriebsanstieg $dc_a/d\alpha° = 0{,}101$.
a) Man entwerfe die Auftriebslinie $c_a = c_a(\alpha)$ im Bereiche bis $c_a = 1{,}5$,
b) Aus einer gegebenen c_p-Verteilung an der Ober- und Unterseite (Oberseite - - - - - , Unterseite ————) der Profilkontur ist der Auftriebsbeiwert c_a näherungsweise zu bestimmen.

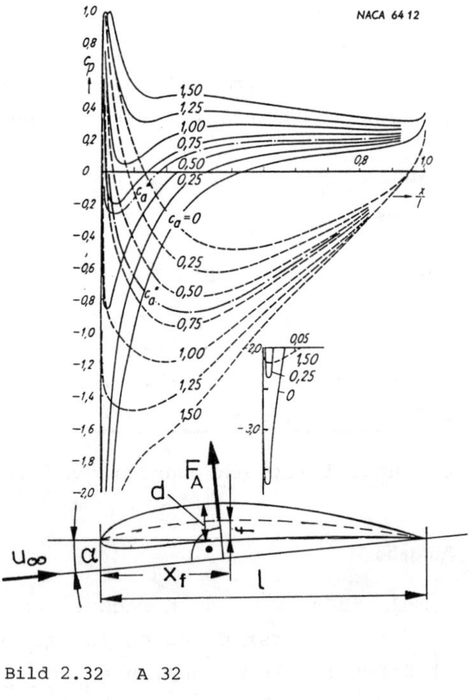

Bild 2.32 A 32

Lösung:

a) Mit dem Nullauftriebswinkel $\alpha_0 = -5{,}7°$ und dem Auftriebsanstieg $dc_a/d\alpha^o = 0{,}101$ lässt sich die Auftriebslinie $c_a = f(\alpha)$ entwerfen (Bild 2.33).

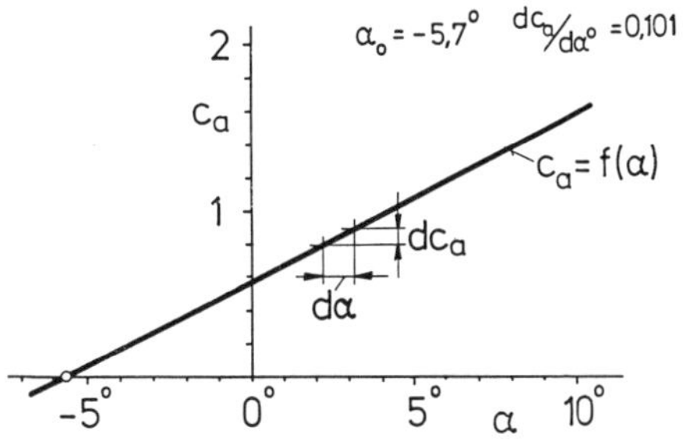

Bild 2.33 A 32

b) $$c_p = \frac{p - p_\infty}{\frac{\rho}{2} u_\infty^2} = \frac{\Delta p}{\frac{\rho}{2} u_\infty^2} \qquad (1)$$

Je Meter Profilbreite (b = 1 m) beträgt der Auftrieb (Bild 2.34)

$$F_A = c_a \ell \frac{\rho}{2} u_\infty^2 =$$

$$\oint_{\text{Kontur K}} \Delta p(x)\, ds \cos\varphi \qquad (2)$$

$$ds \cos\varphi = dx \qquad (3)$$

(3) und (1) in (2) ergibt für den Auftriebsbeiwert

$$c_a = \frac{\oint_K c_p \, dx}{\ell} \qquad (4)$$

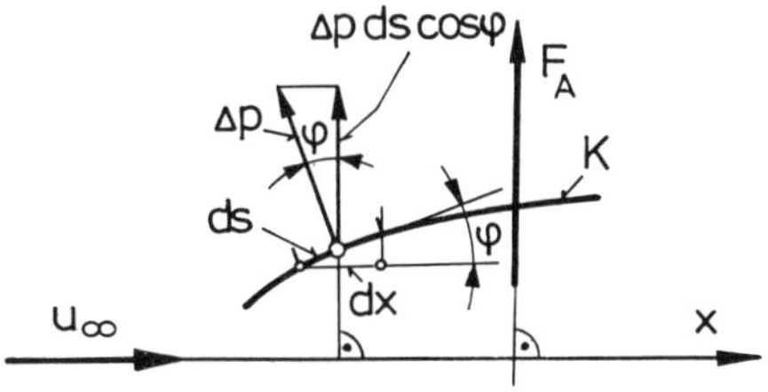

Bild 2.34 A 32

Profiloberseite: In (4) Vorzeichen der einzusetzenden c_p-Werte beachten. Für die Auftriebsberechnung Vorzeichenwechsel der aus Bild 2.32 entnommenen Werte.

Profilunterseite: c_p-Werte unverändert übernehmen. Für die graphische Integration von (4) lässt sich die Profiltiefe ℓ in n Teilbereiche Δx zerlegen und man kann schreiben:

$$\text{Auftriebsbeiwert} \quad c_a \approx \frac{\sum_{i=1}^{n} c_{p_i} \Delta x}{\ell} \qquad (5)$$

In (5) gilt die obgenannte Vorzeichenregel für c_p.

Aufgabe 33 (Bild 2.35)

Tragflügelprofil NACA 4421. Vom Profil ist der Druckbeiwert $c_p = (p - p_\infty)/((\rho/2) u_\infty^2)$ gegeben, gültig bei $Re = 3 \cdot 10^6$.

a) Man berechne die Druckverteilung $\Delta p = p - p_\infty$ am Profil beim Auftriebsbeiwert $c_a = 0{,}75$, wenn $u_\infty = 110$ m/s und $\rho = 1{,}198$ kg/m^3 beträgt, b) Man skizziere die Auftriebslinie $c_a = c_a(\alpha)$ im Bereiche des Anstellwinkels $-5^\circ \leqq \alpha \leqq +10^\circ$. Die geometrischen Daten sind: $f/\ell = 4\%$, $x_f/\ell = 40\%$, $d/\ell = 21\%$, $x_d/\ell = 30\%$.

Lösung:

a) $\Delta p = c_p \frac{\rho}{2} u_\infty^2 =$

$\frac{1{,}198}{2} 110^2 c_p = \underline{7247{,}9\ c_p}$

Die zu $c_a = 0{,}75$ gegebenen $c_p = c_p(x/\ell)$ Werte eingesetzt, liefern die Δp-Verteilung gemäss Bild 2.36. Von der Profiloberfläche wegweisende Pfeilstrecken sind Unterdrücke $-\Delta p$, auf das Profil

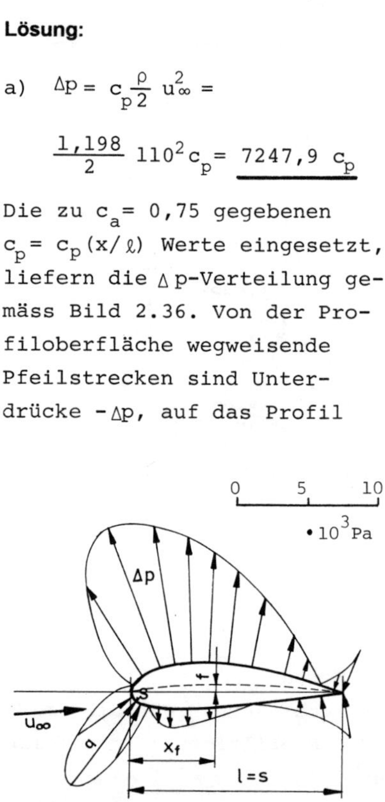

Bild 2.36 A 33

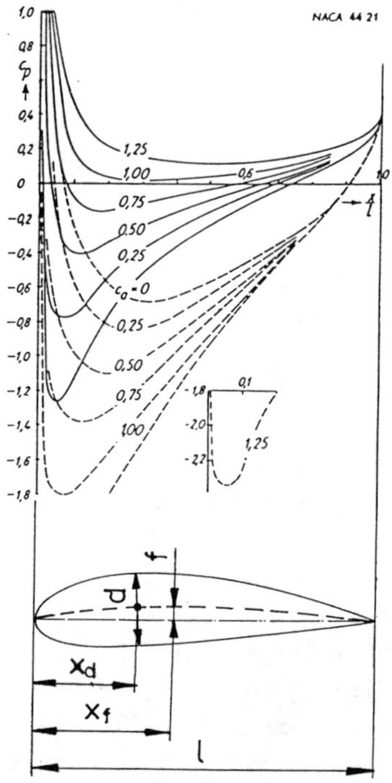

Bild 2.35 A 33

zuweisende $+\Delta p$ Ueberdrücke. Staupunkt in S ($c_p = 1$, $\Delta p = q = (\rho/2)u_\infty^2$.

b) Zwischen Auftriebsbeiwert c_a und Anstellwinkel α gilt in inkompressibler Strömung die Beziehung

$$c_a = \frac{dc_a}{d\alpha}\sin(\alpha - \alpha_0) \qquad (1)$$

worin $\alpha_0 = \alpha_{c_a=0}$ der Nullauftriebswinkel bedeutet. Das ist der Anstellwinkel bei verschwindendem Auftrieb. $dc_a/d\alpha$ ist der Auftriebsanstieg. Für die reibungsfreie Strömung am Skelettprofil mit verschwindender relativer Dicke $d/\ell = 0$ hat der Auftriebsanstieg den Wert 2π , im Winkelmass $2\pi/57{,}3 = 0{,}109 \approx 0{,}11$. In der Strömung mit Reibung findet man

$$\frac{dc_a}{d\alpha^\circ} \approx 0{,}092 \cdot\cdot\cdot 0{,}10$$

Anderseits lässt sich für den Nullauftriebswinkel

$$\alpha_0^\circ \approx -\left[(0{,}9 \cdot\cdot\cdot 1{,}0)\, f/\ell \cdot 100\right]^\circ \quad \text{setzen.}$$

Somit wird am vorliegenden Profil

$$\alpha_0^\circ \approx -(0{,}9 \cdot\cdot\cdot 1{,}0)\, 0{,}04 \cdot 100 = \underline{-3{,}6^\circ \cdot\cdot\cdot -4^\circ}$$

(Windkanalmessung ergibt $-3{,}9^\circ$, somit Faktor (0,975)).
Und für den Auftriebsanstieg folgt

$$\frac{dc_a}{d\alpha^\circ} \approx \underline{0{,}092 \cdot\cdot\cdot 0{,}10}$$

(Windkanalmessung ergibt 0,10, somit $dc_a/d\alpha^\circ = 0{,}10$)

Abgestützt auf die Messwerte im Windkanal ist die Auftriebslinie in Bild 2.37 aufgetragen.

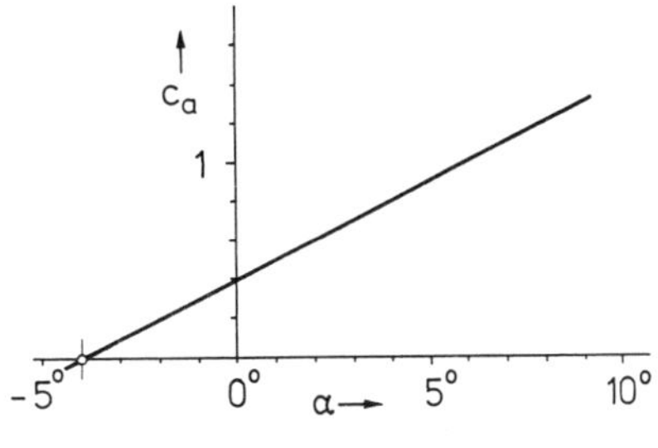

Bild 2.37 A 33

Aufgabe 34 (Bild 2.38)

In einem Behälter steht Methanol (Ethylalkohol) der Dichte $\rho = 790\ \text{kg/m}^3$ unter dem inneren Ueberdruck von $p_1 = 9{,}0$ bar in der Höhe $z = 4$ m über der Austrittsöffnung. Die Flüssigkeit strömt durch ein Ventil mit der Verlustzahl $\zeta = 8{,}5$, bezogen auf

$(\rho/2)c_2^2$, ab. Der Aussendruck beträgt $p_0 = 985$ hPa. Mit welcher Geschwindigkeit c_2 strömt die Flüssigkeit, wenn im Abstrom der statische Druck $p_2 = 6$ bar (abs) gemessen wird ?

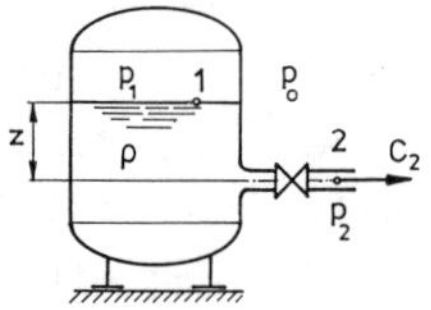

Bild 2.38 A 34

Lösung:

Aus der Bernoulli-Gleichung von 1 bis 2

$$(p_1 + p_0) + \rho g z = p_2 + \frac{\rho}{2} c_2^2 + \zeta \frac{\rho}{2} c_2^2 \quad \text{folgt}$$

$$c_2 = \sqrt{\frac{p_1 + p_0 - \rho g z}{(\rho/2)(1+\zeta)}} = \sqrt{\frac{(9 + 0{,}985 - 6)10^5 + 790 \cdot 9{,}81 \cdot 4}{790(1 + 8{,}5)}} = \underline{\underline{10{,}7\text{m/s}}}$$

Aufgabe 35 (Bild 2.39)

Längs der Rohrleitung mit Reibungsverlusten lautet die Energiebilanz für zwei Punkte 1 und 2 mit dem Druckverlust Δp_v in der Höhenform

$$\frac{c_1^2}{2g} + \frac{p_1}{\rho g} + z_1 = \frac{c_2^2}{2g} + \frac{p_2}{\rho g} + z_2 + \frac{\Delta p_v}{\rho g} \tag{1}$$

Die strömende Flüssigkeit weist im Bereiche des kleinsten Rohr-

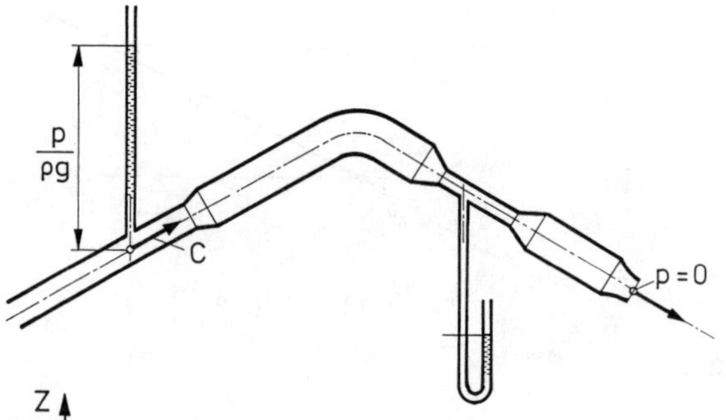

Bild 2.39 A 35

durchmessers Unterdruck auf (Saugwirkung am eingezeichneten Piezometer). Am freien Ende beträgt der Relativdruck p = 0 (völliger Druckabbau auf den Aussendruck).
Man skizziere für diese reibungsbehaftete Rohrströmung den qualitativ zutreffenden Verlauf der Druck- und Energielinie in der Höhenform mit Berücksichtigung der erhöhten Verluste durch Geschwindigkeits- und Richtungsänderungen. Als weiterer Anhalt für einen Punkt auf der Drucklinie dient der eingetragene Piezometerstand im ansteigenden Rohrabschnitt.

Lösung: (Bild 2.40)

Zunächst verläuft die Energielinie der reibungsfreien Strömung horizontal entsprechend der Bernoulli-Konstanten

$$E = \frac{c^2}{2g} + \frac{p}{\rho g} + z = \text{konstant}$$

Die Energielinie der reibungsbehafteten Strömung dagegen fällt in Strömungsrichtung ab. In Bereichen höherer Strömungsgeschwindigkeiten in Rohrteilen mit kleinerem Durchmesser oder infolge

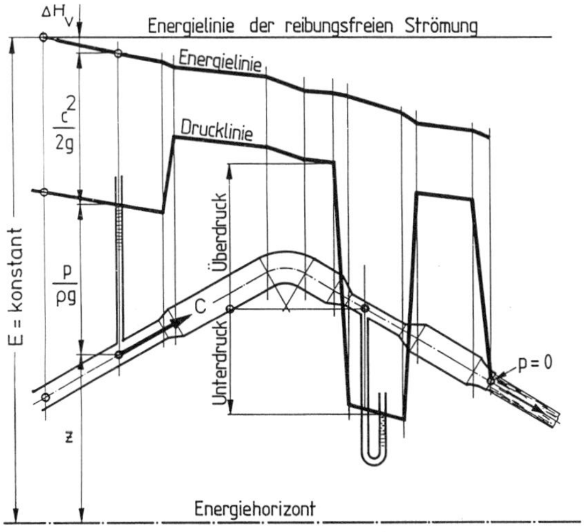

Bild 2.40 A35

Richtungsänderungen ist der Druckhöhenverlust ΔH_v ausgeprägter. Strömungsgeschwindigkeit c, geodätische Höhe z und der Druckverlust bzw. die Druckverlusthöhe $\Delta p_v/\rho g$ bestimmen den Verlauf der Drucklinie. Aus (1) ist erkennbar, dass im Unterdruckgebiet (Relativdruck p 0) die Drucklinie unter der Rohrachse, in Ueberdruckgebieten höher als die Rohrachse liegt.

Noch eine Bemerkung zur Bernoulli-Gleichung ohne Verlustglied: $p + (\rho/2)c^2 + \rho gh =$ konstant. Diese wichtigste Gleichung der Hydrodynamik geht inhaltlich auf Daniel Bernoulli zurück, die er in seiner 1738 erschienenen "Hydrodynamica" publizierte. Sein Vater Johann Bernoulli war damals der anerkannte Herrscher in der Mathematik. Die Tätigkeit, die Johann Bernoulli in Basel entfaltete, wird der Universität immer zum höchsten Ruhm gerechnet werden. Um gleich den berühmtesten seiner Schüler nennen: Leonhard Euler.

Aufgabe 36 (Bild 2.41)

Man berechne und skizziere in Funktion von d_2 die Austrittsgeschwindigkeit c_2 aus der Rohrleitung mit einstellbarem veränderlichen Düsenstrahldurchmesser d_2. Daten: Pumpendruck $p_1 = 15$ bar (abs) = konstant, Aussendruck $p_0 = 1$ bar, Rohrinnendurchmesser $d_1 = 50$ mm, Rohrlänge $\ell_1 = 10$ m und $\ell_2 = 50$ m, Betriebsmedium Wasser mit $\rho = 1000$ kg/m^3, Rohrreibungszahl $\lambda = 0{,}03$ = konstant. Widerstandsbeiwerte, auf $\rho/2\ c_1^2$ bezogen: Schieber S $\zeta_S = 2{,}5$ = konstant, Düse D $\zeta_D = 0{,}007$ = konstant im Bereiche $d_2 \approx 0$ bis 50 mm.

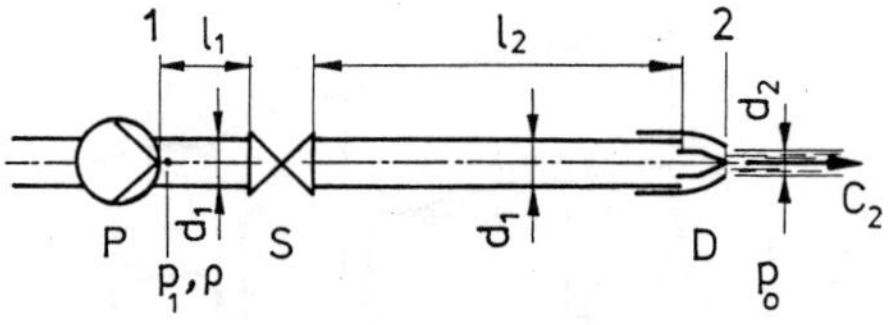

Bild 2.41 A 36

Lösung:

Bernoulli-Gleichung mit Verlustglied von 1 bis 2

$$\frac{\rho}{2} c_1^2 + p_1 = \frac{\rho}{2} c_2^2 + p_0 + \frac{\rho}{2} c_1^2 \left[\zeta_S + \zeta_D + \frac{\lambda}{d_1}(\ell_1 + \ell_2)\right] \quad (1)$$

$$\text{Kontinuität} \quad c_1 = (A_2/A_1)\,c_2 \quad (2)$$

(2) in (1) ergibt

$$c_2 = \sqrt{\frac{2\,(p_1 - p_0)}{\rho\left[1 + \left(\frac{A_2}{A_1}\right)^2 (\zeta_S + \zeta_D + \frac{\lambda\,(\ell_1 + \ell_2)}{d_1} - 1)\right]}} \qquad (3)$$

Aus (3) ergibt sich c_2 mit den vorgegebenen Daten in Abhängigkeit des Strahldurchmessers d_2 (Bild 2.42).

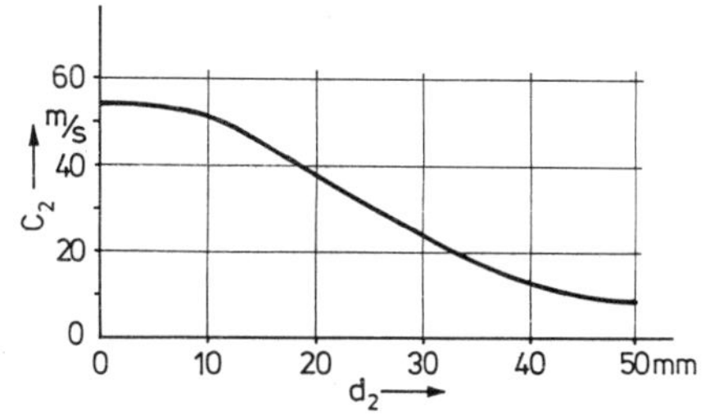

Bild 2.42 A 36

Aufgabe 37 (Bild 2.43)

Aus einer rotationssymmetrischen Düse strömt Wasser mit der Geschwindigkeit c_2 ins Freie. a) Wie lautet der Druck p(x) in der Düse für die reibungsfreie Strömung ? Vereinfachend wird eine über den Querschnitt gleichmässige Geschwindigkeitsverteilung angenommen, b) Man berechne den Druckverlauf p(x) für die Strömung mit Reibung bei sonst unveränderten Werten von c_1 und c_2. Der Reibungseinfluss, erfasst mit der Druckverlustzahl ζ (bezogen auf $(\rho/2)((c_1 + c_2)/2)^2$, wird linear ansteigend längs der Düsenlänge ℓ angenommen, c) Man skizziere p(x) für a) und b) in Abhängigkeit der relativen Lauflänge x/ℓ.

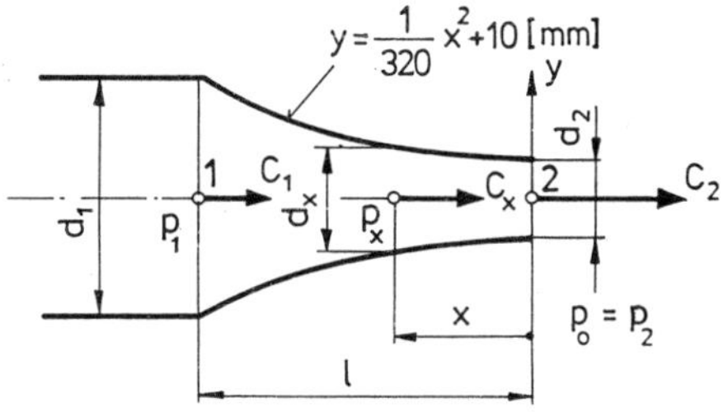

Bild 2.43 A 37

Gegeben: $d_1 = 60$ mm ($A_1 = 28{,}27\,cm^2$), $d_2 = 20$ mm ($A_2 = 3{,}1415\ cm^2$), $\ell = 80$ mm, $c_1 = 6$ m/s, $p_0 = 1{,}0$ bar, $\zeta = 0{,}05$, $\rho = 10^3\,kg/m^3$.

Lösung:

Reibungsfreie Strömung

a) Bernoulli-Gleichung von 1 bis x:

$$p_1 + \frac{\rho}{2} c_1^2 = p_x + \frac{\rho}{2} c_x^2 \qquad (1)$$

Kontinuität $$c_x = (A_1/A_x)\, c_1 = c_1 (d_1/d_x)^2 \qquad (2)$$

Fläche $$A_x = \pi y^2 = \pi \left(\frac{(1/300)x^2 + 10}{1000}\right)^2 \qquad (3)$$

Aus (1) $$p_x = p_1 + \frac{\rho}{2} (c_1^2 - c_x^2) \qquad (4)$$

In (4) ist $$p_1 = p_2 + \frac{\rho}{2} c_1^2 \left[(A_1/A_2)^2 - 1\right] \qquad (5)$$

Mit (2), (3) und (5) in (4) erhält man den Druckverlauf

$$p_x = p_2 + \frac{\rho}{2} c_1^2 A_1^2 \left[\frac{1}{A_2^2} - \frac{1}{\pi^2 \left\{\frac{(x^2/320) + 10}{10^3}\right\}^4}\right] \qquad (6)$$

(6) ausgewertet ergibt mit $p_1 = 15{,}4$ bar aus (5) den in Bild 2.44 dargestellten Druckverlauf p(x) längs x/ℓ für die reibungsfreie Strömung (Kurvenzug Vollinie).

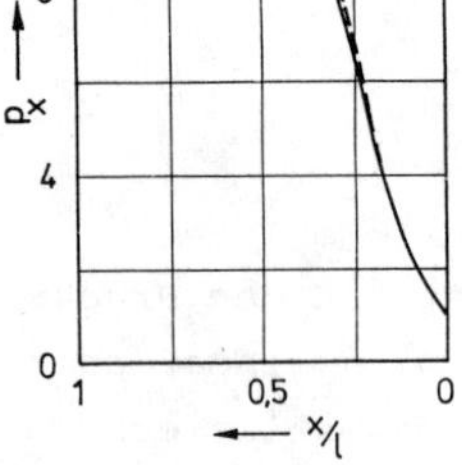

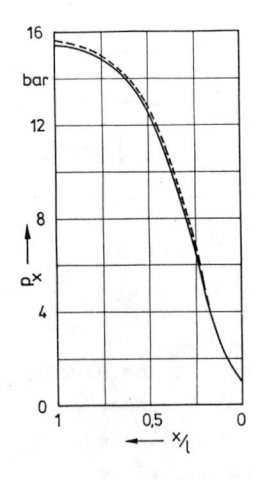

Bild 2.44 A 37

Strömung mit Reibung

b) Bernoulli-Gleichung mit Verlustglied von 1 bis 2:

$$p_1 + \frac{\rho}{2} c_1^2 = p_2 + \frac{\rho}{2} c_2^2 + \zeta \frac{\rho}{2} \left(\frac{c_1 + c_2}{2}\right)^2 \qquad (7)$$

Daraus mit den gegebenen Grössen

$$p_1 = 15{,}625 \text{ bar}$$

Im Abstand x von der Düsenmündung gilt

$$p_1 + \frac{\rho}{2} c_1^2 = p_x + \frac{\rho}{2} c_x^2 + \zeta \frac{\rho}{2} \left(\frac{c_1 + c_2}{2}\right)^2 \qquad (8)$$

Mit (2) für c_x und linear ansteigendem Druckverlust längs ℓ gilt dann

$$p_x = p_1 + \frac{\rho}{2}\left[c_1^2\left(1 - (d_1/d_x)^4\right) - \zeta\left(\frac{c_1 + c_2}{2}\right)^2 \frac{\ell - x}{\ell}\right] \qquad (9)$$

Zur Auswertung von (9) führen wir für d_x noch die Konturfunktion $y = f(x)$ ein und erhalten $d_x = 2y$. Es resultiert der in Bild 2.44 gestrichelt eingetragene Kurvenverlauf $p(x) = f(x/\ell)$.

c) p(x) aus a) und b) wurde bereits diskutiert und in Bild 2.44 bildlich dargestellt.

Aufgabe 38 (Bild 2.45)

Am Ende eines Rohres mit dem Durchmesser d_1 strömt Wasser mit der Dichte ρ durch eine Düse mit dem Durchmesser d_2 ins Freie. Vor der Düse wird an einem in der Höhe z über der Rohrachse angebrachten Manometer ein Ueberdruck p_{1_M} gemessen. Die Geschwindigkeitsziffer der Düse ist $\varphi = c_2/c_{2th}$. c_{2th} wäre die reibungsfreie Ausflussgeschwindigkeit. Man bestimme die Ausflussgeschwindigkeit c_2 und den sekundlichen Volumenstrom $\dot{V}$. Gegeben: $p_1 = 2{,}25$ bar (Ueberdruck), $\varphi = 0{,}89$, $d_1 = 200$ mm, $d_2 = 50$ mm, $z = 2{,}15$ m, $\rho = 10^3 kg/m^3$.

Lösung: $c_2 = \sqrt{\dfrac{2(p_{1_M} + \rho g z)}{\rho\left[\dfrac{1}{\varphi^2} - (d_2/d_1)^4\right]}} = \underline{19{,}77 \text{ m/s}}$ $\quad \dot{V} = c_2 A_2 = \underline{0{,}0388 m^3/s}$

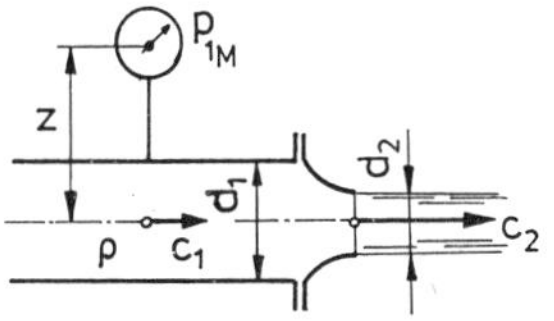

Bild 2.45 A 38

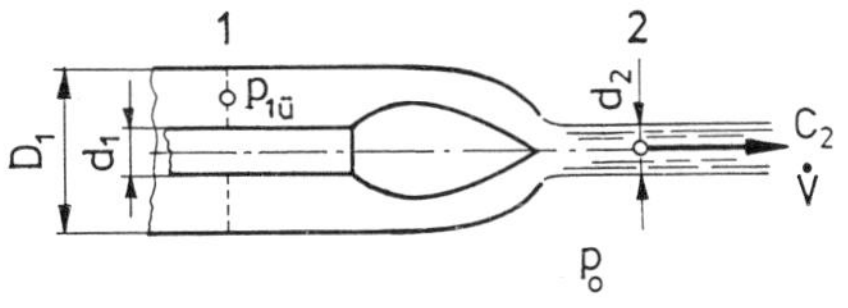

Bild 2.46 A 39

Aufgabe 39 (Bild 2.46)

Düse zu Freistrahlturbine. Eine Freistrahlturbine verarbeitet das nutzbare Gefälle H. Der Volumenstrom beträgt $\dot{V}$. Die Reibungsverluste in der Düse werden durch die Verlustzahl ζ erfasst, bezogen auf $(\rho/2)c_1^2$. Man berechne a) die Strahlgeschwindigkeit c_2, b) den

Strahldurchmesser d_2, c) den statischen Ueberdruck p_1 im Querschnitt 1. Gegeben: $H = 950$ m, $\dot{V} = 1{,}9\ m^3/s$, $\zeta = 0{,}002$, $D_1 =$ 390 mm, $d_1 = 95$ mm, $\rho = 10^3 kg/m^3$.

Lösung: a) $c_2 = \sqrt{2gH - \zeta(\dot{V}/A_1)^2} = \underline{\underline{136{,}5\ m/s}}$

b) $d_2 = \sqrt{4\dot{V}/\pi c_2} = \underline{\underline{133{,}1\ mm}}$

c) $p_1 = \frac{\rho}{2}\left[2gH - (\dot{V}/A_1)^2\right] = \underline{\underline{91{,}76\ bar}}$

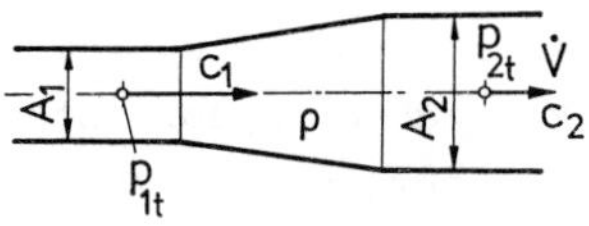

Bild 2.47 A 40

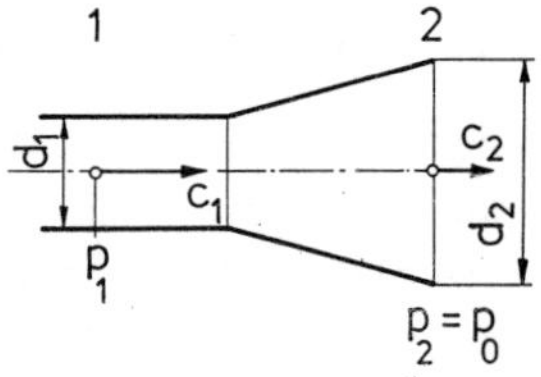

Bild 2.48 A 41

Aufgabe 40 (Bild 2.47)

Die inkompressible Strömung durch einen Diffusor mit dem Flächenverhältnis A_2/A_1 hat den Gesamtdruckverlust $\Delta p_{tv} = p_{1t} - p_{2t}$, wobei die Strömung von c_1 auf c_2 verzögert wird. Das strömende Medium hat die Dichte ρ, der Volumenstrom beträgt $\dot{V}$. Welchen Wirkungsgrad η_D weist der Diffusor auf, wenn dieser durch $\eta_D = \Delta p/\Delta p_{th}$ festgelegt ist. Δp ist die messbare statische Druckerhöhung und Δp_{th} die Druckerhöhung der verlustlosen Strömung. Gegeben: A_1, A_2, $\dot{V}$, ρ, Δp_{tv}.

Lösung:

Aus $p_{1t} = \frac{\rho}{2}c_1^2 + p_1$ und $p_{2t} = \frac{\rho}{2}c_2^2 + p_2$ folgt

$$\Delta p = p_2 - p_1 = \frac{\rho}{2}(c_1^2 - c_2^2) - \Delta p_{tv} \qquad (1)$$

Bei reibungsfreier Strömung wäre $\Delta p_{th} = \frac{\rho}{2}(c_1^2 - c_2^2)$ (2)

(1) und (2) in η_D eingeführt liefert

$$\eta_D = 1 - \frac{\Delta p_{tv}}{\frac{\rho}{2}(c_1^2 - c_2^2)} \qquad (3)$$

Die Kontinuitätsbedingung $c_1 = \dot{V}/A_1$ und $c_2 = \dot{V}/A_2$ in (3) ergibt schliesslich für den Diffusorwirkungsgrad den Ausdruck

$$\eta_D = 1 - \frac{2\,\Delta p_{tv}}{\rho\dot{V}(1/A_1^2 - 1/A_2^2)}$$

Aufgabe 41 (Bild 2.48)

Ein in die freie Atmosphäre mündender Diffusor für Luft hat die skizzierte Form. Wie gross ist der Druck p_1 im Diffusoreintritt und die Abströmgeschwindigkeit c_2 bei Annahme inkompressibler Strömung ? Gegeben: $d_1 = 175$ mm, $d_2 = 350$ mm, $c_1 = 25$ m/s, $\rho = 1{,}2$ kg/m^3, Diffusorwirkungsgrad $\eta_D = (p_2 - p_1)/(\rho/2)(c_1^2 - c_2^2)$, $p_0 = p_2 = 1025$ hPa.

Lösung: $p_1 = p_2 - \frac{\rho}{2}(c_1^2 - c_2^2)\eta_D = \underline{1{,}02218\ \text{bar}}$

$c_2 = c_1(d_1/d_2)^2 = \underline{6{,}25\ \text{m/s}}$

Aufgabe 42 (Bild 2.49)

Krümmerströmung, Kavitationsgrenze. Durch einen Krümmer mit einem kurzen Ansatzrohr strömt Warmwasser ins Freie. Wie gross darf die Temperatur t des Wassers maximal sein bei einem Volumenstrom $\dot{V}$, wenn an der Krümmerinnenwand in A gerade der Dampfdruck $p_d = p_A$ erreicht, aber nicht unterschritten wird ? Es wird reibungsfreie Strömung angenommen. Gegeben: d = 100 mm, $r_m = 250$ mm, $h_1 = 0{,}5$ m, $\dot{V} = 0{,}10$ m^3/s, $\rho = 970$ kg/m^3.

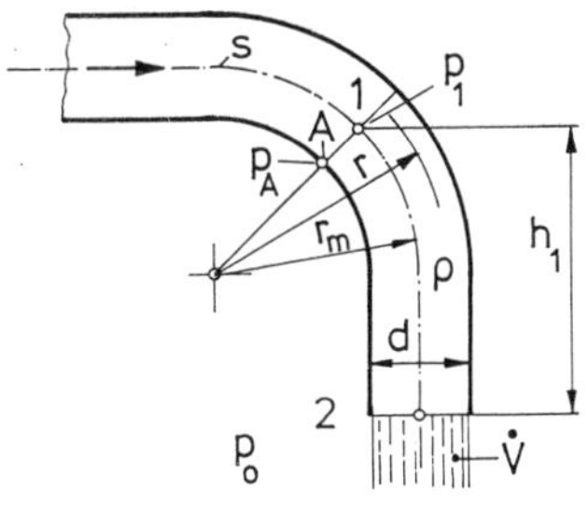

Bild 2.49 A 42

Lösung:

Bernoulli-Gleichung von 1 bis 2: $\frac{\rho}{2}c_1^2 + p_1 + \rho g h_1 = \frac{\rho}{2}c_2^2 + p_0$ (1)

Bei konstantem Rohrdurchmesser d ist $c_1 = c_2$. Damit folgt aus (1)

$$p_1 = p_0 - \rho g h_1 \qquad (2)$$

Wir betrachten p_1 als statischen Druck auf dem mittleren Krümmungsradius r_m. Der Druck auf den gekrümmten Stromfaden im Krümmer ist in radialer Richtung unterschiedlich. Längs des Weges s auf einer Stromlinie gilt die Euler-Gleichung für die stationäre eindimensionale Strömung in konstanter Höhe z (vereinfachte Annahme)

$$\rho c \frac{dc}{ds} = - \frac{dp}{ds} \tag{3}$$

Darin ist $c\frac{dc}{ds} = a_s$ (4)

die Beschleunigungskomponente des Flüssigkeitsteilchens. In Richtung des Krümmungsradius r der Stromlinie (Normalenrichtung) geht (4) über in

$$a_r = c \frac{dc}{dr} \tag{5}$$

Druck- und Fliehkraft halten sich das Gleichgewicht. An Stelle von (5) kann man daher auch schreiben

$$a_r = \frac{c^2}{r} \tag{6}$$

(3) in radialer Richtung mit (5) und (6) formuliert führt auf die bekannte Form der radialen Druckentwicklung

$$\frac{dp}{dr} = - \rho \frac{c^2}{r} \tag{7}$$

mit der Aussage, dass der Druck in Richtung des Krümmungsmittelpunktes abnimmt. In A wird daher der tiefste Druck in der Krümmerströmung zu erwarten sein. (7) als Differenzengleichung geschrieben und auf "mittlere" Strömungszustände bezogen unter Weglassung des Vorzeichenhinweises ergibt

$$\frac{\Delta p}{\Delta r} = \rho \frac{c_m^2}{r_m} \tag{8}$$

Wir nehmen vereinfachend an, die Druckänderung in radialer Richtung sei linear. Zur Berechnung der Druckänderung von r_m bis zur Stelle A sind nun folgende Werte zu berücksichtigen:

$\Delta r = d/2$, $c_m = c_1 = c_2$. Aus (8) erhalten wir die Druckänderung

$$\Delta p = \frac{d}{2} \rho \frac{c_m^2}{r_m} \tag{9}$$

Für den Druck an der Stelle A ergibt sich damit

$$\underline{\underline{p_A = p_1 - \frac{d}{2} \rho \frac{c_m^2}{r_m}}} \tag{10}$$

Numerisch:

Aus (2) $p_1 = 1 \cdot 10^5 - 970 \cdot 9{,}81 \cdot 0{,}5 = 95242$ Pa

Kontinuität $c_m = c_1 = \dot{V}/A_1 = 0{,}1/0{,}0078539 = 12{,}73$ m/s

Damit aus (10) mit den weiteren gegebenen Werten:

$$p_A = 95242 - \frac{0{,}1}{2}\, 970\, \frac{12{,}73^2}{0{,}25} = 63803 \text{ Pa}$$

Aus einer Dampfdrucktabelle $p_d = f(t)$ folgt schliesslich:

Wenn $p_A = p_d$, dann wird bei $\underline{t \leqq 87^{\circ}C}$ Kavitation vermieden.

Aufgabe 43 (Bild 2.50)

Freistrahl auf gekrümmter Bahn. Im Schaufelbecher einer Freistrahlturbine mit dem Radius R strömt der umgelenkte Massenstrom mit der Relativgeschwindigkeit w und der Schichtdicke Δr. Man schätze die Druckdifferenz Δp ab, welche zwischen der freien Strahlfläche und der Becherinnenwand herrscht.
Gegeben: R = 200 mm, Δr = 40 mm, w = 70 m/s, ρ = 10 kg/m³.

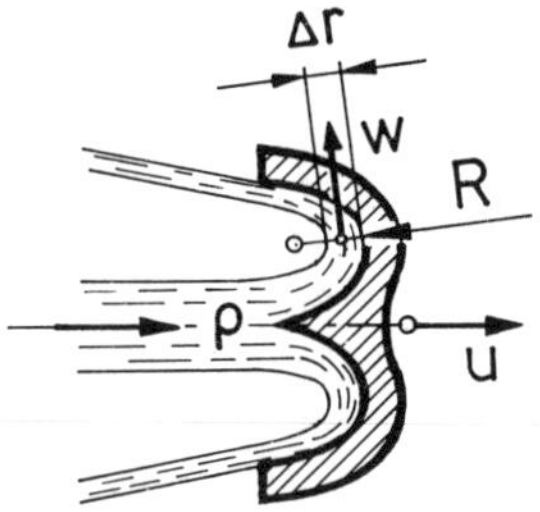

Bild 2.50 A 43

Lösung:

Die "Quergleichung" (7) in Aufgabe 42 beschreibt die Druckverteilung normal zu der Strömungsrichtung:

$$\frac{dp}{dr} = \rho \frac{w^2}{r} \tag{1}$$

Als Differenzengleichung geschrieben kommt aus (1) die Näherung

$$\frac{\Delta p}{\Delta r} \approx \rho \frac{w^2}{r_m} \tag{2}$$

mit $r_m = R - \Delta r/2$ (3)

Aus (3) in (2) folgt $\Delta p \approx \dfrac{2\,\rho\,\Delta r\, w^2}{2R - \Delta r} = \dfrac{2 \cdot 10^3 \cdot 0{,}04 \cdot 70^2}{2 \cdot 0{,}15 - 0{,}04} = \underline{15 \text{ bar}}$

Aufgabe 44

In einem Bericht aus dem Gebiete der Strömungsmechanik steht die

Gleichung $$\frac{\partial v}{\partial t} + v\frac{\partial v}{\partial x} + \frac{1}{\rho}\frac{\partial p}{\partial x} = 0$$

Welchen Strömungsvorgang beschreibt diese Gleichung und wie heisst sie ?

Lösung: EULERSCHE-Gleichung für die eindimensionale instationäre Strömung ohne Höhenänderung ($\Delta z = 0$).

Aufgabe 45 (Bild 2.51)

Ein horizontaler Rohrkonus wird stationär und reibungsfrei von einem inkompressiblen Fluid durchströmt.

a) Wie lautet in B die Strömungsgeschwindigkeit c_x?

b) Wie gross ist in B der statische Druck p_x?

c) Welche Beschleunigung a_x erfährt das Medium in B ?

d) Man skizziere den Verlauf von a_x, c_x und p_x längs der Lauflänge x. Gegeben: $\dot{V} = 0{,}24\ m^3/s$, $d_1 = 459\ mm$, $d_2 = 300\ mm$, $\ell = 900\ mm$, $x = 550\ mm$, $p_1 = 13570\ Pa$ (Ueberdruck), $\rho = 10^3 kg/m^3$.

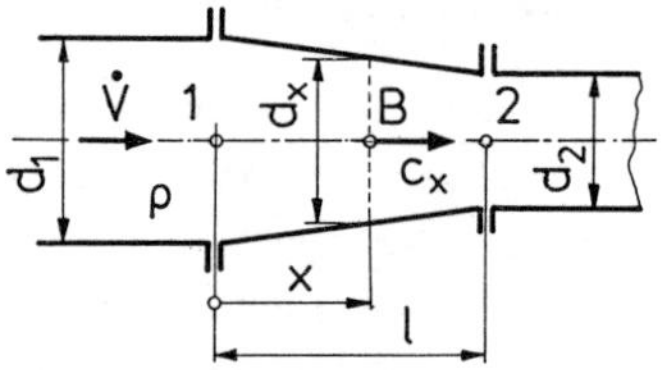

Bild 2.51 A 45

Lösung:

a) Die Kontinuität liefert mit $d_x = d_1 - (d_1 - d_2)\frac{x}{\ell}$ (1)

$$c_x = \frac{4\,\dot{V}}{\pi d_x^2} = \frac{4\,\dot{V}}{\pi\left[d_1 - (d_1 - d_2)\frac{x}{\ell}\right]^2} \quad (2)$$

$$= \frac{4 \cdot 0{,}24}{\pi\left[0{,}45 - (0{,}45 - 0{,}3)\frac{0{,}55}{0{,}9}\right]^2} = \underline{2{,}38\ m/s}$$

b) Bernoulli-Gleichung von 1 bis B:

$$p_1 + \frac{\rho}{2}c_1^2 = p_x + \frac{\rho}{2}c_x^2\ , \text{ darin } c_1 = \frac{\dot{V}}{A_1} = 1{,}509\ m/s$$

$$p_x = p_1 + \frac{\rho}{2}(c_1^2 - c_x^2) \quad (3)$$

und damit $$p_x = 13570 + 500(1{,}509^2 - 2{,}38^2) = \underline{11876\ Pa}$$

c) Eulersche Gleichung

$$\rho c \frac{dc}{dx} = - \frac{dp}{dx} \qquad (4)$$

mit der die Beschleunigung

$$a_x = - \frac{1}{\rho} \frac{dp}{dx} = c \frac{dc}{dx} \qquad (5)$$

formuliert ist.

<u>Auswertung</u> von (5):

An der Stelle B mit der Lauflänge x ist unter Beachtung von (1)

$$c_x^2 = \left(\frac{4 \dot{V}}{\pi d_x^2}\right)^2 =$$

$$= \left(\frac{4 \dot{V}}{\pi (0{,}45 - 0{,}1666 x)^2}\right)^2 \qquad (6)$$

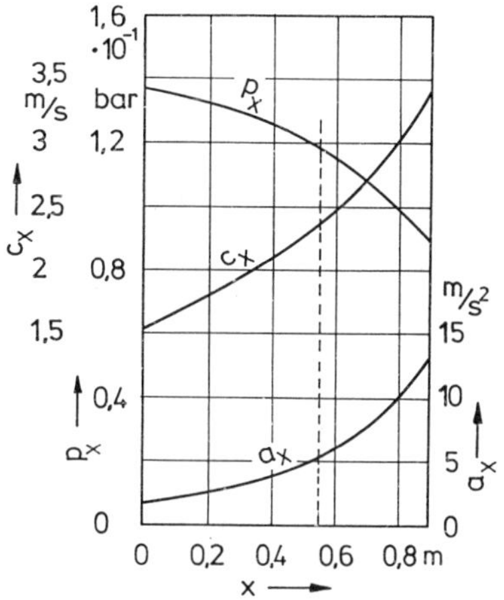

Bild 2.52 A 45

(6) in (3) und nach x abgeleitet ergibt zunächst nach teilweiser Setzung der Konstanten

$$\frac{dp}{dx} = \frac{d\left[-\frac{\rho}{2} \frac{0{,}09337}{(0{,}45 - 0{,}1666 x)^4}\right]}{dx} \qquad \text{und daraus}$$

$$\frac{dp}{dx} = \frac{-4(-46{,}68)\cdot(-0{,}1666)}{(0{,}45 - 0{,}1666 x)^5}$$

was an der Stelle x = 0,55 m den Wert

$$\frac{dp}{dx} = -5262 \text{ N/m}^3 \quad \text{ergibt.}$$

Aus (5) resultiert die Beschleunigung

$$a_x = - \frac{1}{\rho} \frac{dp}{dx} = - \frac{1}{10^3}(-5262) = \underline{\underline{5{,}262 \text{ m/s}^2}}$$

d) Bild 2.52 zeigt den Verlauf von a_x, c_x und p_x. Auf der gestrichelten Linie bei x = 0,55 m liegen die in a), b) und c) berechneten Werte.

Aufgabe 46

Schliessen einer horizontalen Rohrleitung. Eine Rohrleitung von 2,5 km Länge und dem Durchmesser 250 mm führt Wasser mit der Strömungsgeschwindigkeit u. Um wieviel steigt der Druck, wenn das Absperrventil am Ende der Leitung in 10 Sekunden gleichmässig geschlossen wird ? Gegeben: ℓ = 2,5 km (in x-Richtung) u = 1,5 m/s, $\rho = 10^3 kg/m^3$.

Lösung:

Aus der Eulerschen Gleichung

$$\rho\left(u\frac{du}{dx}+\frac{du}{dt}\right) = -\frac{dp}{dx} \tag{1}$$

für die instationäre eindimensionale horizontale (dz = 0) Strömung folgt die Bernoullische Gleichung für inkompressible Vorgänge

$$\rho\frac{u^2}{2}+p+\rho\int_1^2\frac{du}{dt}\,dx = \text{konstant} \tag{2}$$

Angewendet auf die Rohrleitung ergibt sich daraus

$$\frac{\rho}{2}u_1^2+p_1=\frac{\rho}{2}u_2^2+p_2+\rho\int_0^\ell\frac{du}{dt}\,dx \tag{3}$$

Bei gleichmässiger Verzögerung der Strömung gilt

$$\frac{du}{dt}=\frac{\Delta u}{\Delta t}=\frac{u_2-u_1}{\Delta t}=\text{konstant}$$

In (3) eingeführt erhält man

$$\frac{u_1^2-u_2^2}{2}+\frac{p_1-p_2}{\rho}-\frac{u_2-u_1}{\Delta t}(\ell-0)=0 \tag{4}$$

Hierin ist ℓ = 2500 m, u_1 = 1,5 m/s, u_2 = 0 m/s, Δt = 10s. Führen wir in (4) diese Werte ein, so folgt für die Druckänderung

$$\Delta p = p_2-p_1=\rho\left(\frac{u_1^2-u_2^2}{2}-\frac{u_2-u_1}{\Delta t}\ell\right)$$

$$= 10^3\left(\frac{1,5^2-0}{2}-\frac{0-1,5}{10}2500\right) = \underline{\underline{3,761\text{ bar}}}$$

2.2 Bernoullische Gleichung in rotierenden Bezugssystemen

Aufgabe 1 (Bild 2.53)

Wie gross ist die Druckdifferenz $p_2 - p_1$ an der mit der Winkelgeschwindigkeit ω rotierenden Flüssigkeitssäule der Länge $\ell = r_2 - r_1$ mit der Dichte ρ ? Gegeben: r_1, r_2, ω, ρ.

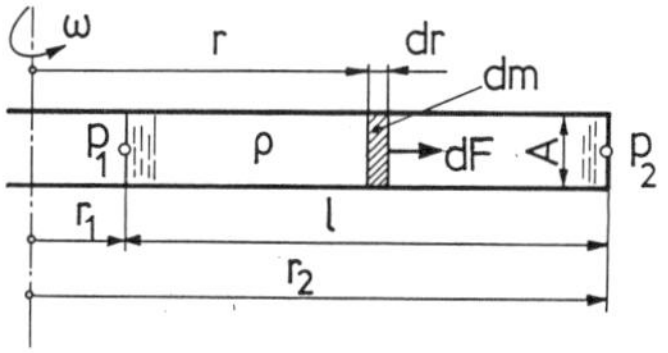

Bild 2.53 A 1

Lösung:

Bernoulli-Gleichung im rotierenden Bezugssystem

$$p_1 + \frac{\rho}{2} w_1^2 - \frac{\rho}{2} u_1^2 = p_2 + \frac{\rho}{2} w_2^2 - \frac{\rho}{2} u_2^2 \qquad (1)$$

In der in radialer Richtung nicht bewegten Flüssigkeitssäule ist $w_1 = w_2 = 0$, daher aus (1)

$$p_2 - p_1 = \frac{\rho}{2}(u_2^2 - u_1^2) = \frac{\rho}{2} \omega^2 (r_2^2 - r_1^2) = \underline{\frac{\rho}{2}(u_2^2 - u_1^2)} \qquad (2)$$

Anderer Lösungsweg:

Aus dem Kräftegleichgewicht normal zur Umfangsrichtung folgt

$$\frac{dp}{dr} = \frac{dF}{A\ dr} = \frac{\rho A\ dr\ r\,\omega^2}{A\ dr} = \rho\, r\, \omega^2 \qquad (3)$$

Aus (3)

$$p_2 - p_1 = \int_1^2 dp = \int_1^2 \rho\, \omega^2 r\ dr = \frac{\rho}{2} \omega^2 (r_2^2 - r_1^2) = \frac{\rho}{2} (u_2^2 - u_1^2)$$

Der Ausdruck (2) hat technische Bedeutung. Er beschreibt beispielsweise den Beitrag zur Drückänderung in radialen Strömungsmaschinen, bedingt durch den Unterschied der Umfangsgeschwindigkeit zwischen Laufradein- und Austritt.

Aufgabe 2 (Bild 2.54)

Ein mit Flüssigkeit der Dichte ρ gefülltes und in 1 verschlossenes Rohr rotiert um die durch 1 gehende vertikale Achse. Bei welcher Drehzahl n 1/min erreicht der Absolutdruck in 1 den Wert $p_1 = 0$ (drucklos) beim Umgebungsdruck p_0 ? Gegeben: $h_1 = 200$ mm, $h_2 = 310$ mm, $r = 190$ mm, $p_1 = 0$ bar, $p_0 = 1{,}0$ bar, $\rho = 13550\ \mathrm{kg/m^3}$.

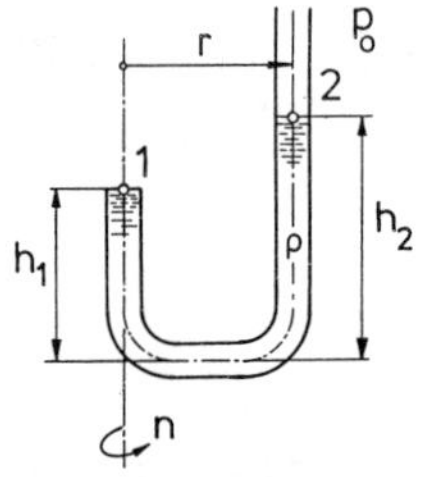

Bild 2.54 A 2

Lösung:

Bernoulli-Gleichung für das rotierende Bezugssystem von 1 bis 2:

$$\frac{\rho}{2} w_1^2 - \frac{\rho}{2} u_1^2 + p_1 + \rho g h_1 = \frac{\rho}{2} w_2^2 - \frac{\rho}{2} u_2^2 + p_2 + \rho g h_2 \qquad (1)$$

Im Rohr ist die Flüssigkeit in Ruhe, daher $w_1 = 0$, $w_2 = 0$, ferner ist in der Rotationsachse $u_1 = 0$. Daraus folgt aus (1) mit $p_2 = p_0$

$$p_1 + \rho g h_1 = -\frac{\rho}{2} u_2^2 + p_0 + \rho g h_2 \qquad (2)$$

und mit Beachtung von $n = 30 u_2/\pi r$ erhält man aus (2)

$$n = \frac{30}{\pi r} \sqrt{\frac{2\left[(p_0 - p_1) + \rho g (h_2 - h_1)\right]}{\rho}}$$

$$n = \frac{30}{0{,}19\,\pi} \sqrt{\frac{2\left[(1-0)\,10^5 + 13550 \cdot 9{,}81 (0{,}31 - 0{,}2)\right]}{13550}} = \underline{\underline{200/\mathrm{min}}}$$

Aufgabe 3 (Bild 2.55)

Axiale Kreiselpumpe. Das Wasser durchströmt die Pumpe mit der axialen Durchtrittsgeschwindigkeit $c_m = 6{,}2$ m/s. Am Eintritt in 1 steht $c_1 = c_m$ senkrecht zur Umfangsgeschwindigkeit u. Die absolute Zuströmgeschwindigkeit c_2 zum Leitapparat in 2 hat den Winkel $\alpha_2 = 47{,}7^\circ$ bezüglich u. Nach dem Leitapparat in 3 erfolgt drallfreier Abstrom mit $c_3 = c_m$. Der Druckverlust im Laufrad von 1 bis 2 beträgt 4900 Pa. Die Druckumsetzung im Leitrad erfolgt mit 85% der Bernoullischen (reibungsfreien). Weitere Daten: $n = 490$/min, $d_m = 760$ mm, $d_a = 1100$ mm, $\dot{V} = 5{,}0\ \mathrm{m^3/s}$. a) Man entwerfe die Geschwindigkeitsdreiecke im mittleren Durchmesser d_m, b) Wie gross ist die von der Pumpe erzeugte Förderhöhe H ?
Die Dichte des Wassers wird mit $\rho = 10^3\ \mathrm{kg/m^3}$ angenommen.

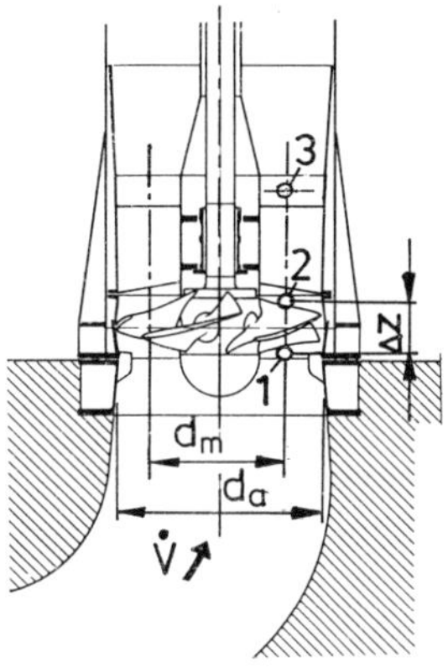

Bild 2.55 A 3

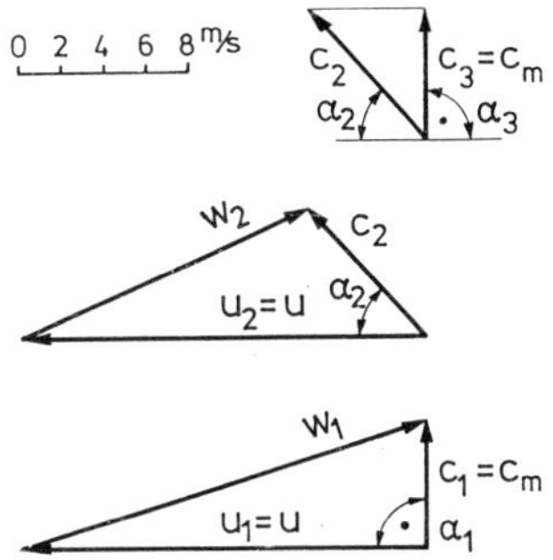

Bild 2.56 A 3

Lösung:

a) Die zum Entwurf der Geschwindigkeitsdreiecke notwendigen Grössen sind bekannt: $u = \pi d_m n/60 = 19{,}5$ m/s, $c_m = c_1 = c_3 = 6{,}2$m/s, Strömungswinkel $\alpha_1 = 90^\circ$, $\alpha_2 = 47{,}7^\circ$ und $\alpha_3 = 90^\circ$. Es resultiert Bild 2.56.

b) Bernoulli-Gleichung mit Verlustglied von 1 bis 2, rotierendes Bezugssystem:

$$p_1 + \frac{\rho}{2} w_1^2 - \frac{\rho}{2} u_1^2 + \rho g z_1 = p_2 + \frac{\rho}{2} w_2^2 - \frac{\rho}{2} u_2^2 + \rho g z_2 + \Delta p_{v12} \qquad (1)$$

$u_1 = u_2 = u$

Laufrad: Aus (1) statische Druckdifferenz

$$\Delta p_{La} = p_2 - p_1 = \frac{\rho}{2} (w_1^2 - w_2^2) + \rho g (z_1 - z_2) - \Delta p_{v12} \qquad (2)$$

Mit den Strömungsgrössen aus den Geschwindigkeitsdreiecken kommt

$$\Delta p_{La} = \frac{10^3}{2} (20{,}6^2 - 15^2) + 10^3 9{,}81(-0{,}23) - 4900 = \underline{95523 \text{ Pa}}$$

Leitrad: $\Delta p_{Le} = p_3 - p_2 = \frac{\rho}{2} (c_2^2 - c_1^2) \cdot 0{,}85$ (3)

$$= \frac{10^3}{2} (8{,}4^2 - 6{,}2^2) \cdot 0{,}85 = \underline{13651 \text{ Pa}}$$

Gesamthaft erzeugte Druckdifferenz der Pumpe:
Aus (2) und (3) ergibt sich

$$\Delta p_t = \Delta p_{La} + \Delta p_{Le} = 95523 + 13651 = 106174 \text{ Pa}$$

Daraus die Förderhöhe $H = \dfrac{\Delta p_t}{\rho g} = \dfrac{106174}{10^3 \cdot 9{,}81} = \underline{10{,}82 \text{ m}}$

Hinweis:
Weitere Aufgaben zur Bernoullischen Gleichung in rotierenden Bezugssystemen finden sich im Kapitel " 4 Strömungsmaschinen " Abschnitt 4.1 Aufgabe 15, 18, 19, 20 und Abschnitt 4.2, Aufgabe 8.

2.3 Rohrströmung

Aufgabe 1

Rohrströmung, Umschlag laminar-turbulent. Welchen Wert hat die Strömungsgeschwindigkeit u einer Flüssigkeit der kinematischen Zähigkeit ν im Kreisrohr vom Durchmesser d, wenn die kritische Re-Zahl gerade erreicht wird ? Der Umschlag von der laminaren in die turbulente Strömungsform vollzieht sich für das Kreisrohr bei $Re_{kr} = 2320$. Gegeben: d = 10 mm, $\nu = 1 \cdot 10^{-6} m^2/s$, $Re_{kr} = 2320$.

Lösung: $Re_{kr} = ud/\nu$ und daraus $u = \nu Re_{kr}/d = \dfrac{1 \cdot 10^{-6} \cdot 2320}{0{,}010} =$

$$= \underline{0{,}116 \text{ m/s}} \quad .$$

Aufgabe 2

Durch eine Kapillarleitung von der Länge ℓ und dem Innendurchmesser d strömt Oel laminar mit der Zähigkeit η und der Dichte ρ. Zwischen Rohranfang und Rohrende herrscht das Druckgefälle Δp. Man berechne a) die sekundliche Durchflussmenge $\dot{V}$, b) die mittlere Strömungsgeschwindigkeit $\overline{u}$, c) die Reynoldszahl Re der Rohrströmung, d) die Wandschubspannung τ_w. Gegeben: $\Delta p = 6$ bar, d = 1 mm, $\ell = 2$ m, $\eta = 0{,}00426$ Pas, $\rho = 928$ kg/m^3.

Lösung:

a) Hagen-Poiseuille: $\dot{V} = \dfrac{\pi(p_1 - p_2)r^4}{8\ell\eta} = \underline{1,728\ \text{cm}^2/\text{s}}$

b) $\bar{u} = \dot{V}/A = \underline{2,2\ \text{m/s}}$, c) $Re = \bar{u}d/\nu = \underline{479}$

d) $\tau = F/A = \dfrac{(\pi/4)d^2\Delta p}{\pi d\ell} = \underline{75\ \text{N/m}^2}$.

Aufgabe 3 (Bild 2.57)

Aus einem mit Wasser gefüllten Gefäss strömt bei konstant gehaltener Flüssigkeitshöhe h sekundlich das Volumen $\dot{V}$. Die Länge ℓ des Abflussrohres ist im Verhältnis zum Durchmesser d gross, sodass bei den vorliegenden Bedingungen im Rohr laminare Strömung herrscht.

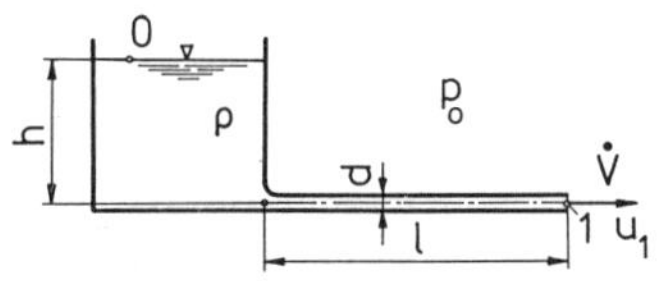

Bild 2.57 A 3

a) Wie gross ist die kinematische Zähigkeit ν des Wassers ?, b) Mit welcher Re-Zahl strömt das Wasser im Rohr ?, c) Welchen Wert hat die Rohrreibungszahl λ ? Gegeben: h = 75 cm, ℓ = 4,5 m, d = 3 mm, $\dot{V}$ = 3,497 cm^3/s, ρ = 997,2 kg/m^3 bei ϑ = 24°C.

Lösung: a) Hagen-Poiseuillesche Gleichung mit Bernoulli- Gleichung liefern

$$\nu = \frac{\pi(gh - u_1^2/2)d^4}{128\,\ell\,\dot{V}} = \underline{0,914 \cdot 10^{-6}\text{m}^2/\text{s}}$$

b) $Re = \underline{1623}$, c) $\lambda = 64/Re = \underline{0,0394}$.

Aufgabe 4 (Bild 2.58)

Man berechne den hydraulischen Durchmesser D = 4A/L (A ist der lichte Rohrquerschnitt, L die Länge des benetzten Rohrumfanges) für folgende Querschnittsformen: a) Kreis b) Kreisring, c) Halbkreis, d) Kreissektor, e) Quadrat, f) Rechteck, g) Rhombus, h) gleichseitiges Dreieck, i) Sternrohr. Gegeben: Die in Bild 2.58 angegebenen Masse.

Lösung: a) d, b) D-d, c) $d/(1+2/\pi)$, e) a, f) $2ab/(a+b)$, g) $ab/\sqrt{a^2+b^2}$, h) $a/\sqrt{3}$, i) $2r(4-\pi)/\pi$.

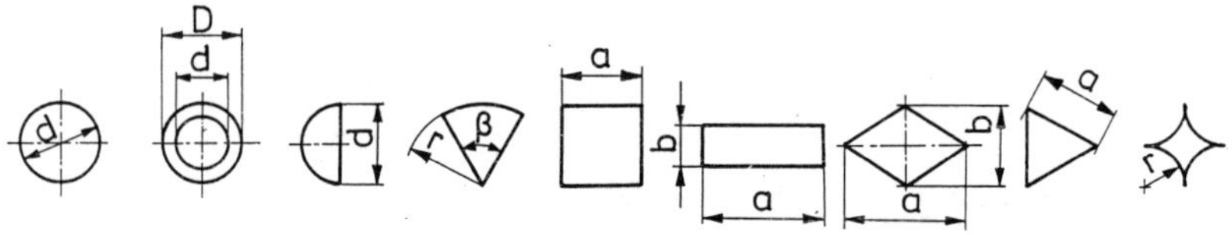

Bild 2.58 A 4

Aufgabe 5 (Bild 2.59)

Flüssigkeitsschwingungsdämpfer. Durch das als Drossel wirkende Rohr mit rechteckigem Querschnitt a·b und der Länge ℓ stellt sich unter dem Druckgefälle Δp ein kontinuirlicher Abfluss $\dot{V}$ des Oeles mit der Dichte ρ ein. Welche Länge ℓ muss das Rohr haben ? Man zeige, dass die Strömung laminar verläuft. Gegeben:
Δp = 5 bar, η = 0,0207 Pas,
$\dot{V}$ = 2ℓ/min, Rohrquerschnitt a·b (a = 2 mm, b = 3 mm),
ρ = 900 kg/m^3.

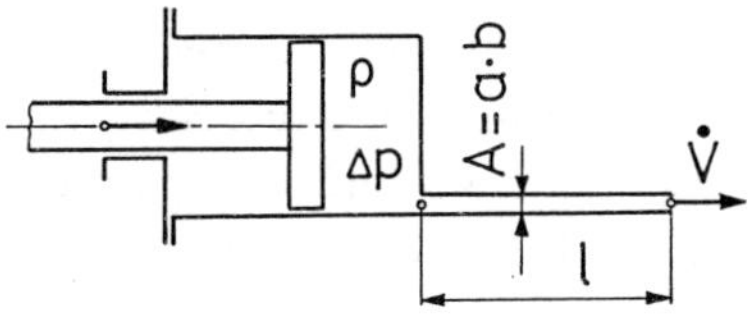

Bild 2.59 A 5

Lösung: Mit $d_h = 4A/L = (2ab)/(a+b)$ und dem Gesetz von Hagen-Poiseuille erhält man

$$\ell = \frac{\pi (d_h/2)^4 \Delta p}{8\,\eta\,\dot{V}} = \underline{0{,}59\ \text{m}}$$

Nachweis der laminaren Strömung: $Re = cd_h/\nu = \underline{579}$.

Aufgabe 6 (Bild 2.60)

Für die laminare Rohrströmung in einem Rohr von beliebiger Querschnittsform gilt der Ansatz

$$\Delta p_v = \frac{\varphi}{Re}\frac{\ell}{d}\frac{\rho}{2}u^2$$. Beim Kreisrohr beispielsweise

ist φ = 64. Man berechne den Formfaktor φ für das 1/4 Sternrohr

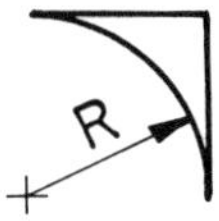

Bild 2.60 A 6

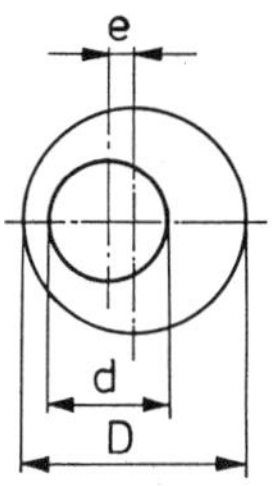

Bild 2.61 A 7

einer chemischen Apparatur, wenn folgende Werte bekannt sind:
$R = 25$ mm, $\ell = 95$ m, $\dot{V} = 24{,}1\ \text{cm}^3/\text{s}$, $\nu = 1{,}2\cdot 10^{-6}\text{m}^2/\text{s}$,
$\Delta p = 0{,}08067$ bar, $\rho = 10^3\text{kg/m}^3$.

Lösung:

Druckverlust $\Delta p_v = \frac{\varphi}{Re}\frac{\ell}{d_h}\frac{\rho}{2}u^2$ (1)

Hydraulischer Durchmesser $d = d_h = 4A/L$ (2)

$$A = (R^2/4)(4-\pi), \quad L = R(2+\pi/2)$$

Damit $d_h = R\,\frac{4-\pi}{2+\pi/2} = 0{,}006$ m (3)

Strömungsgeschwindigkeit $u = \dot{V}/A = 0{,}1797$ m/s (4)

Reynoldszahl $Re = u\,d_h/\nu = 898$ (5)

(3), (4) und (5) in (1): $\varphi = \frac{2\,Re\,\Delta p_v\,d_h}{\ell\,\rho\,u^2}$ (6)

Mit den gegebenen Werten liefert (6) den Formfaktor

$$\varphi = \frac{2\cdot 898\cdot 8067\cdot 0{,}006}{95\cdot 1000\cdot 0{,}1797^2} = \underline{28{,}3}\ .$$

Aufgabe 7 (Bild 2.61)

Durch einen 7,5 m langen Kühler mit exzentrischem Ringspalt und einem 90°-Krümmer im Zu- und Abfluss fliessen 2,25ℓ/s Oel mit der mittleren kinematischen Zähigkeit $\nu = 76\cdot 10^{-6}\text{m}^2/\text{s}$ und der Dichte $\rho = 825\ \text{kg/m}^3$. Die Rohrreibungszahl λ folgt für die laminare

Strömung dieser Anordnung dem Ansatz $\lambda = 38{,}4/Re$. Die 90°-Krümmer haben die Verlustzahl $\zeta = 0{,}3$, bezogen auf die Zuströmgeschwindigkeit am Rohrdurchmesser D. Man weise die laminare Rohrströmung nach und berechne den Druckabfall im Oelkühler, wenn d = 25 mm und D = 40 mm betragen.

Lösung:

Mit dem hydraulischen Durchmesser d = D-d = 15 mm wird $\underline{Re = 580}$ und $\underline{\lambda = 0{,}0662}$. Für den Druckabfall ergibt sich

$$\Delta p_v = \lambda \frac{\ell}{d_h} \frac{\rho}{2} u^2 + 2\,\zeta \frac{\rho}{2} u_D^2 = \underline{1{,}186 \text{ bar}}$$

Aufgabe 8

In einem horizontalen Kreisrohr der Länge ℓ fliesst der Volumenstrom $\dot{V}$ Heizöl. Die Dichte des Oels ist ρ, seine dynamische Zähigkeit η. Der Druckhöhenverlust beträgt 22 m. a) Wie gross ist der Rohrdurchmesser d ?,b) Welchen Wert hat die Re-Zahl ?,c) Welche Strömungsform liegt vor ? Gegeben: ℓ = 1000 m, $\dot{V} = 0{,}022\ m^3/s$, η = 0,187 Pas, $\rho = 912\ kg/m^3$.

Lösung:

a) Aus $\Delta p = \lambda \frac{\ell}{d} \frac{\rho}{2} u^2$ mit $u = \dot{V}/((\pi/4)d^2)$ folgt

$$\Delta p = \lambda \frac{8\,\rho\,\ell\,\dot{V}^2}{\pi^2 d^5} = \rho g H_v = 912 \cdot 9{,}81 \cdot 22 = 196827 \text{ Pa, daraus}$$

$$d = \sqrt[5]{\lambda}\,\sqrt[5]{\frac{8\,\rho\,\ell\,\dot{V}^2}{\pi^2 \Delta p}} = \sqrt[5]{\lambda}\,K \qquad \underline{\text{ist } f(\lambda, K)}, \text{ worin}$$

$$K = \sqrt[5]{\frac{8 \cdot 912 \cdot 1000 \cdot 0{,}022^2}{\pi^2 \cdot 196827}} = 0{,}28308$$

d wird nun iterativ bestimmt:

1. <u>Näherung</u> $\lambda = 0{,}03$, $d = \sqrt[5]{0{,}03} \cdot 0{,}28308 = 0{,}14$ m

$$Re = 4\dot{V}\rho/\pi d\eta = \frac{4 \cdot 0{,}022 \cdot 912}{\pi \cdot 0{,}14 \cdot 0{,}187} = 975 \Longrightarrow \underline{\text{laminar}}, \text{ daher}$$

$$\lambda = 64/Re = 64/975 = 0{,}065$$

2. <u>Näherung</u> $\lambda = 0{,}065$, $d = \sqrt[5]{0{,}065} \cdot 0{,}28308 = 0{,}164$ m

$$Re = \frac{4 \cdot 0{,}022 \cdot 912}{\pi \cdot 0{,}164 \cdot 0{,}187} = 833$$

$$\lambda = 64/Re = 64/833 = 0{,}0768$$

3. Näherung $\lambda = 0{,}077$, $d = \sqrt[5]{0{,}077} \cdot 0{,}28308 = 0{,}1695$ m

$$Re = \frac{4 \cdot 0{,}022 \cdot 912}{\pi \cdot 0{,}17 \cdot 0{,}187} = 803$$

$$\lambda = 64/Re = 64/803 = 0{,}0794$$

4. Näherung $\lambda = 0{,}079$ $d = \sqrt[5]{0{,}079} \cdot 0{,}28308 = 0{,}17$ m

$$Re = \frac{4 \cdot 0{,}022 \cdot 912}{\pi \cdot 0{,}17 \cdot 0{,}187} = 803$$

$$\lambda = 64/Re = 64/803 = 0{,}0794 \implies \text{gewählt } d = \underline{170\text{mm}}$$

b) $Re = ud/\nu = 4\,\dot{V}\,\rho/\pi d\nu = \dfrac{4 \cdot 0{,}022 \cdot 912}{\pi \cdot 0{,}17 \cdot 0{,}187} = \underline{803}$

c) $Re \leqq 2300 \implies$ laminare Strömung

Aufgabe 9

Kreiselpumpe und Rohrleitung. Eine Kreiselpumpe fördert sekundlich $\dot{V} = 3{,}5\ell/s$ Oel mit der kinematischen Zähigkeit $\nu = 200 \cdot 10^{-6} m^2/s$ und der Dichte $\rho = 0{,}85$ kg/dm^3 in ein Rohr von $\ell = 1103$ m Länge mit dem lichten Durchmesser d = 52 mm. Die Rohrleitung überwindet einen Höhenunterschied zwischen Ein - und Austritt von H = 11 m. a) Wie gross ist die von der Pumpe zu erzeugende Gesamtdruckdifferenz ?, b) Welche Antriebsleistung P erfordert die Pumpe, wenn ihr Wirkungsgrad $\eta = 82\%$ beträgt ?

Lösung: a) $Re = cd/\nu = 429$, $\lambda = 64/Re = 0{,}1492$,

$$\Delta p_t = \frac{\rho}{2} c^2 (1 + \lambda \ell/d) + \rho g H = \underline{37{,}547 \text{ bar}}$$

b) $P = \dot{V}\,\Delta p_t/\eta = \underline{16{,}0 \text{ kW}}$

Aufgabe 10 (Bild 2.62)

Rohrströmung, Grenzschicht. In einem Rohr mit dem Durchmesser d = 12 mm herrscht die Geschwindigkeitsverteilung

$$u(r) = 1{,}05 \cdot 10^5 \left[(d/2)^2 - r^2 \right]$$

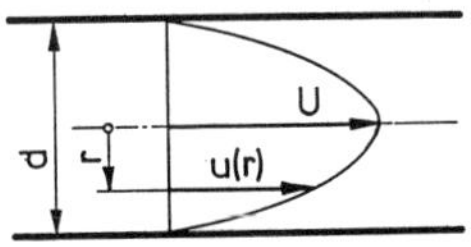

Bild 2.62 A 10

a) Welchen Wert hat die mittlere Strömungsgeschwindigkeit $\overline{u} = \dot{V}/A$?, b) Wie lautet das Verhältnis $\overline{u}/U$, wo $U = u_{max}$?

Lösung:

a) $\bar{u} = \dot{V}/A, \quad d\dot{V} = 2\pi r\, dr\, u(r)$

$$\dot{V} = 2\pi \int_0^{d/2} u(r)\, r dr = 2{,}1 \cdot 10^5 \pi \frac{d^4}{64} = 2{,}137 \cdot 10^{-4}\ m^3/s$$

$\bar{u} = \underline{1{,}89\ m/s}$

b) $U = u(0) = 1{,}05 \cdot 10^5\, (d/2)^2, \quad \frac{\bar{u}}{U} = \underline{0{,}5}$

Aufgabe 11 (Bild 2.63)

Rohrströmung, Geschwindigkeitsprofil. In einem Kreisrohr mit dem Radius R strömt eine Flüssigkeit der Dichte ρ und der kinematischen Zähigkeit ν mit dem Geschwindigkeitsprofil

$$v_r = v_0 \cos \frac{\pi r}{2R} \, ,$$

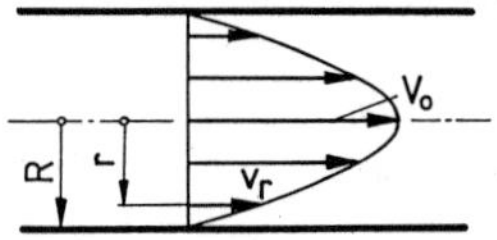

Bild 2.63 A 11

v_0 ist die Geschwindigkeit in der Rohrachse. a) Wie gross ist der sekundliche Massenstrom $\dot{m}$?, b) Welchen Wert hat die Re-Zahl ?, Liegt turbulente oder laminare Strömung vor ? Gegeben: R = 75 mm, $v_0 = 2{,}0$ m/s, $\nu = 600\ mm^2/s$, $\rho = 905\ kg/m^3$.

Lösung:

a) $$\dot{V} = \int_0^R 2\pi\, r\, dr\, v_r = 2\pi\, v_0 \int_0^R r \cos \frac{\pi}{2}\frac{r}{R}\, dr \qquad (1)$$

Das Integral in (1) entnimmt man beispielsweise einer Integralsammlung. Man findet

$$x \cos ax\, dx = \frac{\cos ax}{a^2} + \frac{x \sin ax}{a} \qquad (2)$$

Angewandt auf die Schreibweise in (1) erhält man bei Beachtung von $\dot{m} = \dot{V}\rho$

$$\dot{m} = \rho \frac{4}{\pi} v_0 R^2 (\pi - 2) \qquad (3)$$

$$= 905 \frac{4}{\pi} 2 \cdot 0{,}075^2 (\pi - 2) = \underline{14{,}798\ kg/s}$$

b) Die mittlere Geschwindigkeit, abgestützt auf (3), beträgt

$$\bar{v} = \frac{\dot{V}}{\pi R^2 \rho} = \frac{14{,}798}{905\, \pi\, 0{,}075^2} = 0{,}925\ m/s$$

Daraus $\quad Re = vd/\nu = \dfrac{0{,}9253 \cdot 0{,}15}{600 \cdot 10^{-6}} = \underline{231} \Rightarrow$ laminare Strömung

Aufgabe 12 (Bild 2.64)

Der mit dem parabolischen Geschwindigkeitsprofil

$$u_1(r) = U_1\left[1 - \left(\frac{r}{r_1}\right)^2\right] \quad \text{aus}$$

einem Rohr austretende laminare Flüssigkeitsstrahl hat in einiger Entfernung eine ausgeglichene Geschwindigkeit U_2.

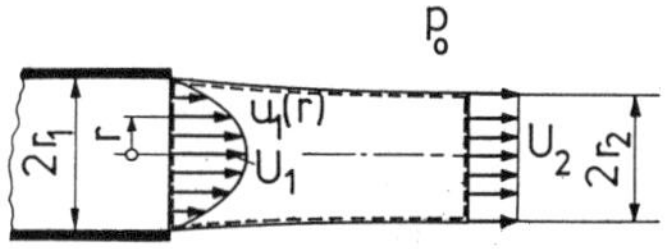

Bild 2.64 A 12

a) Welchen Wert hat das Geschwindigkeitsverhältnis U_2/U_1?, b) Wie gross ist das Kontraktionsverhältnis $\alpha = r_2^2/r_1^2$?. Es liegt stationäre Strömung vor.

Gegeben: r_1, U_1.

Lösung:

<u>Kontinuitätsgleichung:</u>
$$\underbrace{\frac{d}{dt}\int_V \rho \, dV}_{=0\ (\text{stationär})} + \int_S \rho \vec{u}_1 \cdot \vec{n} \, dS = 0 \tag{1}$$

Die Geschwindigkeitsverteilung des parabolischen Geschwindigkeitsprofils lautet

$$u_1 = u_1(r) = U_1\left[1 - \left(\frac{r}{r_1}\right)^2\right] \tag{2}$$

Am Strahlrand steht $\vec{u}$ senkrecht zu $\vec{n}$ und es ist $\vec{u} \cdot \vec{n} = 0$. Massgebend im zweiten Integral in (1) bleiben über die Kontrollfläche S (gestrichelt umrandet) noch die Anfangs- und Endfläche A_1 bzw. A_2 und es gilt

$$dS = 2\pi r \, dr$$

Damit folgt aus (1) mit Beachtung der Richtung von $\vec{n}$

$$-\int_{A1} \vec{u}_1 \cdot \vec{n} \; 2\pi r dr + \int_{A2} \rho U_2 \vec{n} \; 2\pi r dr = 0$$

und mit (2) erhält man

$$-2\pi\rho \int_0^{r_1} U_1\left[1 - \left(\frac{r}{r_1}\right)^2\right] r dr + 2\pi\rho \int_0^{r_2} U_2 r dr = 0 \qquad \text{und daraus}$$

$$\pi\rho \, U_1^2 r_1^2/2 = \pi\rho r_2^2 U_2 \qquad \text{oder} \qquad (r_2/r_1)^2 = \frac{1}{2}(U_1/U_2) \tag{3}$$

Impulssatz in x-Richtung $\quad u_1 = u, \quad F_x = F$

$$\underbrace{\int_V \frac{\partial}{\partial t}(\rho\vec{u})\,dV}_{=0\ \text{(stationär)}} + \int_S \vec{u}\,\rho\,(\vec{u}\cdot\vec{n})\,dS = F \tag{4}$$

An der gesamten Oberfläche des Kontrollraumes einschliesslich der Endflächen A_1 und A_2 herrscht der Umgebungsdruck p_0. Es wirken daher dort keine Kräfte. Aus (4) folgt

$$-2\pi\rho\int_0^{r_1}\left[U_1\left[1-\left(\frac{r}{r_1}\right)^2\right]\right]^2 r\,dr + 2\pi\rho\int_0^{r_2} U_2^2\, r\,dr = 0 \tag{5}$$

(5) integriert ergibt

$$-2\pi\rho U_1^2\left[\frac{r_1^2}{2} - \frac{2\,r_1^4}{4\,r_1^2} + \frac{r_1^6}{6\,r_1^4}\right] + \pi\rho U_2^2 r_2^2 = 0$$

Im Vergleich mit (3) wird $\quad (r_2/r_1)^2 = 1/3\,(U_1/U_2)^2 = 1/2\,(U_1/U_2) \quad$ (6)

und daraus folgt das gesuchte Geschwindigkeitsverhältnis

$$\underline{\frac{U_1}{U_2} = \frac{3}{2}} \tag{7}$$

Für das Kontraktionsverhältnis erhält man mit (7) in (6)

$$\underline{\alpha = \left(\frac{r_2}{r_1}\right)^2 = \frac{3}{4}}$$

Aufgabe 13 (Bild 2.65)

Der Ausfluss aus einem grossen Wasserbehälter besteht aus einem dreifach abgesetzten Rohr mit den Durchmessern d_1, d_2 und d_3. Die Abmessungen und strömungsbedingten Grössen sind: $d_1 = 200$ mm, $d_2 = 100$ mm, $d_3 = 50$ mm, $h_1 = 5$ m, $H = 20$ m, $\ell_1 = 4$ m, $\ell_2 = 5$ m, $\ell_3 = 6$ m, $p_0 = 0{,}98\cdot 10^5\ \text{N/m}^2$. Rohrreibungszahlen: $\lambda_1 = 0{,}016$, $\lambda_2 = 0{,}014$, $\lambda_3 = 0{,}013$. Dichte des Wassers $\rho = 1000\ \text{kg/m}^3$, kinematische Zähigkeit $\nu = 1\cdot 10^{-6}\ \text{m}^2/\text{s}$. a) Wie gross ist die Ausflussgeschwindigkeit c_4 und die Re-Zahl im Rohr mit dem Durchmesser d_3 ?, b) Welchen Wert haben die statischen Drücke p_1, p_2 und p_3 im Einlauf in den Rohrteil 1 (Punkt 1, Fläche A_1), 2 (Punkt 2, Fläche A_2) und 3 (Punkt 3, Fläche A_3) ?, c) Wie lauten die Resultate

a) und b) für die reibungsfreie Strömung ?, d) Man zeichne den Druckverlauf längs der Behälter- und Rohrstrecke von 0 bis 4 für die unter a), b) und c) berechneten Werte.

Lösung:

a) Bernoulli-Gleichung mit Verlustglieder von 0 bis 4:

$$p_0 + \rho g H = p_0 + \frac{\rho}{2} c_4^2 + \frac{\rho}{2}\left(\frac{\lambda_1 \ell_1}{d_1} c_1^2 + \frac{\lambda_2 \ell_2}{d_2} c_2^2 + \frac{\lambda_3 \ell_3}{d_3} c_3^2\right) \quad (1)$$

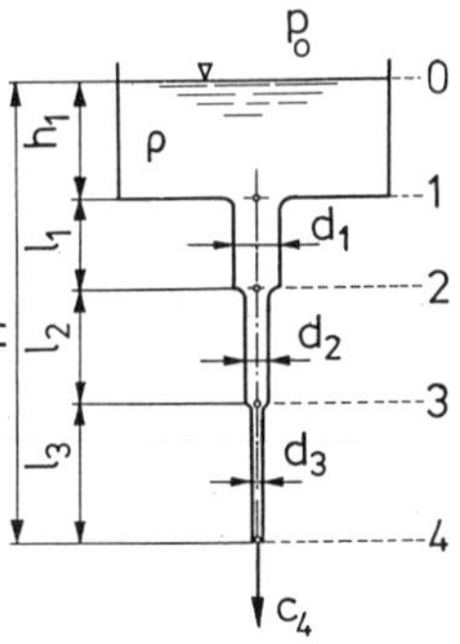

Bild 2.65 A 13

Kontinuität

$$c_3 = c_4$$
$$c_1 = c_4 A_3/A_1 \quad (2)$$
$$c_2 = c_4 A_3/A_2$$

(2) in (1). Damit wird

$$c_4 = \sqrt{\frac{2gH}{\left\{1 + \frac{\lambda_1 \ell_1}{d_1}\left[\frac{A_3}{A_1}\right]^2 + \frac{\lambda_2 \ell_2}{d_2}\left[\frac{A_3}{A_2}\right]^2 + \frac{\lambda_3 \ell_3}{d_3}\right\}}} \quad (3)$$

Die gegebenen Werte in (3) berücksichtigt ergeben

$$c_4 = \underline{12{,}27\ \text{m/s}}$$

Aus c_4 schliesst man auf die Re-Zahl:

$$Re = \frac{c_4 d_3}{\nu} = \frac{12{,}27 \cdot 0{,}05}{1 \cdot 10^{-5}} = \underline{5 \cdot 10^4}$$

b) Weitere Strömungsgeschwindigkeiten aus (2):

$$c_1 = \underline{0{,}7668\ \text{m/s}}, \quad c_2 = \underline{3{,}066\ \text{m/s}}, \quad c_3 = \underline{12{,}27\ \text{m/s}} = c_4$$

Drücke

In 1 (von 0 bis 1): $p_1 = p_0 + \rho g h_1 - \frac{\rho}{2} c_1^2 = \underline{1{,}4675 \cdot 10^5}$ Pa

In 2 (von 1 bis 2): $p_2 = p_1 + \frac{\rho}{2} c_1^2 \left(1 - \frac{\lambda_1 \ell_1}{d_1}\right) + \rho\left(g\ell_1 - \frac{c_2^2}{2}\right) = \underline{1{,}8149 \cdot 10^5}$ Pa

In 3 (von 2 bis 3): $p_3 = p_2 + \frac{\rho}{2} c_2^2 \left(1 - \frac{\lambda_2 \ell_2}{d_2}\right) + \rho\left(g\ell_2 - \frac{c_3^2}{2}\right) = \underline{1{,}5667 \cdot 10^5}$ Pa

Austritt
In 4 (von 3 bis 4): $p_4 = p_0 = p_3 + \rho g \ell_3 - \frac{\lambda_3 \ell_3}{d_3} \frac{\rho}{2} c_3^2 = \underline{0{,}980 \cdot 10^5}$ Pa

c) Reibungsfreie Strömung

Abströmgeschwindigkeit: $c_4 = \sqrt{2gH} = \sqrt{2 \cdot 9{,}81 \cdot 20} = \underline{19{,}81 \text{ m/s}}$

Kontinuität, Gl.(2). Man findet

$c_1 = \underline{1{,}237 \text{ m/s}}$

$c_2 = \underline{4{,}951 \text{ m/s}}$

$c_3 = \underline{19{,}81 \text{ m/s}} = c_4$

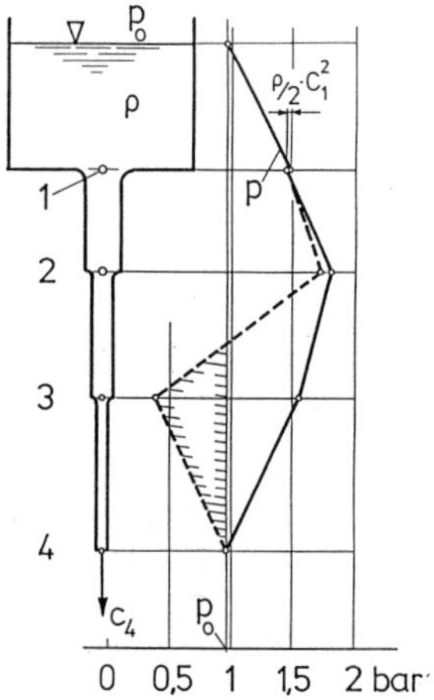

Bild 2.66 A 13

Drücke: Aus der Bernoulli-Gleichung:

In 1: $p_1 = p_0 + \rho g h_1 - \frac{\rho}{2} c_1^2 = \underline{1{,}463 \cdot 10^5 \text{ Pa}}$

In 2: $p_2 = p_1 + \frac{\rho}{2}(c_1^2 - c_2^2) + \rho g \ell_1 = \underline{1{,}7403 \cdot 10^5 \text{ Pa}}$

In 3: $p_3 = p_2 + \frac{\rho}{2}(c_2^2 - c_3^2) + \rho g \ell_2 = \underline{0{,}3914 \cdot 10^5 \text{ Pa}}$

In 4: $p_4 = p_3 + \rho g \ell_3 = p_0 = \underline{0{,}98 \cdot 10^5 \text{ Pa}}$

d) Grafische Darstellung des Druckverlaufes in Bild 2.66. Druckverlauf der Strömung mit Reibung durch Vollinie markiert. Reibungsfreier Druckverlauf gestrichelt eingezeichnet (Man beachte die schraffierte Unterdruckzone in der zweiten Hälfte der Rohrleitung).

Aufgabe 14 (Bild 2.67)

Freistrahl aus Rohr ohne und mit Düse. Einem Absperrventil mit der Verlustzahl ζ_E ist ein Rohr mit der Länge ℓ, dem Durchmesser d_1 und der Rohrreibungszahl λ nachgeschaltet. Am Ende der einen Konstruktionsvariante befindet sich eine kurze Düse vom Austrittsdurchmesser d_2 mit der Verlustzahl ζ_D. Es strömt Wasser mit der Dichte ρ und dem Gesamtdruck p_{1t} in der Ebene 1. a) Wie gross ist die Abströmgeschwindigkeit c_2 und der Volumenstrom $\dot{V}$ im Rohr ohne Düse ?, b) Wie gross sind c_2 und $\dot{V}$ im Rohr mit Düse ?, c) Man vergleiche die Resultate unter a) und b) und erkläre den Unterschied. Gegeben: $p_{1t} = 3$ bar (Ueberdruck), $\ell = 5$ m, $d_1 = 30$ mm, $d_2 = 7$ mm, $\lambda = 0{,}02$ (konstant), $\zeta_E = 2{,}5$ (auf $(\rho/2)c_1^2$ bezogen), $\zeta_D = 0{,}05$ (auf $(\rho/2)c_2^2$ bezogen), $\rho = 10^3$ kg/m^3.

Lösung:

a) Ohne Düse

Bernoulli-Gleichung mit Verlustglieder von 1 bis 2

$$p_{1t} = \frac{\rho}{2} c_1^2 + \zeta_E \frac{\rho}{2} c_1^2 + \frac{\lambda \ell}{d_1} \frac{\rho}{2} c_2^2 \qquad (1)$$

$$c_1 = c_2 \qquad (2)$$

Mit (2) in (1) folgt $$c_2 = \sqrt{\frac{2\, p_{1t}}{\rho\,(1 + \zeta_E + \lambda \frac{\ell}{d_1})}} \qquad (3)$$

(3) ausgewertet $$c_2 = \sqrt{\frac{2 \cdot 3 \cdot 10^5}{10^3 (1 + 2{,}5 + 0{,}02 \frac{5}{0{,}03})}} = \underline{\underline{9{,}37\ \text{m/s}}}$$

$$\dot{V} = c_2 A_2 = 9{,}37 \frac{\pi}{4} 0{,}03^2 = \underline{\underline{6{,}623 \ell/\text{s}}}$$

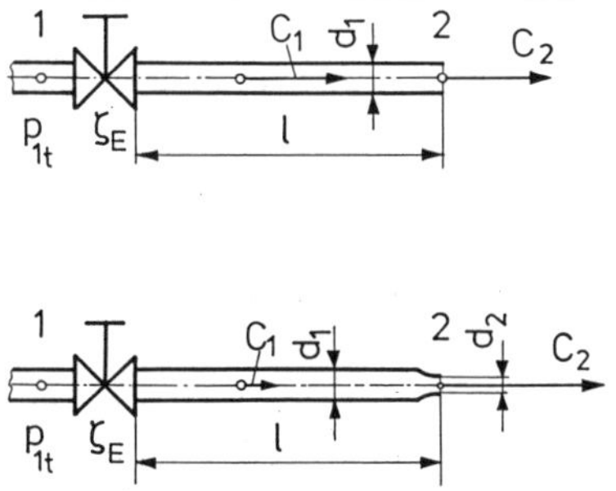

Bild 2.67 A 14

b) Mit Düse

$$p_{1t} = \frac{\rho}{2} c_2^2 + \zeta_E \frac{\rho}{2} c_1^2 + \zeta_D \frac{\rho}{2} c_2^2 + \frac{\lambda \ell}{d_1} \frac{\rho}{2} c_1^2 \qquad (4)$$

$$c_1 = c_2 (d_1/d_2)^2 \qquad (5)$$

(5) in (4) und daraus $$c_2 = \sqrt{\frac{2\, p_{1t}}{\rho \left[1 + \zeta_D + \left(\frac{d_1}{d_2}\right)^4 \left(\zeta_E + \frac{\lambda \ell}{d_1}\right)\right]}} \qquad (6)$$

(6) ausgewertet:

$$c_2 = \sqrt{\frac{2\cdot 3\cdot 10^5}{10^3\left[1 + 0{,}05 + \left(\frac{7}{30}\right)^4\left(2{,}5 + \frac{0{,}02\cdot 5}{0{,}03}\right)\right]}} = \underline{\underline{23{,}71\ \mathrm{m/s}}}$$

$$\dot{V} = c_2 A_2 = 23{,}71\ (\pi/4)\ 0{,}007^2 = \underline{\underline{0{,}91\ \ell/\mathrm{s}}}$$

c) Vergleich der Resultate unter a) und b)

Die Abströmgeschwindigkeit aus dem Rohr unter b) mit Düse ist grösser als in b), weil der Druckverlust im Einlaufventil und im Rohr zufolge der bedeutend kleineren Strömungsgeschwindigkeit in diesen Elementen geringer ist. An der Düse steht deswegen ein grösseres Druckgefälle zur Verfügung.

Aufgabe 15

Ein 1300 m langes Rohr mit dem Durchmesser 155 mm und der Rauhigkeit k = 0,006 cm hat ein Gefälle von 17 m. Im Rohr fliesst Heizöl bei 21°C mit der kinematischen Zähigkeit $\nu = 3{,}83\cdot 10^{-6}\,\mathrm{m^2/s}$ bei der Dichte $\rho = 852\ \mathrm{kg/m^3}$. Der statische Ueberdruck am Eintritt beträgt 9,1 bar, am Austritt 3,6 bar. Wie gross ist der Volumenstrom $\dot{V}$? Gegeben nach obigen Angaben: ℓ, d, H, p_1, p_2, ν, ρ.

Lösung:

Aus $p_1 + \frac{\rho}{2} c_1^2 + \rho g H = p_2 + \frac{\rho}{2} c_2^2 + \lambda \frac{\ell}{d} \frac{\rho}{2} c_2^2$ folgt mit $c_1 = c_2 = c$

und $c = \dot{V}/(\pi/4) d^2$

$$\dot{V} = \frac{1}{\sqrt{\lambda}} \sqrt{\frac{\pi\, d^5 (p_1 - p_2 + \rho g H)}{8\, \ell\, \rho}} \qquad (1)$$

In (1) beträgt der Wurzelausdruck 0,008305, somit

$$\dot{V} = 0{,}008305 \frac{1}{\sqrt{\lambda}} \qquad (2)$$

$\lambda = \lambda(\dot{V}, k/d)$, somit bestimmen wir $\dot{V}$ iterativ.

1. $\lambda = 0{,}03$, $\dot{V} = 0{,}04794\ \mathrm{m^3/s}$, $c = 2{,}5424\ \mathrm{m/s}$

   $Re = cd/\nu = 1{,}03\cdot 10^5$

   Mit $k/d = 0{,}06/155 = 3{,}87\cdot 10^{-4}$ und $Re = 1{,}03\cdot 10^5$ entnimmt man dem λ-Diagramm Bild 2.68: $\lambda = 0{,}02$
   (Vergrössertes λ-Diagramm siehe im Anhang)

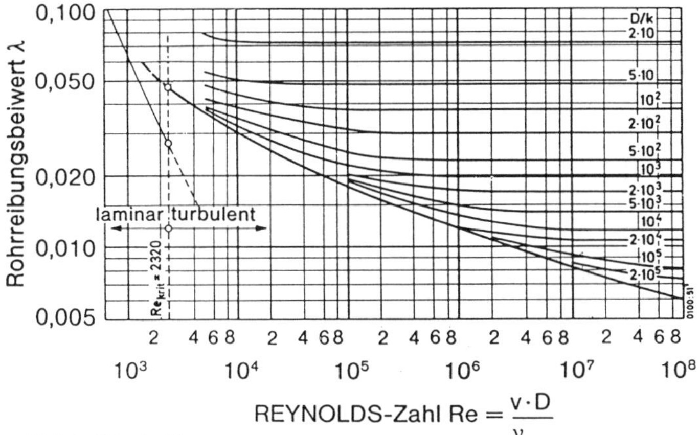

Bild 2.68 A 15

2. $\lambda = 0{,}02$ $\quad \dot{V} = 0{,}05872\ m^3/s, \quad c = 3{,}11\ m/s$

$Re = 1{,}26\cdot 10^5, \quad \lambda = 0{,}0195 \approx \underline{0{,}02}$

in Uebereinstimmung mit Annahme

Also wird $\dot{V} = \frac{1}{\sqrt{0{,}020}}\ 0{,}008305 = \underline{0{,}05872\ m^3/s = 58{,}7\ \ell/s}$

Aufgabe 16 (Bild 2.69)

Ein Saugheberrohr, dessen Ausflussöffnung in der konstanten Höhe h unter dem Flüssigkeitsspiegel liegt, besteht aus zwei zusammengefügten Schläuchen mit dem lichten Durchmesser d_1 und d_2 bzw. der Länge ℓ_1 und ℓ_2 . Die Rohrreibungszahlen sind λ_1 und λ_2, die relative Rauhigkeit k_1/d_1 bzw. k_2/d_2. Die plötzliche Durchmesseränderung in der Ebene 2 verursacht einen zusätzlichen Druckverlust mit der Druckverlustzahl ζ_2. In 1 liegt am Behälterboden der scharfkantige Einlauf mit der Druckverlustzahl ζ_1. Der Einfluss der verschiedenen Krümmungen zwischen 1 und 2 wird mit der Verlustzahl ζ_K erfasst. Wie gross ist der ausfliessende Volumenstrom $\dot{V}$? Gegeben: $h = 38$ cm, $k_1/d_1 = 10^{-2}$, $k_2/d_2 = 2\cdot 10^{-3}$, $\nu = 10^{-6}\ m^2/s$, $\zeta_1 = 1{,}7$ und $\zeta_K = 1{,}5$ (auf $(\rho/2)c_1^2$ bezogen), $\zeta_2 = 1{,}3$ (auf $(\rho/2)c_3^2$ bezogen), $d_1 = 18$ mm, $d_2 = 9{,}5$ mm, $\ell_1 = 3{,}4$ m, $\ell_2 = 0{,}4$ m.

Lösung:

Setzt man die Bernoulli-Gleichung mit Verlustgliedern von 0 bis 3 an und löst nach c_3 auf, erhält man

$$c_3 = \sqrt{\frac{2gH}{1 + \zeta_2 + \lambda_2 \frac{\ell_2}{d_2} + \left(\frac{A_2}{A_1}\right)^2 \left(\zeta_1 + \zeta_K + \lambda_1 \frac{\ell_1}{d_1}\right)}} \quad (1)$$

Mit den eingesetzten konstanten Werten erhält man aus (1)

$$c_3 = \frac{2{,}7305}{\sqrt{2{,}5482 + 14{,}655\,\lambda_1 + 40\,\lambda_2}} \quad (2)$$

λ_1 und λ_2 hängen selbst wieder von c_3 ab, sodass iteratives Vorgehen zur Lösung von (2) angezeigt ist.

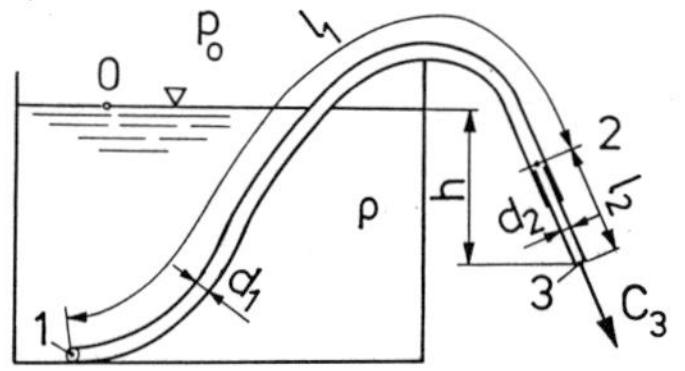

Bild 2.69 A 16

1. Schritt: wähle
   $\lambda_1 = 0{,}03$, $\lambda_2 = 0{,}025$
   dann wird $c_3 = 1{,}367$ m/s,
   $c_1 = 0{,}38077$ m/s, $Re_1 = c_1 d_1/\nu = 6854$, $Re_2 = c_2 d_2/\nu = 12986$.
   Aus einem λ-Diagramm für Kreisrohre (Zum Beispiel Bild 2.68)
   $\lambda = \lambda(Re, k/d)$ folgt $\lambda_1 = 0{,}045$ und $\lambda_2 = 0{,}032$.

Die Iteration wird mit diesen Werten fortgesetzt. In einem 3. Schritt wird schliesslich

$$\lambda_1 = \underline{0{,}0455} \text{ und } \quad \lambda_2 = \underline{0{,}033}$$

in Uebereinstimmung mit den Anfangswerten und damit aus (2) mit

$c_3 = 1{,}282$ m/s $\qquad \dot{V} = c_3 A_3 = \underline{90{,}8 \text{ cm}^3/\text{s}}$

Aufgabe 17

Eine gerade Rohrleitung und die darin geförderte Flüssigkeit weisen folgende Daten auf: $d_1 = 250$ mm, $k/d_1 = 10^{-3}$, $\ell = 3{,}8$ km, $\dot{V} = 883$ m³/h, $\nu = 1{,}5 \cdot 10^{-4}$ m²/s, $\rho = 850$ kg/m³. Diese Rohrleitung (Rohrleitung 1) soll durch ein Rohr mit grösserer Lichtweite $d_2 > d_1$ ersetzt werden, so dass der Druckverlust nur noch 30% des ursprünglichen Druckverlustes ausmacht. Wie gross ist der neue Rohrdurchmesser d_2 (Rohrleitung 2) zu wählen bei sonst unveränderten Daten ?

Lösung:

Die Druckverluste Δp_1 und Δp_2 der beiden Rohrleitungen ins Verhältnis gesetzt ergeben

$$d_2 = d_1 \sqrt[5]{\frac{\lambda_2}{0,3\ \lambda_1}}$$

Mit den gegebenen Daten folgt $\lambda_1 = 0,034$. $\lambda_2 = \lambda_2(d_2,\ k/d_2)$ wird iterativ bestimmt. Man findet $\lambda_2 = 0,0365$ und damit

$$d_2 = \underline{\underline{325\ \text{mm}}}$$

Aufgabe 18

Man bestimme die mittlere Rauhigkeit k für folgende Rohrströmungen. a) Rohr mit d = 150 mm, $\dot{V} = 80\ell/s$, $\ell = 1000$ m, Druckhöhenverlust $\Delta H_v = 200$ m WS, $\nu = 1,0 \cdot 10^{-6} m^2/s$, $\rho = 998,3\ kg/m^3$, b) Rohr mit d = 70 mm, $\dot{V} = 2\ell/s$, $\ell = 1000$ m, $\Delta H_v = 8$ m WS, $\eta = 544,0 \cdot 10^{-6}$ Pas, $\rho = 988,0\ kg/m^3$.

Lösung: a) $\underline{\underline{k \approx 0,60\ \text{mm}}}$, b) $\underline{\underline{k \approx 0,77\ \text{mm}}}$

Aufgabe 19

Im Druckschacht einer hydraulischen Kraftanlage ist eine geschweisste Rohrleitung verlegt, die innen mit einem Bitumenbelag ausgekleidet ist. Die Daten der Leitung sind:
Länge $\ell = 1050$ m, mittlerer Durchmesser D = 2914 mm, maximale Durchflussmenge $\dot{V} = 53,02\ m^3/s$ bei t = 4°C, gemessener Druckverlust $\Delta p_v = 0,966 \cdot 10^5\ N/m^2$, $\nu = 1,57 \cdot 10^{-6} m^2/s$, $\rho = 1000\ kg/m^3$.
Man bestimme die Rohrreibungszahl λ sowie die relative Rauhigkeit D/k und die mittlere Rauhigkeitserhebung k mit Verwendung des λ-Diagrammes für Kreisrohre (Bild 2.68).

Lösung: $\lambda \approx \underline{\underline{0,0085}}$, $D/k \approx \underline{\underline{1,3 \cdot 10^5}}$, $k \approx \underline{\underline{0,022\ \text{mm}}}$.

Aufgabe 20 (Bild 2.70)

Rohrleitung zu Reservoir. Eine Pumpe fördert $\dot{V} = 0,2827\ m^3/s$ Wasser (Dichte $\rho = 999,4\ kg/m^3$, Zähigkeit $\eta = 122,6 \cdot 10^{-5}$ Pas) in ein Reservoir, dessen Spiegel in H = 120 m über der Pumpenachse liegt. Zum Reservoir führt eine ℓ = 2000 m lange Leitung mit dem konstanten Durchmesser d und der Rohrreibungszahl λ = 0,02. Im Druckstutzen der Pumpe misst man den Druck p_1 = 93,7 bar. Der Umgebungsdruck beträgt p_0 = 0,95 bar. Die Verluste in der Saugleitung werden vernachlässigt.

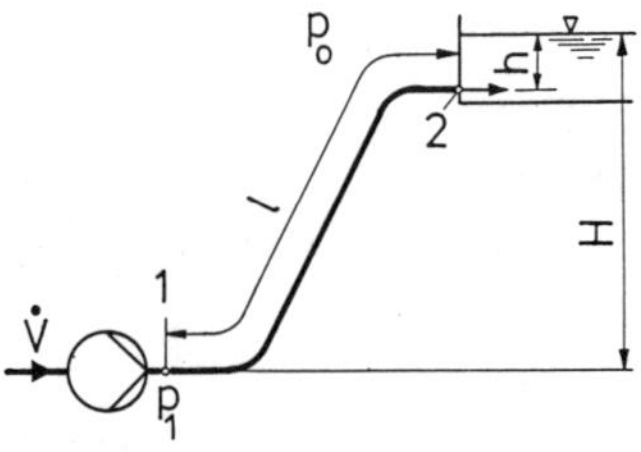

Bild 2.70 A 20

a) Wie gross ist der Rohrdurchmesser d und die relative Rauhigkeit k/d ?, b) Wie gross ist die an das Wasser abgegebene hydraulische Leistung P_h der Pumpe ?

Lösung: a) Man findet $d = \sqrt[5]{\dfrac{8\,\lambda\,\ell\,\rho\,\dot{V}^2}{\pi^2(p_1 - p_0 - \rho g H)}}$ = 200 mm

b) $P_h = \dot{V}(p_1 - p_0)$ = 2622 kW

Aufgabe 21

Rohrströmung, Verringerung des Druckverlustes. In einer horizontalen geraden Rohrleitung von der Länge ℓ strömt der Volumenstrom $\dot{V}$ Zahnradgetriebeöl mit der Zähigkeit ν. Die Leitung hat den Durchmesser d_1 und eine relative Rauhigkeit k/d_1. a) Wie gross ist der Druckabfall Δp_v in der Rohrleitung ?, b) Welche Antriebsleistung P_P nimmt die Förderpumpe auf, wenn deren Wirkungsgrad η_P beträgt ?, c) Bei welchem Rohrdurchmesser d_2 und sonst gleicher relativer Rauhigkeit wäre die Pumpenantriebsleistung bloss 25% der unter b) berechneten ? Gegeben: $\dot{V} = 20\ell/s$, ℓ = 1150 m, d_1 = 80 mm, $k/d = 3\cdot 10^{-3}$, $\eta = 0{,}86$, $\nu = 25\ mm^2/s$, $\rho = 885\ kg/m^3$.

Lösung: a) Δp_v = 33,25 bar, b) P_P = 77,32 kW, c) $d_2\ \sqrt[5]{4}\ d_1$ = 106mm.

Aufgabe 22

Wie gross muss der Durchmesser d eines Rohres gewählt werden bei bekannter relativer Rauhigkeit k/d, Länge ℓ, Volumenstrom $\dot{V}$, Dichte ρ, Zähigkeit η des Mediums, wenn die Verlusthöhe H_v zugelassen wird ? Gegeben: $k/d = 7\cdot 10^{-5}$, ℓ = 2600 m, $\dot{V} = 1{,}2\ m^3/s$, $\eta = 1{,}13\cdot 10^{-3}$ Pas, H_v = 70 m, $\rho = 10^3\ kg/m^3$.

Lösung:

$$\Delta p_v = \lambda \frac{\ell}{d} \frac{\rho}{2} c^2 = \rho g H_v \qquad (1) \qquad\qquad c = \frac{4\dot{V}}{\pi\, d^2} \qquad (2)$$

(2) in (1) und die Konstanten zusammengefasst ergeben für

$$d = 1{,}34608 \sqrt[5]{\lambda} \qquad (3)$$

Durch Iteration findet man aus (3): $\lambda = 0{,}0118$ und damit wird

$$\underline{\underline{d = 554 \text{ mm}}}$$

Aufgabe 23

Eine waagrechte Rohrleitung der Länge ℓ und dem Durchmesser d führt Druckwasser. Am Einlauf herrscht der Ueberdruck p_1. Wenn nur die Rohrreibung mit der konstanten Rohrreibungszahl λ berücksichtigt wird, soll gezeigt werden, dass die auf den statischen Druck p_2 (Punkt im Abstand ℓ vom Leitungsanfang) bezogene Leistung P des strömenden Wassers am grössten ist, wenn der Druckverlust $\Delta p_v = p_1/3$ ist. Gegeben: p_1, λ, ℓ, d, c, ρ.

Lösung:

Druckverlust $\qquad \Delta p_v = \lambda \frac{\ell}{d} \frac{\rho}{2} c^2 \qquad (1)$

Ueberdruck nach Lauflänge $\qquad p_2 = p_1 - \Delta p_v = p_1 - \lambda \frac{\ell}{d} \frac{\rho}{2} c^2 \qquad (2)$

Volumenstrom $\qquad \dot{V} = Ac = \frac{\pi}{4} d^2 c \qquad (3)$

Hydraulische Leistung aus (2) und (3) $\qquad P_Q = \dot{V} p_2 = \frac{\pi}{4} \left(d^2 c\, p_1 - \frac{\rho\lambda\ell d}{2} c^3\right) \qquad (4)$

Bedingung für maximales P aus (4) $\qquad \frac{dP_Q}{dc} = 0 = d^2 p_1 - \frac{3}{2} \rho\lambda\ell d c^2 \qquad (5)$

und aus (5) $\qquad p_1 = 3 \lambda \frac{\ell}{d} \frac{\rho}{2} c^2 \qquad (6)$

Somit (6) im Vergleich mit (1) $\qquad \underline{\underline{\Delta p_v = \frac{p_1}{3}}}$

Aufgabe 24 (Bild 2.71)

Eine gerade Rohrleitung aus zwei Rohren mit unterschiedlichem Durchmesser d_1 und d_2, derselben Rohrreibungszahl λ und der

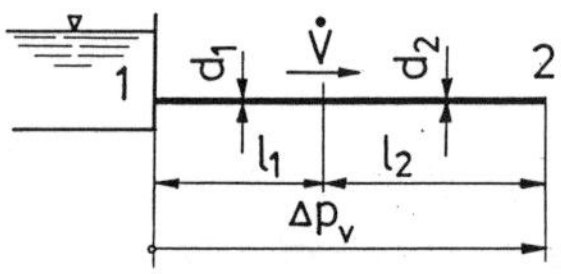

Bild 2.71 A 24

Gesamtlänge $\ell = \ell_1 + \ell_2$ hat einen Druckabfall Δp_v beim Volumenstrom $\dot{V}$. Wie gross sind die Längen ℓ und ℓ_2 ? Gegeben: $\dot{V} = 4{,}5\ m^3/s$, $\ell = 225\ m$, $d = 1{,}60\ m$, $d = 1{,}45\ m$, $\Delta p = 9810\ Pa$, $\rho = 10^3\ kg/m^3$.

Lösung: $\ell_1 = \underline{86\ m}$, $\ell_2 = \underline{139\ m}$.

Aufgabe 25 (Bild 2.72)

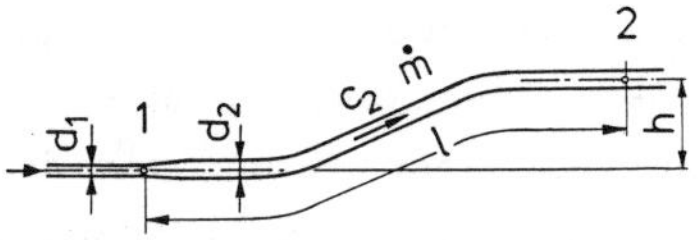

Bild 2.72 A 25

In einer Rohrleitung von der Länge ℓ mit dem Höhenunterschied h und dem Durchmesser d_2 werden sekundlich $\dot{m}$ kg Oel mit der Dichte ρ gefördert. Zwischen der Messstelle 1 am Rohrdurchmesser d_1 und 2 am Durchmesser d_2 wird die statische Druckdifferenz $\Delta p = p_1 - p_2$ gemessen. Man berechne a) die Rohrreibungszahl λ des Rohres mit dem Durchmesser d_2, b) die Verlustleistung P_v längs der Rohrleitung, c) die erforderliche hydraulische Pumpenleistung P_h zur Förderung des Oels von Punkt 1 bis 2. Gegeben: $d_1 = 750$ mm, $d_2 = 1050$ mm, $\dot{m} = 1200$ kg/s, $p_1 - p_2 = 25$ bar, $\ell = 30$ km, h =230 m, $\rho = 850\ kg/m^3$.

Lösung:

a)
$$\lambda = \frac{\frac{\rho}{2}(c_1^2 - c_2^2) + p_1 - p_2 - \rho g h}{(\ell/d_2)(\rho/2)c_2^2} = \underline{\underline{0{,}01813}}$$

b)
$$P_v = \Delta p_v \dot{V} = \frac{\dot{m}\,\lambda\,\ell\,c_2^2}{2d_2} = \underline{\underline{826\ kW}}$$

c)
$$P_h = \dot{V}\left(\Delta p_v + \rho g h + \frac{\rho}{2}(c_1^2 - c_2^2)\right) = \underline{\underline{3538\ kW}}$$

Aufgabe 26

In einem horizontal liegenden Rohr fliesst der Volumenstrom $\dot{V}$ einer Flüssigkeit der Dichte ρ. Das Rohr verengt sich vom Durchmesser d_1 im Querschnitt 1 auf den Durchmesser d_2 im engsten Querschnitt 2 so, dass der Druck $p_2 = (1/3)p_1$ ist. Der Druckverlust von 1 bis 2 beträgt $\Delta p_v = \zeta(\rho/2)c_1^2$. Man berechne das Durchmesserverhältnis d_1/d_2. Gegeben: $\dot{V} = 10800 \ell/h$, $d_1 = 25$ mm, $p_1 = 5$ bar, $\zeta = 0{,}05$, $\rho = 10^3 kg/m^3$.

$$\frac{d_1}{d_2} = \sqrt[4]{\frac{2}{\rho c_1^2}\left[p_1 - p_2 + \frac{\rho}{2} c_1^2 (1 - \zeta)\right]} = \underline{2{,}082}$$

Aufgabe 27

Zwei Rohre haben die gleiche Länge ℓ, denselben Volumenstrom $\dot{V}$, jedoch unterschiedliche Durchmesser d_1 und d_2. Welchen Wert hat das Verhältnis der Druckverluste Δp_1 (Rohr 1) und Δp_2 (Rohr 2) für folgende Strömungsverhältnisse: a) Hydraulisch rauhe turbulente Rohrströmung bei gleicher relativer Rauhigkeit ?, b) Hydraulisch glatte Rohrströmung im Bereiche des Blasiusschen Gesetzes ?, c) Laminare Rohrströmung ? Gegeben: d_1, d_2.

Lösung:

a) In der voll ausgebildeten rauhen Rohrströmung ist bei gleichem k/d die Rohrreibungszahl λ = konstant.

Ansätze: $$u = \dot{V}/A = 4\dot{V}/(\pi d^2) \quad (1)$$

$$\Delta p_1 = \lambda \frac{\ell}{d_1} \frac{\rho}{2} \left(\frac{4\dot{V}}{\pi d_1^2}\right)^2 = \frac{K}{d_1^5} \quad (2)$$

$$\Delta p = \lambda \frac{\ell}{d_2} \frac{\rho}{2} \left(\frac{4\dot{V}}{\pi d_2^2}\right)^2 = \frac{K}{d_2^5} \quad (3)$$

Aus (2) und (3) folgt $$\underline{\Delta p_1/\Delta p_2 = (d_2/d_1)^5} \quad (4)$$

b) $$Re = ud/\nu = 4\dot{V}/(\pi d \nu) \quad (5)$$

Blasius-Gesetz: $$\lambda = 0{,}316\ Re^{-1/4} \quad (6)$$

(1), (5) und (6) in $\Delta p = \lambda \frac{\ell}{d} \frac{\rho}{2} u^2$ ergibt

$$\Delta p_1 = K_B d_1^{-4{,}75} \quad (7)$$

$$\Delta p_2 = K_B d_2^{-4{,}75} \quad (8)$$

und daraus $$\underline{\Delta p_1/\Delta p_2 = (d_2/d_1)^{4{,}75}} \quad (9)$$

c) Mit $\lambda = 64/Re$ für Kreisrohre sowie (1) und (2) folgt

$$\Delta p_1 = \frac{128\,\rho\,\ell\,\dot{V}\,\nu}{d_1^4\,\pi}, \quad \Delta p_2 = \frac{128\,\rho\,\ell\,\dot{V}\,\nu}{d_2^4\,\pi}, \text{ damit}$$

$$\underline{\Delta p_1/\Delta p_2 = (d_2/d_1)^4} \tag{10}$$

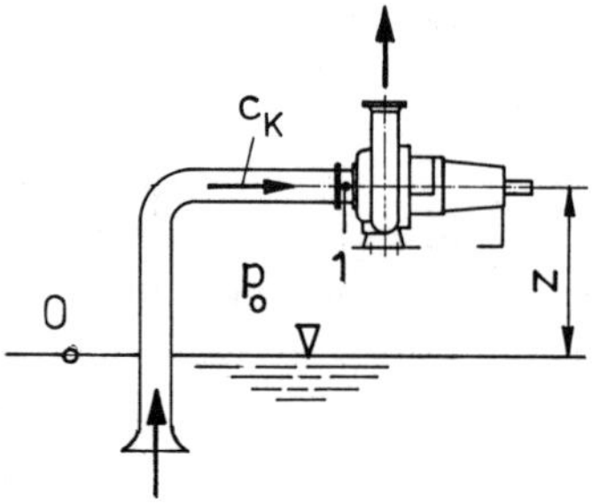

Bild 2.73 A 28

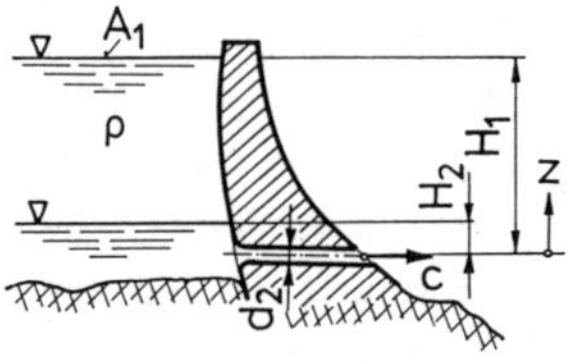

Bild 2.74 A 29

Aufgabe 28 (Bild 2.73)

Für die dargestellte Pumpe sind zu bestimmen a) der Druck p_1 in der Ebene 1 vor dem Laufrad, b) die Strömungsgeschwindigkeit c_K in der Saugleitung, bei der der Druck p_1 den Dampfdruck p_d des Wassers erreicht. Die Betriebsdaten sind: Saugrohrdurchmesser $d = 250$mm, Rohrrauhigkeit $k = 0{,}20$ mm, Wassertemperatur $t = 14\,^\circ$C, Atmosphärendruck $p_o = 817{,}1$ hPa, Saugleitung Länge $\ell = 6$ m (ohne Krümmer), Saughöhe $z = 3$ m, Widerstandsbeiwert $\zeta_E = 0{,}1$ im Einlauf, $\zeta_K = 0{,}55$ des Krümmers, Zulaufgeschwindigkeit $c_1 = 6$ m/s, Dampfdruck des Wassers $p_d = 1597$ Pa, kinematische Zähigkeit $\nu = 1{,}163 \cdot 10^{-6}$ m^2/s, $\rho = 1000$ kg/m^3.

Lösung: a) $p_1 = \underline{0{,}1429 \text{ bar}}$, b) $c_K = \underline{6{,}93 \text{ m/s}}$.

Aufgabe 29 (Bild 2.74)

Zur raschen Entleerung einer Stauanlage dient der Grundablass. Dies ist eine tief gelegene Druckleitung. Wir nehmen vereinfachend an, der Seespiegel habe während des gesamten Auslaufvorganges die Fläche $A_1 = 1{,}7\ \text{km}^2$. Das Niveau wird um $H_1 - H_2 = 75$ m gesenkt und steht dann noch bis zur Höhe $H_2 = 4$ m über der Grundablassöffnung mit dem Durchmesser $d_2 = 3{,}7$ m bzw. $A_2 = 10{,}52\ \text{m}^2$. Die Ausflussgeschwindigkeit beträgt $c = \varphi c_{th}$, worin c_{th} die Abströmgeschwindigkeit bei reibungsfreier Strömung wäre. $\varphi = 0{,}8$ ist die Geschwindigkeitsziffer. Sie berücksichtigt die Reibung im Druckrohr, im Einlaufrechen und in den Absperr- und Regulierorganen. Welche Zeit t benötigt der Entleerungsvorgang ?

Lösung:

In der Zeit dt fällt der Wasserspiegel um die Höhe dz. Die momentane Ausflussgeschwindigkeit bei der Spiegelhöhe z ist

$$c = \varphi\sqrt{2gz} \qquad (1)$$

Während der Zeit dt fliesst das Volumen

$$dV = \varphi\sqrt{2gz} \cdot A_2 dt = A_1 dz \qquad (2)$$

Aus (2) folgt

$$dt = \frac{A_1}{\varphi\sqrt{2g}\, A_2} \frac{dz}{\sqrt{z}} \qquad (3)$$

(3) in den Grenzen $z_1 = H_1$ und $z_2 = H_2$ integriert liefert

$$t = \frac{A_1}{\varphi\sqrt{2g}\, A_2} \int_{z_2=H_2}^{z_1=H_1} \frac{dz}{\sqrt{z}} = \frac{A_1}{\varphi\sqrt{2g}\, A_2}\, 2\sqrt{z}\,\Bigg|_{H_2}^{H_1} = \frac{2\, A_1}{\varphi\sqrt{2g}\, A_2}\left(\sqrt{H_1} - \sqrt{H_2}\right) \qquad (4)$$

Damit wird

$$t = \frac{2 \cdot 1{,}7 \cdot 10^6}{0{,}8 \cdot \sqrt{2 \cdot 9{,}81} \cdot 10{,}752} (\sqrt{79} - \sqrt{4}) = 6{,}1469 \cdot 10^5\ \text{s}$$

$$= \underline{7{,}11\ \text{Tage}}$$

Aufgabe 30 (Bild 2.75)

Durch die Rohrleitung in der Staumauer vom Durchmesser d mit der mittleren Rauhigkeit k sowie der Länge ℓ strömt der Volumenstrom $\dot{V}$ Wasser mit der kinematischen Zähigkeit ν und der Dichte ρ. Der Stausee ist bis zur Höhe H über dem Rohrausfluss gefüllt. Welche Länge ℓ hat die Rohrleitung ?

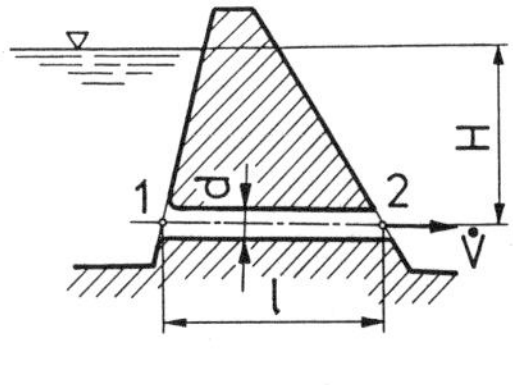

Bild 2.75 A 30

Gegeben: $H = 50$ m, $d = 1000$ mm, $k = 2$ mm, $\dot{V} = 12\ \text{m}^3/\text{s}$, $\nu = 1{,}65 \cdot 10^{-6}\ \text{m}^2/\text{s}$, $\rho = 10^3\ \text{kg/m}^3$.

$$\ell = \frac{2d(\rho g H - \frac{\rho}{2} c_2^2)}{\lambda \rho c_2^2} = \underline{139 \text{ m}}$$

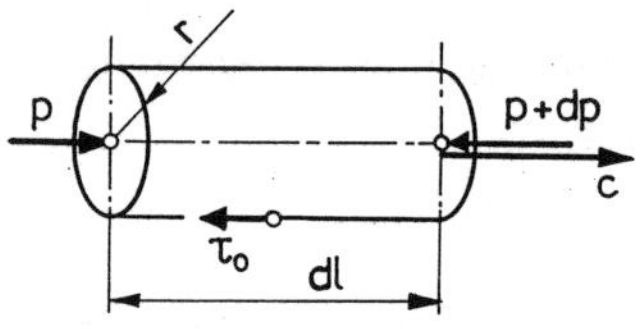

Bild 2.76 A 31

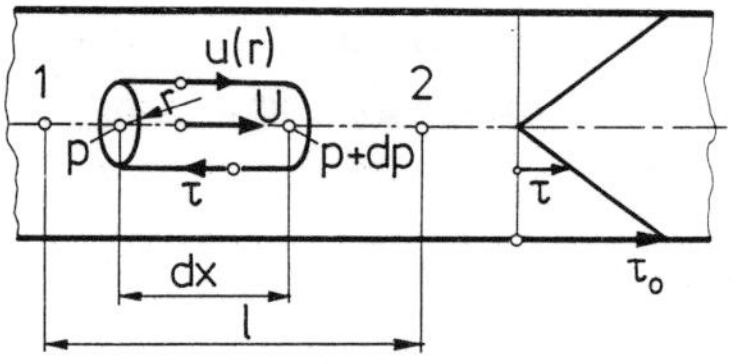

Bild 2.77 A 32

Aufgabe 31 (Bild 2.76)

Die Widerstandszahl λ eines hydraulisch glatten Rohres kann im Reynoldszahlbereich $5 \cdot 10^3 \leqq Re \leqq 10^5$ durch das "Blasiussche Gesetz" angegeben werden. Wie lautet in diesem Bereich die Wandschubspannung τ_0 an der Rohrinnenfläche ? Gegeben: c, Re, ρ,

Blasiusgesetz $\lambda = 0,316\ Re^{-1/4}$.

Lösung:

Gleichgewicht am Flüssigkeitsteilchen:

$$2\pi r\, d\ell \tau_0 = \lambda \frac{d\ell}{2r} \frac{\rho}{2} c^2 \pi r^2 \quad \text{und daraus}$$

$$\tau_0 = \frac{\lambda \rho c^2}{8} = \frac{0,316\ Re^{-1/4} \rho c^2}{8}$$

$$\tau_0 = \underline{0,0395\ \rho c^2 Re^{-1/4}}$$

Aufgabe 32 (Bild 2.77)

Man ermittle die Schubspannungsverteilung τ einer stationären Rohrströmung über den Kreisquerschnitt. Gegeben: r, Δp, ℓ.

Lösung:

Druckabfall in Strömungsrichtung: $dp/dx < 0$

$$\frac{p_2 - p_1}{\ell} = -\frac{\Delta p}{\ell} = \frac{dp}{dx}$$ als gleichmässiger Druckabfall. Das Gleichgewicht an einer Teilströmung ist gegeben durch

$$2\,\pi\, r\, dx\, \tau = \pi\, r^2\, dp$$ und daraus

$$\underline{\tau} = \frac{r}{2}\frac{dp}{dx} = \frac{r}{2}\,\frac{p_2 - p_1}{\ell} = -\frac{r}{2}\frac{\Delta p}{\ell} \sim \frac{r}{2} \underline{\sim r}$$

Die Schubspannungsverteilung ist somit linear von r abhängig.

Aufgabe 33

In einem Rohr mit dem Durchmesser d und der Länge ℓ strömt eine Flüssigkeit. Die wirksame Wandschubspannung ist $\tau_w = \tau_0$. Wie gross ist der Druckabfall Δp_v ? Gegeben: ℓ = 70 m, d = 160 mm, τ_w = 51N/m^2.

Lösung: Aus dem Kräftegleichgewicht $\pi\, d\, \ell\, \tau_w = \Delta p_v A = \Delta p_v \frac{\pi}{4} d^2$

folgt $$\Delta p_v = \frac{4\,\ell\,\tau_w}{d} = \frac{4 \cdot 70 \cdot 51}{0{,}16} = \underline{89250 \text{ Pa}}$$

Aufgabe 34

Ein Kreisrohr der Länge ℓ mit dem Durchmesser d und der Rauhigkeit k führt den Volumenstrom $\dot{V}$ einer Flüssigkeit mit der dynamischen Zähigkeit η und der Dichte ρ. Wie gross ist die Wandschubspannung $\tau_w = \tau_0$? Gegeben: ℓ = 300 m, d = 20 cm, $\dot{V}$ = 0,5 m^3/s, k = 0,2 mm, ρ = 10^{3}kg/m^3, η = 1,2·10^{-3} Pas.

Lösung: Aus dem Kräftegleichgewicht $\tau_w \pi\, d\, \ell = \Delta p A = \lambda \frac{\ell}{d} \frac{\rho}{2} u^2 \frac{\pi}{4} d^2$

mit $\lambda = \lambda(Re, d/k) = 0{,}0197$ ergibt sich die Wandschubspannung

$$\tau_w = \frac{\lambda}{8} \rho u^2 = \frac{0{,}0197}{8} 10^3 \cdot 15{,}91^2 = \underline{632 \text{ N/m}^2}.$$

Aufgabe 35

In einem von Wasser durchströmten Rohr vom Durchmesser d herrscht eine Wandschubspannung τ_w bei der Rohrreibungszahl λ. Das strömende Wasser hat die Dichte ρ und die kinematische Zähigkeit ν. Man berechne die Strömungsgeschwindigkeit $\overline{u} = \dot{V}/(\pi/4)d^2$. Gegeben: d = 300 mm, τ_w = 50 N/m^2, λ = 0,040, ν = 1·10^{-6}m^2/s, ρ = 10^{3}kg/m^3.

Aus dem Gleichgewicht der Druck- und Reibungskräfte folgt

$\Delta p = \lambda \frac{\ell}{d} \frac{\rho}{2} \bar{u}^2 = \pi d \ell \tau_w$ und daraus

$$\bar{u} = \sqrt{\frac{8\tau_w}{\lambda\rho}} = \sqrt{\frac{8 \cdot 50}{0{,}04 \cdot 10^3}} = \underline{\underline{3{,}16\ m/s}}$$

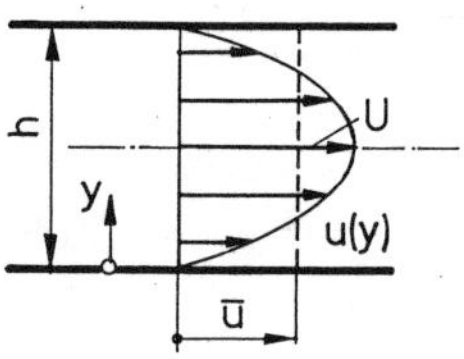

Bild 2.78 A 36

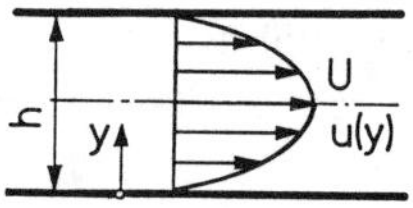

Bild 2.79 A 37

Aufgabe 36 (Bild 2.78)

Grenzschicht, Geschwindigkeitsprofil. In einem rechteckigen Kanal mit der Breite b = 2000 mm und der Höhe h = 500 mm strömt ein Gas mit der Geschwindigkeitsverteilung u(y) = 30y(1 - 2y).
a) Wie gross ist der Volumenstrom $\dot{V}$? (Grenzschicht an den seitlichen Kanalwänden vernachlässigen), b) Welchen Wert hat das Verhältnis $\bar{u}/U$ ($U = u_{max}$, $\bar{u} = \dot{V}/A$) ?

Lösung: a) Aus $d\dot{V} = b u(y) dy$ folgt $\dot{V} = b(15h^2 - 20h^3) = \underline{\underline{2{,}5\ m^3/s}}$.

b) Mit $u(\frac{h}{2}) = U$ erhält man $\frac{\bar{u}}{U} = \frac{\dot{V}}{AU} = \frac{1 - (4/3)h}{1 - h} = \underline{\underline{0{,}666}}$

Aufgabe 37 (Bild 2.79)

In einem breiten rechteckigen Lüftungskanal mit der Höhe h und der Breite $b \gg h$ strömt Luft. Die Geschwindigkeitsverteilung über h/2 folgt dem Gesetz u(y) = 90y(1 - 8y). a) Man berechne den Volumenstrom unter Vernachlässigung des Grenzschichteinflusses an den Seitenwänden. Wie gross ist die maximale Geschwindigkeit U in der Kanalmitte ? b) In welchem Verhältnis steht $\bar{u}/U$, wo $\bar{u} = \dot{V}/A$?
Gegeben: h = 10 cm, b = 1,2 m.

a) $$d\dot{V} = bu(y)dy \qquad (1)$$

Mit $u(y) = 90y(1 - 8y)$ in (1) folgt aus

$$\dot{V} = 2b\int_0^{h/2} 90y(1 - 8y)dy = 7{,}5\ b\left(3h^2 - 8h^3\right) = \underline{0{,}198\ m^3/s} \qquad (2)$$

$$u_{max} = u\left(\frac{h}{2}\right) = U = 45h(1 - 4h) = \underline{2{,}7\ m/s} \qquad (3)$$

b) Aus (2) und (3) ergibt sich für $\frac{\overline{u}}{U} = \frac{1}{6}\,\frac{3-8h}{1-4h} = \underline{0{,}611}$

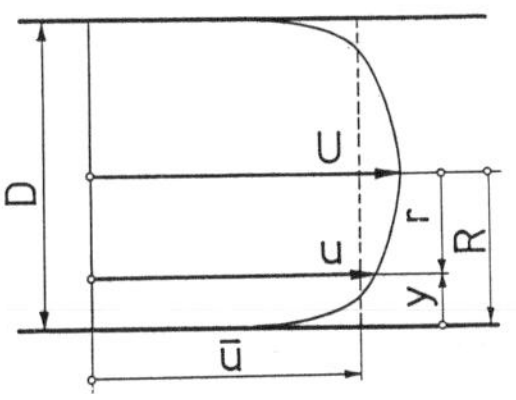

Bild 2.80 A 38

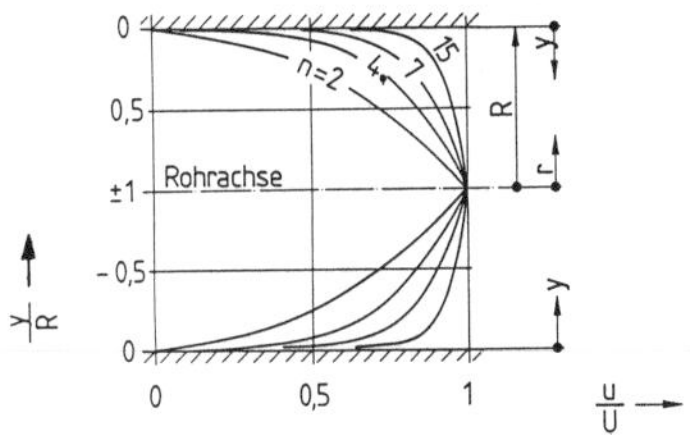

Bild 2.81 A 38

Aufgabe 38 (Bild 2.80)

Die Geschwindigkeitsverteilung der turbulenten Rohrströmung lässt sich annähernd durch das Potenzgesetz

$$\frac{u}{U} = \left(\frac{y}{R}\right)^{1/n} \qquad (1)$$

darstellen. n ist von der Re-Zahl abhängig ($6 \leqq n \leqq 11$, wachsend mit zunehmender Re-Zahl), a) Wie gross ist der Volumenstrom $\dot{V}$?, b) Wie gross ist die mittlere Geschwindigkeit $\overline{u} = \dot{V}/A$?, c) Man ermittle den Wandabstand y, in dem die Strömung die mittlere Geschwindigkeit $\overline{u}$ annimmt. Gegeben: U, n, R = D/2.

Lösung:

a) $$d\dot{V} = 2\pi r\, dy\, u \qquad (2)$$

$$r = R - y \qquad dr = dy \tag{3}$$

(3) und (1) in (2) ergibt den über den gesamten Rohrquerschnitt fliessenden Volumenstrom

$$\dot{V} = 2\pi \frac{U}{R^{1/n}} \int_0^R (R-y)\, y^{1/n}\, dy \tag{4}$$

(4) integriert:
$$\dot{V} = \frac{2\,\pi\, U\, R^2}{(\frac{1}{n} + 1)(\frac{1}{n} + 2)} \tag{5}$$

b) Aus (5) erhält man
$$\overline{u} = \frac{\dot{V}}{\pi\, R^2} = \frac{2\, U}{(\frac{1}{n} + 1)(\frac{1}{n} + 2)} \tag{6}$$

Spezielle Ergebnisse für (6) sind:

$n = 7 \Rightarrow \overline{u} = \frac{98}{120}\, U = 0{,}8166\, U$, $n = 11 \Rightarrow \overline{u} = \frac{121}{138}\, U = 0{,}8768\, U$

Mit wachsendem n entwickelt sich eine zunehmend ausgeglichenere Geschwindigkeitsverteilung (Bild 2.81).

c) In (1) u nach (6) einsetzen ergibt den Wandabstand, in dem die Strömung mit $\overline{u}$ fliesst. Man erhält für den Abstand

$$y = \frac{D}{2}\left[\frac{2}{(\frac{1}{n} + 1)(\frac{1}{n} + 2)}\right]^n \tag{7}$$

Ist beispielsweise $n = 8{,}5$, so folgt aus (7) $y = 0{,}1195\, D$.

Aufgabe 39 (Bild 2.82)

In einem Kreisrohr strömt eine Kunststoffschmelze mit der Geschwindigkeitsverteilung $u(r) = U\left[1 - (r/R)^6\right]$.

a) Wie gross ist der Volumenstrom $\dot{V}$?

b) Welchen Wert hat die mittlere Geschwindigkeit $\overline{u} = \dot{V}/\pi R^2$? Gegeben: U, R

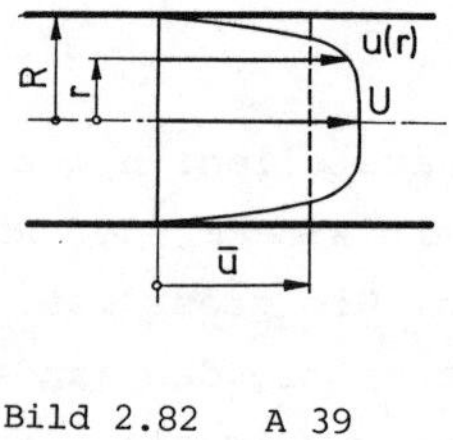

Bild 2.82 A 39

a) $d\dot{V} = 2\pi r\, dr\, u(r)$ (1)

$$\dot{V} = 2\,\pi \int_0^R u(r)\,dr = 2\,\pi\,U \int_0^R \left[1 - (r/R)^6\right] r\,dr \qquad (2)$$

Damit aus (2)

$$\dot{V} = 2\pi U \left(\frac{r^2}{2} - \frac{r^8}{8\,R^6}\right)\Bigg|_0^R = \underline{\frac{3}{4}\pi\,U\,R^2} \qquad (3)$$

und aus (3)

b) $\bar{u} = \dot{V}/\pi R^2 = \underline{\frac{3}{4}\,U}$

Aufgabe 40 (Bild 2.83)

Eine vom Volumenstrom $\dot{V}$ durchflossene Rohrleitung teilt sich in A in die Leitungsstränge mit der Länge ℓ_1 und ℓ_2, welche sich in B wiedervereinigen. Wie gross sind die Teilströme $\dot{V}_1$ und $\dot{V}_2$? Verzweigungsverluste in A und B bleiben unberücksichtigt. Gegeben: $\ell_1 = 900$ m, $\ell_2 = 700$ m, $d_1 = 0{,}5$ m, $d_2 = 0{,}3$ m, $\dot{V} = 0{,}5$ m³/s, $\lambda_1/\lambda_2 = 0{,}758$.

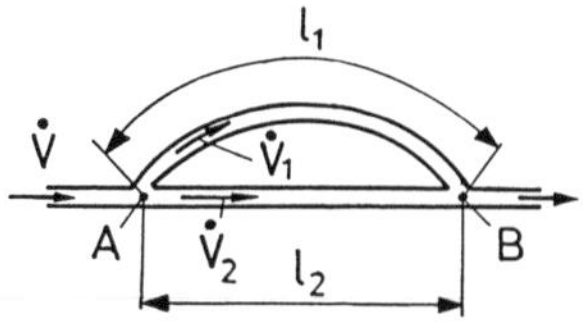

Bild 2.83 A 40

Lösung:

Für den Druckabfall an den Teilsträngen gilt

$$\Delta p_{v1} = \Delta p_{v2} = \frac{\lambda_1 \ell_1}{d_1}\frac{\rho}{2}\,c_1^2 = \frac{\lambda_2 \ell_2}{d_2}\frac{\rho}{2}\,c_2^2 \qquad (1)$$

Ferner $c_2 = \dot{V}_2/A_2 \sim \dot{V}_2/d_2^2$, $c_1 = \dot{V}_1/A_1 \sim \dot{V}_1/d_1^2$ (2)

Mit (2) in (1) findet man $\dfrac{\dot{V}_2}{\dot{V}_1} = \sqrt{\dfrac{\lambda_1}{\lambda_2}\,\dfrac{\ell_1}{\ell_2}\,\left(\dfrac{d_2}{d_1}\right)^5}$ (3)

Unter Beachtung von $\dot{V} = \dot{V}_1 + \dot{V}_2$ in (3) wird hieraus

$$\dot{V}_1 = \underline{0{,}392\ \text{m}^3/\text{s}}, \qquad \dot{V}_2 = \underline{0{,}108\ \text{m}^3/\text{s}}$$

Aufgabe 41 (Bild 2.84)

Drei Rohrleitungen führen von A nach B. Darin strömt Oel mit der Dichte ρ und der kinematischen Zähigkeit ν. Der Gesamtstrom ist $\dot{V}$.

Es herrscht voll ausgebildete hydraulisch rauhe Strömung. Wie gross sind die Teilströme $\dot{V}_1$, $\dot{V}_2$ und $\dot{V}_3$? Gegeben: $\ell_1 = 129$ m, $\ell_2 = 104$ m, $\ell_3 = 185$ m, $d_1 = 200$ mm, $d_2 = 350$ mm, $d_3 = 600$ mm, $\lambda_1 = 0{,}053$, $\lambda_2 = 0{,}048$, $\lambda_3 = 0{,}038$, $\nu = 50 \cdot 10^{-6}\,m^2/s$, $\rho = 880$ kg/m^3, $\dot{V} = 3{,}3$ m^3/s.

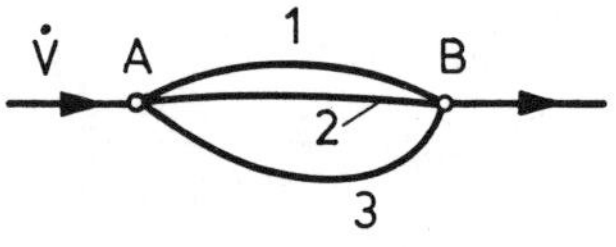

Bild 2.84 A 41

Lösung: In der voll ausgebildeten Rauhigkeitsströmung der Rohre ist $\lambda = \lambda(k/d)$ = konstant. Zwischen der gemeinsamen Verzweigungsstelle A und der Sammelstelle B ist der Druckabfall Δp_v für alle Rohre gleich gross, nämlich

$$\Delta p_v = \frac{\lambda\,\ell}{d}\,\frac{\rho}{2}\,c^2 = K\,c^2$$ (konstant mit der jedem Rohr entsprechenden Konstanten). Damit wird

$$K_1 c_1^2 = K_2 c_2^2 = K_3 c_3^2 = \text{konstant} \qquad (1)$$

Aus (1) $$c_1 = c_2\sqrt{\frac{K_2}{K_1}} \quad \text{und} \quad c_3 = c_2\sqrt{\frac{K_2}{K_3}} \qquad (2)$$

Ferner gilt die Kontinuitätsgleichung

$$\dot{V} = A_1 c_1 + A_2 c_2 + A_3 c_3 \qquad (3)$$

Aus (2) und (3) findet man schliesslich

$$\dot{V}_1 = \underline{\underline{0{,}156\ m^3/s}}, \quad \dot{V}_2 = \underline{\underline{0{,}741\ m^3/s}}, \quad \dot{V}_3 = \underline{\underline{2{,}403\ m^3/s}}$$

Aufgabe 42 (Bild 2.85)

Rohrnetzberechnung für eine Wasserverteilung. Im Rohrnetz beträgt in A der Zufluss $\dot{V}_A$, die Abflüsse in B, C und D sind $\dot{V}_B$, $\dot{V}_C$ und $\dot{V}_D$. Wie gross sind die Volumenströme in den einzelnen Wasserführungen für die Schaltung a) Strang B-C ist abgesperrt ?, b) Strang B-C ist geöffnet ? Gegeben: $\dot{V}_A = 100\ell/s$, $\dot{V}_B = 20{,}0\ell/s$, $\dot{V}_C = 30\ell/s$, $\dot{V}_D = 50\ell/s$, $\lambda = 0{,}030$, gültig für alle Rohrleitungen. Rohrdurchmesser und Längen: $d_1 = 200$ mm, $\ell_1 = 256$ m, $d_2 = 175$ mm, $\ell_2 = 220$ m, $d_3 = 150$ mm, $\ell_3 = 290$ m, $d_4 = 150$ mm, $\ell_4 = 190$ m,

$d_5 = 175$ mm, $\ell_5 = 230$ m.

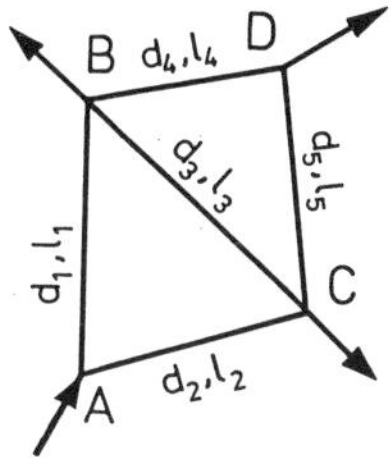

Bild 2.85 A 42

Lösung:

Wir ermitteln den in den einzelnen Leitungen fliessenden Volumenstrom beispielsweise nach dem Verfahren von H. Cross [3].

Vorgehen: Rohrnetz in Maschen aufteilen. Für jede Masche gelten die Bedingungen:

1. $\sum_{i=1}^{n} \dot{V}_i = 0$ (1) Die Summe der Zu- und Abflüsse an jedem Maschenknoten muss Null sein

2. $\sum_{i=1}^{n} \Delta H_{vi} = 0$ (2) Die Summe der Verlusthöhen jedes Maschenringes muss Null sein. Verlusthöhen in Fliessrichtung positiv, entgegen Fliessrichtung negativ einsetzen.

Aus der Verlusthöhe $\Delta H_v = \lambda \frac{\ell}{d} \frac{c^2}{2g}$ mit $c^2 = (\dot{V}/A)^2$ und $A = (\pi/4)d^2$ für Kreisrohre sowie einer angenommenen Widerstandszahl $\lambda = 0{,}03$ erhält man für die Verlusthöhe die Beziehung

$$\Delta H_v = \frac{8\,\lambda\,\ell}{g\pi^2 d^5}\dot{V}^2 = K\,\dot{V}^2 \qquad (3)$$

H. Cross benützt nun ein Iterationsverfahren. Er setzt für den Volumenstrom in einer Leitung

$$\dot{V} = \dot{V}_0 + \Delta\dot{V} \qquad (4)$$

$\dot{V}_0$ ist der angenommene Volumenstrom, $\Delta\dot{V}$ die erforderliche Ausgleichswassermenge. Mit (4) in (3) folgt

$$\Delta H_v = K(\dot{V}_0 + \Delta\dot{V})^2 = K(\dot{V}_0^2 + 2\,\dot{V}_0\Delta\dot{V} + \Delta\dot{V}^2) \qquad (5)$$

Unter der Voraussetzung (2) und $\Delta\dot{V} \ll \dot{V}_0$ in (5) erhält man als Näherung

$$0 = \sum K\,\dot{V}_0^2 + \sum 2\,K\,\dot{V}_0\,\Delta\dot{V} \qquad (6)$$

$\Delta\dot{V}$ ist für alle Glieder der Summe gleich gross. Daher gilt mit

Beachtung von (3)

$$\Delta\dot{V} = - \frac{\Sigma\ K\ \dot{V}_0^2}{\Sigma\ 2K\dot{V}_0} = - \frac{\Sigma\ \Delta H_v}{\Sigma\ 2K\dot{V}_0} \qquad (7)$$

Die Wasserführungen werden nun mit dem nach (7) ausgedrückten $\Delta\dot{V}$ verändert und die Rechnung so oft wiederholt, bis die $\dot{V}$-Werte hinreichend klein sind. Dann ist die Bedingung (2) erfüllt. Ist im Verlaufe der Rechnung $\Delta\dot{V}$ noch verhältnismässig gross, dann ist Rechnung mit kleineren Korrekturwerten für $\Delta\dot{V}$ fortzusetzen.

In einem System mit Zwischenleitungen ist es oft zweckmässig, in diesen zunächst $\dot{V}_0 = 0$ anzunehmen. Für professionelle Rohrnetzberechnungen gibt es mannigfältige EDV-Programme.

Und nun zu dem in der Aufgabe angeschriebenen Zahlenbeispiel. Für die Konstante K nach (3) folgt mit $\lambda = 0{,}030$ der gerundete Wert

$$K = \frac{\ell}{400\ d^5} \qquad (8)$$

a) <u>Strang BC gesperrt</u> (Bild 2.86). Zu untersuchen bleibt der Maschenring ABDC mit den Strängen AB, BD, DC und CA

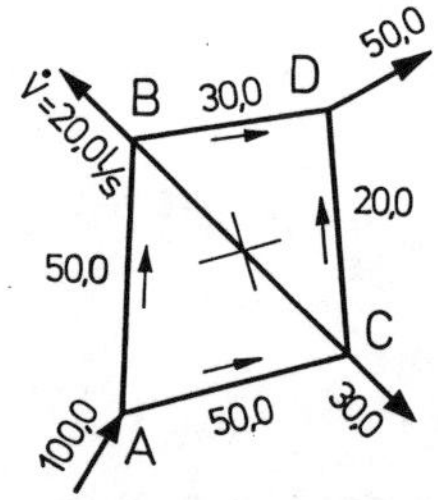

Bild 2.86 A 42

Strang	K	$\dot{V}$	$\Delta H_v = K\dot{V}$	$2K\dot{V}$	$\Delta\dot{V} = -\frac{\Sigma\ \Delta H_v}{\Sigma\ 2K\dot{V}}$
	s^2/m^2	m^3/s	m	s/m^2	m^3/s
	$\cdot 10^3$	$\cdot 10^{-3}$		$\cdot 10^3$	$\cdot 10^{-3}$
AB	2,00	50,0	+5,000	0,200	
BD	6,25	30,0	+5,625	0,375	
DC	3,50	20,0	-1,400	0,140	
CA	3,35	50,0	-8,375	0,335	
Σ			+0,850 $= \Sigma\ \Delta H$	1,050 $= \Sigma\ 2K\dot{V}$	-0,81

1. <u>Schätzung</u>

Die Volumenströme $\dot{V}$ für jeden Maschenstrang werden unter Beachtung der Entnahmeströme geschätzt und danach wird nach Gl.(7) der Ausgleichsvolumenstrom $\Delta\dot{V}$ berechnet. Leitet man den Berechnungsgang mit dem Volumenstrom $\dot{V}$ = 50ℓ/s in AB, 30ℓ/s in BD, 20ℓ/s in DC und 50ℓ/s in CA ein, so ergeben sich die in nebenstehender Zahlentafel angegebenen Werte.

Korrigierte Schätzung für den weiteren verbesserten Rechnungsgang: Der Volumenstrom jedes Stranges wird um $\Delta\dot{V}$ vergrössert oder verkleinert (Vorzeichenregel: In Fliessrichtung $+\Delta\dot{V}$, entgegen $-\Delta\dot{V}$). Damit wird mit dem oben berechneten $\Delta\dot{V} = -0{,}81 \cdot 10^{-3}\,m^3/s$

$$\dot{V} = \dot{V}_0 + \Delta\dot{V} = 50 + \Delta\dot{V} = 50 + (-\,0{,}81) \approx 49{,}2\,\ell/s \quad \text{in AB,}$$
$$30 + (-\,0{,}81) \approx 29{,}2\,\ell/s \quad \text{in BD,}$$
$$20 - (-\,0{,}81) = 20{,}8\,\ell/s \quad \text{in DC,}$$
$$50 - (-\,0{,}81) = 50{,}8\,\ell/s \quad \text{in CA.}$$

Und darauf stützt sich die nachfolgende 2. Schätzung ab

2. Schätzung (Bild 2.87 und nebenstehende Zahlentafel)

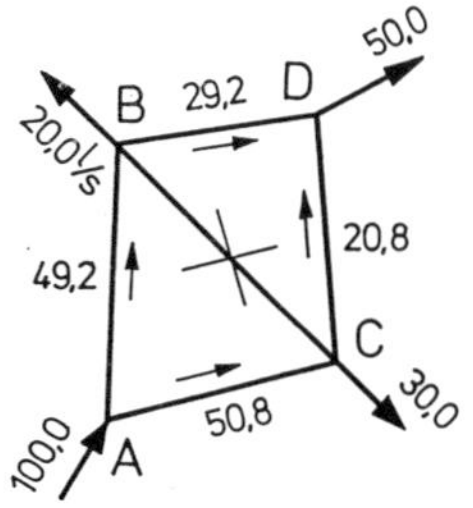

Bild 2.87 A 42

Strang	K	$\dot{V}$	$\Delta H_v = K\dot{V}$	$2K\dot{V}$	$\Delta\dot{V} = -\frac{\Sigma \Delta H_v}{\Sigma 2K\dot{V}}$
	s^2/m^2	m^3/s	m	s/m^2	m^3/s
	$\cdot 10^3$	$\cdot 10^{-3}$		$\cdot 10^3$	$\cdot 10^{-3}$
AB	2,00	49,2	+4,841	0,197	
BD	6,25	29,2	+5,329	0,365	
DC	3,50	20,8	-1,514	0,146	
CA	3,35	50,8	-8,645	0,340	
Σ			+0,011 $= \Sigma\,\Delta H$	1,048 $= \Sigma\,2K\dot{V}$	-0,01

Mit der kleineren Ausgleichswassermenge $\Delta\dot{V} = -\,0{,}01 \cdot 10^{-3}\,m^3/s$ ($10\,cm^3/s$) ist die Bedingung nach Gl.(2) praktisch erfüllt. Die Kontrolle bleibt dem Leser als Uebung überlassen. Demnach ergeben sich bei gesperrtem Strang BC abschliessend folgende Volumenströme:

$\dot{V}_{AB} = \underline{49{,}2}$ ℓ/s, $\dot{V}_{BD} = \underline{29{,}2}$ ℓ/s, $\dot{V}_{CD} = \underline{20{,}8}$ ℓ/s, $\dot{V}_{AC} = \underline{50{,}8}$ ℓ/s.

b) Strang BC offen (Bild 2.88)

1. Schätzung

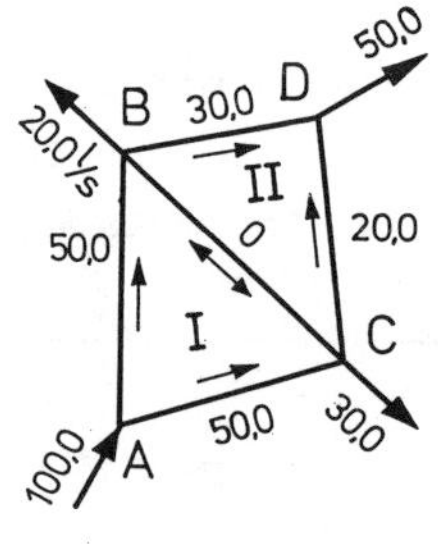

Bild 2.88 A 42

Es lassen sich aus den Hauptsträngen zwei Maschen I und II bilden. Masche I, bestehend aus den Strängen AB, BC, CA. Masche II, bestehend aus den Strängen BD, DC, CB. Für den Strang BC und CB wird im ersten Schritt $\dot{V}_0 = 0$ angenommen und die restlichen Volumenströme entsprechend der 1. Schätzung wie unter a) gewählt. Mit diesen Werten lassen sich entsprechend a) die Ausgleichsvolumen ΔV bestimmen. Wir teilen das Resultat mit, welches leicht nachvollziehbar ist. Man erhält:

Masche I $\Delta\dot{V} = +\ 6{,}31 \cdot 10^{-3}\,m^3/s$ (+ 6,31 ℓ/s)

Masche II $\Delta\dot{V} = -\ 8{,}20 \cdot 10^{-3}\,m^3/s$ (- 8,20 ℓ/s)

Wie ersichtlich, sind die errechneten Ausgleichsvolumen verhältnismässig gross. Es erweist sich für die weiteren Schätzungen somit als zweckmässig, kleinere Beträge einzusetzen. Im vorliegenden Beispiel wird für die 2. Schätzung an der Masche I mit $\Delta\dot{V} = +\ 4{,}5 \cdot 10^{-3}\,m^3/s$ und an der Masche II mit $\Delta\dot{V} = -\ 6{,}5 \cdot 10^{-3}\,m^3/s$ weitergerechnet. Dabei ist die Vorzeichenregel zu beachten. Man beachte im Maschenknoten B und C die Bedingung (1). Damit wird im Strang BC bzw. CB $\dot{V} = 11 \cdot 10^{-3}\,m^3/s$.

2. Schätzung (Bild 2.89 und nebenstehende Tabelle)

3. Schätzung (Bild 2.90 und endgültige Zahlenwerte)

Gewählt wird $\Delta\dot{V} = -\ 0{,}2 \cdot 10^{-3}\,m^3/s$ an der Masche I und
$\Delta\dot{V} = +\ 0{,}2 \cdot 10^{-3}\,m^3/s$ an der Masche II.

$\Sigma\,\dot{V} = 0$ in B und D führt auf $\dot{V} = 10{,}6 \cdot 10^{-3}\,m^3/s$ im Strang BC bzw. CB.

Die sich einstellenden $\Delta\dot{V}$-Werte sind nun vernachlässigbar klein, sodass die Bedingung (2) erfüllt wird. Es ergeben sich damit folgende endgültige Volumenströme:

$\dot{V}_{AB} = \underline{54{,}3\,\ell/s}$, $\dot{V}_{AC} = \underline{45{,}7\,\ell/s}$, $\dot{V}_{BC} = \underline{10{,}6\,\ell/s}$, $\dot{V}_{BD} = \underline{23{,}7\,\ell/s}$, $\dot{V}_{CD} = \underline{26{,}3\,\ell/s}$

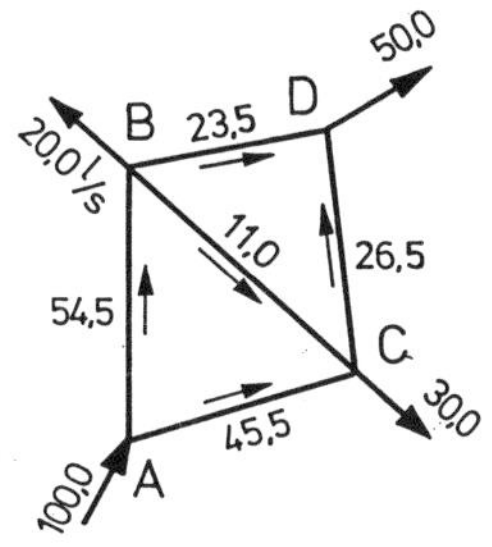

Bild 2.89 A 42

	Strang	K	$\dot{V}$	$\Delta H_v = K\dot{V}^2$	$2K\dot{V}$	$\Delta\dot{V} = -\frac{\Sigma\,\Delta H_v}{\Sigma\,2K\dot{V}}$
		s^2/m^2 $\cdot 10^3$	m^3/s $\cdot 10^{-3}$	m	s/m^2 $\cdot 10^3$	m^3/s $\cdot 10^{-3}$
Masche I	AB	2,00	54,5	+5,940	0,218	
	BC	9,55	11,0	+1,156	0,210	
	CA	3,35	45,5	-6,935	0,305	
	Σ			+0,161 $= \Sigma\,\Delta H$	0,733 $= \Sigma\,2K\dot{V}$	-0,22
Masche II	BD	6,25	23,5	+3,452	0,294	
	DC	3,50	26,5	-2,458	0,186	
	CB	9,55	11,0	-1,156	0,210	
	Σ			-0,162 $= \Sigma\,\Delta H$	0,690 $= \Sigma\,2K\dot{V}$	+0,23

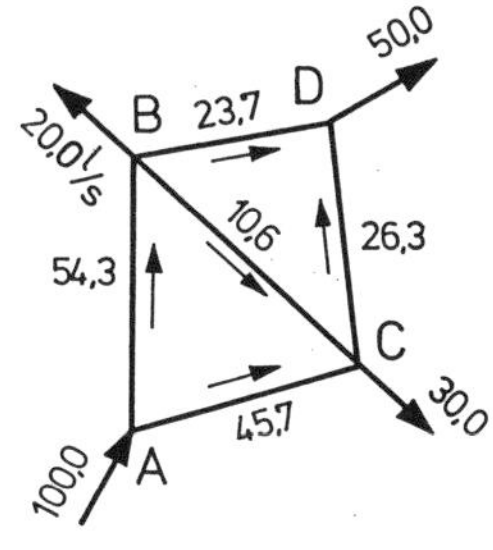

Bild 2.90 A 42

	Strang	K	$\dot{V}$	$\Delta H_v = K\dot{V}^2$	$2K\dot{V}$	$\Delta\dot{V} = -\frac{\Sigma\,\Delta H_v}{\Sigma\,2K\dot{V}}$
		s^2/m^2 $\cdot 10^3$	m^3/s $\cdot 10^{-3}$	m	s/m^2 $\cdot 10^3$	m^3/s $\cdot 10^{-3}$
Masche I	AB	2,00	54,3	+5,897	0,217	
	BC	9,55	10,6	+1,073	0,202	
	CA	3,35	45,7	-6,996	0,306	
	Σ			-0,026 $= \Sigma\,\Delta H$	0,725 $= \Sigma\,2K\dot{V}$	+0,04
Masche II	BD	6,25	23,7	+3,511	0,296	
	DC	3,50	26,3	-2,421	0,184	
	CB	9,55	10,6	-1,073	0,202	
	Σ			+0,017 $= \Sigma\,\Delta H$	0,682 $= \Sigma\,2K\dot{V}$	-0,02

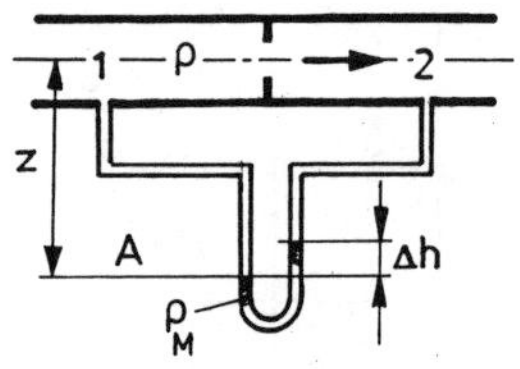

Bild 2.91 A 43

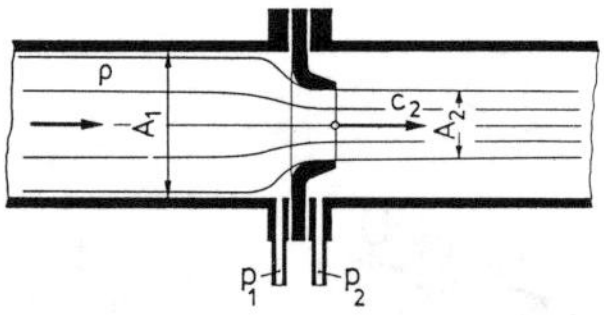

Bild 2.92 A 44

Aufgabe 43 (Bild 2.91)

In einem Rohr, durch das Wasser ($\rho = 10^3 \, kg/m^3$) strömt, ist eine Messblende eingebaut. Der durch die Drosselung verursachte bleibende Druckverlust $\Delta p_v = p_1 - p_2$ wird mit einem U-Rohr-Manometer gemessen, an dem sich eine Wirkdruckhöhe Δh = 60 mm Quecksilbersäule ($\rho_M = 13570 \, kg/m^3$) einstellt. Wie gross ist der bleibende Druckabfall Δp_v ?

Lösung: Auf die Basis A bezogen gilt:

$$p_1 + \rho g z = p_2 + \rho g(z - \Delta h) + \rho_M g \Delta h \qquad \text{und daraus}$$

$$\Delta p_v = p_1 - p_2 = g\Delta h(\rho_M - \rho) = 9{,}81 \cdot 0{,}06(13570 - 1000) = \underline{\underline{7399 \text{ Pa}}}.$$

Aufgabe 44 (Bild 2.92)

In der Durchflussmesstechnik mit Drosselgeräten für inkompressible Medien drückt sich der Volumenstrom aus durch

$$\dot{V} = \alpha \, A_2 \sqrt{\frac{2\Delta p}{\rho}} \qquad (1)$$

Die Durchflusszahl α hängt vom Oeffnungsverhältnis $m = A_2/A_1$ und den Reibungseinflüssen (auch Re-Zahl abhängig) ab. $\Delta p = p_1 - p_2$ ist der Wirkdruck, A_2 der Oeffnungsquerschnitt der Düse, ρ die Dichte des strömenden Mediums. a) Man zeige die Abhängigkeit $\alpha = \alpha(m, \zeta)$, wenn der Druckverlust der Düse mit $\zeta(\rho/2) \cdot c_2^2$ erfasst wird.
Gegeben: $m = A_2/A_1$, ζ, Δp, ρ, b) Wie gross ist $\zeta = \zeta(m, \alpha)$?
Gegeben: $m = 0{,}55$, $\alpha = 1{,}110$.

Lösung:

a) Bernoulli-Gleichung von 1 bis 2 mit Verlustglied:

$$\frac{\rho}{2} c_1^2 + p_1 = \frac{\rho}{2} c_2^2 + p_2 + \zeta \frac{\rho}{2} c_2^2 \qquad (2)$$

Kontinuität: $c_1 = (A_2 c_2)/A_1$ (3)

$$\dot{V} = c_2 A_2 \qquad (4)$$

(3) in (2), dann folgt mit (4)

$$\dot{V} = \frac{1}{\sqrt{1 - m^2 + \zeta}} A_2 \sqrt{\frac{2\,\Delta p}{\rho}} \qquad (5)$$

(5) im Vergleich mit (1) zeigt:

$$\underline{\alpha = \frac{1}{\sqrt{1 - m^2 + \zeta}}} \qquad (6)$$

b) Aus (6): $\zeta = m^2 + \frac{1}{\alpha^2} - 1$ (7)

$$= 0{,}55^2 + \frac{1}{1{,}11^2} - 1 = \underline{0{,}114}$$

Aufgabe 45 (Bild 2.93)

In einer Rohrleitung vom Durchmesser $d_1 = 150$ mm strömt stündlich 320 m^3 Oel mit der Dichte $\rho = 850$ kg/m^3 und der kinematischen Zähigkeit $\nu = 5 \cdot 10^{-6}$ m^2/s. Zur Messung des Volumenstroms $\dot{V}$ wird eine Normdüse eingebaut. Das angeschlossene Quecksilber-Differential-Manometer (ρ = 13600 kg/m^3) soll einen Ausschlag von Δh = 500 mm anzeigen. Man ermittle den erforderlichen Drosseldurchmesser d_2 der Düse.

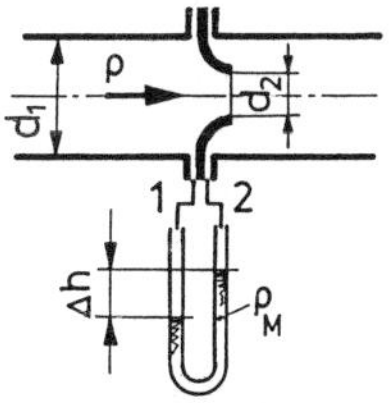

Bild 2.93 A 45

Lösung:

Aus hydrostatischen Ueberlegungen beträgt der Wirkdruck

$$\Delta p = p_1 - p_2 = g \Delta h (\rho_M - \rho)$$

$$= 9{,}81 \cdot 0{,}50 (13600 - 850) = 6{,}2538 \cdot 10^4 \text{ Pa}.$$

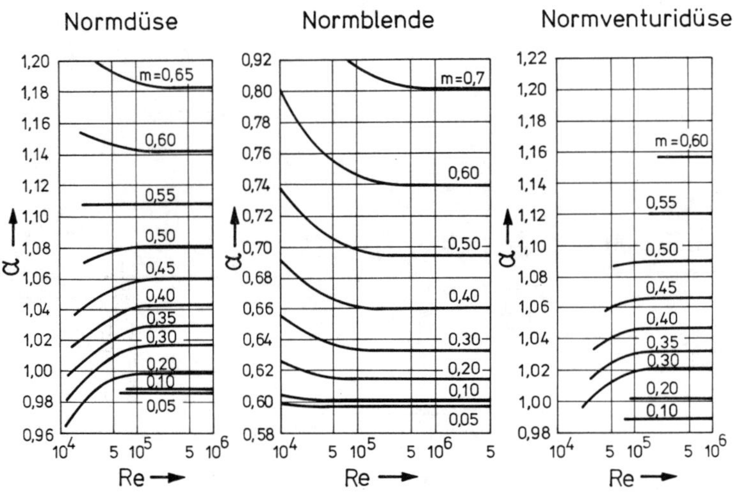

Bild 2.94 A 45

Für den Volumenstrom gilt

$$\dot{V} = \alpha \frac{A_2}{A_1} A_1 \sqrt{\frac{2\Delta p}{\rho}} = \alpha\, m \cdot 0{,}017671 \sqrt{\frac{2 \cdot 6{,}2538 \cdot 10^4}{850}}$$

$$= \alpha\, m \cdot 0{,}21435 = \frac{320}{3600} = 0{,}08888 \text{ m}^3/\text{s, damit}$$

$$\alpha\, m = \frac{0{,}08888}{0{,}21435} = 0{,}41469 \qquad (1)$$

Das Produkt αm bringen wir mit Hilfe des $\alpha = \alpha(\text{Re}, m)$-Diagramms (Bild 2.94) für die Normdüse iterativ auf den Wert 0,41469.

1.Näherung: $\alpha = 1$, aus (1) $m = 0{,}41469$ findet man den passenden α-Wert mit Hilfe des Diagrammes:

$\alpha = 1{,}045$

2. Näherung: $\alpha = 1{,}045 \Rightarrow m = 0{,}3967 \Rightarrow \alpha = 1{,}041$

3. Näherung: $\alpha = 1{,}041 \Rightarrow m = 0{,}3982 \Rightarrow \alpha = 1{,}042$

Es bedarf keiner weiteren Verbesserung der Näherung. Hiermit wird $\alpha = 1{,}042$, $m = 0{,}3982 = A_2/A_1$. Daraus $d_2 = \underline{94{,}6 \text{ mm}}$.
Eine Kontrolle: $\text{Re} = c_1 d_1/\nu = 0{,}08888 \cdot 0{,}5/0{,}01767 \cdot 5 \cdot 10^{-6} = 1{,}509 \cdot 10^5$.

Die Düse arbeitet somit im Bereiche der α – Konstantwerte.

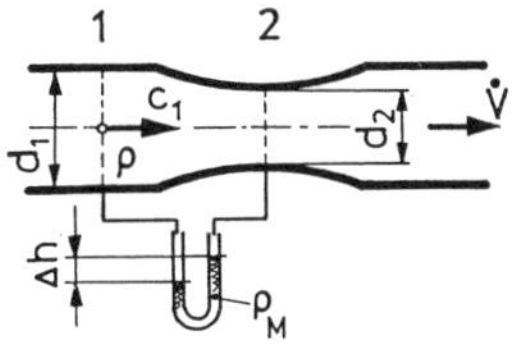

Bild 2.95 A 46

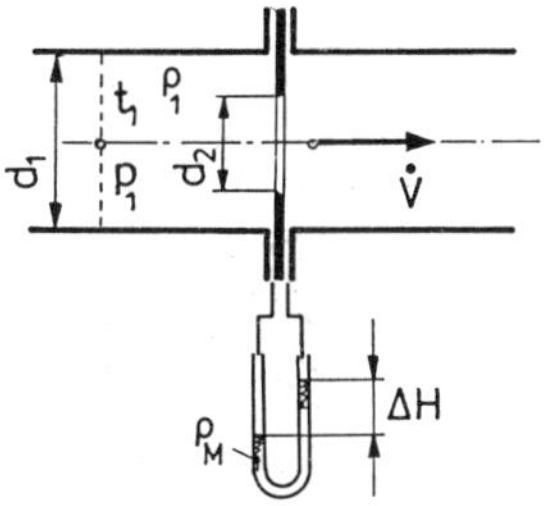

Bild 2.96 A 47

Aufgabe 46 (Bild 2.95)

Durch das Venturirohr strömt ein Gas. Die Strömung wird vereinfacht als inkompressibel betrachtet. Als Wirkdruckmesser wird ein U-Rohr verwendet, welches als Messflüssigkeit Wasser enthält. Wie gross ist der Volumenstrom $\dot{V}$? Gegeben: $d_1 = 500$ mm, $d_2 = 300$ mm, $\Delta h = 20$ cm WS, $\zeta_{12} = 0{,}07$ (auf $(\rho/2)c_1^2$ bezogen), $\rho = 1{,}54\ \mathrm{kg/m^3}$, $\rho_M = 10^3\ \mathrm{kg/m^3}$.

Lösung:

$$\dot{V} = A_2 \sqrt{\frac{2\,\rho_M g\,\Delta h}{\rho\left[1 + \left(\frac{A_2}{A_1}\right)^4 (\zeta - 1)\right]}} = \underline{3{,}804\ \mathrm{m^3/s}}\ .$$

Aufgabe 47 (Bild 2.96)

In einem Rohr vom Durchmesser $d_1 = 700$ mm strömen sekundlich $\dot{m} = 20$ kg Luft mit der Temperatur $t_1 = 50\,^\circ\mathrm{C}$ beim Druck $p_1 = 2$ bar und der dynamischen Zähigkeit $\eta_1 = 2 \cdot 10^{-5}$ Pa. Zur Mengenmessung wird eine Blende vorgesehen. Die Wassersäule im U-Rohr wird um $\Delta H = 500$ mm ausgelenkt. Man berechne den Oeffnungsdurchmesser d_2 der Blende.

Lösung:

Bernoulli-Gleichung, Rohr- und Drosselgerätegeometrie, Berücksichtigung experimenteller Befunde hinsichtlich des Reibungsein-

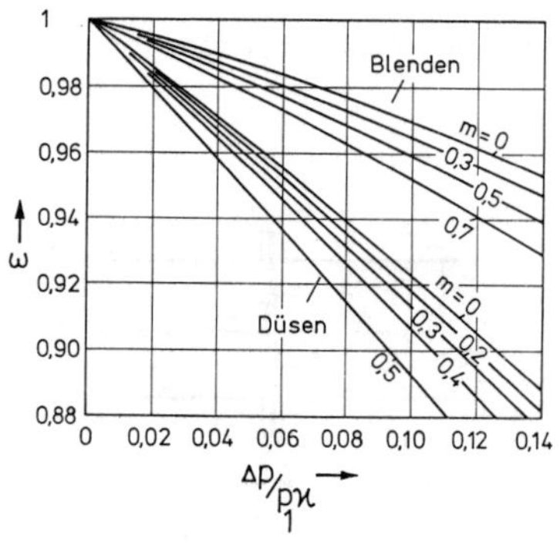

Bild 2.97   A 47

flusses und der Kompressibilität des Fluids sowie der Einfluss der Lage der Druckentnahmestellen führen auf den bekannten Ausdruck

$$\dot{V} = \alpha\, \varepsilon\, A_2 \sqrt{\frac{2\ \Delta p}{\rho_1}} \quad . \qquad (1)$$

Expansionszahl

$\varepsilon = \varepsilon(\kappa,\ p_2/p_1,\ m = A_2/A_1)$

und

Durchflusszahl $\alpha = \alpha(m,\ Re)$ sind Bild 2.97 und 2.94 zu entnehmen (DIN 1952).

Der Reihe nach untersuchen wir wie folgt:

Dichte $\quad \rho_1 = \dfrac{p_1}{T_1 R} = \dfrac{2\cdot 10^5}{287\cdot 323} = 2{,}157\ \text{kg/m}^3$

Kinematische Zähigkeit $\quad \nu_1 = \dfrac{\eta_1}{\rho_1} = \dfrac{2\cdot 10^{-5}}{2{,}157} = 0{,}9272\cdot 10^{-5}\,\text{m}^2/\text{s}$

Geschwindigkeit im Rohr $\quad c_1 = \dfrac{\dot{m}}{\rho_1\ A_1} = \dfrac{20}{2{,}157(\pi/4)\cdot 0{,}7^2} = 24{,}1\ \text{m/s}$

Re-Zahl $\quad Re = \dfrac{c_1 d_1}{\nu_1} = \dfrac{24{,}1\cdot 0{,}7}{0{,}9272\cdot 10^{-5}} = 1{,}82\cdot 10^6$

Mit dieser Re-Zahl liegt die Durchflusszahl im Re-Zahl unabhängigen Bereich (innerhalb der Konstanzgrenze $Re \approx 1{,}5\cdot 10^5$). Aus (1) gewinnen wir mit Beachtung von $\dot{V} = \dot{m}/\rho_1$ und dem Flächenverhältnis $m = A_2/A_1$ den Wert

$$\alpha\varepsilon\, m = \frac{\dot{m}}{A_1} = \frac{1}{\sqrt{2\ \rho_1 \Delta p}} \qquad (2)$$

Mit $\Delta p = 500\cdot 9{,}81 = 4{,}905\cdot 10^3\ \text{N/m}^2$, $A_1 = 0{,}38484\ \text{m}^2$ und den übrigen konstanten Grössen kommt

$$\alpha\, \varepsilon\, m = \frac{20}{0{,}38484}\ \frac{1}{\sqrt{2\cdot 2{,}157\cdot 4{,}905\cdot 10^3}} = 0{,}3573$$

Aus $\alpha\varepsilon m$ berechnen wir nun durch Auswertung einiger Annahmen mit Hilfe der Durchflusszahl $\alpha = \alpha(m,\ Re)$ und $\varepsilon = \varepsilon(\kappa,\ p_2/p_1,\ m)$ für Normblenden das Flächenverhältnis $m = A_2/A_1$ und daraus d_2. ε ist nur wenig kleiner als 1. Ferner liegt für Normblenden die Durchflusszahl im Bereiche von $0,6 \leqq \alpha \leqq 0,78$. Das Druckverhältnis ist $p_2/p_1 = (p_1 - \Delta p)/p_1 = (2 - 0,049)10^5/(2 \cdot 10^5) \approx 0,9755$.

Iteration: Gefordert wird $\alpha m \varepsilon = 0,3573$

Annahme	m	α	ε	$\alpha m \varepsilon$
1.	0,4	0,66	1	0,264
2.	0,5	0,694	0,99	0,3435
3.	0,51	0,695	0,991	0,3512
4.	0,512	0,702	0,992	0,3565

Gewählt wird $m = 0,512 = A_2/A_1$

Daraus $d_2 = \sqrt{\dfrac{4 \cdot 0,512\, A_1}{\pi}} = 0,5008$ m, somit $d_2 = 501$ mm.

Aufgabe 48 (Bild 2.98)

An der Rohrverengung vom Durchmesser d_1 auf d_2 ist ein Differentialmanometer angeschlossen. Die Messflüssigkeit im U-Rohr hat die Dichte ρ_M. Der Manometerausschlag beträgt Δh. Wie gross ist der Volumenstrom $\dot{V}$ des strömenden Mediums der Dichte ρ, wenn der Reibungsverlust vernachlässigt wird ? Gegeben: $\Delta h = 260$ mm, $d_1 = 200$ mm, $d_2 = 140$ mm, $\rho_M = 13580$ kg/m^3, $\rho = 875$ kg/m^3.

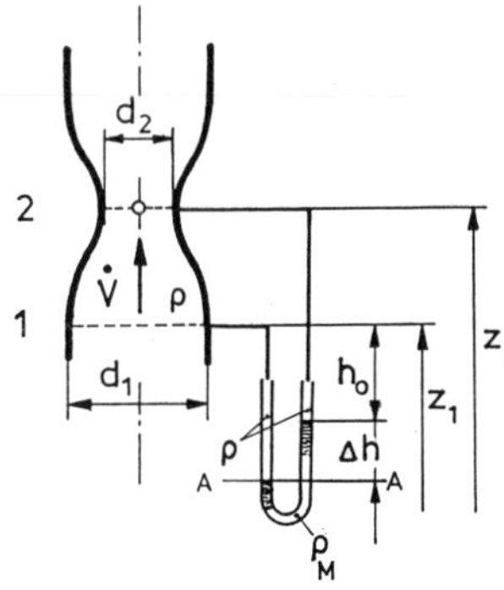

Bild 2.98 A 48

Lösung:

Bernoulli-Gleichung von 1 bis 2:

$$\frac{\rho}{2} c_1^2 + p_1 + \rho g z_1 = \frac{\rho}{2} c_2^2 + p_2 + \rho g z_2 \tag{1}$$

Aus (1)

$$p_1 - p_2 = \frac{\rho}{2} (c_2^2 - c_1^2) + \rho g (z_2 - z_1) \tag{2}$$

Hydrostatisch gilt bezüglich A-A:

$$p_1 + \rho g (h_0 + \Delta h) = p_2 + \rho g (z_2 - z_1 + h_0) + \rho_M g \,\Delta h$$

Daraus folgt

$$p_1 - p_2 = g \Delta h (\rho_M - \rho) + \rho g (z_2 - z_1) \tag{3}$$

(2) und (3) gleichsetzen und mit Einschluss von

$c_1 = c_2 (\frac{d_2}{d_1})^2$ sowie $\dot{V} = c_2 A_2$ erhält man

$$\dot{V} = c_2 A_2 = A_2 \sqrt{\frac{2g\Delta h(\rho_M - \rho)}{\rho\left(1 - (d_2/d_1)^4\right)}} = \frac{\pi}{4}\, 0{,}140^2 \sqrt{\frac{2\cdot 9{,}81\cdot 0{,}26(13580 - 875)}{875\left(1 - (140/200)^4\right)}}$$

$= \underline{0{,}152\ m^3/s}$

2.4 Impulssatz

Aufgabe 1 (Bild 2.99)

Durch den Wasserdurchlass wird in einem offenen Gerinne der Breite b die Spiegelhöhe von h_1 auf h_2 abgesenkt. a) Wie gross ist die in Strömungsrichtung auf die Mauer ausgeübte Kraft F_x ?, b) Wie gross ist F_x, wenn $h_1 = 3$ m, $h_2 = 1{,}5$ m, $b = 5$ m, $\rho = 10^3 kg/m^3$?

Gegeben: b, h_1, h_2, ρ.

Lösung:

a) Impulssatz für die stationäre Strömung:

$$\int_S \vec{U}\, \rho\, (\vec{U}\cdot\vec{n})\, dS = \vec{F}_P + \vec{F} \tag{1}$$

(1) in Strömungsrichtung (x-Richtung)

$$-\ \rho U_1^2 b h_1 + \rho U_2^2 b h_2 = -\int_0^{h_1} \rho g h b\ dh + \int_0^{h_2} \rho g h b\ dh - F_x \tag{2}$$

F_x ist die auf die Mauer in Strömungsrichtung ausgeübte Kraft (Aktionskraft). (2) integriert und nach F_x aufgelöst ergibt

$$F_x = \rho g b \frac{h_1^2 - h_2^2}{2} + \rho b (U_1^2 h_1 - U_2^2 h_2) \tag{3}$$

U_2 und U_1 aus (5) und (6) in Aufgabe 11 Abschnitt 2.1:

$$F_x = \rho g b\, \frac{h_1^2 - h_2^2}{2} + 2\rho g b \left[\frac{h_2^2 h_1 - h_1^2 h_2}{h_1 + h_2}\right] \tag{4}$$

(4) lässt sich zunächst umformen auf

$$F_x = \frac{1}{2}\,\rho g b h_2^2 \frac{\left\{\left(\frac{h_1}{h_2}+1\right)\left(\frac{h_1}{h_2}\right)^2 - \left(\frac{h_1}{h_2}+1\right) + 4\,\frac{h_1}{h_2} - 4\left(\frac{h_1}{h_2}\right)^2\right\}}{\frac{h_1}{h_2}+1}$$

worin sich der Zähler auf $(h_1/h_2 - 1)^3$ bringen lässt. Damit geht (4) schliesslich über in

$$F_x = \frac{1}{2}\; g b h_2^2 \frac{\left(\frac{h_1}{h_2} - 1\right)^3}{\frac{h_1}{h_2} + 1} \tag{5}$$

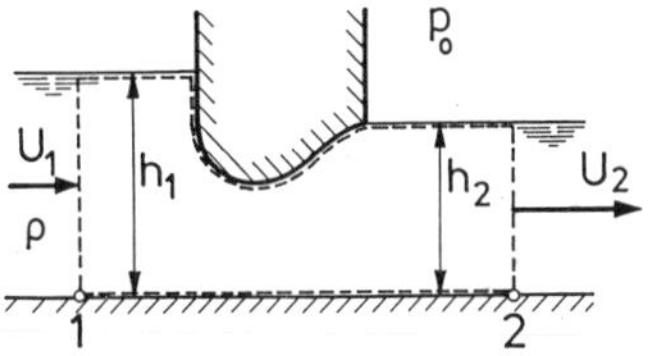

Bild 2.99 A 1

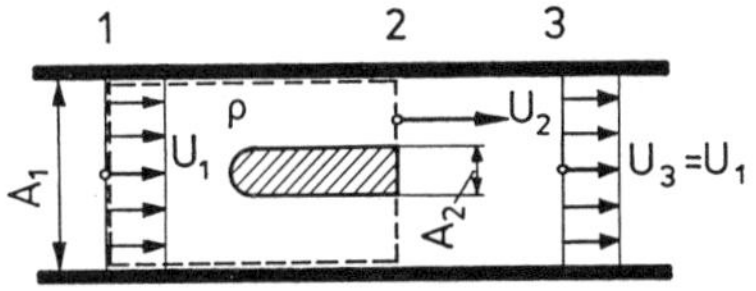

Bild 2.100 A 2

b) Zahlenbeispiel: $h_1 = 3$ m, $h_2 = 1{,}5$ m, $b = 5$ m, $\rho = 10^3 \text{kg/m}^3$

(5) liefert $F_x = \frac{1}{2}\, 10^3 \cdot 9{,}81 \cdot 5 \cdot 1{,}5^2 \; \frac{[(3/1{,}5) - 1]^3}{(3/1{,}5) + 1} = \underline{18{,}39 \text{ kN}}$

Aufgabe 2 (Bild 2.100)

In einem Kanal mit dem Querschnitt A_1 wird ein stumpfer Körper von einem Medium der Dichte ρ mit der Geschwindigkeit U_1 angeströmt. Am Körperende reisst die Strömung ab und fliesst als Strahl im verengten Querschnitt $A_1 - A_2$ mit der Geschwindigkeit U_2. Der Druck hinter dem Körper ist gleich dem Druck im Strahl. Stromabwärts gleicht sich die Geschwindigkeit auf den Wert $U_3 = U_1$ aus. Wie gross ist die auf den Körper wirkende Kraft F in stationärer Strömung, wenn Reibungseffekte an der Körperkontur vernachlässigt werden ? Gegeben: U_1, A_1, A_2, ρ.

Lösung:

Kontinuitätsgleichung

$$\int_{S\,(\text{Oberfläche})} \rho\, \vec{U} \cdot \vec{n}\, dS = 0 \qquad (1)$$

Aus (1) im vorliegenden Kontrollraum von 1 bis 2 wird

$$U_1 A_1 = U_2 (A_1 - A_2) \qquad (2)$$

Bernoulli-Gleichung von 1 bis 2

$$p_1 + \frac{\rho}{2} U_1^2 = p_2 + \frac{\rho}{2} U_2^2$$

$$p_1 - p_2 = \frac{\rho}{2} (U_2^2 - U_1^2) \qquad (3)$$

Impulssatz

$$\vec{F} = \int_S \vec{U} \rho (\vec{U}\, \vec{n})\, dS + \int_S p\, \vec{n}\, dS \qquad (4)$$

Daraus die Impulsströme und äusseren Kräfte

$$- \rho U_1^2 A_1 + \rho U_2^2 (A_1 - A_2) = - F + A_1 (p_1 - p_2) \qquad (5)$$

Somit lautet die Reaktionskraft F (das ist die vom Fluid auf den Körper ausgeübte Kraft):

$$F = - \rho \left[U_2^2 (A_1 - A_2) - U_1^2 A_1 \right] + A_1 (p_1 - p_2) \qquad (6)$$

Setzt man in (6) U_2 aus (2) und (3) ein, so kommt nach ausklammern von $(\rho/2) U_1^2 A_1$ und ordnen der Restglieder die auf den Körper einwirkende Kraft in Strömungsrichtung in der Form

$$\underline{\underline{F = \frac{\rho}{2} U_1^2 A_1 \frac{1}{((A_1/A_2) - 1)^2}}}$$

Aufgabe 3 (Bild 2.101)

Aus einer Düse vom Querschnitt A_1 strömt Wasser mit der Geschwindigkeit c_1 senkrecht nach oben. Wie gross ist das Volumen V welches der Strahl bis zur Höhe H enthält ? Gegeben: c_1, H, A_1.

Lösung:

Impulssatz in z-Richtung (Richtung von c)

$$\underbrace{\int_V \frac{\partial}{\partial t} (\rho \vec{c})\, dV} + \int_S \rho \vec{c} (\vec{c} \cdot \vec{n})\, dS = \vec{F} = - \rho g V \qquad (1)$$

$\vec{n}$ ist der nach aussen weisende Einheitsvektor der äusseren Normalen auf die Oberfläche S. Kräfte auf den Strahlrand (Mantel) und die Anfangsfläche A_1 und die Endfläche A_2 fehlen, daher erhält man aus (1)

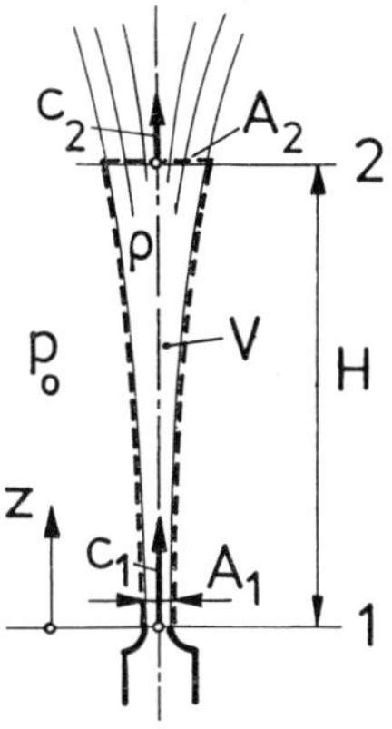

Bild 2.101 A 3

$$\rho\, A_2 c_2^2 - \rho\, A_1 c_1^2 = \rho g V \quad \text{und daraus}$$

$$V = \frac{1}{g}(A_1 c_1^2 - A_2 c_2^2) \qquad (2)$$

Bernoulli-Gleichung von 1 bis 2

$$\underbrace{\int_1^2 \frac{\partial c}{\partial t} ds}_{= 0,\ \text{weil stationär}} + \frac{c_2^2 - c_1^2}{2} + \underbrace{\int_1^2 \frac{p_2 - p_1}{\rho}}_{= 0,\ \text{weil } p_2 = p_1 = p_0} + g(H_2 - H_1) = 0 \qquad (3)$$

$H_2 = H$, $H_1 = 0$. Aus (3) folgt $c_2^2 - c_1^2 + 2gH = 0$

$$c_2 = \sqrt{c_1^2 - 2gH} \qquad (4)$$

Kontinuität

$$\underbrace{\frac{d}{dt}\int_V \rho\, dV}_{= 0\,(\text{stationär})} + \int_S \rho\, \vec{c}\cdot\vec{n}\, dS = 0 \qquad (5)$$

In (5) sind in S die Querschnitte A_1 und A_2 massgebend. Somit gilt

$$\int_{A_1} \rho\, \vec{c}_1\cdot\vec{n}\, dS + \int_{A} \rho\, \vec{c}_2\cdot\vec{n}\, dS = 0$$

oder $\rho\, A_1 c_1 = \rho\, A_2 c_2$

folglich $A_2 = A_1 \dfrac{c_1}{c_2}$ (6)

Mit (6) und (4) in (2) kommt schliesslich für das bis zur Höhe H beteiligte Volumen

$$\underline{V = \frac{A_1 c_1}{g}\left(c_1 - \sqrt{c_1^2 - 2gH}\right)} \qquad (7)$$

Zahlenbeispiel:

$c_1 = 45$ m/s, $H = 35$ m, $A_1 = 0{,}031416\ m^2$ ($d_1 = 200$ mm)

$$V = \frac{0{,}031416\cdot 45}{9{,}81}\left(45 - \sqrt{45^2 - 2\cdot 9{,}81\cdot 35}\right) = \underline{1{,}213\ m^3}$$

Im Vergleich: Eine Flüssigkeitssäule mit konstantem Durchmesser d_1 und der Höhe H hätte das Volumen

$$V = A_1 H = 0{,}031416\cdot 35 = 1{,}099\ m^3.$$

Aufgabe 4 (Bild 2.102)

Die laminare Rohrströmung im Kreisrohr hat ein parabelförmiges Geschwindigkeitsprofil entsprechend dem Gesetz

$$\frac{u}{U} = 1 - \left(\frac{r}{R}\right)^2 \qquad (1)$$

a) Wie gross ist der Volumenstrom $\dot{V}$?, b) Man bestimme die mittlere Geschwindigkeit $\overline{u} = \dot{V}/A$, c) Wie gross ist die kinetische Energie $\dot{E}$ des sekundlichen Massenstromes $\dot{m}$?, d) Wie gross ist der Impulsstrom $\dot{J}$ des Massenstromes $\dot{m}$? Gegeben: U, R = D/2, ρ.

Lösung:

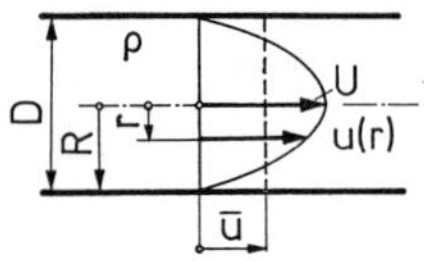

Bild 2.102 A 4

a) $d\dot{V} = 2\,\pi\, r\; dr \qquad (2)$

Mit u aus (1) kommt

$$\dot{V} = 2\,\pi\, U \int_0^R \left(r - \frac{r^3}{R^2}\right) dr \qquad (3)$$

und integriert

$$\underline{\dot{V} = \frac{\pi}{2}\, U R^2} \qquad (4)$$

b) $\overline{u}$ aus (4): $\overline{u} = \dfrac{\dot{V}}{\pi R^2} = \underline{\dfrac{U}{2}} \qquad (5)$

c) Die kinetische Energie durch den Strömungsquerschnitt beträgt

$$\dot{E} = \frac{1}{2}\int_0^R d\dot{m}\; u^2 \qquad (6)$$

mit u aus (1) und $d\dot{m} = 2\,\pi\, r\; dr\; u\, \rho$ ergibt sich

$$\dot{E} = \pi\, U^3 \rho \int_0^R \left[r - 3\frac{r^3}{R^2} + \frac{3r^5}{R^4} - \frac{r^7}{R^6}\right] dr \qquad (7)$$

So erhält man aus (7) nach einfacher Rechnung

$$\underline{\dot{E} = \pi\, U^3 \rho\, \frac{R^2}{8}} \qquad (8)$$

Setzt man (5) und R = D/2 in (8) ein, so erhält man

$$\underline{\dot{E} = \rho\, \overline{u}^3\, \frac{\pi\, D^2}{4}} \qquad (9)$$

d) Der Impulsstrom beträgt

$$\dot{J} = \int_0^R d\dot{m}\; u \qquad (10)$$

Aus (10) mit bekannten Werten für dm und u erhält man

$$\dot{J} = 2\pi U^2 \rho \int_0^R \left(r - \frac{2r^3}{R^2} + \frac{r^5}{R^4}\right) dr \tag{11}$$

und daraus

$$\underline{\dot{J} = \frac{1}{3}\pi \rho U^2 R^2 = \frac{1}{3}\rho U^2 \frac{\pi}{4} D^2} \tag{12}$$

Aufgabe 5 (Bild 2.103)

Man berechne für die turbulente Rohrströmung a) den Impulsstrom $\dot{J}$, b) die kinetische Energie $\dot{E}$ des sekundlichen Massenstromes $\dot{m}$, wenn für die Geschwindigkeitsverteilung $u/U = (y/R)^{1/n}$ gilt, c) den Wandabstand y, in dem $u(y) = \overline{u}$ beträgt. Gegeben: U, R, n, ρ sowie

$$u/U = (y/R)^{1/n} \tag{1}$$

Lösung:

a) Der sekundliche Impulsstrom durch das Rohr ist

$$\dot{J} = \int_0^R d\dot{m}\, u \tag{2}$$

Mit dr = dy und (1) ergibt sich

$$d\dot{m} = 2\pi\rho (R - y) U \left(\frac{y}{R}\right)^{1/n} dy$$

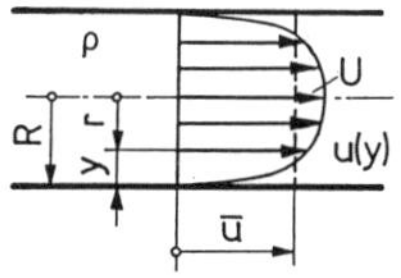

Bild 2.103 A 5

Mit (3) und (1) in (2) wird

$$\dot{J} = 2\pi U^2 \rho \frac{1}{R^{2/n}} \int_0^R (R - y) y^{2/n} dy \tag{4}$$

und daraus folgt nach einfacher Rechnung

$$\underline{\dot{J} = \pi U^2 R^2 \rho \left[\frac{2n}{2 + n} - \frac{2n}{2 + 2n}\right]} \tag{5}$$

<u>Zahlenbeispiele</u>:

n = 7 $\qquad \dot{J} = \frac{98}{156} \pi U^2 R^2 \rho = \underline{0{,}68055\, \pi U^2 R^2 \rho}$

n = 11 $\qquad \dot{J} = \frac{121}{156} \pi U^2 R^2 \rho = \underline{0{,}7756 \cdot \pi U^2 R^2 \rho}$

b) Die vorhandene kinetische Energie erhält man aus

$$\dot{E} = \frac{1}{2} \int_0^R d\dot{m}\, u^2 \tag{6}$$

Zusammen mit $d\dot{m}$ und u aus Lösung a) findet man

$$\dot{E} = \frac{\pi \rho U^3}{R^{3/n}} \int_0^R (R - y) y^{3/n} dy \tag{7}$$

Somit

$$\underline{\dot{E} = \pi \rho U^3 R^2 \left(\frac{n}{3 + n} - \frac{n}{3 + 2n}\right)} \tag{8}$$

<u>Beispiele</u>: n = 7: $\dot{E} = \frac{49}{170} \pi \rho R^2 U^3 = \underline{0{,}2882 \pi \rho R^2 U^3}$

n = 11: $\dot{E} = \frac{121}{350} \pi \rho R^2 U^3 = \underline{0{,}3457 \pi \rho R^2 U^3}$

c) In (1) $\overline{u}$ nach Gl.(7) in Aufgabe 38, Abschnitt 2.3, eingesetzt und nach y aufgelöst ergibt für den Wandabstand $y = y(\overline{u})$

$$\underline{y = R \left(\frac{2 n^2}{(1 + n)(1 + 2n)}\right)^n} \tag{9}$$

(9) an <u>Beispielen</u>:

$n = 7 \Longrightarrow y = 0{,}121\ D$, $\quad n = 11 \Longrightarrow y = 0{,}117\ D$

Aufgabe 6 (Bild 2.104)

Zwei Flüssigkeitsbereiche mit den Flächen βA und $(1-\beta)A$, der Dichte ρ sowie dem Druck p strömen zunächst mit unterschiedlicher Geschwindigkeit U_1 und αU_1. Sie mischen sich im Rohr mit dem Querschnitt A. Nach dem Geschwindigkeitsausgleich strömt das Fluid mit der Strömungsgeschwindigkeit U_2. a) Wie gross ist die Strömungsgeschwindigkeit U_2?, b) Wie gross ist der Druckanstieg $p_2 - p_1$? Gegeben: U_1, α, β, p_1, ρ.

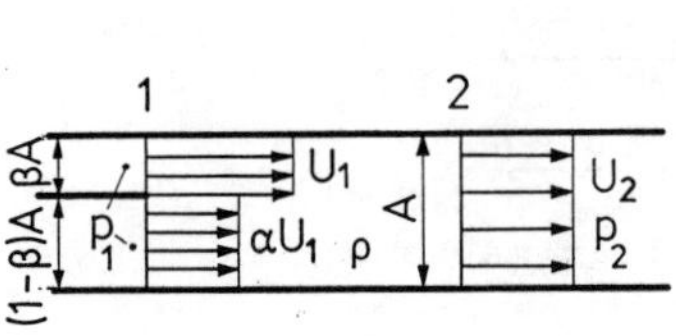

Bild 2.104 A 6

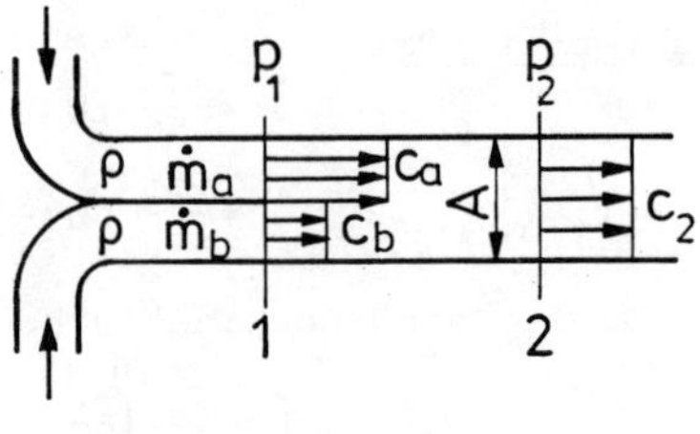

Bild 2.105 A 7

Lösung:

a) Kontinuitätsgleichung

$$\underbrace{\frac{d}{dt}\int_V \rho\, dV}_{=0\,(\text{stationär})} + \int_S \rho \vec{U}\cdot\vec{n}\, dS = 0 \qquad (1)$$

Von (1) verbleibt $\rho A U_2 - \rho\beta A U_1 - \rho(1-\beta)A\alpha U_1 = 0$

$$\underline{U_2 = U_1(\alpha - \alpha\beta + \beta) = U_1\left[\alpha(1-\beta) + \beta\right]} \qquad (2)$$

b) Impulssatz

$$\underbrace{\int_V \frac{\partial}{\partial t}(\rho\vec{U})\, dV}_{=0\,(\text{stationär})} + \int_S \rho\vec{U}(\vec{U}\cdot\vec{n})\, dS = \vec{F} \qquad (3)$$

Daraus ergibt sich im Kontrollraum 1 bis 2

$$\rho A U_2^2 - \rho\beta A U_1^2 - \rho(1-\beta)A\alpha^2 U_1^2 = -(p_2 - p_1)A$$

und damit

$$p_2 - p_1 = \rho U_1^2\left[\beta + (1-\beta)\alpha^2 - \left(\frac{U_2}{U_1}\right)^2\right] \qquad (4)$$

Mit U_2/U_1 aus (2) in (3) eingesetzt erhält man den Druckanstieg

$$\underline{p_2 - p_1 = \rho U_1^2\left\{\beta + (1-\beta)\alpha^2 - \left[\alpha(1-\beta) + \beta\right]^2\right\}} \qquad (5)$$

Zahlenbeispiel: $U_1 = 50$ m/s, $\alpha = 0{,}3$, $\rho = 2{,}5$ kg/m^3, $\beta = 0{,}25$.

Aus (2): $U_2 = 50(0{,}3 - 0{,}3\cdot 0{,}25 + 0{,}25) = \underline{23{,}75 \text{ m/s}}$

Aus (5): $p_2 - p_1 = 2{,}5\cdot 50^2\{0{,}25 + (1 - 0{,}25)\,0{,}3^2 - (0{,}3(1 - 0{,}25) + 0{,}25)^2\}$
$= \underline{574{,}2 \text{ Pa}}$

Aufgabe 7 (Bild 2.105)

In einem Rohr strömen in der Ebene 1 zwei Luftmassen $\dot{m}_a$ und $\dot{m}_b$ der Dichte ρ mit unterschiedlicher Geschwindigkeit c_a bzw. c_b beim Druck p_1. Beide Ströme beanspruchen je die Hälfte des konstanten Rohrquerschnittes A. Wie gross ist die Druckänderung $\Delta p_{12} = p_2 - p_1$ zwischen den Ebenen 1 und 2 nach dem Ausgleich der Geschwindigkeit auf c_2 ? Gegeben: $A = 0{,}6$ m^2, $c_a = 35$ m/s, $c_b = 9$ m/s, $c_2 = 21{,}95$ m/s, $\rho = 1{,}25$ kg/m^3.

Lösung: $\Delta p_{12} = \Delta\dot{J}/A = (\dot{m}_a c_a + \dot{m}_b c_b - \dot{m}_2 c_2)/A = \underline{213 \text{ N/m}^2}$.

Aufgabe 8 (Bild 2.106)

Der Vortriebswirkungsgrad η_P eines Strahltriebwerkes ist definiert durch

$$\eta_P = \frac{\text{Nutzleistung}}{\text{Energieaufwand}} \qquad (1)$$

wofür man schreiben kann

$$\eta_P = \frac{\text{Schub } F \cdot \text{Fluggeschwindigkeit } v_0}{\text{Differenz der kinetischen Energien von Ein- und Austrittsmassen}}$$

a) Wie gross ist der Vortriebswirkungsgrad η_P eines zweistrahligen Triebwerkes (ZTL-Triebwerk, Zweikreis-Turbinen-Luftstrahltriebwerk) ? Die sekundlich zugeführte Brennstoffmasse $\dot{m}_{Br}$ wird vernachlässigt, b) Welchen Wert hat η_P mit den in Aufgabe 3, Abschnitt 3.9, gegebenen Daten ?, c) Wie lautet η_P für das einstrahlige Triebwerk ($\dot{m}_a = 0$, $\dot{m} = \dot{m}_i$, $w_i = 0$, $w_i = w$) ?
Gegeben: v_0, Abströmgeschwindigkeit des Aussen- bzw. Innenstromes w_a bzw. w_i, Kaltstrom $\dot{m}_a$ (aussen), Heissstrom $\dot{m}_i$ (innen).

Lösung:

a) <u>Zweistrahliges Triebwerk</u>: Die Impulsbilanz, angewandt auf den Kalt- und Heissgasstrahl, ergibt zunächst folgende Schubkräfte:

$$F_a = \dot{m}_a (w_a - v_0) \qquad (2)$$

$$F_i = \dot{m}_i (w_i - v_0) \qquad (3)$$

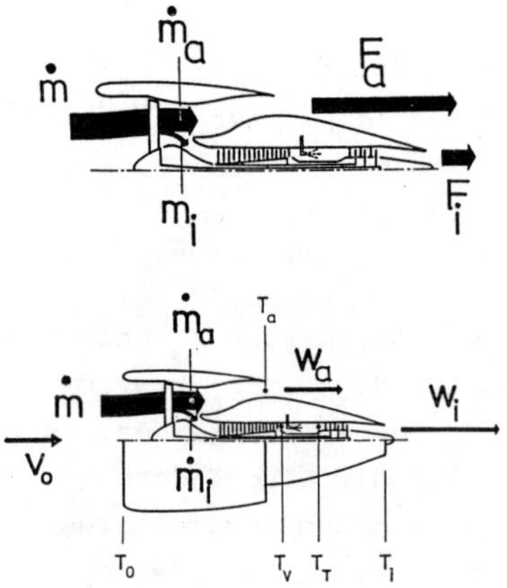

Bild 2.106 A 8

(2) und (3) mit der Fluggeschwindigkeit v_0 multipliziert liefert die Nutzleistung P_N:

$$P_N = v_0 \left[\dot{m}_a (w_a - v_0) + \dot{m}_i (w_i - v_0) \right] \qquad (4)$$

Die Differenz der kinetischen Energien beträgt:

$$\text{Aussenstrom} \quad \frac{\dot{m}_a}{2}(w_a^2 - v_0^2) \qquad (5)$$

$$\text{Innenstrom} \quad \frac{\dot{m}_i}{2}(w_i^2 - v_0^2) \qquad (6)$$

Mit (4), (5) und (6) geht (1) über in die Form

$$\eta_P = \frac{\dfrac{v_0\left[\dot{m}_a(w_a - v_0) + \dot{m}_i(w_i - v_0)\right]}{\dfrac{\dot{m}_a}{2}(w_a^2 - v_0^2) + \dfrac{\dot{m}_i}{2}(w_i^2 - v_0^2)}}{} \tag{7}$$

b) $$\eta_P = \frac{252\left[278(307 - 252) + 44(499 - 250)\right]}{\frac{278}{2}(307^2 - 252^2) + \frac{44}{2}(499^2 - 252^2)} = \underline{\underline{78{,}9\%}}$$

c) Einstrahliges Triebwerk: Aus (7) folgt mit $\dot{m}_a = 0$, $\dot{m}_i = \dot{m}$, $w_a = 0$, $w_i = w$

$$\eta_P = \frac{v_0\dot{m}(w_i - v_0)}{\frac{\dot{m}}{2}(w_i^2 - v_0^2)} = \frac{2v_0}{w + v_0} = \underline{\underline{\frac{2}{\frac{w}{v_0} + 1}}} \tag{8}$$

Das durch (8) ausgedrückte Ergebnis lässt erkennen: Je kleiner die Geschwindigkeitsdifferenz $w-v_0$ wird, desto mehr nähert sich w/v_0 dem Wert 1. Somit wächst η_P. Das heisst, es ist energetisch vorteilhaft, einer grossen Luftmasse eine geringe Beschleunigung (kleine Differenz $w-v_0$) zu erteilen. In ZTL-Triebwerken wird diese Erkenntnis in die Praxis umgesetzt.

Aufgabe 9 (Bild 2.107)

Einem Zweikreis-Turbinen-Luftstrahltriebwerk (ZTL-Triebwerk) strömt im Flug in der Höhe H beim Druck p_0 die Luft dem Triebwerk mit der Fluggeschwindigkeit v_0 zu. Die zuströmende Luftmasse $\dot{m}$ wird im Triebwerk in den Aussenstrom $\dot{m}_a$ und den Innenstrom $\dot{m}_i$ aufgeteilt. In der Brennkammer des Innenstromes wird die Brennstoffmasse $\dot{m}_{Br}$ verbrannt. Die Luft verlässt die Aussenstromschubdüse der Fläche A_a mit leicht über dem Atmosphärendruck liegenden Druck $p_a > p_0$ und der Geschwindigkeit w_a relativ zum Triebwerk. Die Innenstromschubdüse hat die Fläche A_i. Die Verbrennungsgase strömen beim Druck $p_i > p_0$ mit der Relativgeschwindigkeit w_i ab. Wie gross ist die Schubkraft F des Triebwerkes ?
Gegeben: $v_0 = 252$ m/s, $\dot{m} = 322$ kg/s, $\dot{m}_a = 278$ kg/s, $\dot{m}_i = 44$ kg/s, $\dot{m}_{Br} = 0{,}895$ kg/s, $p_0 = 0{,}23855$ bar, $p_a = 0{,}32950$ bar, $p_i = 0{,}35123$ bar, $A_a = 1{,}8$ m^2, $A_i = 0{,}620$ m^2, $w_a = 307$ m/s, $w_i = 499$ m/s.

Lösung:

Impulssatz für die Reaktionskraft:

$$F = F_a + F_i \tag{1}$$

$$F_a = \dot{m}_a (w_a - v_0) + A_a (p_a - p_0) \qquad (2)$$

$$F_i = \dot{m}_i (w_i - v_0) + \dot{m}_{Br} w_i + A_i (p_i - p_0) \qquad (3)$$

(2) numerisch: $F_a = 278(307 - 252) + 1{,}80(0{,}3295 - 0{,}23855)10^5 = \underline{31{,}66\ \text{kN}}$

(3) numerisch: $F_i = 44(499-252)+0{,}895\cdot 499+0{,}620(0{,}35123-0{,}23855)10^5 = \underline{18{,}3\ \text{kN}}$

Gesamtschub (1) aus (2) und (3)

$$F = 31{,}66 + 18{,}30 = \underline{49{,}96\ \text{kN} \approx 50\ \text{kN}}$$

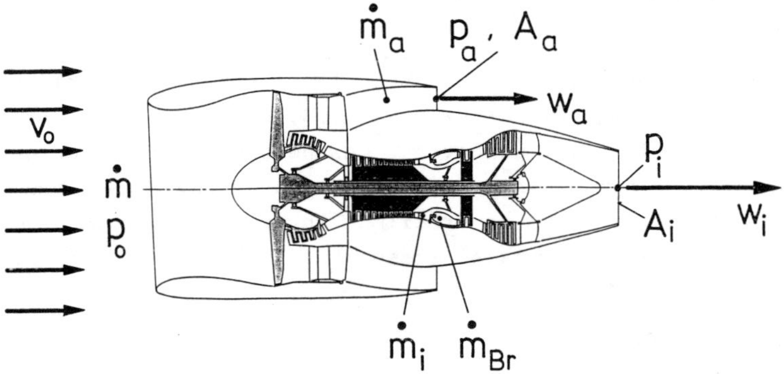

Bild 2.107 A 9

Aufgabe 10 (Bild 2.108)

Ein mit Wasserstrahlantrieb ausgerüstetes Boot fährt mit der Geschwindigkeit v. Der sekundlich durchgesetzte Volumenstrom ist $\dot{V}$ und verlässt die Düse mit der Geschwindigkeit w. Es wird angenommen, das Arbeitswasser ströme mit der Geschwindigkeit v in das Saugrohr der Pumpe. Man ermittle den Zusammenhang zwischen der Förderhöhe H (die zwischen Saug- und Druckstutzen messbare Druckhöhe) der Pumpe und der Schubkraft F. Gegeben: H, $\dot{V}$, v, w, ρ.

Lösung:

Die effektive Strahlleistung $P_e = \frac{\dot{m}}{2} w^2 - \frac{\dot{m}}{2} v^2 = \frac{\dot{m}}{2}(w^2 - v^2)$ (1)

muss gleich sein der hydraulischen Pumpenleistung $P_P = \dot{m} g H$ (2)

Setzt man (1) und (2) gleich, so kommt

$$gH = \frac{w^2 - v^2}{2} \qquad (3)$$

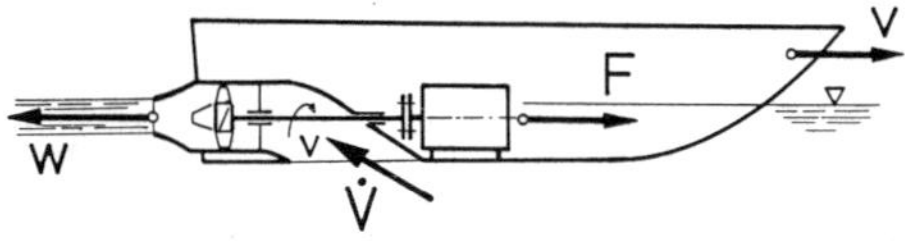

Bild 2.108 A 10

Aus dem Impulssatz folgt:

$$F = \dot{m}(w - v) = \dot{V}\rho(w - v) \qquad (4)$$

somit

$$(w - v) = F/(\dot{V}\rho) \qquad (5)$$

und damit aus (5) in (3) den Zusammenhang $F = f(H)$:

$$\underline{\underline{F = \frac{2g\rho\dot{V}H}{w + v}}}$$

Aufgabe 11 (Bild 2.109)

In einem sich vom Querschnitt A_1 auf A_2 verengendem Rohr schiebt ein Kolben die darin enthaltene inkompressible Flüssigkeit mit der konstanten Geschwindigkeit U_1 zur Entleerung in Richtung der Rohrverengung. Reibungseffekte werden vernachlässigt. a) Wie gross ist die Kolbenkraft F ?,

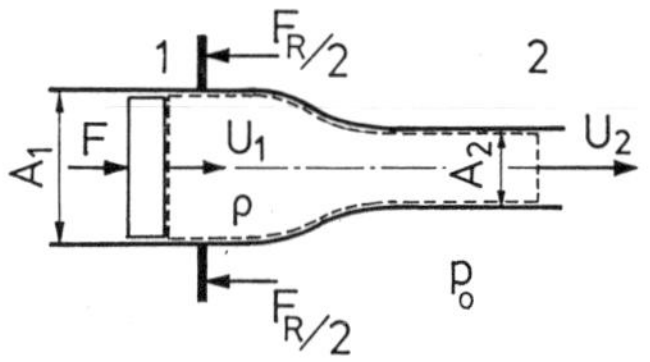

Bild 2.109 A 11

b) Wie gross ist die Reaktionskraft F_R auf die Rohrabstützung ?
Gegeben: A_1, A_2, U_1, ρ.

Lösung:

a) Kontinuitätsgleichung für die stationäre Rohrströmung:

$$\int_{A_1} \rho\, \vec{U}_1 \cdot \vec{n}\, dS + \int_{A_2} \vec{U}_2 \cdot \vec{n}\, dS = 0 \qquad (1)$$

ρ und U sind in den betrachteten Querschnitten konstant. Dann wird aus (1)

$$A_1 U_1 = A_2 U_2 \qquad (2)$$

Bernoulli-Gleichung von 1 bis 2

$$\frac{\rho}{2} U_1^2 + p_1 = \frac{\rho}{2} U_2^2 + p_0 \qquad (3)$$

Ueberdruck am Kolben in 1 mit Einsatz von (2)

$$p_1 - p_0 = \frac{\rho}{2} U_1^2 \left[\left(\frac{A_1}{A_2}\right)^2 - 1\right] \qquad (4)$$

und daraus die Kolbenkraft

$$F = A_1 (p_1 - p_0) = \underline{\frac{\rho}{2} U_1^2 A_1 \left[\left(\frac{A_1}{A_2}\right)^2 - 1\right]} \qquad (5)$$

b) Impulssatz für die stationäre Strömung in x-Richtung. Das massgebende Kontrollvolumen ist durch die mit Strichlinie eingezeichnete Kontrollfläche markiert.

$$\int_S \rho \vec{U}(\vec{U}\cdot\vec{n})\, dS + \int_S p\, \vec{n}\, dS = \vec{F}_R \qquad (6)$$

In (6): Erster Term: $\rho A_1 U_1^2 - \rho A_2 U_2^2$

Zweiter Term: $A_1 p_1 - A_1 p_0$

Zusammengefasst ergibt sich als Reaktionskraft auf die Rohrabstützung mit Beachtung von (2) und (4)

$$F_R = A_1 U_1 \rho \left(U_1 - \frac{A_1 U_1}{A_2}\right) + A_1 \left[\frac{\rho}{2} U_1^2 \left\{\left(\frac{A_1}{A_2}\right)^2 - 1\right\} + p_0\right] - A_1 p_0$$

Nach bereinigenden Umformungen findet man als resultierende Reaktionskraft

$$\underline{F_R = \frac{\rho}{2} U_1^2 A_1 \left(\frac{A_1}{A_2} - 1\right)^2}$$

Aufgabe 12 (Bild 2.110)

In der Rohrverengung fliesst der Volumenstrom $\dot{V}$ einer Flüssigkeit der Dichte ρ. In der Ebene 1 herrscht der Ueberdruck p_1. Der Strömungsverlust von 1 bis 2 wird mit der Druckverlustzahl ζ berücksichtigt, bezogen auf die Strömungsgeschwindigkeit im Querschnitt 2. Welche Kraft F (Betrag und Richtung) wird auf das Reduzierstück ausgeübt ? Gegeben: $\dot{V} = 1{,}3\ m^3/s$, $d_1 = 700$ mm, $d_2 = 480$ mm, $p_1 = 15{,}0$ bar, $\zeta = 0{,}05$, $\rho = 10^3 kg/m^3$.

Lösung: $\underline{F = 304{,}7\ kN}$ in Strömungsrichtung.

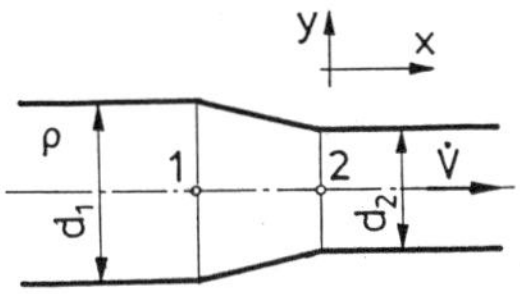

Bild 2.110 A 12

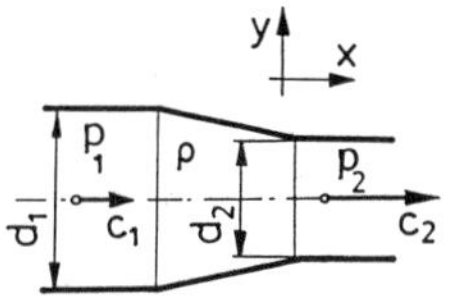

Bild 2.111 A 13

Aufgabe 13 (Bild 2.111)

Durch eine konische Rohrverengung mit den Durchmessern d_1 und d_2 fliesst sekundlich der Volumenstrom $\dot{V}$ Wasser mit der Dichte ρ. In 1 herrscht der Ueberdruck p_1. Zwischen 1 und 2 beträgt der Druckverlust $\Delta p_v = \zeta(\rho/2)c_1^2$. Wie gross ist die von der Strömung auf das Reduzierstück wirkende Kraft in x- und y-Richtung ? Gegeben: $d_1 = 600$ mm, $d_2 = 400$ mm, $\dot{V} = 0{,}95\ m^3/s$, $p_1 = 3{,}5$ bar, $\zeta = 0{,}07$, $\rho = 10^3 kg/m^3$.

Lösung: $F_x = \dot{m}(c_1 - c_2) + A_1p_1 - A_2p_2 = \underline{51{,}97\ kN}$, $F_y = \underline{0}$.

Aufgabe 14 (Bild 2.112)

Durch ein waagrecht liegendes verjüngtes Rohr vom Durchmesser d_1 auf den Durchmesser d_2 fliesst der Volumenstrom $\dot{V}$ Oel mit der Dichte ρ. Im Querschnitt 2 herrscht der Ueberdruck p_2. Die Druckverlustzahl der Rohrverengung ist ζ, bezogen auf $(\rho/2)c_1^2$. Man berechne die Längskraft F am Rohr nach Grösse und Richtung. Gegeben: $d_1 = 300$ mm, $d_2 = 150$ mm, $\dot{V} = 0{,}140\ m^3/s$, $p_2 = 2{,}8$ bar, $\zeta = 0{,}07$, $\rho = 870\ kg/m^3$.

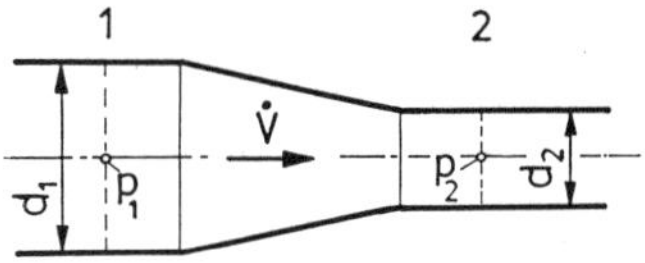

Bild 2.112 A 14

Lösung: $F = \underline{159{,}38\ kN}$ in Strömungsrichtung .

Aufgabe 15 (Bild 2.113)

Durch den Krümmer strömt ein <u>kompressibles</u> Fluid, das um den Winkel $\alpha_1 + \alpha_2$ umgelenkt wird. Wie gross ist die am Krümmer angreifen-

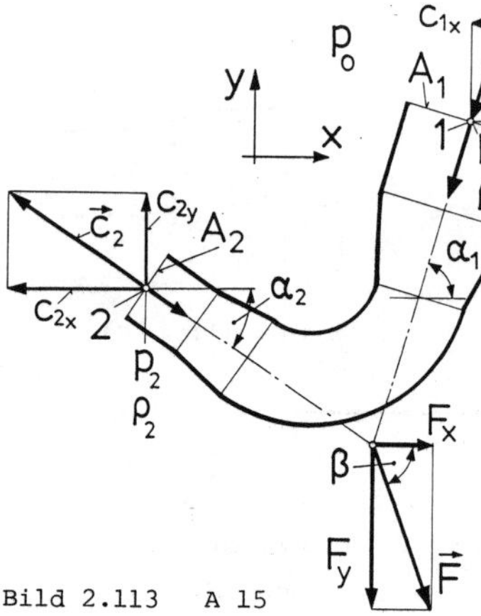

Bild 2.113 A 15

de Reaktionskraft $\vec{F}$, ihre Komponenten F_x und F_y und die Richtung von $\vec{F}$ in Bezug auf die x-Richtung ? Gegeben: Am Eintritt α_1, p_1, c_1, A_1, ρ_1. Am Austritt α_2, p_2, c_2, A_2, ρ_2. p_1 und p_2 sind Relativdrücke, also Unter- oder Ueberdrücke bezüglich dem Aussendruck p_0.

Lösung:

Impulsbilanz:

Resultierende $\vec{F} = \vec{F}_{m1} + \vec{F}_{m2} + \vec{F}_{p1} + \vec{F}_{p2}$ (1)

Index m für Massenkräfte, p für äussere Kräfte (Druckkräfte)

$$\vec{F}_m = \dot{m}(\vec{c}_1 - \vec{c}_2) \quad (2)$$

$$m = \rho_1 c_1 A_1 = \rho_2 c_2 A_2 \quad (3)$$

$$\vec{c}_1 = (c_{1x}, c_{1y}) \quad (4)$$

$$\vec{c}_2 = (c_{2x}, c_{2y}) \quad (5)$$

Komponenten:

$$c_{1x} = c_1 \cos\alpha_1 \quad (6)$$

$$c_{2x} = c_2 \cos\alpha_2 \quad (7)$$

$$c_{1y} = c_1 \sin\alpha_1 \quad (8)$$

$$c_{2y} = c_2 \sin\alpha_2 \quad (9)$$

$$F_{mx} = \dot{m}(c_{1x} - c_{2x}) \quad (10)$$

$$F_{my} = \dot{m}(c_{1y} - c_{2y}) \quad (11)$$

$$F_{px} = A_1 p_{1x} + A_2 p_{2x} \quad (12)$$

$$F_{py} = A_1 p_{1y} + A_2 p_{2y} \quad (13)$$

Komponenten:

$$p_{1x} = p_1 \cos\alpha_1 \quad (14)$$

$$p_{2x} = p_2 \cos\alpha_2 \quad (15)$$

$$p_{1y} = p_1 \sin\alpha_1 \tag{16}$$

$$p_{2y} = p_2 \sin\alpha_2 \tag{17}$$

$$F_x = F_{mx} + F_{px} \tag{18}$$

Mit (6), (7), (10), (12), (14), (15) und (3) in (18) erhält man die Reaktionskraftkomponente in x-Richtung

$$\underline{F_x = A_2\cos\alpha_2 (p_2 - \rho_2 c_2^2) + A_1 \cos\alpha_1 (p_1 + \rho_1 c_1^2)} \tag{19}$$

$$F_y = F_{my} + F_{py} \tag{20}$$

Mit (8), (9), (11), (13), (16), (17) und (3) in (20) findet man die Reaktionskraftkomponente in y-Richtung

$$\underline{F_y = A_2\sin\alpha_2 (p_2 - \rho_2 c_2^2) + A_1 \sin\alpha_1 (p_1 + \rho_1 c_1^2)} \tag{21}$$

Zur numerischen Auswertung von (19) und (21) sind die Vorzeichen der Grössen streng zu beachten.

Resultierende $\underline{\vec{F} = (F_x, F_y)}$

Betrag der Resultierenden aus (19) und (21):

$$\underline{F = \sqrt{F_x^2 + F_y^2}} \tag{22}$$

Lage von $\vec{F}$ bezüglich der x-Achse: $\underline{\tan\beta = \frac{F_y}{F_x}}$ (23)

Aufgabe 16 (Bild 2.114)

Krümmer zu Peltonturbine (Freistrahlturbine). Durch den 180°- Krümmer mit dem lichten Durchmesser d strömt der Volumenstrom $\dot{V}$ und tritt aus der Nadeldüse in 2 mit der Geschwindigkeit c_2 aus. Bei der Zuleitung und Umlenkung von 0 bis 1 tritt ein Druckverlust $\Delta p_K = \zeta_K (\rho/2) c_1^2$ auf. An der Düse entsteht ein weiterer Druckverlust $\Delta p_D = \zeta_D (\rho/2) c_2^2$. Die in 1 wirksame Nettofallhöhe ist H. a) Wie gross ist die

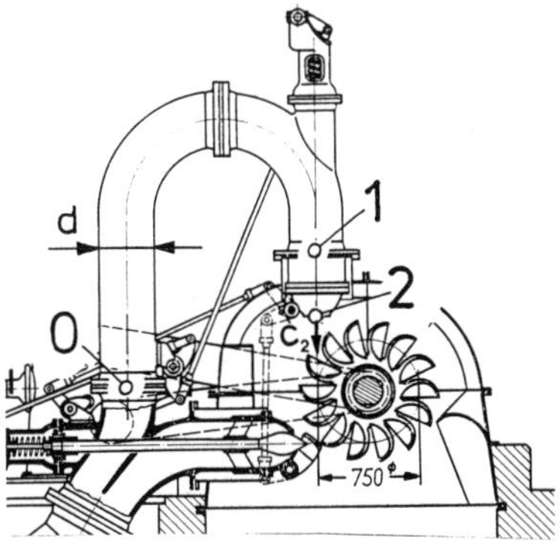

Bild 2.114 A 16

Strahlgeschwindigkeit c_2?, b) Wie gross ist die am Düsenrohr-Krümmer angreifende resultierende Reaktionskraft F ?
Gegeben: d = 380 mm, $\dot{V} = 0{,}50\ m^3/s$, H = 222 m, $\zeta_K = 0{,}2$, $\zeta_D = 0{,}062$, $\rho = 10^3 kg/m^3$.

Lösung: a) $c_2 = \underline{64\ m/s}$, b) $F = \underline{280{,}3\ kN}$ entgegen Richtung von c_2.

Aufgabe 17 (Bild 2.115)

Düsenrohr zu Peltonturbine. Das Treibwasser mit dem Volumenstrom $\dot{V}$ strömt durch die Rohrleitung der Düse in 3 zu und verlässt diese mit der Geschwindigkeit c_3. Der Gesamtdruck in 1 entspricht der nutzbaren Fallhöhe H. Die Verluste im Krümmer und in der Zuleitung werden durch $\zeta_L(\rho/2)c_1^2$, der Düsenverlust durch $\zeta_D(\rho/2)c_3^2$ erfasst. Wie gross ist die resultierende Kraft F nach Grösse und Richtung, welche von der Strömung auf das Düsenrohr (1 bis 3) ausgeübt wird ? Höhenunterschied 1-3 und Schwerewirkung des gefüllten Düsenrohres werden vernachlässigt. Gegeben: $\dot{V} = 5{,}05\ m^3/s$, H = 890 m, $\zeta_L = 0{,}13$, $\zeta_D = 0{,}063$, $d_1 = 570$ mm, $\alpha = 38°$, $\beta = 44°$, $\rho = 10^3 kg/m^3$.

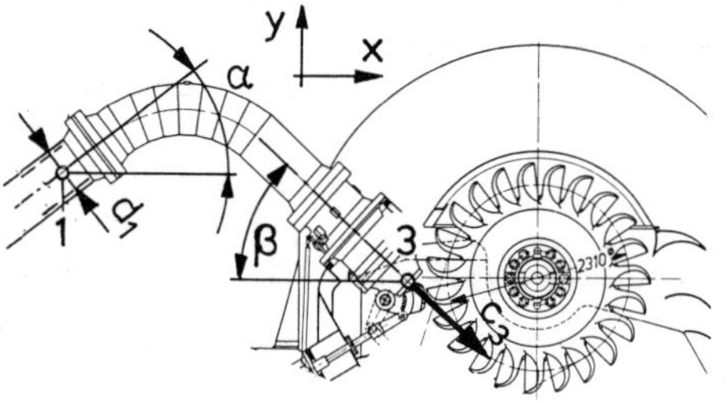

Bild 2.115 A 17

Lösung:

Bernoulli-Gleichung von 1 bis 3 mit Verlustglieder:

$$\rho g H = \frac{\rho}{2} c_3^2 + \zeta_L \frac{\rho}{2} c_1^2 + \zeta_D \frac{\rho}{2} c_3^2 \quad (1)$$

$$c_1 = \dot{V}/A_1 = \frac{5{,}05}{0{,}25517} = 19{,}79\ m/s \quad (2)$$

(2) in (1) und daraus

$$c_3 = \sqrt{\frac{2gH - (\dot{V}/A_1)^2 \zeta_L}{1 + \zeta_D}} = 128\ m/s \quad (3)$$

Statischer Druck in 1:

$$p_1 = \rho g H - \frac{\rho}{2} c_1^2 = 85{,}35 \text{ bar (Ueberdruck)}$$

$$p_3 = 0$$

Impulsbilanz:

Geschwindigkeiten:

$$c_{1x} = c_1 \cos\alpha = 15{,}59 \text{ m/s}$$

$$c_{3x} = c_3 \cos\beta = 92{,}07 \text{ m/s}$$

$$c_{1y} = c_1 \sin\alpha = 12{,}18 \text{ m/s}$$

$$c_{3y} = - c_3 \sin\beta = - 88{,}91 \text{ m/s}$$

Massenkräfte:

x-Richtung: $F_{mx} = \dot{m}(c_{1x} - c_{3x}) = 5050(15{,}59 - 92{,}07) = - 386{,}22\text{kN}$

y-Richtung: $F_{my} = \dot{m}(c_{1y} - c_{3y}) = 5050(12{,}18 - [- 88{,}91]) = 510{,}50\text{kN}$

Druckkräfte:

x-Richtung: $F_{px} = A_1 p_1 \cos\alpha - A_3 p_3 \cos\beta = 0{,}25517 \cdot 85{,}35 \cdot 10^5 \cos 38^\circ - 0 = 1716{,}18 \text{ kN}$

y-Richtung: $F_{py} = A_1 p_1 \sin\alpha + A_3 p_3 \sin\beta = 0{,}25517 \cdot 85{,}35 \cdot 10^5 \sin 38^\circ + 0 = 1340{,}83 \text{ kN}$

Resultierende Kraft:

x-Richtung: $F_x = F_{mx} + F_{px} = - 386{,}22 + 1716{,}18 = 1329{,}96 \text{ kN}$

y-Richtung: $F_y = F_{my} + F_{py} = 510{,}50 + 1340{,}83 = 1851{,}33 \text{ kN}$

$$F = \sqrt{F_x^2 + F_y^2} = \underline{2279{,}5 \text{ kN}}$$

$\gamma = \arctan F_y/F_x = \underline{54{,}3^\circ}$ ist der Winkel im 1.Quadrant, den F mit der x-Achse einschliesst.

Aufgabe 18 (Bild 2.116)

Ein horizontal liegender Krümmer mit Düse lenkt den Massenstrom $\dot{m}$ um den Winkel α ab mit Austritt in die freie Atmosphäre. Der Durchmesser verengt sich dabei von d_1 auf den Düsendurchmesser d_2. Man berechne für die reibungsfreie Strömung die von der Flüssigkeit auf den Krümmer zwischen den Punkten 1 und 2 ausgeübte resultierende Kraft F_R nach Betrag und Richtung.
Gegeben: $\dot{m} = 30$ kg/s, $d_1 = 123{,}6$ mm, $d_2 = 35{,}7$ mm, $p_0 = 1{,}0$ bar, $\alpha = 50^\circ$, $\rho = 10^3 \text{kg/m}^3$.

Lösung: $F_R = \underline{4976\ N}$, Richtung $\beta = \underline{8,5^\circ}$ nach unten bezüglich der x-Achse.

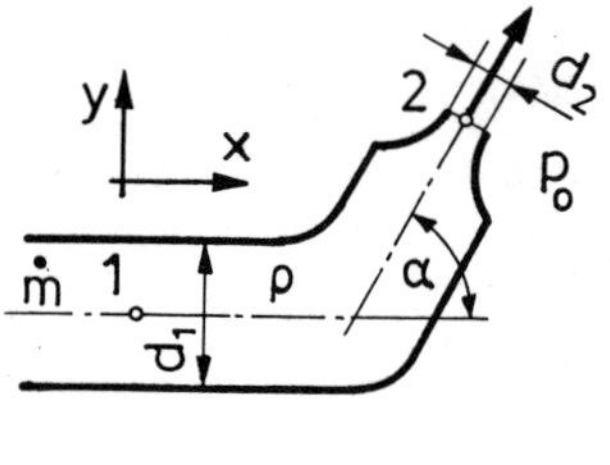

Bild 2.116 A 18

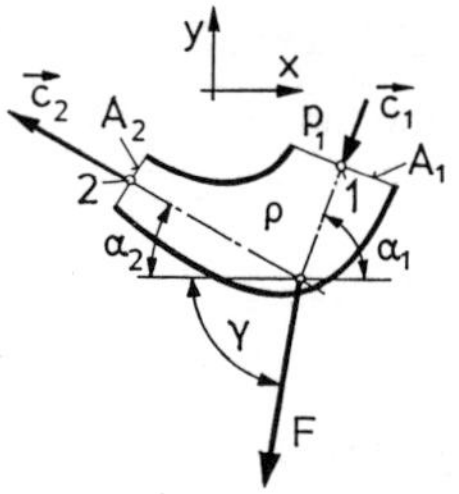

Bild 2.117 A 19

Aufgabe 19 (Bild 2.117)

Der horizontal liegende Krümmer mit rechteckigem Querschnitt und dem Flächenverhältnis A_1/A_2 lenkt die Strömung um $\alpha_1 + \alpha_2$ um. Im Krümmer entsteht der Druckverlust $\Delta p_v = \zeta(\rho/2)c_1^2$. Man bestimme a) Druck p_2 am Krümmerende, b) Kraftkomponenten F_x und F_y sowie die Resultierende F nach Grösse und Richtung, welche vom durchgesetzten Volumenstrom $\dot{V}$ auf den Krümmer ausgeübt wird.
Gegeben: $\dot{V} = 32\ m^3/s$, $p_1 = 3$ bar (Ueberdruck), $A_1/A_2 = 2$, $\alpha_1 = 30^\circ$, $\alpha = 70^\circ$, $\zeta = 0,2$, $\rho = 10^3 kg/m^3$.

Lösung: a) $p_2 = \underline{1,976\ bar}$, b) $F_x = \underline{-\ 287,4\ kN}$, $F_y = \underline{-\ 1821,5\ kN}$,

$$F = \sqrt{F_x^2 + F_y^2} = \underline{1844\ kN},\ \gamma = \underline{81^\circ}.$$

Aufgabe 20 (Bild 2.118)

Ein horizontal liegender Krümmer mit zunehmendem Kreisquerschnitt lenkt die Strömung um den Winkel $\alpha+\beta$ ab. Dabei entsteht der Druckverlust $\Delta p_v = \zeta(\rho/2)c_1^2$. Man berechne die resultierende Kraft F nach Grösse und Richtung und ihre Komponenten in x- und y-Richtung, welche die Strömung auf den Krümmer ausübt (Volumenkräfte werden vernachlässigt). Gegeben: $\dot{V} = 5\ m^3/s$, $A_1 = 0,5\ m^2$, $A_2 = 2\ m^2$, $p_1 = 4$ bar, $p_0 = 1,0$ bar, $\zeta = 0,13$, $\rho = 10^3 kg/m^3$.

Lösung: $F = \underline{669,9\ kN}$, $\gamma = \underline{31,7^\circ}$.

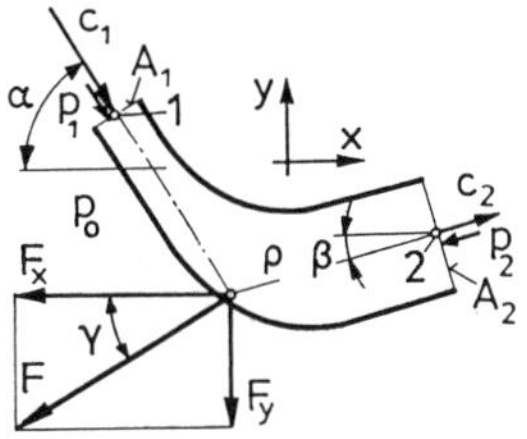

Bild 2.118 A 20

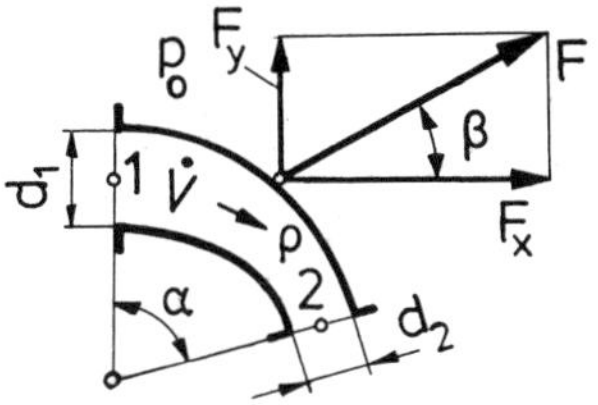

Bild 2.119 A 21

Aufgabe 21 (Bild 2.119)

Ein horizontal liegender Krümmer mit dem Durchmesser d_1 am Eintritt und d_2 am Austritt lenkt die Strömung um den Winkel α um. Die Strömungsverluste im Krümmer verursachen den Druckverlust $\Delta p_v = \zeta(\rho/2)c_2^2$. Wie gross ist die resultierende Reaktionskraft F am Krümmer und ihre Richtung in Bezug auf die x-Achse ? Volumenkräfte werden vernachlässigt. Gegeben: $p_1 = 2{,}5$ bar, $p_0 = 1{,}0$ bar, $\dot{V} = 0{,}2083\ m^3/s$, $d_1 = 300$ mm, $d_2 = 200$ mm, $\alpha = 75^\circ$, $\zeta = 0{,}13$, $\rho = 10^3 kg/m^3$.

Lösung: $F = \underline{11129\ N}$, $\beta = \underline{28{,}2^\circ}$.

Aufgabe 22 (Bild 2.120)

Ein sich im Durchmesser von d_1 auf d_2 verjüngender Krümmer lenkt die Strömung um den Winkel β ab. Dabei entsteht ein Druckverlust $\Delta p = \zeta(\rho/2)c_1^2$. a) Welchen Wert hat die Geschwindigkeit c_2 und der Druck p_2 am Krümmerende (Höhenänderung zwischen 1 und 2 bleibt unberücksichtigt) ?, b) Wie gross ist die resultierende Reaktionskraft R am Krümmer nach Grösse und Richtung unter Berücksichtigung der vom Fluid herrührenden Gewichtskraft F_G (Volumenkraft)? Gegeben: $p_1 = 1{,}4$ bar Ueberdruck, $\dot{V} = 0{,}35\ m^3/s$, $d_1 = 400$ mm, $d_2 = 300$ mm, $\beta = 90^\circ$, $\zeta = 0{,}12$, $\rho = 850\ kg/m^3$.

Lösung: a) $c_2 = \underline{4{,}95\ m/s}$, $p_2 = \underline{1{,}3248\ bar}$, b) $R = \underline{22195\ N}$, $\beta_R = \underline{76^\circ}$.

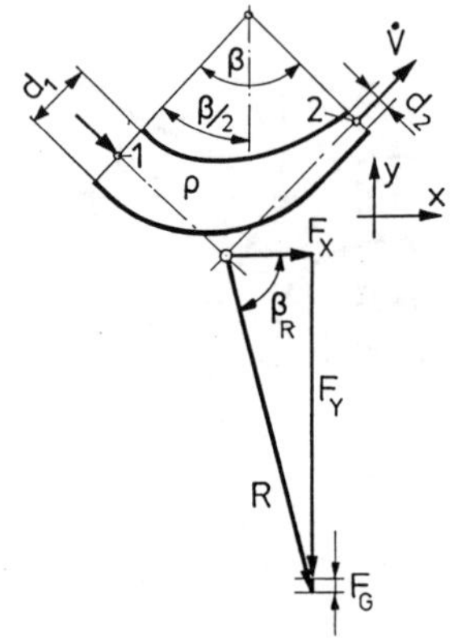

Bild 2.120 A 22

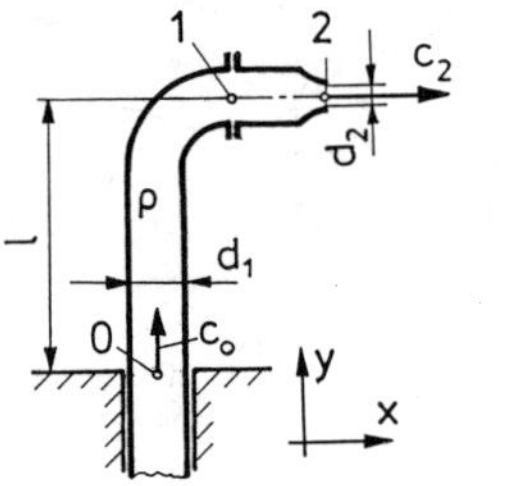

Bild 2.121 A 23

Aufgabe 23 (Bild 2.121)

Von einem wasserdurchströmten Krümmer mit angeflaschter Düse sind folgende Daten gegeben: $d_1 = 150$ mm, $d_2 = 40$ mm, $c_2 = 50$ m/s ins Freie, Rohr und Krümmer $\zeta_1 = 0{,}16$, Düse $\zeta_2 = 0{,}05$ (ζ-Werte auf $(\rho/2)c_0^2$ bezogen), $\ell = 2$ m, $\rho = 10^3 \text{kg/m}^3$. a) Wie gross ist der Ueberdruck p_0 in 0 ?, b) Wie gross ist der Ueberdruck p_1 in 1 ?, c) Mit welcher Kraft F_x in x-Richtung wirkt die Strömung auf den Düsenflansch in 1 ?

Lösung: $p_0 = \underline{12{,}646 \text{ bar}}$, b) $p_1 = \underline{12{,}450 \text{ bar}}$, c) $F_x = \underline{19{,}081 \text{ kN}}$.

Aufgabe 24 (Bild 2.122)

In einem zylindrischen hydraulischen Bauelement bewegt sich der Kolben K mit der konstanten Geschwindigkeit c_1. Er schiebt durch die anschliessende Rohrverengung Hydrauliköl in den Raum mit dem Druck p_0 aus.
a) Wie gross ist die Kolbenkraft F (Reibung bleibt unberücksichtigt) ?,
b) Man bestimme die Kraft F_w an der Zylinderabstützung. Gegeben: $A_1 =$

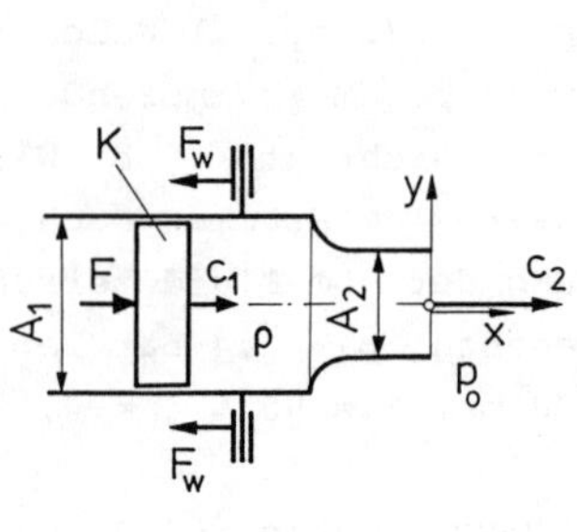

Bild 2.122 A 24

$1500\ cm^2$, $A_2 = 130\ cm^2$, $c_1 = 2{,}2\ m/s$, $\rho = 865\ kg/m^3$.

Lösung: a) $F_x = F = \dot{m}(c_{1x} - c_{2x}) + A_1 p_1 - A_1 p_0 = \underline{34873\ N}$

b) $F_w = F/2 = \underline{16920\ N}$.

Aufgabe 25 (Bild 2.123)

Dampfturbinen Laufradschaufelung. Aus dem Leitrad einer Mitteldruck-Teilturbinenstufe strömt der Massenstrom $\dot{m}$ Dampf mit der Absolutgeschwindigkeit c_1 unter dem Winkel α_1. Der Dampf verlässt die Laufradschaufelung mit der Absolutgeschwindigkeit c_2 unter dem Winkel α_2. Im beaufschlagten Bereich hat die Laufradschaufelung die Umfangsgeschwindigkeit u. Das Laufrad hat z Laufschaufeln. a) Wie gross ist die von einer Schaufel übertragene Umfangskraft F_u ?, b) Welche Leistung P wird an das Laufrad übertragen ? Gegeben: $\dot{m} = 490\ kg/s$, $z = 50$, $c_1 = 293\ m/s$, $c_2 = 78\ m/s$, $\alpha_1 = 15°$, $\alpha_2 = 79{,}5°$, $u_1 = u_2 = u = 246\ m/s$.

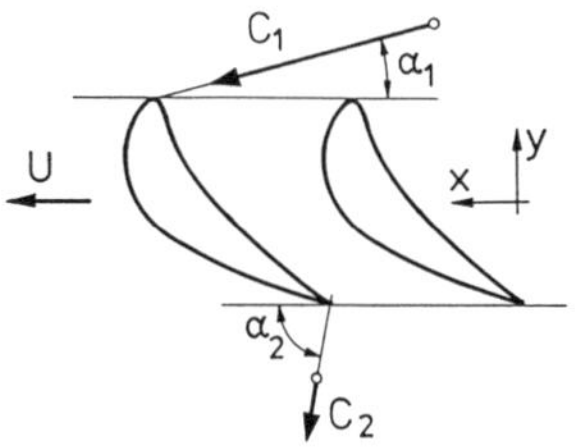

Bild 2.123 A 25

Lösung:

a) Entwurf des Geschwindigkeitsplanes (Bild 2.124) aus den gegebenen Geschwindigkeiten und Strömungswinkeln. Wegleitend ist

$$\vec{c} = \vec{u} + \vec{w}$$

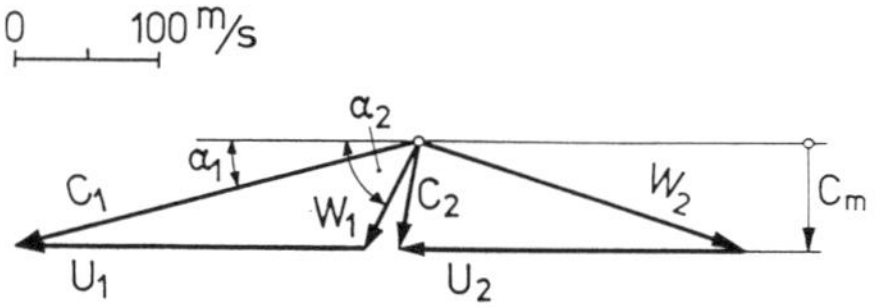

Bild 2.124 A 25

Impulsbilanz in Umfangsrichtung (eine Laufradschaufel):

$$F_u = F_x = \dot{m}_s (c_{1x} - c_{2x}) \qquad (1)$$

$$c_{1x} = c_1 \cos\alpha_1 = 293 \cos 15° = 283\ m/s$$

$$c_{2x} = c_2 \cos\alpha_2 = 78 \cos 79{,}5° = 14{,}2\ m/s$$

$$\dot{m}_s = \dot{m}/z = 490/50 = 9{,}8\ kg/s$$

In (1) eingesetzt erhält man die Umfangskraft an einer Laufradschaufel

$$F_u = 9{,}8(283 - 14{,}2) = \underline{2{,}634\ \text{kN}}\ .$$

b) Leistung am Laufrad

$$P = z\,F_u u = 50 \cdot 2{,}634 \cdot 10^3 \cdot 246 = \underline{32{,}4\ \text{MW}}\ .$$

2.5 Grenzschichten und Navier-Stokessche Gleichungen

Aufgabe 1 (Bild 2.125)

Entlang einer ebenen Platte strömt eine Flüssigkeit der Zähigkeit η laminar mit parabolischem Geschwindigkeitsprofil. Die Grenzschicht an der Platte hat die Dicke δ. Die Aussenströmung hat die Geschwindigkeit U. a) Wie gross ist die Wandschubspannung τ_w?, b) Welchen Wert hat die Schubspannung τ am Grenzschichtrand im Abstand δ von der Wand ? Gegeben: U = 2 m/s, η = 0,068 Pas, δ = 10cm.

Lösung:

a) Für Newtonsche Flüssigkeiten gilt

$$\tau = \eta \frac{du}{dy} \qquad (1)$$

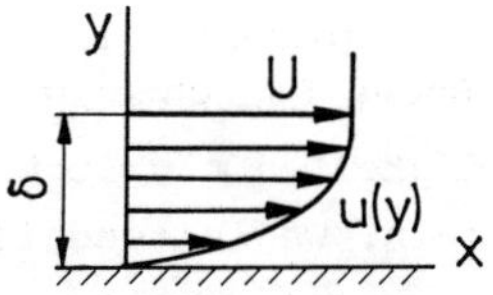

Bild 2.125 A 1

Bei parabolischer Geschwindigkeitsverteilung ist

$$\frac{u}{U} = 1 - \left(\frac{\delta - y}{\delta}\right)^2 \qquad (2)$$

Somit $$\frac{du}{dy} = \frac{2U}{\delta}\left(1 - \frac{y}{\delta}\right) \qquad (3)$$

Für die Wandschubspannung gilt $$\tau = \eta \left.\frac{du}{dy}\right|_y \qquad (4)$$

An der Wand ist y = 0. Dann ergibt sich mit (3) und (4)

$$\tau_w = \eta \frac{2U}{\delta}$$

$$= 0{,}068(2 \cdot 2)/0{,}1 = \underline{2{,}73\ \text{N/m}^2}$$

b) Am Grenzschichtrand ist $y = \delta$. Mit (3) in (1) erhält man dann

$$\tau = \eta \frac{du}{dy}\bigg|_{y=\delta} = \eta \frac{2U}{\delta}(1-1) = \underline{0\ N/m^2}\ .$$

Aufgabe 2 (Bild 2.126)

Längs einer ebenen Platte strömt ein Fluid mit dem Geschwindigkeitsprofil

$$\frac{u}{U} = 1 - \left(\frac{\delta - y}{\delta}\right)^2 \qquad (1)$$

Für die Schubspannung τ in der Grenzschicht gilt der Newtonsche Ansatz

$$\tau = \eta \frac{du}{dy} \qquad (2)$$

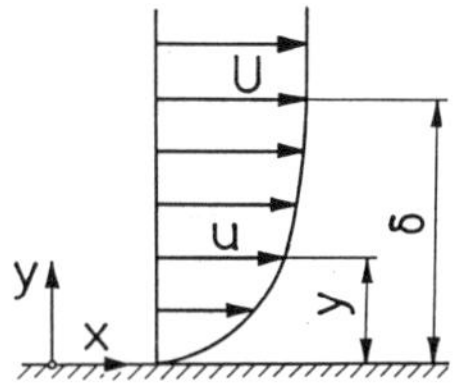

Bild 2.126 A 2

Wie hängt die Schubspannung τ vom Wandabstand y ab ? Gegeben: U, η, δ, y.

Lösung:

Aus (1) $\quad u = U\left(1 - \dfrac{\delta^2 - 2\delta y + y^2}{\delta^2}\right)$. Daraus folgt

$$\frac{du}{dy} = 2\frac{U}{\delta^2}(\delta - y) \quad \text{und in (2) eingesetzt}$$

$$\tau = \eta \frac{du}{dy} (= \tau(y)) = \underline{\frac{2U\eta}{\delta}\left(1 - \frac{y}{\delta}\right)} \quad \text{(Lineare Abhängigkeit)}$$

Aufgabe 3 (Bild 2.127)

Ebene Schichtenströmung. Zu der dargestellten Geschwindigkeitsverteilung in einem Spalt, abhängig vom Druckgefälle $p_1 - p_2$ und der Bewegung der oberen Wand, ist der Verlauf der Schubspannung τ über die Spalthöhe h zu skizzieren.

Lösung: <u>Bild 2.128</u> .

Aufgabe 4

Eine ebene Platte wird auf einem Oelfilm von 0,3 mm Dicke mit der Geschwindigkeit u = 0,4 m/s bewegt. Der Kraftaufwand beträgt 12 N. Die dynamische Zähigkeit des Oeles ist η = 0,15 Pas. Wie gross ist die Fläche A der ölbenetzten Plattenseite ?

Lösung: $A = \underline{6\ dm^2}$.

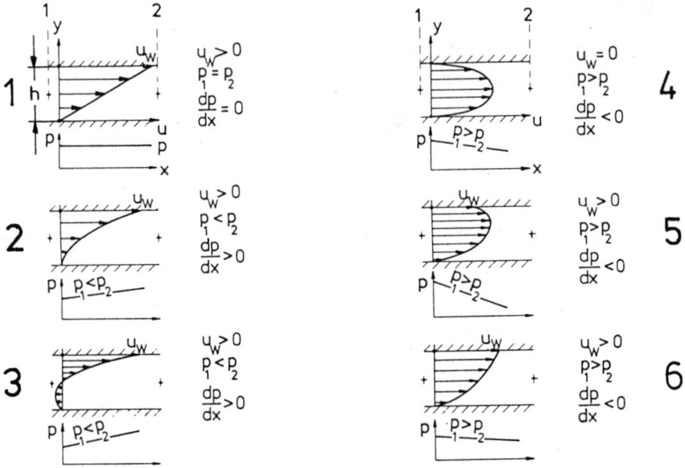

Bild 2.127 A 3

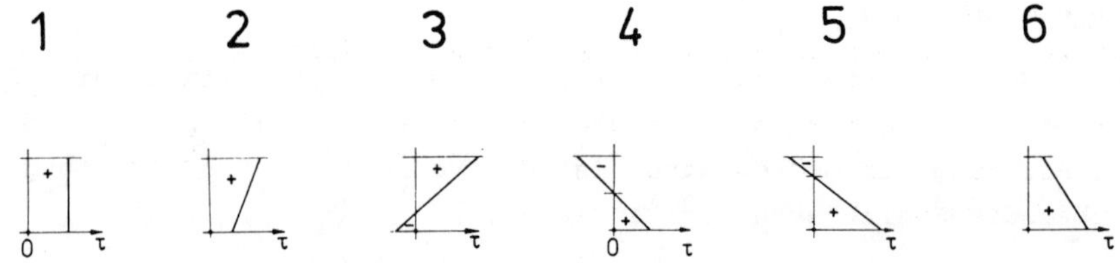

Bild 2.128 A 3

Aufgabe 5

Zwischen einer ebenen Plastikplatte mit der Fläche $A = 0{,}10\ m^2$

und einer ebenen Tischplatte liegt ein Wasserfilm der Dicke h. Die dynamische Zähigkeit des Wassers beträgt $\eta = 0{,}001$ Pas. Wenn die Platte mit der Geschwindigkeit $u = 0{,}2$ m/s parallel zur Tischplatte bewegt wird, ist hierzu die Kraft $F = 0{,}1$ N nötig. Man berechne die Filmdicke h.

Lösung: $h = \underline{0{,}2 \text{ mm}}.$

Aufgabe 6 (Bild 2.129)

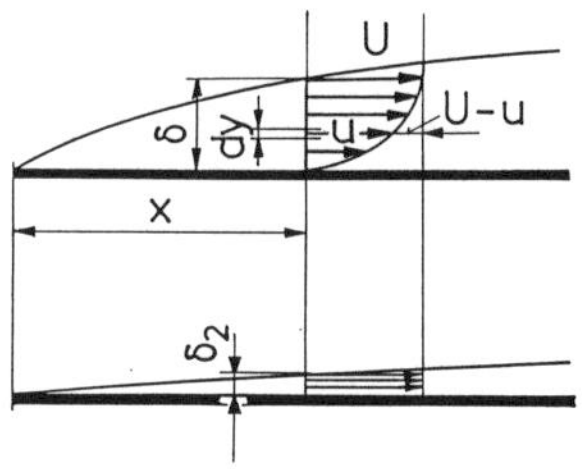

Bild 2.129 A 6

Impulsverlustdicke δ_2. Die in der Grenzschicht der Dicke δ durch innere Reibung abgebremste Strömung hat gegenüber der ungestörten Aussenströmung gleicher Abmessungen und der Geschwindigkeit U einen geringeren Impulsstrom. Die Differenz ist der Impulsstromverlust. Man setzt diesen Verlust gleichwertig mit dem Impulsstrom einer Schicht der Höhe δ_2 und der Strömungsgeschwindigkeit U. δ_2 wird Impulsverlustdicke genannt.
Der Impulsstromverlust beträgt demnach pro Einheit der Breite definitionsgemäss

$$\rho U^2 \delta_2 = \text{Masse } (\rho U \delta_2) \times \text{Geschwindigkeit } (U).$$

Man zeige, dass sich die Impulsverlustdicke durch

$$\delta_2 = \int_0^\delta \left(\frac{u}{U}\right)\left(1 - \frac{u}{U}\right) dy \quad \text{beschreiben lässt}$$

Gegeben: U, u, δ.

Lösung:

In der Schicht dy strömt die Grenzschicht mit der Geschwindigkeit u. Gegenüber der Aussenströmung beträgt die Geschwindigkeitsdifferenz U-u. Der Impulsstromverlust in dieser Zone ist also

$$\rho u (U-u)\, dy \qquad (1)$$

(1) über die Grenzschichtdicke summiert ist gleich dem durch die Impulsverlustdicke δ_2 definierten Impulsstromverlust $\rho U^2 \delta_2$. Folg-

lich

$$\rho U^2 \delta_2 = \rho \int_0^{\delta} u(U-u)\,dy \qquad (2)$$

(2) nach δ_2 aufgelöst ergibt nach einfacher Umformung den gesuchten Zusammenhang

$$\underline{\delta_2 = \int_0^{\delta} \left(\frac{u}{U}\right)\left(1-\frac{u}{U}\right) dy} \quad .$$

Zahlenbeispiel zur Information:
Die Impulsverlustdicke der turbulenten Strömung an der ebenen Platte beträgt etwa $\delta_2 \approx (1/10)\,\delta$.

Aufgabe 7

Eine ebene hydraulisch glatte Platte mit der Breite b = 1 m und der Länge ℓ = 2 m wird durch einen parallelen Luftstrom mit der Geschwindigkeit U = 100 m/s bei 20°C, p = 1 bar und der kinematischen Zähigkeit $\nu = 1{,}51\cdot 10^{-5}\,m^2/s$ angeblasen. Die Grenzschichttheorie liefert für die Impulsverlustdicke δ_{2x} (Lauflänge x) der turbulenten Strömung die Beziehung

$$\delta_{2x} = \frac{0{,}036\ x}{Re_x^{1/5}} \qquad (1)$$

Man berechne a) die an einer Plattenseite angreifende Reibungskraft F_R mit Hilfe der Impulsverlustdicke δ_2 (Annahme: Von der Plattenvorderkante an ist die Grenzschicht turbulent), b) die Reibungskraft F_R durch Verwendung des Reibungsbeiwertes $c_w = c_w(Re, \ell/k)$ der ebenen Platte, wenn im Bereich der vorliegenden Re-Zahl für eine Plattenseite bei hydraulisch glatter Strömung gilt:

$$c_w = \frac{0{,}072}{Re_x^{1/5}} \qquad (2)$$

Man vergleiche die Ergebnisse unter a) und b).

Lösung:

a) Dichte $\rho = p/RT = 1\cdot 10^5/287\cdot 293 = 1{,}19\ kg/m^3$

Reynoldszahl $Re = U\ell/\nu = \dfrac{100\cdot 2}{1{,}51\cdot 10^{-5}} = 1{,}324\cdot 10^7$

Impulsverlustdicke aus (1)

$$\delta_2 = \frac{0{,}036\cdot 2}{(1{,}324\cdot 10^7)^{1/5}} = 0{,}00271\ m = 2{,}71\ mm$$

Reibungswiderstand F_R = Impulsstromverlust

Impulsstromverlust: $\dot{m}_v U = \rho b \delta_2 U^2$

Es wird $F_R = 1{,}19 \cdot 1 \cdot 0{,}00271 \cdot 100^2 = \underline{\underline{32{,}25\ \text{N}}}$

b) Reibungswiderstand aus c_w: $F_R = c_w \frac{\rho}{2} U^2 b \ell$

Aus (2) $c_w = \dfrac{0{,}072}{(1{,}324 \cdot 10^7)^{1/5}} = 0{,}00271$

Damit findet man $F_R = 0{,}00271 \dfrac{1{,}19}{2} 100^2 \cdot 1 \cdot 2 = \underline{\underline{32{,}25\ \text{N}}}$

Vergleich: Vollkommene Uebereinstimmung der Resultate unter a) und b). Sowohl (1) wie (2) stützen sich auf dem Impulsverfahren zur Berechnung der Grenzschicht, daher die Uebereinstimmung.

Aufgabe 8 (Bild 2.130)

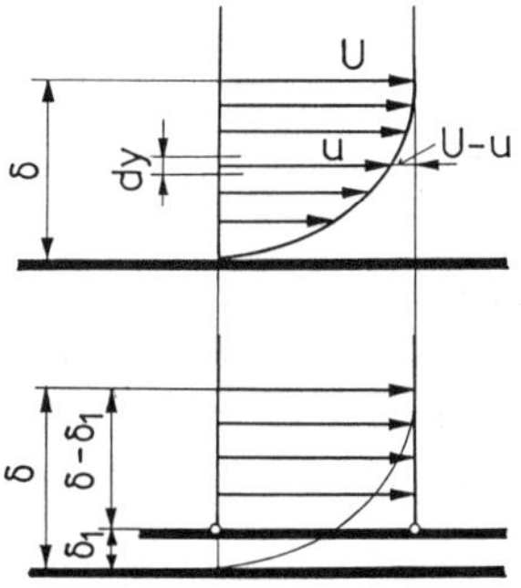

Bild 2.130 A 8

Verdrängungsdicke δ_1. In der Grenzschicht mit der Dicke δ geht die Geschwindigkeit von Null an der Wand allmählich in den Wert U der ungestörten Aussenströmung über. Die in diesem Geschwindigkeitsprofil strömende Fluidmasse ist kleiner als sie bei gleichmässiger Geschwindigkeitsverteilung wäre. Die Grenzschicht übt also gewissermassen eine querschnittsversperrende Wirkung aus. Diesen Versperrungseffekt kann man so auffassen, als ob die Wandkontur um eine bestimmte Höhe in die Strömung hinein verschoben wird. Man nennt diese gedachte Verschiebung Verdrängungsdicke δ_1. Zur Erfüllung der Kontinuität in der verbleibenden Schicht der Dicke $\delta - \delta_1$ nimmt man nun eine gleichmässige Geschwindigkeitsverteilung von der Grösse der Aussengeschwindigkeit U an. Wie gross ist die Verdrängungsdicke δ_1? Gegeben: U, u, δ.

Lösung: In der Schicht dy mit der Geschwindigkeit u strömt im

Vergleich zur Aussenströmung mit der Geschwindigkeit U je Breite Eins ein um

$$\rho(U - u)dy \tag{1}$$

geringerer Massenstrom. Ueber die Höhe δ beträgt der Minderstrom

$$\rho\int_0^\delta (U - u)dy \tag{2}$$

Diesen fehlenden Massenstrom denkt man sich als strömende Schicht der Höhe δ_1 mit der Geschwindigkeit U. Sie führt den Massenstrom

$$\delta_1 U \rho \tag{3}$$

(2) und (3) gleichgesetzt ergibt schliesslich für die Verdrängungsdicke den Ausdruck

$$\delta_1 = \int_0^\delta \left(1 - \frac{u}{U}\right) dy \tag{4}$$

Zahlenwerte: An der ebenen Platte gilt für die
turbulente Strömung $\delta_1 \approx 0{,}125\delta$
laminare Strömung $\delta_1 \approx 0{,}3 \cdots 0{,}4\,\delta$

Aufgabe 9 (Bild 2.131)

Grenzschichtströmung: $\partial p/\partial y \approx 0$.
In der Grenzschichttheorie für die ebene Strömung wird der Druck quer zur Strömungsrichtung in der Grenzschicht an der Stelle x als hinreichend konstant angenommen, somit $\partial p/\partial y \approx 0$ gesetzt. Die Aussenströmung prägt also der Grenzschicht den Druck p(x) auf. Voraussetzung ist, dass die Re-Zahlen gross und die Grenzschichtdicken δ klein sind gegen die Lauflängen ℓ.
Man begründe die Aussage $\partial p/\partial y \approx 0$.

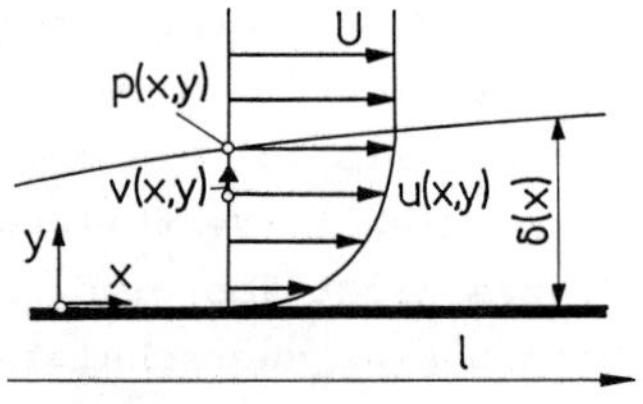

Bild 2.131 A 9

Lösung:

Navier-Stokes-Gleichungen für die stationäre ebene Strömung:

In x-Richtung: $$\rho\frac{du}{dt} = -\frac{\partial p}{\partial x} + \eta\left(\frac{\partial^2 u}{\partial x^2} + \frac{\partial^2 u}{\partial y^2}\right) \tag{1}$$

$$\rho \frac{dv}{dt} = - \frac{\partial p}{\partial y} + \eta\left(\frac{\partial^2 v}{\partial x^2} + \frac{\partial^2 v}{\partial y^2}\right) \qquad (2)$$

Mit der begründeten Vereinfachung für die Normalgeschwindigkeit v senkrecht zur Wand gilt

$$v << u$$

Unter dieser Voraussetzung werden die Ableitungen von v in (2) verschwindend klein und es folgt

$$\frac{\partial p}{\partial y} \approx 0$$

Aufgabe 10 (Bild 2.132)

Für laminar durchströmte Kreisrohre gilt die Widerstandszahl $\lambda = 64/Re$. Man beweise diesen Sachverhalt.
Gegeben: $\overline{u} = \dot{V}/A$, d, $U = 2\overline{u}$, parabolische Geschwindigkeitsverteilung mit maximaler Geschwindigkeit U in Rohrmitte, η, ρ.

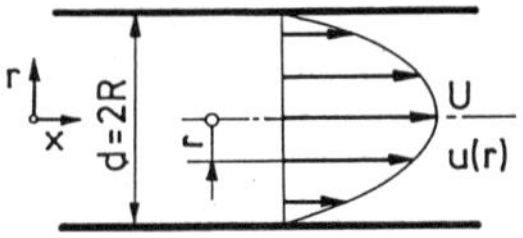

Bild 2.132 A 10

Lösung:

Navier-Stokes-Gleichung für die vorliegende stationäre inkompressible Strömung, wenn x die axiale Richtung bedeutet:

$$\frac{dp}{dx} = \eta \frac{d^2u}{dr^2} + \frac{1}{r}\frac{du}{dr} = K = \text{konstant} \qquad (1)$$

(1) beschreibt den gleichmässigen Druckabfall in Strömungsrichtung.

In (1) ist $\quad \frac{d^2u}{dr^2} + \frac{1}{r}\frac{du}{dr} = \frac{1}{r}\frac{d}{dr}(r\frac{du}{dr}) \qquad (2)$

(2) mit (1) verbunden

$$\frac{d}{dr}(r\frac{du}{dr}) = \frac{K}{\eta} r \qquad (3)$$

(3) integriert $\quad r\frac{du}{dr} = \frac{K}{2\eta} r^2 + C_1 \qquad (4)$

Daraus $\quad \frac{du}{dr} = \frac{Kr}{2\eta} + C_1\frac{1}{r} \qquad (5)$

(5) integriert $\quad u(r) = \frac{K}{4\eta} r^2 + C_1 \ln r + C_2 \qquad (6)$

Bestimmung der Integrationskonstanten und der Konstanten K:
In Rohrmitte bei r = 0 bleibt u(r) = U endlich, daher folgt aus $C_1 \ln r$: $\underline{C_1 = 0}$

somit $$u(r) = \frac{K}{4\eta} r^2 + C_2$$

und wegen r = 0 $$u(0) = \underline{U = C_2}$$

An der Rohrwand in R ist u(R) = 0

aus (6) folgt $$u(R) = 0 = \frac{K}{4\eta} R^2 + U \tag{7}$$

damit $$\underline{K = -\frac{4\eta U}{R^2}} \tag{8}$$

(8) in Verbindung mit (1) und dem definierten Druckabfall der Rohrströmung
$$dp = \lambda \frac{dx}{d} \frac{\rho}{2} \bar{u}^2 \tag{9}$$

führt auf
$$\frac{dp}{dx} = K = -\frac{16\eta U}{d^2} = -\lambda \frac{1}{d} \frac{\rho}{2} \bar{u}^2 \tag{10}$$

Für $\bar{u}$ lässt sich setzen $$\bar{u} = \frac{1}{\pi R^2} \int_0^R u(r)\, 2\pi r\, dr = \frac{U}{2} \tag{11}$$

(11) in (10) ergibt schliesslich $$\underline{\lambda = \frac{64}{Re}} \tag{12}$$

Bemerkung: Ein einfacherer Zugang zu (12) ergibt sich mit Beizug des Gesetzes von Hagen-Poiseuille in die allgemeine Druckverlustformel $\Delta p_v = \lambda (\ell/d)(\rho/2)\bar{u}^2$.

Aufgabe 11 (Bild 2.133)

Zwischen zwei ruhenden Platten im Abstand h und der Breite $b \gg h$ strömt eine Flüssigkeit mit der dynamischen Zähigkeit η infolge des Druckgefälles $p_1 - p_2$ stationär. Seitliches Abfliessen des Fluides wird vernachlässigt. Man bestimme
a) die Geschwindigkeitsverteilung u(y),
b) den Volumenstrom $\dot{V}$, c) die mittlere Geschwindigkeit $\bar{u} = \dot{V}/bh$.
Gegeben: b, h, dp/dx, η.

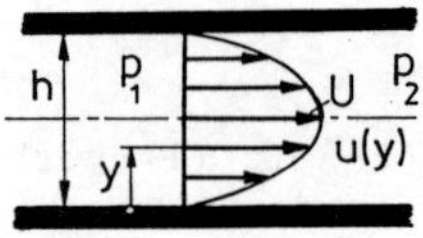

Bild 2.133 A 11

Lösung:

a) Navier-Stokes-Gleichung in x-Richtung für die stationäre inkompressible Strömung:

$$\rho \frac{du}{dt} = 0 = - \frac{\partial p}{\partial x} + \eta\left(\frac{\partial^2 u}{\partial x^2} + \frac{\partial^2 u}{\partial y^2}\right) \tag{1}$$

Zufolge der konstanten Fliessgeschwindigkeit in x-Richtung ist

$$\frac{\partial^2 u}{\partial x^2} = 0$$

somit

$$\frac{dp}{dx} = \eta \frac{d^2 u}{dy^2} \tag{2}$$

Zweimaliges Integrieren von (2) führt auf

$$u(y) = \frac{dp}{dx}\frac{y^2}{2\eta} + C_1 y + C_2 \tag{3}$$

Die Integrationskonstanten sind:
In y = 0 an der unteren Platte ist u = 0. Damit in (3): $\underline{C_2 = 0}$
In y = h an der oberen Platte ist ebenso u = 0. Damit in (3):

$$\underline{C_1 = - \frac{dp}{dx}\frac{h}{2\eta}}$$

Daraus folgt für (3)

$$\underline{\underline{u(y) = - \frac{dp}{dx}\frac{y}{2\eta}(h-y)}} \tag{4}$$

b)

$$\dot{V} = \int_0^h d\dot{V} = b \int_0^h u \, dy \tag{5}$$

Mit (4) in (5) und dem bei parallelen Platten konstanten Druckgradienten

$$\frac{dp}{dx} = \frac{p_2 - p_1}{\ell}$$ erhält man

$$\underline{\underline{\dot{V} = - \frac{dp}{dx}\frac{bh^3}{12\eta}}} \tag{6}$$

Also wird

c)

$$\underline{\underline{\overline{u} = \frac{\dot{V}}{b\,h} = - \frac{dp}{dx}\frac{h^2}{12\eta}}} \quad . \tag{7}$$

Aufgabe 12 (Bild 2.134)

Ein Flüssigkeitsfilm der Dicke h und der Breite b strömt laminar und stationär entlang einer schiefen Ebene unter der Wirkung der Schwerkraft. Die Flüssigkeit hat die Dichte ρ und die Zähigkeit η. Zu ermitteln sind a) das Geschwindigkeitsprofil u(y), b) die maximale Geschwindigkeit u_{max} in y = h, c) der sekundlich abfliessende Volumenstrom $\dot{V}$. Gegeben: b, h, α, η (Zähigkeit), ρ.

a) Navier-Stokes-Gleichung in x-Richtung

$$\rho\underbrace{\left[\frac{\partial u}{\partial t} + u\frac{\partial u}{\partial x} + v\frac{\partial u}{\partial y} + w\frac{\partial u}{\partial z}\right]}_{a_x = 0 = du/dt} = -\frac{\partial p}{\partial x} + \eta\left[\frac{\partial^2 u}{\partial x^2} + \frac{\partial^2 u}{\partial y^2} + \frac{\partial^2 u}{\partial z^2}\right] + \rho f_x \quad (1)$$

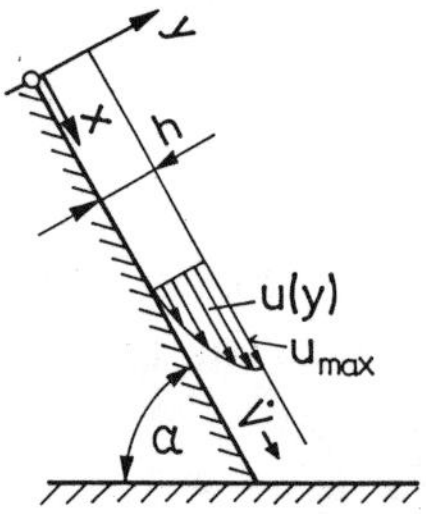

Bild 2.134 A 12

Linke Seite von (1): Der Ausdruck in eckiger Klammer ist die Beschleunigungskomponente a_x. In der Abwärtsbewegung mit konstanter Geschwindigkeit beträgt $a_x = 0$.

Rechte Seite von (1):

Keine Druckänderung in x-Richtung: $\frac{\partial p}{\partial x} = 0$

Konstante Fliessgeschwindigkeit: $\frac{\partial^2 u}{\partial x^2} = 0$

Fehlende z-Komponente der Geschwindigkeit: $\frac{\partial^2 u}{\partial z^2} = 0$

Volumenkraft in x-Richtung: $\rho f_x = \rho g \sin\alpha$

Hiermit vereinfacht sich (1) auf

$$\eta\frac{\partial^2 u}{\partial y^2} = -\rho g \sin\alpha \quad (2)$$

Zweimaliges Integrieren von (2) ergibt die allgemeine Gleichung für die Geschwindigkeitsverteilung u(y) innerhalb der laminaren Flüssigkeitsschicht. Man erhält

$$u(y) = -\frac{\rho g \sin\alpha}{2\eta} y^2 + C_1 y + C_2 \quad (3)$$

C_1 und C_2 folgen aus den Randbedingungen. Diese sind:

Bei y = 0 an der Platte ist u = 0 (4)

Daraus folgt $\underline{C_2 = 0}$ (5)

Die Schubspannung im Newtonschen Fluid beträgt

$$\tau = \eta(du/dy) \quad (6)$$

An der Spiegelfläche des Flüssigkeitsfilmes in y = h verschwindet τ, somit

$$\tau_{y=h} = \eta\left.\frac{du}{dy}\right|_{y=h} = 0 \quad (7)$$

Demnach erhält man mit (7) in (3)

$$\left.\frac{du}{dy}\right|_{y=h} = -\frac{\rho g \sin\alpha}{\eta} y + C_1\Big|_{y=h} = 0 \qquad (8)$$

Somit $$C_1 = \frac{\rho g \sin\alpha}{\eta} h \qquad (9)$$

(5) und (9) in (3) führt auf

$$u(y) = -\frac{\rho g \sin\alpha}{2\,\eta} y^2 + \frac{\rho g \sin\alpha}{\eta} hy$$ und daraus

$$u(y) = \frac{\rho g \sin\alpha}{2\,\eta} h^2 \left(2\frac{y}{h} - \frac{y^2}{h^2}\right) \qquad (10)$$

b) (10) an der Stelle y = h ergibt

$$u(y) = u_{max} = \frac{\rho g \sin\alpha\; h^2}{2\,\eta} \qquad (11)$$

c) Volumenstrom

$$\dot{V} = \int_{y=0}^{h} u(y)\,dy\,b \qquad (12)$$

Mit (10) in (12) erhält man nach Integration von (12)

$$\underline{\underline{\dot{V} = \frac{\rho g\; b\; h^3 \sin\alpha}{3\,\eta}}}$$ oder mit Beizug von (11) (13)

$$\underline{\underline{\dot{V} = \frac{2}{3}\, b\, h\, u_{max}}}$$

Zahlenbeispiel:

b = 25 cm, h = 3 mm, $\alpha = 40^\circ$, $\eta = 0{,}308$ Pas (Zahnradgetriebeöl),
$\rho = 880\ kg/m^3$.

Aus (11) die maximale Strömungsgeschwindigkeit

$$u_{max} = \frac{880\cdot 9{,}81\cdot \sin 40^\circ\cdot 0{,}003^2}{2\cdot 0{,}308} = \underline{\underline{8{,}1\ cm/s}}$$

Aus (13) den Volumenstrom

$$\dot{V} = \frac{880\cdot 9{,}81\cdot 0{,}25\cdot 0{,}003^3\cdot \sin 40^\circ}{3\cdot 0{,}308} = \underline{\underline{154\ cm^3/s}}$$

Aufgabe 13 (Bild 2.135)

Verdrängung einer Flüssigkeitsschicht unter rechteckiger Platte.
Zwischen einer rechteckigen Platte von der Länge ℓ und der Breite $b \gg \ell$ und einer Grundplatte liegt eine Flüssigkeitsschicht der Dicke y und der Zähigkeit η. Die Platte bewegt sich unter der Wir-

kung der konstanten Kraft F mit der Geschwindigkeit c gegen die Grundplatte. Dabei wird die Flüssigkeit symmetrisch in x-Richtung nach aussen verdrängt (Seiteneffekte in Richtung b vernachlässigt). a) Man bestimme den Druckverlauf p(x) im Spaltraum und den Grösstwert p_{max}, b) Wie gross ist die erforderliche Kraft F beim Plattenabstand y ?, c) Wie gross ist die Absenkzeit t zwischen zwei Höhenlagen y_1 und y_2 ? Gegeben: c, ℓ, b, η, y_1, y_2.

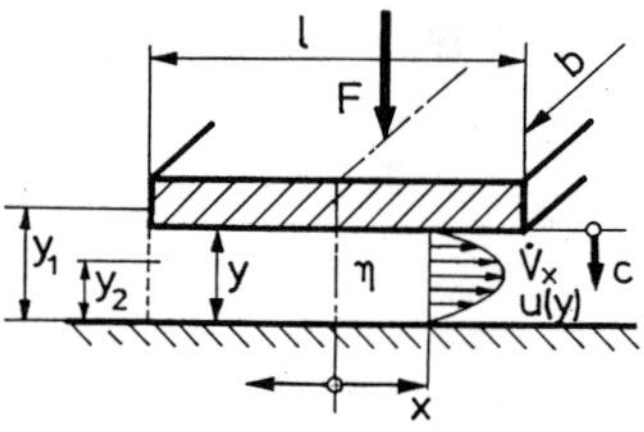

Bild 2.135 A 13

Lösung:

Kontinuitätsgleichung: Für die Spaltströmung an einer festen Stelle im Abstand x von der chenmitte gilt

$$\dot{V}_x = cbx \tag{1}$$

c ist die momentane Absinkgeschwindigkeit.

Navier-Stokes-Gleichung (stationär, inkompressibel):

$$\rho \frac{du}{dt} = 0 = -\frac{\partial p}{\partial x} + \eta \left(\frac{\partial^2 u}{\partial x^2} + \frac{\partial^2 u}{\partial y^2} \right) \tag{2}$$

Unter Vernachlässigung der Trägheitskräfte in x-Richtung darf man schreiben

$$0 = -\frac{\partial p}{\partial x} + \eta \frac{\partial^2 u}{\partial y^2} \tag{3}$$

(3) zweimal integriert liefert

$$u(y) = \frac{dp}{dx} \frac{y^2}{2\eta} + C_1 y + C_2 \tag{4}$$

Bei y = 0 wird u = 0 $\Longrightarrow$ $C_2 = 0$. Im Abstand y wird ebenso u = 0.

Somit $$0 = \frac{dp}{dx} \frac{y^2}{2\eta} + C_1 y + 0$$

Daraus $C_1 = -\frac{dp}{dx} \frac{y}{2\eta}$. Mit den Konstanten C_1 und C_2 in (4) ergibt sich

die Geschwindigkeitverteilung $u(y) = -\frac{dp}{dx} \frac{y}{2\eta}(1-y)$ (5)

Das momentane Abflussvolumen an einer festen Stelle x und der

Plattendistanz y beträgt somit

$$\dot{V}_x = \int_0^y d\dot{V} = b \int_0^y u \; dy \qquad (6)$$

Mit (5) in (6) erhält man

$$\dot{V}_x = - \frac{dp}{dx} \frac{b\; y^3}{12\eta} \qquad (7)$$

Darin ist dp/dx der Druckgradient an der Stelle x. Die Verbindung von (1) mit (7) lässt auf dp/dx schliessen. Man findet für eine beliebige Plattendistanz y im Abstand x von der Plattenmitte

$$\frac{dp}{dx} = - \frac{12\; \eta\; c\; x}{y^3} \qquad (8)$$

Durch Integration von (8) erhalten wir

$$p(x) = - \frac{6\; \eta\, c\; x^2}{y^3} + C_3 \qquad (9)$$

Bei x = ℓ/2 ist p = 0 (Ueberdruckfreier Abstrom) und damit lautet

$$C_3 = \frac{6\; \eta\; c}{y^3} \left(\frac{\ell}{2}\right)^2 \qquad (10)$$

(10) in (9) ergibt schliesslich den parabolischen Druckverlauf in der Spaltströmung

$$\underline{p(x) = \frac{6\; \eta\; c}{y^3} \left[\left(\frac{\ell}{2}\right)^2 - x^2 \right]} \qquad (11)$$

mit dem Grösstwert in Plattenmitte

$$\underline{p_{max} = \frac{3\; \eta\; c}{2} \; \frac{\ell^2}{y^3}} \qquad (12)$$

b) Aus der bekannten parabolischen Druckverteilung (11) ergibt sich der mittlere Druck

$$p_m = \frac{2}{3}\, p_{max} \qquad (12a)$$

gemäss dem bekannten geometrischen Zusammenhang, wonach der Inhalt einer Parabelfläche gleich 2/3 Grundlinie mal Höhe ist. Damit folgt aus (12)

$$p_m = \frac{\ell^2 c}{y^3}\, \eta \qquad (13)$$

und für die Belastungskraft erhält man

$$\underline{F = p_m \ell\; b = \eta\, b c \left(\frac{\ell}{y}\right)^3} \qquad (14)$$

c) Absenkzeit: In der Zeit dt bei der Sinkgeschwindigkeit c legt die bewegte Platte den Weg -dy zurück und es gilt

$$dt = -\frac{dy}{c} \tag{15}$$

Die Absenkzeit zur Verminderung der Flüssigkeitsschicht von der Dicke y_1 auf y_2 beträgt

$$t = -\int_{y_1}^{y_2} \frac{dy}{c} \tag{16}$$

(16) integriert mit Beachtung von c aus (13) liefert

$$t = \frac{\eta \ell^2}{2p_m}\left(\frac{1}{y_2^2} - \frac{1}{y_1^2}\right) \tag{17}$$

Bemerkung zu (17):

Bei vollständig verdrängter Flüssigkeit wäre $y_2 = 0$. Dann würde die hierzu benötigte Zeit $t = \infty$ über alle Grenzen wachsen. Diese hartnäckige Eigenschaft einer dünnen Flüssigkeitsschicht, einer völligen Verdrängung zu widerstehen, hat im Maschinenbau grosse praktische Bedeutung. Sie ist als "Polsterwirkung" bekannt. Diese dämpfende Polsterwirkung kommt beispielsweise ausgeprägt in konstruktiv richtig gestalteten Gleitlagern vor, ferner in Kettengetrieben, an Ventilsitzen von Flüssigkeitspumpen, um nur wenige Beispiele zu nennen.

Zahlenbeispiel:

Belastung F = 20000 N (konstant), Platte ℓ = 10 cm, b = 12 cm, y_1 = 0,40 mm, y_2 = 0,05 mm, verdrängte Flüssigkeit Oel mit η = 0,25 Pas (Zum Beispiel Schmieröl CLP bei 40°C).

Aus (14) die Geschwindigkeiten

$$c_1 = \frac{F}{\eta b \left(\frac{\ell}{y_1}\right)^3} = \frac{20000}{0{,}25 \cdot 0{,}12 \cdot (100/0{,}40)^3} = 0{,}0426 \text{ m/s} = 42{,}6 \text{ mm/s}$$

$$c_2 = \frac{F}{\eta b \left(\frac{\ell}{y_2}\right)^3} = \frac{20000}{0{,}25 \cdot 0{,}12 \cdot (100/0{,}05)^3} = 0{,}0000833 \text{ m/s} = 0{,}0833 \text{ mm/s}$$

Aus (13) $p_m = \eta \frac{c\ell^2}{y^3} = 0{,}25 \frac{0{,}04266 \cdot 0{,}1^2}{0{,}0004^3} = 66{,}66$ bar

Aus (12a) $p_{max} = (3/2) p_m = 99{,}998$ bar

Aus (17) $t_{12} = \frac{\eta \ell^2}{2p_m}\left(\frac{1}{y_2^2} - \frac{1}{y_1^2}\right) = \frac{0{,}25 \cdot 0{,}1^2}{2 \cdot 66{,}66 \cdot 10^5}\left[\frac{1}{0{,}00005^2} - \frac{1}{0{,}0004^2}\right] = 0{,}0738$ s

Aufgabe 14 (Bild 2.136)

Verdrängung einer Flüssigkeitsschicht unter kreisförmiger Platte. Eine kreisförmige Platte vom Radius R nähert sich unter Wirkung der Last F einer festen Grundfläche und verdrängt den dazwischen liegenden Flüssigkeitsfilm mit bekannter Zähigkeit η nach aussen.

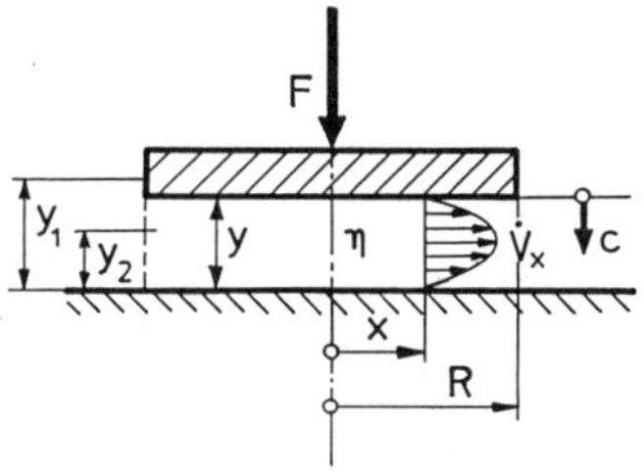

Bild 2.136 A 14

a) Man bestimme den Druckverlauf p(x), b) Welchen Wert hat der grösste Druck p_{max} und der über die Kreisfläche gleichmässig verteilt angenommene mittlere Druck p_m ?, c) Wie lautet die Gleichung für die Absenkgeschwindigkeit c unter Einwirkung der Kraft F und p_m ?, d) Welche Absenkzeit t ergibt sich zwischen den Höhenlagen y_1 und y_2 ? Gegeben: R, η, c, y_1, y_2.

Lösung:

Die gesuchten Gesetzmässigkeiten lassen sich in angepasster Uebereinstimmung mit den in der vorangehenden Aufgabe 13 dargelegten Ueberlegungen finden.

Hinweise und Ergebnisse:

Aus der Kontinuitätsgleichung am Radius x und dem Druckgradienten dp/dx gewinnt man durch Integration

a) den Druckverlauf $$p(x) = \frac{3\,\eta\, c}{y^3}(R^2 - x^2)$$

b) Grösster Druck bei x = 0: $$p_{max} = \frac{3\,\eta\, c\, R^2}{y^3}$$

Druckverteilung über der Kreisfläche stellt Rotationsparaboloid dar. Damit wird der Mitteldruck $$p_m = \frac{1}{2} p_{max}$$

Ebenso gilt $$p_m = \frac{F}{\pi R^2} = \frac{3\,\eta\, c\, R^2}{2\, y^3}$$

c) Sinkgeschwindigkeit $$c = \frac{2}{3}\,\frac{p_m y^3}{\eta\, R^2}$$

d) Absenkzeit $$t = \frac{3\,\eta R^2}{4 p_m}\left(\frac{1}{y_2^2} - \frac{1}{y_1^2}\right)$$

Zahlenbeispiel:

Belastung F = 20000 N, Plattenradius R = 5 cm, verdrängte Flüssigkeit Oel mit η = 0,25 Pas, Plattenabstand y_1 = 0,10 mm und y_2 = 0,05 mm.

Ergebnisse: p_m = 25,46 bar, p_{max} = 50,93 bar, c_1 = 2,72 mm/s, c_2 = 0,34 mm/s, t_{12} = 0,055 s.

Aufgabe 15 (Bild 2.137)

Keilförmiger Spalt mit tragfähigem Schmierfilm. Unter der mit dem Winkel α gegenüber der unteren Fläche geneigten Platte der Länge ℓ und der Breite b bewegt sich eine ebene Fläche mit der Geschwindigkeit u_w. Sie zieht eine drucklos zugeführte Flüssigkeit mit der dynamischen Zähigkeit η in den sich in Bewegungsrichtung verengenden Spalt. Die eingezogene Flüssigkeit baut im Keilspalt ein Druckfeld auf, welches eine der Belastung entsprechende Trennkraft erzeugt. Der seitliche Abfluss der Flüssigkeit wird vernachlässigt. Man berechne a) Geschwindigkeitsverteilung u(y). Die geringe Aenderung des Druckgradienten dp/dy bleibt unberücksichtigt, b) Volumenstrom $\dot{V}$ im Keilspalt, c) Druckverlauf p(x), Lage des Druckmaximums x_p und Maximaldruck p_{max}, d) Tragkraft F. Gegeben: u_w, ℓ, b, h_1, h_2, α, η.

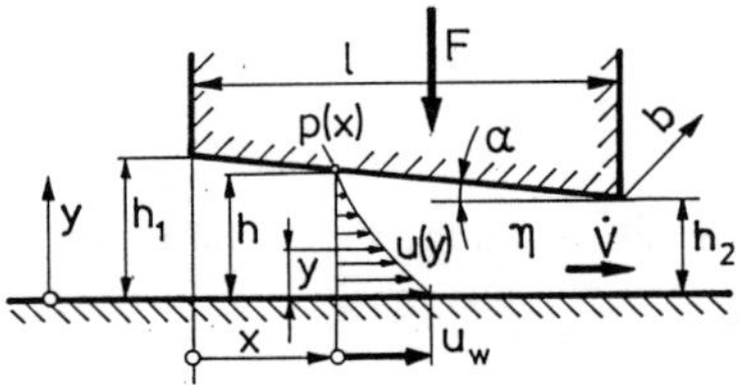

Bild 2.137 A 15

Lösung:

a) Geschwindigkeitsverteilung

Navier-Stokes-Gleichung. Für die eindimensionale inkompressible stationäre Strömung (Vernachlässigung des seitlichen Abflusses und der Bernoullisch bedingten Druckänderung infolge u-Aenderung im verengten Spalt) kann man schreiben

$$\rho \frac{du}{dt} = 0 = -\frac{\partial p}{\partial x} + \eta \frac{\partial^2 u}{\partial y^2} \qquad (1)$$

(1) zweimal integriert. Man erhält

$$u(y) = \frac{dp}{dx}\frac{y^2}{2\eta} + C_1 y + C_2 \tag{2}$$

Die Integrationskonstanten folgen aus den Randbedingungen:

In $y = 0$ wird $u = u_w \Longrightarrow C_2 = u_w$

Ferner $u = 0$ in $y=h$, somit aus (2):

$$0 = \frac{dp}{dx}\frac{1}{2\eta}h^2 + C_1 h + u_w \tag{3}$$

und daraus

$$C_1 = -\frac{dp}{dx}\frac{h}{2\eta} - \frac{u_w}{h}$$

C_1 und C_2 in (2) eingesetzt beschreibt die gesuchte Geschwindigkeitsverteilung. Sie lautet:

$$\underline{\underline{u(y) = -\frac{dp}{dx}\frac{y}{2\eta}(h-y) + u_w\left(1 - \frac{y}{h}\right)}} \tag{4}$$

b) Volumenstrom $\dot{V}$

$$\dot{V} = b\int_0^h u\,dy \tag{5}$$

mit (4) und (5) und integriert

$$\underline{\underline{\dot{V} = \frac{bh}{2}u - \frac{dp}{dx}\frac{bh^3}{12\eta}}} \tag{6}$$

Für den ortsabhängigen Druckgradienten dp/dx findet man aus (6):

$$\frac{dp}{dx} = 12\left[\frac{\eta u_w}{2h^2} - \frac{\eta\dot{V}}{b h^3}\right] \tag{7}$$

Die örtliche Spalthöhe h lässt sich darstellen durch

$$h = h_1 - x\frac{h_1 - h_2}{\ell} = h_1 - x\tan\alpha \tag{8}$$

(8) in (7) liefert

$$\frac{dp}{dx} = \frac{6\eta}{(h_1 - x\tan\alpha)^2}\left[u_w - \frac{2\dot{V}}{b(h_1 - x\tan\alpha)}\right] \tag{9}$$

(9) integriert ergibt zunächst den Druckverlauf p(x) in der Form

$$p(x) = \frac{6\eta}{(h_1 - x\tan\alpha)\tan\alpha}\left[u_w - \frac{\dot{V}}{b(h_1 - x\tan\alpha)}\right] + C \tag{10}$$

Mit Hilfe der Randbedingungen lässt sich der durch (6) ausgedrückten Volumenstrom $\dot{V}$ und die Integrationskonstante C in (10) bestimmen. Bei $x = 0$ gilt $p = 0$, bei $x = \ell$ wird $p = 0$ (11)

$$\left.\begin{array}{l}\text{Bei } x = 0 \quad \text{gilt} \quad p = 0\\ \text{bei } x = \ell \quad \text{wird} \quad p = 0\end{array}\right\} \tag{11}$$

Weil in allen Querschnitten der Spaltströmung aus Kontinuitätsgründen dasselbe $\dot{V}$ strömt, lässt sich für den Spaltein- und Austritt (Höhe h_1 bzw. h_2) auf Grund von (10) mit (11) setzen:

$$0 = \frac{6\,\eta}{h_1 \tan\alpha}\left(u_w - \frac{\dot{V}}{b\,h_1}\right) + C \tag{12}$$

$$0 = \frac{6\,\eta}{h_2 \tan\alpha}\left(u_w - \frac{\dot{V}}{b\,h_2}\right) + C \tag{13}$$

(12) und (13) gleichgesetzt ermöglicht den gefragten Volumenstrom $\dot{V}$ auszudrücken durch

$$\underline{\dot{V} = b\,u_w \frac{h_1 h_2}{h_1 + h_2}} \tag{14}$$

c) <u>Druckverlauf p(x)</u>

Für die Integrationskonstante C in (10) folgt mit (14) in (12)

$$C = -\frac{6\,\eta\,u_w}{(h_1 + h_2)\tan\alpha} \tag{15}$$

(14) und (15) in (10) führt nun auf den gesuchten Druckverlauf:

$$\underline{p(x) = \frac{6\eta u_w}{h_1 + h_2}\,\frac{h_1 - h_2 - x\tan\alpha}{(h_1 - x\tan\alpha)^2}} \tag{16}$$

<u>Lage des Druckmaximums</u> in x_p und <u>maximaler Druck</u> p_{max}:

Setzt man in (9) $dp/dx = 0$, so folgt mit Verwendung von (14) das Druckmaximum in

$$\underline{x_p = \ell\,\frac{h_1}{h_1 + h_2}} \tag{17}$$

mit der Spalthöhe

$$h_p = 2\,\frac{h_1 h_2}{h_1 + h_2} \tag{18}$$

Mit (17) in (16) lautet das Druckmaximum

$$\underline{p_{max} = \frac{3}{2}\,\frac{\ell\,\eta\,u_w}{h_1 h_2}\,\frac{h_1 - h_2}{h_1 + h_2}} \tag{19}$$

d) Die <u>Tragfähigkeit F</u> ist gegeben durch

$F = b\int_0^{\ell} p(x)\,dx$. Die Integration ergibt mit Verwendung von (16):

$$\underline{F = 6b\,\eta\,u_w\left[\frac{\ell}{h_1 - h_2}\right]^2\left[\ln\frac{h_1}{h_2} - 2\,\frac{h_1 - h_2}{h_1 + h_2}\right]} \tag{20}$$

Zahlenbeispiel:

Abmessungen am Keilspalt: $h_1 = 0{,}125$ mm

$h_2 = 0{,}025$ mm

$\ell = 120$ mm

$b = 120$ mm

$\tan\alpha = 1/1200$

Schmieröl: Maschinenöl mit $\eta = 0{,}075$ Pas. Geschwindigkeit der Lauffläche $u_w = 0{,}6$ m/s.

Ergebnisse:

Aus (14) $\dot{V} = 1{,}5\ cm^3/s$

(16) p_x (Bild 2.138)

(19) $p_{max} = 17{,}28$ bar

(17) $x_p = 100$ mm

(20) $F = 12{,}88$ kN .

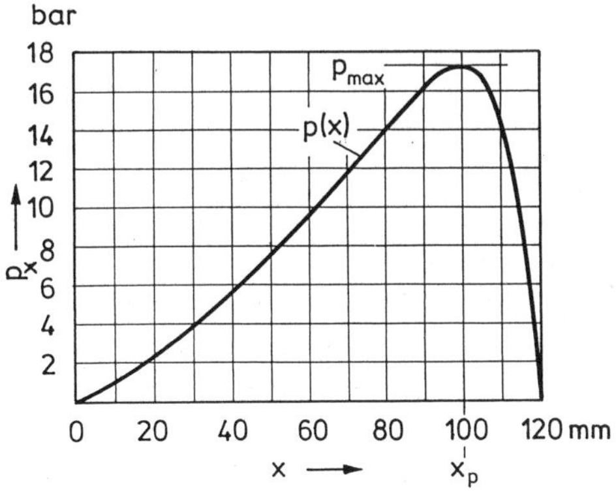

Bild 2.138 A 15

3 Gasdynamik

3.1 Isentrope Stömung

Aufgabe 1

In einer aus der ruhenden Atmosphäre vom Druck $p_0 = 1{,}0$ bar und $T_0 = 300$K reibungsfrei beschleunigten Luftmasse ändert der Druck um 3% des Anfangswertes. $\kappa = 1{,}4$, $R = 287$ J/kgK. a) Wie gross ist die erreichte Geschwindigkeit c, wenn die Strömung als inkompressibel angesehen wird ?, b) Welche statische Temperatur T hat die beschleunigte Luft ?, c) Wie gross ist die Machzahl M der Strömung ?

Lösung: a) $c = \underline{71{,}8\text{ m/s}}$, b) $T = \underline{297{,}4\text{ K}}$, c) $M = \underline{0{,}20}$.

Aufgabe 2

Kompressibilitätsbedingung. Strömungsvorgänge in Gasen und Dämpfen sind mit Dichteänderungen $\Delta\rho$ verbunden. Man kann eine Strömung noch hinreichend genau als volumenbeständig (inkompressibel) betrachten, wenn die durch Geschwindigkeitsänderung von c_1 auf $c_2 > c_1$ bewirkte Dichteänderung den Wert $\Delta\rho/\rho_1 \leq 0{,}02$ erreicht, worin ρ_1 die Dichte bei vernachlässigbar kleiner Geschwindigkeit c_1 ist. a) Man bestimme den Zusammenhang zwischen der Strömungsgeschwindigkeit $c_2 = c_1$ und den Grössen $\Delta\rho/\rho_1$, R und T_1, b) Wie gross ist c für Luft, wenn $R = 287$ J/kgK, $T_1 = 300$ K und $\Delta\rho/\rho_1 = 0{,}02$ betragen ?, c) Wie hängt die Machzahl M von $\Delta\rho/\rho_1$ und κ ab ?, d) Man skizziere den Verlauf der Strömungsgeschwindigkeit $c = c_2$ in Funktion von T_1 im Bereiche von 250 bis 600K mit $\Delta\rho/\rho_1 = 0{,}01$, 0,015, 0,02, 0,025, 0,03, 0,04, 0,05 und 0,06 als Parameter.

Lösung:

a) Bernoulli-Gleichung für die eindimensionale stationäre kompressible Strömung von 1 ($c_1 = 0$) bis 2 ($c = c_2$):

$$\frac{c_2^2}{2} + \int_1^2 \frac{dp}{\rho} = 0 \qquad (1)$$

Dem Betrag des Integrals entspricht die isentrope Enthalpieänderung Δh_s. Damit erhält man aus (1)

$$c_2 = \sqrt{2\Delta h_s} \qquad (2)$$

Für die Druckänderung gilt $\Delta p = p_1 - p_2$ (3)

Weil $\Delta p \ll p_1$, darf man schreiben

$$\Delta h_s \approx \frac{\Delta p}{\rho_1} \qquad (4)$$

und für $\rho = \rho(p)$ isotherme Zustandsänderung annehmen, sodass gilt:

$$\frac{p_2}{p_1} = \frac{\rho_2}{\rho_1} = \frac{\rho_1 - \Delta\rho}{\rho_1} = 1 - \frac{\Delta\rho}{\rho_1} \qquad (5)$$

Mit (5) in (3) wird

$$\Delta p = p_1 \frac{\Delta\rho}{\rho_1} \qquad (6)$$

(6), (4) und die Gasgleichung $p_1/\rho_1 = RT_1$ in (2) ergeben den gesuchten Zusammenhang:

$$c_2 = \sqrt{2RT_1 \frac{\Delta\rho}{\rho_1}} \qquad (7)$$

b) Mit den gegebenen Werten findet man aus (7)

$$c_2 = \sqrt{2 \cdot 287 \cdot 300 \cdot 0{,}02} = \underline{58{,}7\ \text{m/s}}$$

c) Die aus (7) gebildete Machzahl beträgt

$$M = \frac{c_2}{\sqrt{\kappa R T_1}} = \sqrt{\frac{2}{\kappa}\,\frac{\Delta\rho}{\rho_1}} \qquad (8)$$

d) $c = c_2 = f(T_1, \Delta\rho/\rho_1)$, Bild 3.1 :

Gl. (7) ausgewertet für Luft. Beschleunigung aus dem Ruhezustand $c_1 = 0$ auf die Strömungsgeschwindigkeit c und Dichteänderung $\Delta\rho/\rho_1$.

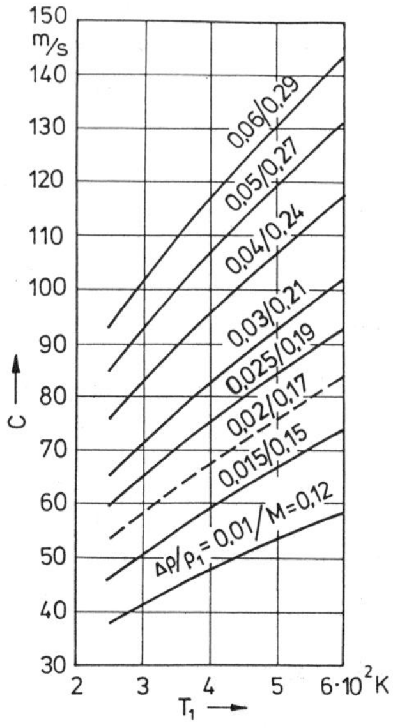

Bild 3.1 A 2

Aufgabe 3 (Bild 3.2)

Von der reibungsfreien Strömung um einen Körper sind die Machzahl M_1 in 1 und M_2 in 2 sowie das Druckverhältnis p_1/p_2 bekannt. Man bestimme das Geschwindigkeitsverhältnis c_1/c_2.

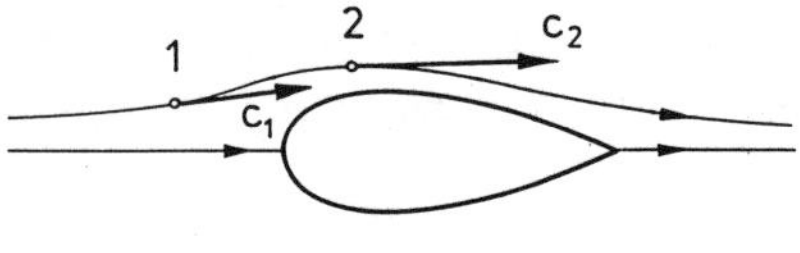

Bild 3.2 A 3/4

Gegeben: $M_1 = 0{,}30$, $M_2 = 0{,}85$, $p_1/p_2 = 1{,}5$, $\kappa = 1{,}4$.

Lösung:

$$\frac{M_1}{M_2} = \frac{c_1\sqrt{\kappa R T_2}}{c_2\sqrt{\kappa R T_1}} = \frac{c_1}{c_2}\sqrt{\frac{T_2}{T_1}} \qquad (1)$$

$$\frac{T_2}{T_1} = \left[\frac{p_2}{p_1}\right]^{\frac{\kappa-1}{\kappa}} \qquad (2)$$

Aus (2) in (1) ergibt sich das Geschwindigkeitsverhältnis

$$\underline{\underline{\frac{c_1}{c_2} = \frac{M_1}{M_2}\left[\frac{p_1}{p_2}\right]^{\frac{\kappa-1}{2\kappa}}}} = \frac{0{,}30}{0{,}85}\,1{,}5^{\frac{1{,}4-1}{2\cdot 1{,}4}} = \underline{\underline{0{,}374}}$$

Hinweis: Eine Reihe immer wieder verwendeter gasdynamischer Funktionen sind in der Tabelle 3.1 zusammengestellt. Ohne Ausnahme gelten alle Formeln für die isentrope Strömung. Die Gleichungen im eingerahmten Rechteckbereich gelten überdies für die adiabate Strömung mit Reibung (T_t = konst., $p_t \neq$ konst.).

Aufgabe 4 (Bild 3.2)

Bei der reibungsfrei angenommenen Umströmung des Körpers in Luft ($\kappa = 1{,}4$, $R = 287$ J/kgK) herrscht im Punkt 1 der statische Druck $p_1 = 1{,}20$ bar, die Dichte $\rho_1 = 1{,}40$ kg/m^3 und die Geschwindigkeit $c_1 = 120$ m/s. Im Punkt 2 beträgt der statische Druck $p_2 = 0{,}90$ bar. Welchen Wert hat a) die Machzahl M_1 in 1 ?, b) die Machzahl M_2 in 2 ?

Lösung:

a) $T_1 = p_1/R\rho_1 = \dfrac{1{,}2\cdot 10^5}{287\cdot 1{,}4} = 298{,}65$ K

$$M_1 = \frac{c_1}{\sqrt{\kappa R T_1}} = \frac{120}{\sqrt{1{,}4\cdot 287\cdot 298{,}65}} = \underline{\underline{0{,}34}}$$

Gasdynamische Funktionen für das ideale Gas konstanter spezifischer Wärme c_p u. c_v
(Tafel nach K. OSWATITSCH)

	M^2	M_*^2	$\frac{a}{a_t}$	$\frac{T}{T_t}$	$\frac{p}{p_t}$	$\frac{\rho}{\rho_t}$
$M^2 =$	M^2	$\frac{M_*^2}{1-\frac{\varkappa-1}{2}\left(M_*^2-1\right)}$	$\frac{2}{\varkappa-1}\left[\left(\frac{a_t}{a}\right)^2-1\right]$	$\frac{2}{\varkappa-1}\left(\frac{T_t}{T}-1\right)$	$\frac{2}{\varkappa-1}\left[\left(\frac{p_t}{p}\right)^{\frac{\varkappa-1}{\varkappa}}-1\right]$	$\frac{2}{\varkappa-1}\left[\left(\frac{\rho_t}{\rho}\right)^{\varkappa-1}-1\right]$
$M_*^2 =$	$\frac{M^2}{1+\frac{\varkappa-1}{\varkappa+1}\left(M^2-1\right)}$	M_*^2	$\frac{\varkappa+1}{\varkappa-1}\left[1-\left(\frac{a}{a_t}\right)^2\right]$	$\frac{\varkappa+1}{\varkappa-1}\left(1-\frac{T}{T_t}\right)$	$\frac{\varkappa+1}{\varkappa-1}\left[1-\left(\frac{p}{p_t}\right)^{\frac{\varkappa-1}{\varkappa}}\right]$	$\frac{\varkappa+1}{\varkappa-1}\left[1-\left(\frac{\rho}{\rho_t}\right)^{\varkappa-1}\right]$
$\frac{a}{a_t} =$	$\frac{1}{\sqrt{1+\frac{\varkappa-1}{2}M^2}}$	$\sqrt{1-\frac{\varkappa-1}{\varkappa+1}M_*^2}$	$\left(\frac{a}{a_t}\right)$	$\sqrt{\frac{T}{T_t}}$	$\left(\frac{p}{p_t}\right)^{\frac{\varkappa-1}{2\varkappa}}$	$\left(\frac{\rho}{\rho_t}\right)^{\frac{\varkappa-1}{2}}$
$\frac{T}{T_t} =$	$\frac{1}{1+\frac{\varkappa-1}{2}M^2}$	$1-\frac{\varkappa-1}{\varkappa+1}M_*^2$	$\left(\frac{a}{a_t}\right)^2$	$\frac{T}{T_t}$	$\left(\frac{p}{p_t}\right)^{\frac{\varkappa-1}{\varkappa}}$	$\left(\frac{\rho}{\rho_t}\right)^{\varkappa-1}$
$\frac{p}{p_t} =$	$\frac{1}{\left(1+\frac{\varkappa-1}{2}M^2\right)^{\frac{\varkappa}{\varkappa-1}}}$	$\left(1-\frac{\varkappa-1}{\varkappa+1}M_*^2\right)^{\frac{\varkappa}{\varkappa-1}}$	$\left(\frac{a}{a_t}\right)^{\frac{2\varkappa}{\varkappa-1}}$	$\left(\frac{T}{T_t}\right)^{\frac{\varkappa}{\varkappa-1}}$	$\frac{p}{p_t}$	$\left(\frac{\rho}{\rho_t}\right)^{\varkappa}$
$\frac{\rho}{\rho_t} =$	$\frac{1}{\left(1+\frac{\varkappa-1}{2}M^2\right)^{\frac{1}{\varkappa-1}}}$	$\left(1-\frac{\varkappa-1}{\varkappa+1}M_*^2\right)^{\frac{1}{\varkappa-1}}$	$\left(\frac{a}{a_t}\right)^{\frac{2}{\varkappa-1}}$	$\left(\frac{T}{T_t}\right)^{\frac{1}{\varkappa-1}}$	$\left(\frac{p}{p_t}\right)^{\frac{1}{\varkappa}}$	$\frac{\rho}{\rho_t}$

Tabelle 3.1

b) $$\rho_2 = \rho_1\left(\frac{p_2}{p_1}\right)^{\frac{1}{\kappa}} = 1{,}4\left(\frac{0{,}9}{1{,}2}\right)^{\frac{1}{1{,}4}} = 1{,}14\ \mathrm{kg/m^3}$$

$$T_2 = p_2/R\rho_2 = \frac{0{,}9\cdot 10^5}{287\cdot 1{,}14} = 275\ \mathrm{K}$$

Bernoulli-Gleichung $$\frac{c_2^2-c_1^2}{2} + \frac{\kappa}{\kappa-1}\,\frac{p_1}{\rho_1}\left[\left(\frac{p_2}{p_1}\right)^{\frac{\kappa-1}{\kappa}} - 1\right] = 0$$

und daraus $$c_2 = \sqrt{c_1^2 - \frac{2\kappa}{\kappa-1}\,\frac{p_1}{\rho_1}\left\{\left[\frac{p_2}{p_1}\right]^{\frac{\kappa-1}{\kappa}} - 1\right\}} = 248\ \mathrm{m/s}$$

sowie $$M_2 = \frac{c_2}{\sqrt{\kappa R T_2}} = \frac{248}{\sqrt{1{,}4\cdot 287\cdot 275}} = \underline{\underline{0{,}74}}$$

Aufgabe 5 (Bild 3.3)

In der Strömung um einen Tragflügel wird im Punkt 1 die Geschwindigkeit $c_1 = 200$ m/s beim Druck $p_1 = 1{,}013$ bar und $t_1 = 15^\circ$C gemessen. In der Nähe der Profilnase in 2 beträgt die

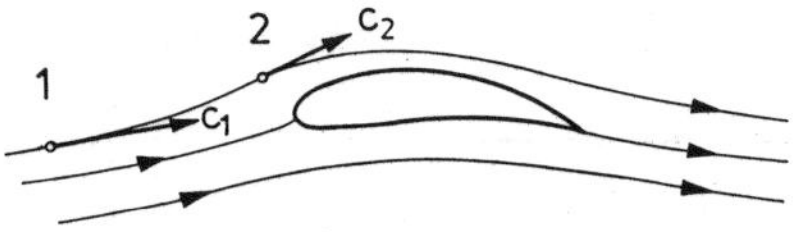

Bild 3.3 A 5

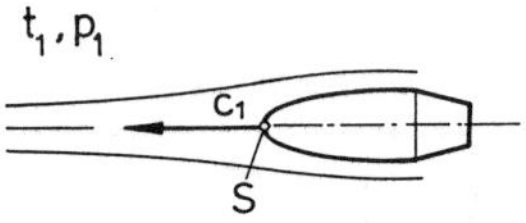

Bild 3.4 A 6

Strömungsgeschwindigkeit c_2= 90 m/s. Physikalische Daten: κ = 1,4, R = 287 J/kgK, c_p = 1004 J/kgK. Wie gross ist die lokale Machzahl M im Punkt 1 und 2 ?

Lösung:

$$M_1 = \frac{c_1}{\sqrt{\kappa R T_1}} = \frac{200}{\sqrt{1{,}4 \cdot 287 \cdot 288}} = \underline{0{,}58}$$

$$\Delta T_{12} = T_2 - T_1 = \frac{c_1^2 - c_2^2}{2\,c_p} = \frac{200^2 - 90^2}{2 \cdot 1004} = 15{,}9 \text{ K}$$

$$T_2 = T_1 + \Delta T_{12} = 288 + 15{,}9 = 303{,}9\text{K},\quad M_2 = \frac{c_2}{\sqrt{\kappa R T_2}} = \frac{90}{\sqrt{1{,}4 \cdot 287 \cdot 303{,}9}} = \underline{0{,}25}$$

Aufgabe 6 (Bild 3.4)

Ein Flugkörper bewegt sich in der Luft beim statischen Druck p_1= 0,985 bar und der Temperatur t_1= 15°C mit der Geschwindigkeit c_1= 320 m/s. Weitere Daten: κ = 1,4, R = 287 J/kgK, c_p = 1002 J/kgK. Wie gross ist a) die Machzahl M_1 der Anströmung ?, b) der Gesamtdruck p_t im Staupunkt S, wenn der Stau isentrop erfolgt ?, c) Gesamttemperatur T_t der Strömung ?, d) Gesamtenthalpie h_t der Strömung, auf T = 0K als Basis bezogen ?

Lösung: a) M_1= $\underline{0{,}9407}$, b) p_t= $\underline{1{,}742 \text{ bar}}$, c) T_t= $\underline{339\text{K}}$,
d) h_t= $\underline{339{,}6 \text{ kJ/kg}}$.

Aufgabe 7 (Bild 3.5)

Unter der Annahme von Reibungsfreiheit wird in einem von Luft durchströmten Diffusor das Druckverhältnis p_2/p_1 = 1,1808 erreicht. Der Zustand des Gases vor der Verzögerung im Querschnitt 1 mit dem Durchmesser d_1= 300 mm beträgt p_1= 5,30 bar, T_1= 400 K

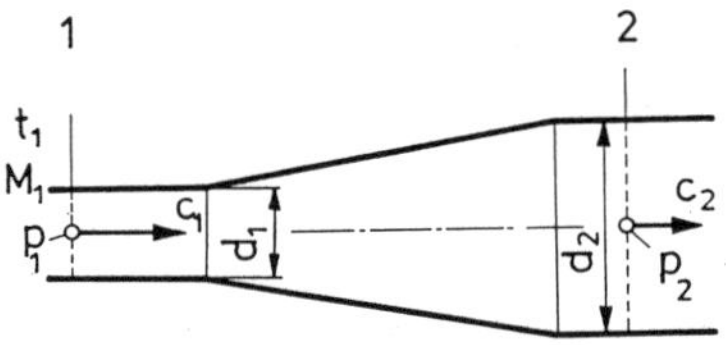

Bild 3.5 A 7

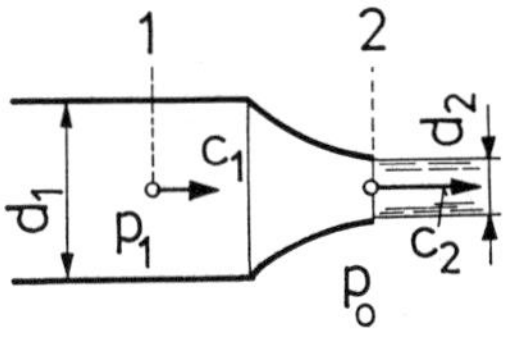

Bild 3.6 A 8

und die Machzahl $M_1 = 0,50$. a) Wie gross ist der Massenstrom $\dot{m}$?, b) c_2 ?, c) ρ_2 ?, d) d_2 ?, e) M_2 im Querschnitt 2 ?

Lösung: a) $\dot{m}$ = 65,26 kg/s, b) c_2 = 30,2 m/s, c) ρ_2 = 5,198 kg/m^3, d) d_2 = 727 mm, e) M_2 = 0,073 .

Aufgabe 8 (Bild 3.6)

Zur Erzeugung eines Luftstrahles für Sondeneichungen wird eine Düse verwendet. Die Daten sind: Achsparallele Zuströmgeschwindigkeit $c_1 = 30$ m/s, $d_1 = 200$ mm, $d_2 = 75$ mm, $p_1 = 1,45$ bar, $t_1 = 40°$C, $\kappa = 1,40$, $R = 287$ J/kgK, $\nu_1 = 1,17 \cdot 10^{-5}\,m^2/s$. Die Luft expandiert auf die Umgebungsbedingungen $p_0 = 712,5$ Torr ($\rho_{Hg} = 13533$ kg/m^3). a) Wie gross ist die Re-Zahl der Strömung vor der Düse ?, b) Mit welcher Geschwindigkeit c_2 strömt die Luft im Messstrahl (Reibungsfreie Strömung) ?, c) Wie gross ist die statische Temperatur T_2 ?, d) Welchen Wert hat die Machzahl M_2 im Messstrahl ?, e) Welche Leistung ist zum Antrieb des Gebläses erforderlich, wenn der Anlagewirkungsgrad (Gebläse, Armaturen, Leitungen) $\eta = 0,8$ beträgt ?

Lösung: a) Re = $5,13 \cdot 10^5$, b) c_2 = 270,5 m/s, c) T_2 = 277 K = 4°C, d) M_2 = 0,81, e) P = 69,6 kW.

Aufgabe 9 (Bild 3.7)

Im freien Luftstrahl aus einer Düse vom Durchmesser d = 75 mm misst man mit einer Pitot-Sonde den Gesamtdruck $p_t = 1,534$ bar und die Gesamttemperatur $T_t = 335$ K. $\kappa = 1,40$, $R = 287$ J/kgK, $c_p = 1005$ J/kgK. Der barometrische Druck beträgt $p_0 = 725$ mm Hg

bei der Temperatur $t = 18^\circ C$ und der Dichte $\rho_M = 13551\ kg/m^3$.
Wie gross ist a) die Geschwindigkeit c des Luftstrahles ?, b) die statische Temperatur T im Strahl ?, c) die Machzahl M am Austritt ?, d) der Massendurchsatz $\dot{m}$?

Lösung: a) $c = \underline{289{,}4\ m/s}$, b) $T = \underline{293{,}3\ K} = 20{,}3^\circ C$,
c) $M = \underline{0{,}843}$, d) $\dot{m} = \underline{1{,}463\ kg/s}$.

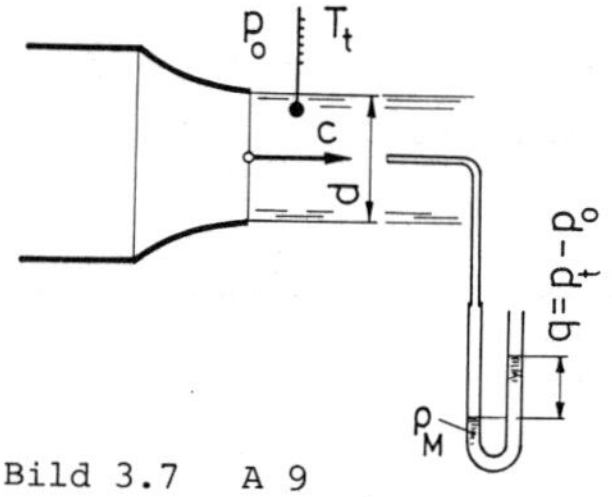

Bild 3.7 A 9

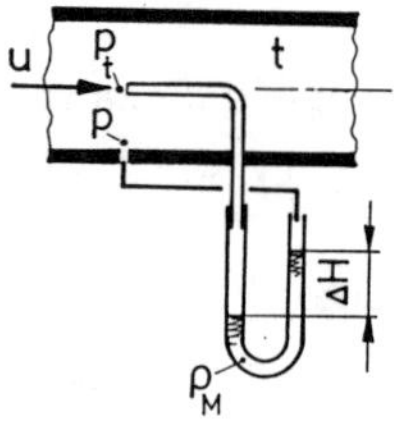

Bild 3.8 A 10

Aufgabe 10 (Bild 3.8)

In einem Rohr strömt Luft mit dem statischen Druck p und der Temperatur t. Der mit einem Pitot-Rohr gemessene Staudruck ergibt an einem mit Wasser gefüllten U-Rohr der dargestellten Messanordnung die Spiegeldifferenz ΔH. Mit welcher Geschwindigkeit u und Machzahl M strömt die Luft ? Gegeben: $p = 60900$ Pa, $t = 38^\circ C$, $\Delta H = 1{,}852$ m, $\rho_M = 10^3\ kg/m^3$, $c_p = 1005$ J/kgK, $R = 287$ J/kgK.

Lösung: $u = \underline{220\ m/s}$, $M = \underline{0{,}622}$.

Aufgabe 11 (Bild 3.9)

In einem Luftstrahl wird mit einem Pitot-Rohr der Staudruck q gemessen beim statischen Druck p_1 und der statischen Temperatur t_1. Man berechne die Luftgeschwindigkeit a) der realen kompressiblen Strömung, b) wenn die Luft vereinfachend inkompressibel angenommen wird. Gegeben: $\kappa = 1{,}4$, $R = 287$ J/kgK, $t_1 = 15^\circ C$, $q = 20000$ Pa, $p_1 = 1{,}0$ bar.

Lösung:

a) Bernoulli-Gleichung für die kompressible Strömung:

$$\frac{c_2^2 - c_1^2}{2} + \int_1^2 \frac{dp}{\rho} = 0 \qquad (1)$$

Isentroper Stau von c_1 auf $c_2 = 0$ am Pitot Rohr. $p_{1t} = p_{2t}$. Das bekannte Integral in (1) eingesetzt und nach c_1 aufgelöst liefert

$$c_1 = \sqrt{\frac{2\kappa R\, T_1}{\kappa - 1}\left\{\left[\frac{p_{2t}}{p_1}\right]^{\frac{\kappa-1}{\kappa}} - 1\right\}} \qquad (2)$$

worin $p_{2t} = p_1 + q$. Man findet $\quad c_1 = \underline{\underline{175,9 \text{ m/s}}}$

b) Inkompressibel wäre $\quad p_{2t} = p_1 + (\rho_1/2)c_1^2 \qquad (3)$

Setzt man $\quad \rho_1 = p_1/(RT_1) \quad$ in (3), so gilt

$$c_1 = \sqrt{\frac{2(p_{2t} - p_1)}{\rho_1}} = \underline{\underline{181,8 \text{ m/s}}}$$

Aufgabe 12

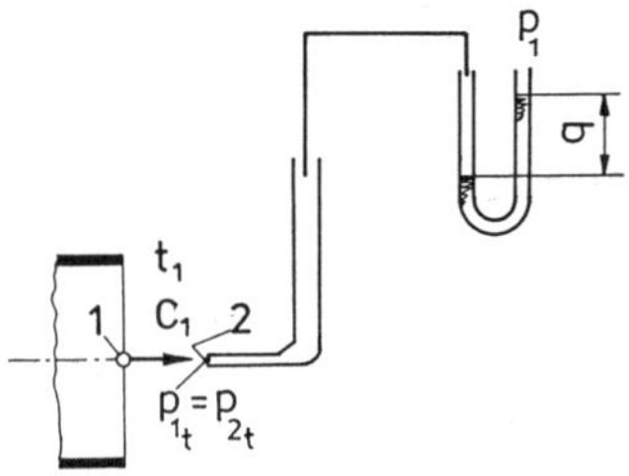

Bild 3.9 A 11

Eine isentrope Fadenströmung wird von der Geschwindigkeit c_1 auf die Geschwindigkeit c_2 verzögert. Im Querschnitt mit c_1 hat das Gas die statische Temperatur T_1. Wie lautet die statische Temperatur T_2 am Ort mit der Geschwindigkeit c_2? Gegeben: c_1, c_2, κ, R, T_1.

Lösung: Aus der Bernoulli-Gleichung

$$\frac{c_2^2 - c_1^2}{2} + \frac{\kappa}{\kappa + 1} RT_1 \left\{\left[\frac{p_2}{p_1}\right]^{\frac{\kappa-1}{\kappa}} - 1\right\} = 0$$

in Verbindung mit der Isentropenbeziehung $\quad p_2/p_1 = (T_2/T_1)^{\frac{\kappa}{\kappa-1}}$ folgt

$$\underline{\underline{T_2 = T_1 - \frac{(c_2^2 - c_1^2)(\kappa - 1)}{2\,\kappa\, R}}}$$

Aufgabe 13 (Bild 3.10)

Aus einer Oeffnung der Fläche A_2 im Behälter strömt isentrop sekundlich der Massenstrom $\dot{m}$ eines kalorisch idealen Gases. Im Abstrom beträgt die Temperatur T_2 beim Druck p_2. Man bestimme den Totalzustand T_{1t} und p_{1t} im Behälter. Gegeben: $T_2 = 300$ K, $p_2 =$ 1,0 bar, $\dot{m} = 1{,}432$ kg/s, $A_2 = 50\ cm^2$, $R = 287$ J/kgK.

Lösung: Bernoulli-Gleichung $\frac{c_2^2 - c_1^2}{2} + \int_1^2 \frac{dp}{\rho} = 0$ (1)

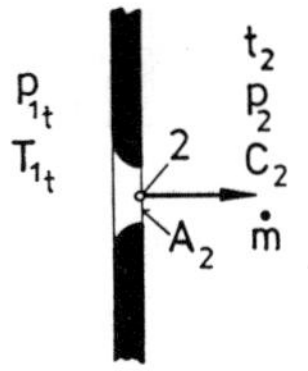

Bild 3.10 A 13

Setzt man in (1) $c_1 = 0$, $c_2 = \dot{m}RT_2/A_2p_2$, $T_{1t} = T_2(p_{1t}/p_2)^{\frac{\kappa-1}{\kappa}}$, so wird mit Einsatz der gegebenen numerischen Werte

$$10^5\left[1 - 2{,}7062\ p_{1t}^{-0{,}28571}\right]^{-3{,}5} - p_{1t} = 0$$

und daraus $p_{1t} = \underline{1{,}4 \text{ bar}}$

sowie $T_{1t} = \underline{330{,}2 \text{ K}}$

Aufgabe 14

Der nominelle Staudruck einer gasdynamischen Strömung ist $q_\infty = (1/2)\rho_\infty u_\infty^2$. Wie lautet q_∞, ausgedrückt durch κ, p_∞, M_∞ ?

Lösung: $\underline{q_\infty = \frac{1}{2}\kappa\, p_\infty M_\infty^2}$.

Aufgabe 15

Der Druckbeiwert $c_p = (p - p_\infty)/q_\infty$, worin q_∞ der nominelle Staudruck nach Aufgabe 14 darstellt, soll durch κ, M_∞, p, p_∞ formuliert werden. Wie lautet diese Beziehung ?

Lösung: $\underline{c_p = \frac{2}{(\kappa\ M_\infty^2)}\left[\frac{p}{p_\infty} - 1\right]}$

Aufgabe 16 (Bild 3.11)

Eine Kegelsonde in einem Ueberschallwindkanal erzeugt das dargestellte Schlierenbild. Man bestiime a) den Wert der Machzahl M der Anströmung (Näherungswert), b) Von welchen Strömungsgrössen hängt M ab ?, c) In welcher Weise ändert sich das Schlierenbild, wenn bei gleicher Anströmgeschwindigkeit die Temperatur des strömenden Mediums erhöht wird ?

Lösung:

a) Machwinkel $\mu = \text{arc sin}\frac{1}{M}$

Gemessen: $\mu \approx 38^\circ$ $\qquad M = \frac{1}{\sin\mu} = \underline{1,62}$

b) $M = M(c, \kappa, R, T) = \underline{\frac{c}{\sqrt{\kappa RT}}}$

c) Bei unveränderter Strömungsgeschwindigkeit c sinkt die Machzahl M mit steigender Temperatur T und damit wird der Machwinkel μ grösser.

Bild 3.11 A 16

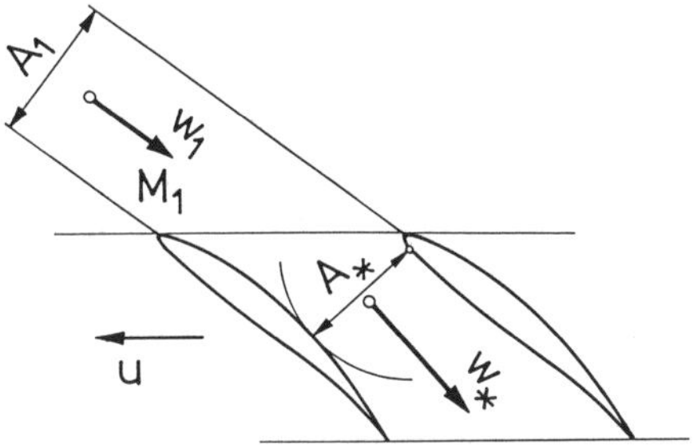

Bild 3.12 A 17

Aufgabe 17 (Bild 3.12)

Blockierungsmachzahl an Verdichterschaufelungen. In Verdichterschaufelungen für Unterschallströmung ist A_1 der je Kanal benötigte Zuströmquerschnitt des ungestörten Zustromes, $M_1 = w_1/a$ die lokale Zuströmmachzahl und A_* der engste Querschnitt des Strömungskanals. Es wird vereinfacht reibungslose Strömung und in A_* gleichmässige Geschwindigkeitsverteilung angenommen. Mit Index * sind Grössen des Strömungsfeldes bezeichnet, wo momentan die Schallgeschwindigkeit $a = c_* = a_*$ herrscht oder die sich auf die kritische Schallgeschwindigkeit a_* beziehen. Die auf $c_* = a_*$ bezogene Machzahl ist $M_* = c/c_*$. a) Man berechne das Flächenverhältnis A_1/A_* für den Fall, dass in A_* das kompressible Gas gerade Schallgeschwindigkeit w_* erreicht, somit mit der maximalen Massenstromdichte $\rho_* w_*$ strömt. Trifft dies zu, dann hat M_1 den möglichen Höchstwert, Blockierungsmachzahl genannt, erreicht. Ein höherer Wert von M_1 und damit ein grösserer Massendurchsatz ist nicht möglich (Blockierung), b) Wie gross ist A_1/A_*, wenn $M_1 = 0,8$? Gegeben: M_1, A_1, $\kappa = 1,4$.

Lösung:

Die Kontinuitätsbedingung schreibt vor:

$$\rho_1 w_1 A_1 = \rho_* w_* A_* \qquad (1)$$

Machzahl,Schall- und Strömungsgeschwindigkeit hängen zusammen gemäss

$$w_1 = a_1 M_1 \quad \text{bzw.} \quad w_* = a_* M_* \qquad (2)$$

In A herrscht Schallbedingung: $M_* = 1 = M$ (3)

Aus (1), (2) und (3) folgt

$$\frac{A_1}{A_*} = \frac{\rho_* w_*}{\rho_1 w_1} = \frac{\rho_* w_*}{\rho_1 a_1 M_1} \qquad (4)$$

Temperatur und Schallgeschwindigkeit sind über $a = \sqrt{\kappa R T}$ verknüpft durch

$$\frac{a_*}{a_1} = \left[\frac{T_*}{T_1}\right]^{1/2} \qquad (5)$$

Für die Isentrope gilt ferner

$$\frac{\rho_*}{\rho_1} = \left[\frac{T_*}{T_1}\right]^{1/\kappa-1} \qquad (6)$$

(5), (6) und (3) in (4) ergibt

$$\frac{A_1}{A_*} = \left[\frac{T_*}{T_1}\right]^{\frac{\kappa+1}{2(\kappa-1)}} \cdot \frac{1}{M_1} \qquad (7)$$

Im wärmedichten (adiabaten) Strömungsfeld ist T_t = konstant. Ein bekannter gasdynamischer Zusammenhang zwischen T_t und T_1 lautet (Tabelle 3.1 Seite 157):

$$\frac{T_t}{T_1} = 1 + \frac{\kappa - 1}{2} M_1^2 \qquad (8)$$

An der Schallgrenze $M_* = M = 1$ gilt ausserdem für die kritische Temperatur

$$T_* = T_t \frac{2}{\kappa + 1} \qquad (9)$$

Aus (8) und (9) gewinnt man

$$\frac{T_*}{T_1} = \frac{2}{\kappa + 1}\left(1 + \frac{\kappa - 1}{2} M_1^2\right) \qquad (10)$$

und mit (10) in (7) erhält man das gesuchte Flächenverhältnis

$$\frac{A_1}{A_*} = \frac{1}{M_1}\left[\frac{2}{\kappa + 1}\left(1 + \frac{\kappa - 1}{2} M_1^2\right)\right]^{\frac{\kappa+1}{2(\kappa-1)}} \quad (11)$$

b) Aus (11) mit den gegebenen Grössen:

$$\frac{A_1}{A_*} = \underline{1,038}$$

Ergänzung:

Schlanke, spitze Profile (Bild 3.13) mit hinten liegender maximaler Profilwölbung- und Dicke ergeben Schaufelräume ohne Einengung gegenüber dem Zuströmquerschnitt. Hierin ist der engste Querschnitt $A > A_1$. Es besteht keine Blockierungsgefahr. Anwendung in transsonischen Verdichterschaufelungen.

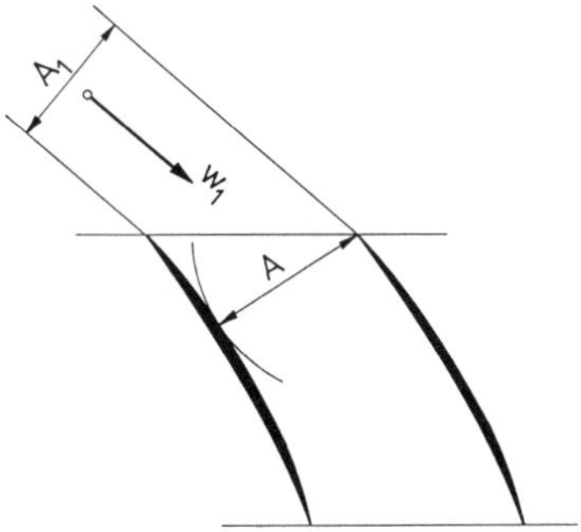

Bild 3.13 A 17

Aufgabe 18 (Bild 3.14)

Ueberschalldiffusor. Ein Wasserstoffstrom wird in einem Rohr, das sich vom Durchmesser d_1 auf den Durchmesser d_2 verengt, isentrop von Ueberschallgeschwindigkeit c_1 auf Schallgeschwindigkeit $c_2 = a$ verzögert. Welchen Wert hat a) der Massenstrom $\dot{m}$?, b) der Druck p_2 ?, c) die Geschwindigkeit c_2 und d) der Rohrdurchmesser d_2 ? Gegeben: $d_1 = 100$ mm, $t_1 = 40°C$, $M_1 = 1,8$, $p_1 = 2,4$ bar, $R = 4124$ J/kgK, $\kappa = 1,4$, $c_p = 14434$ J/kgK.

Lösung:

a)

$$\dot{m} = A_1 c_1 \rho_1 \quad (1)$$

$$a_1 = \kappa R T_1 \quad (2)$$

$$c_1 = M_1 a_1 \quad (3)$$

$$\rho_1 = p_1/(RT_1) \quad (4)$$

und daraus $\dot{m} = A_1 M_1 p_1 \sqrt{\frac{\kappa}{RT_1}} = \frac{\pi}{4} 0,1^2 1,8 \cdot 2,4 \cdot 10^5 \sqrt{\frac{1,4}{4124 \cdot 313}} = \underline{3,533 \text{kg/s}}$

b) In 2 strömt das Gas mit Schallgeschwindigkeit. Dort ist $p_2 = p_*$

$$T_2 = T_* = T_t \frac{2}{1+\kappa} \qquad (5)$$

Ferner ist $T_t = T_1 + \frac{c_1^2}{2\,c_p}$, $c_1 = M_1 a_1 = 1{,}8\,\sqrt{1{,}4\cdot 4124\cdot 313} = 2419{,}7\,\text{m/s}$

Damit $T_t = 313 + \frac{2413{,}7^2}{2\cdot 14434} = 515{,}8\ \text{K}$

Aus (5) $T_* = 515{,}8\,\frac{2}{1+1{,}4} = 429{,}7\ \text{K}$

Daher $p_2 = p_* = p_1\left[\frac{T_*}{T_1}\right]^{\frac{\kappa}{\kappa-1}} = 2{,}4\cdot 10^5\left[\frac{429{,}7}{313}\right]^{3{,}5} = \underline{7{,}276\ \text{bar}}$

c) $c_2 = c_* = \sqrt{\kappa R T_*} = \sqrt{1{,}4\cdot 4124\cdot 429{,}7} = \underline{1575{,}2\ \text{m/s}}$

d) Aus $A_2 = \frac{\dot m}{\rho\ c_2} = \frac{\dot m R T_2}{p_2 c_2}$ folgt $d_2 = \sqrt{\frac{4\dot m R T_2}{\pi\ p_2 c_2}} = 0{,}0834\ \text{m} = \underline{83{,}4\ \text{mm}}$

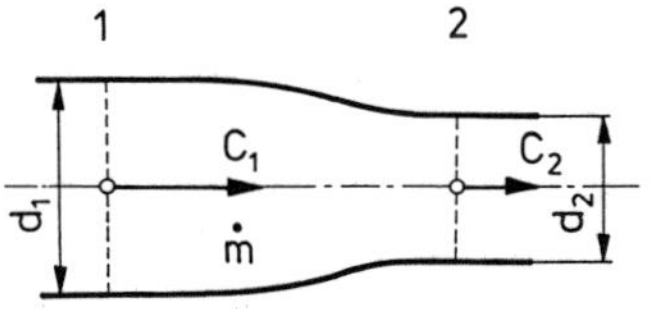

Bild 3.14 A 18

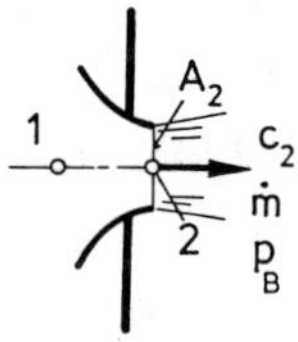

Bild 3.15 A 19

Aufgabe 19 (Bild 3.15)

In einer konvergenten Düse wird Luft überkritisch von einem Behälter in einen andern Behälter entspannt. Die Düsenströmung wird verlustfrei angenommen. Der Austrittsquerschnitt beträgt $A_2 = 0{,}01\ \text{m}^2$, der Zuströmdruck $p_{1t} = 5{,}0$ bar bei $t_{1t} = 100\,^\circ\text{C}$, ferner $\kappa = 1{,}4$, $R = 287$ J/kgK. Der Gegendruck im Behälter misst $p_B = 1{,}10$ bar. Man berechne a) Druck im Austrittsquerschnitt A_2, b) Statische Temperatur in A_2, c) Geschwindigkeit in A_2, d) Massenstrom $\dot m$ durch die Düse, e) Machzahl M_2.

Lösung: Weil $p_B/p_{1t} < p_*/p_{1t}$ liegt überkritische Expansion vor. Im engsten Querschnitt herrscht daher Schallbedingung $c_2 = a_*$, $p_2 = p_*$.
a) $p_2 = p_* = \underline{2{,}641\ \text{bar}}$, b) $T_2 = T_* = \underline{310{,}8\ \text{K}}$, c) $c_2 = c_* = \sqrt{\kappa R T_*} = \underline{353\ \text{m/s}}$, d) $\dot{m} = \rho_* c_* A_2 = \underline{10{,}45\ \text{kg/s}}$, e) $M_2 = c_*/a_* = \underline{1}$.

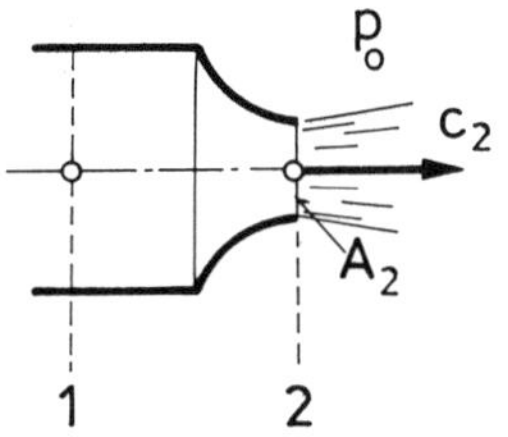

Bild 3.16 A 20

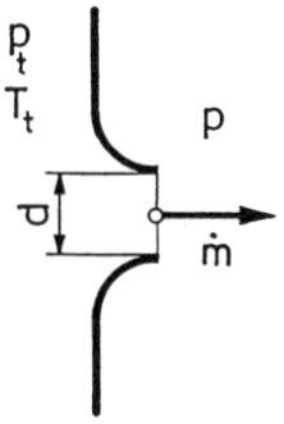

Bild 3.17 A 21

Aufgabe 20 (Bild 3.16)

In einer Unterschalldüse wird Luft überkritisch auf den Gegendruck $p_0 = 1{,}60$ bar entspannt. Die Anfangsbedingungen sind $p_1 = 8{,}0$ bar und $t_1 = 90^\circ\text{C}$ bei vernachlässigbarar Geschwindigkeit. Die Expansion in der Düse erfolgt isentrop mit $\kappa = 1{,}4$ und $R = 287$ J/kgK. Man berechne im engsten Querschnitt $A_2 = A_{min}$ a) Statischer Druck p_2, b) Statische Temperatur T_2, c) Strömungsgeschwindigkeit c_2, d) Machzahl M_2, e) Wie gross ist der Massenstrom $\dot{m}$, wenn $A_2 = 6\ \text{cm}^2$?

Lösung: a) $p_2 = p_* = \underline{4{,}2262\ \text{bar}}$, b) $T_2 = T_* = \underline{302{,}5\ \text{K}}$, c) $c_2 = c_* = \underline{348{,}6\ \text{m/s}}$, d) $M_2 = M_* = \underline{1}$, e) $\dot{m} = \underline{1{,}018\ \text{kg/s}}$.

Aufgabe 21 (Bild 3.17)

Aus einem Druckbehälter mit dem Ruhedruck p_t und der Temperatur T_t strömt Luft durch eine gerundete Mündung vom Durchmesser d in einen Raum mit dem Druck p. Man berechne den austretenden Massenstrom $\dot{m}$ für zwei Gegendrücke: a) $p = 3{,}0$ bar, b) $p = 1{,}0$ bar.

Gegeben: p_t = 7,0 bar, T_t = 295 K, d = 25 mm, R = 287 J/kgK, κ = 1,4.

Lösung: a) Ueberkritische Expansion, weil $p/p_t < p_*/p_t$, $\dot{m}$ = <u>0,80859 kg/s</u>, b) Ueberkritische Expansion. Im Austrittsquerschnitt liegen die unter a) gültigen Strömungsverhältnisse vor, wenn auch der Gegendruck p tiefer liegt als in a). Daher unveränderter Massenstrom $\dot{m}$ = <u>0,80859 kg/s</u> .

Aufgabe 22

Wie gross ist der zu erwartende Staudruck q in einer Rohrströmung bei einer Luftgeschwindigkeit u_1, der Temperatur t_1 und dem statischen Druck p_1 ? Gegeben: R = 287 J/kgK, κ = 1,4, t = 22°C, p_1 = 0,950 bar, u_1 = 200 m/s.

Lösung: $q = p_{1t} - p_1 = \underline{30683\ \text{Pa}} = \underline{0{,}30683\ \text{bar}}$.

3.2 Strömung mit Reibungsverlusten

Aufgabe 1 (Bild 3.18)

Dem Leitrad einer Gasturbinenstufe strömt das Verbrennungsgas mit der Geschwindigkeit c_0 = 170 m/s zu, es wird in der Schaufelung beschleunigt und strömt mit der Geschwindigkeit c_1 = 384 m/s ab. Der Expansionsvorgang verläuft mit dem isentropen Wirkungsgrad η_s = 0,95. Die Gasdaten sind: T_0 = 1003 K, κ = 1,313, p_0 = 6,0 bar, c_p = 1204 J/kgK, R = 287 J/kgK. a) Wie gross ist der statische Druck p_1 nach dem Leitrad ?, b) Welche Temperatur T_1 hat das Gas nach dem Leitrad ?, c) Wie gross ist die auf die Abströmverhältnisse c_1, T_1 bezogene Machzahl M_1 ?

Lösung:

a) Die Energiebilanz am Leitrad ist gegeben durch

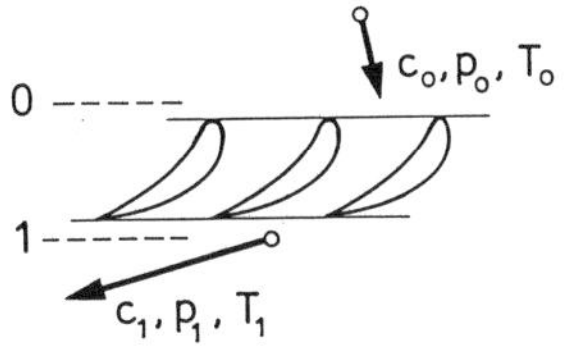

Bild 3.18 A 1

$$\frac{c_1^2 - c_0^2}{2} = \eta_s \frac{\kappa}{\kappa - 1} RT_0 \; 1 - \left[\frac{p_1}{p_0}\right]^{\frac{\kappa-1}{\kappa}} \tag{1}$$

und daraus $$p_1 = p_0 \left[\frac{(1-\kappa)(c_1^2 - c_0^2)}{2\,\kappa\, RT_0 \eta_s} + 1\right]^{\frac{\kappa}{\kappa-1}} \tag{2}$$

(2) ausgewertet: $p_1 = \underline{4{,}8027 \text{ bar}}$

b) $T_1 = T_0 - \dfrac{c_1^2 - c_0^2}{2c_p} = 1003 - \dfrac{384^2 - 170^2}{2 \cdot 1204} = \underline{953{,}7 \text{ K} = 680{,}7^\circ\text{C}}$

c) $M_1 = \dfrac{c_1}{\sqrt{\kappa RT_1}} = \dfrac{384}{\sqrt{1{,}3 \cdot 287 \cdot 953{,}7}} = \underline{0{,}64}$

Aufgabe 2

In einem Rohr mit konstantem Querschnitt A strömt ein Gas adiabat mit der Geschwindigkeit c_1 an der Stelle 1 und mit c_2 weiter stromabwärts an der Stelle 2. Welchen Wert hat a) das Geschwindigkeitsverhältnis c_1/c_2 und b) das Dichteverhältnis ρ_1/ρ_2 in Abhängigkeit der kritischen Machzahlen M_{*1} und M_{*2}? Gegeben: M_{*1}, M_{*2}.

Lösung:

In wärmedichter Strömung sind die Totaltemperatur T_t, die kritische Temperatur T_* und somit auch die kritische Schallgeschwindigkeit $a_*^2 = \kappa RT_*$ konstante Grössen.

a) Aus $M_{*1} = c_1/a_*$ und $M_{*2} = c_2/a_*$ folgt $$\underline{\frac{c_1}{c_2} = \frac{M_{*1}}{M_{*2}}} \tag{1}$$

b) Die Kontinuitätsbeziehung $\rho_1 c_1 A_1 = \rho_2 c_2 A_2$ führt mit (1) auf

$$\underline{\frac{\rho_2}{\rho_1} = \frac{M_{*1}}{M_{*2}}}$$

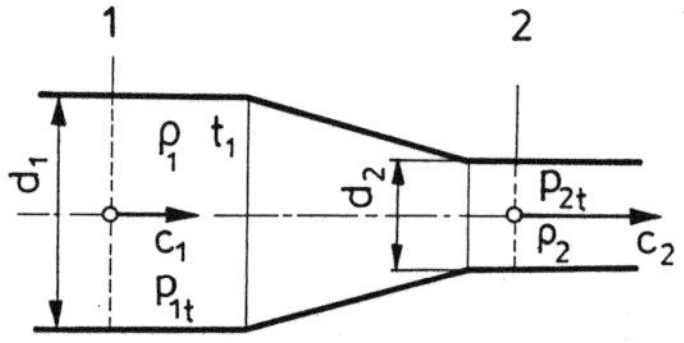

Bild 3.19 A 4

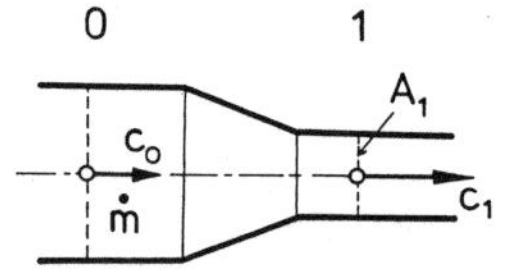

Bild 3.20 A 5

Aufgabe 3

Von der adiabaten Strömung in einem erweiterten Rohr vom Querschnitt $A_2 = 0{,}68\ m^2$ auf $A_3 = 1{,}90\ m^2$ kennt man nachstehende Grössen: Massenstrom $\dot{m} = 72$ kg/s, Gesamttemperatur $T_t = 800$ K, Gesamtdruck $p_{2t} = 1{,}15$ bar, Diffusorwirkungsgrad $\eta_D = p_{3t}/p_{2t} = 0{,}96$, $\kappa = 1{,}357$, $R = 287$ J/kgK. Gesucht sind: c_2, p_2, T_2, Machzahl M_3, c_3, p_3 und T_3.

Lösung: $c_2 = \underline{230\ m/s}$, $p_2 = \underline{1{,}023\ bar}$, $T_2 = \underline{775{,}7\ K}$, $M_3 = \underline{0{,}1416}$, $c_3 = \underline{79{,}7\ m/s}$, $p_3 = \underline{1{,}089\ bar}$, $T_3 = \underline{797\ K}$.

Aufgabe 4 (Bild 3.19)

An einem kompressibel adiabat durchströmten Konfusor misst man unter Einfluss der Reibung das Gesamtdruckverhältnis $p_{1t}/p_{2t} = 1{,}1$. Ferner sind bekannt: $p_1 = 5{,}00$ bar, $t_1 = 350\,^\circ C$, $c_1 = 80$ m/s, $d_1 = 300$ mm, $c_2 = 220$ m/s, $R = 287$ J/kgK, $\kappa = 1{,}37$, $c_p = 1063$ J/kgK. Man berechne a) Massendurchsatz $\dot{m}$, b) Gesamtdruck p_{1t} und p_{2t}, c) Gesamttemperatur T_{1t} und T_{2t}, d) Statische Temperatur T_2, e) Machzahl M_2, f) Statischer Druck p_2, g) Rohrdurchmesser d_2.

Lösung: a) $\dot{m} = \underline{15{,}813\ kg/s}$, b) $p_{1t} = \underline{5{,}090\ bar}$, $p_{2t} = \underline{4{,}6272\ bar}$,

c) $T_{1t} = T_{2t} = \underline{626{,}0\ K}$, d) $T_2 = \underline{603{,}2\ K}$, e) $M_2 = \underline{0{,}4517}$,
f) $p_2 = \underline{4{,}03446\ bar}$, g) $d_2 = \underline{198\ mm}$.

Aufgabe 5 (Bild 3.20)

In einem sich auf den Querschnitt A_1 verengenden Rohr strömt ein Gas mit dem Massenstrom $\dot{m}$. Gesamtdruck und Gesamttemperatur vor dem Konfusor betragen p_{0t} bzw. T_{0t}. Der Gesamtdruckverlust wird durch $\eta_D = p_{1t}/p_{0t}$ beschrieben. Man berechne die Strömungsgeschwindigkeit c_1 im Querschnitt A_1. Gegeben: $A_1 = 0{,}6695\ m^2$, $\dot{m}$ = 400 kg/s, $T_{0t} = 300$ K, $p_{0t} = 1{,}0$ bar abs., $\eta_D = 0{,}9$, c_p = 1010 J/kgK, R = 287 J/kgK, $\kappa = 1{,}4$.

Lösung: Kontinuität
$$c_1 = \frac{\dot{m}}{A_1 \rho_1} \qquad (1)$$

Energiesatz
$$T_1 = T_{0t} - \frac{c_1^2}{2\, c_p} \qquad (2)$$

Isentropenbeziehung
$$\left[\frac{p_1}{p_{1t}}\right]^{\frac{\kappa-1}{\kappa}} = \frac{T_1}{T_{0t}} \qquad (3)$$

Gasgleichung
$$\rho_1 = \frac{p_1}{RT_1} \qquad (4)$$

Setzt man (2) in (3) und p_1 aus (3) in (4) ein, so erhält man aus (1) mit Beachtung von η_D

$$c_1 = \frac{\dot{m}\ R\ T_{0t}}{A_1 \eta_D\ p_{0t}\left[1 - \dfrac{c_1^2}{2\ c_p T_{0t}}\right]^{\frac{1}{\kappa-1}}} = 0 \qquad (5)$$

$c_1 = \underline{250\ m/s}$ erfüllt Gl.(5).

Aufgabe 6

Leckverlust in Druckluftleitungsnetzen. In einer Druckschrift über Druckluftanlagen wird für eine Leitung mit p = 6 bar Ueberdruck und t = 20°C mit einem angenommenen Lecklochdurchmesser d = 2mm die ausströmende Luftmenge mit $\dot{V} = 0{,}157\ m^3/min$ angegeben. Der Aussendruck ist $p_0 = 1{,}0$ bar, die Ausflusszahl der Leckageöffnug $\mu = 0{,}6$ und der Isentropenexponent $\kappa = 1{,}4$. Man bestätige den angegebenen Leckverlust.

Lösung:

Es liegt überkritisches Druckverhältnis vor. Im Leckaustritt herrscht demnach Schallbedingung bei der Temperatur

$$T_* = T_t \frac{2}{1+\kappa} = 293 \frac{2}{1+1,4} = 244,2 \text{ K}$$

und beim Druck

$$p_* = p_t \left[\frac{2}{1+\kappa}\right]^{\frac{\kappa}{\kappa-1}} = 7\cdot 10^5 \cdot 0,52828 = 3,697 \text{ bar}$$

Die Ausströmgeschwindigkeit beträgt

$$c_* = \sqrt{\kappa R T_*} = 313 \text{ m/s}$$

Die Dichte der Luft im Leckageaustritt

$$\rho_* = \frac{p_*}{R\,T_*} = 5,277 \text{ kg/m}^3$$

Damit beträgt der Massenstrom

$$\dot{m} = \mu \frac{\pi}{4} d^2 c_* \rho_* = 0,003114 \text{ kg/s} = 0,18684 \text{ kg/min}$$

Auf den Volumenstrom bei p_0 und T_0 umgerechnet wird

$$\dot{V} = \frac{\dot{m}\,R\,T_0}{p_0} = \frac{0,18684\cdot 287\cdot 293}{1\cdot 10^5} = \underline{\underline{0,157 \text{ m}^3/\text{min}}}$$

in Uebereinstimmung mit Angabe in der Druckschrift.

Zusatz: Rechnet man mit jährlich 8000 Netzbetriebsstunden und Kosten von 0,03 sFr je m^3 Druckluft, so verursacht diese scheinbar geringe Leckage bereits nutzlose Kosten von sFr 2'260.-/a.

Aufgabe 7

Durch eine Frischdampfleitung der Länge ℓ = 115 m (darin sind die gleichwertigen Rohrlängen von Einzelwiderständen wie Schieber, Ausgleichsbögen und Krümmer eingerechnet) strömen stündlich 229 t Wasserdampf mit dem Anfangsdruck p_1 = 150 bar und der Temperatur t_1 = 530°C. Die Rohrleitung hat die lichte Weite D = 162 mm und die Sandrauhigkeit k_s = 0,04 mm. Der Temperaturabfall zwischen Kessel und Dampfturbine beträgt 5°C. Man bestimme den Frischdampfdruck p_2 vor der Hochdruckturbine a) unter der Annahme inkompressibler Strömung, b) wenn die Strömung kompressibel und annähernd isotherm angenommen wird.

Lösung: a) Das spezifische Volumen v_1 entnimmt man einem h,s-Diagramm für Wasserdampf: v_1 = 0,022 m^3/kg. Daraus die Dichte

$$\rho_1 = 1/v_1 = 45{,}5\ \mathrm{kg/m^3}$$

Die kinematische Zähigkeit ν_1 aus einschlägiger Literatur beträgt

$$\nu_1 = 0{,}8\cdot 10^{-6}\ \mathrm{m^2/s}$$

Für die sekundliche Frischdampfmenge erhält man

$$\dot{m} = \frac{229\cdot 10^3}{3600} = 63{,}61\ \mathrm{kg/s}$$

Die Strömungsgeschwindigkeit am Eintritt in die Frischdampfleitung beträgt

$$c_1 = \frac{\dot{m}\ v_1}{A} = \frac{63{,}6\cdot 0{,}022}{0{,}0206} = 68\ \mathrm{m/s}$$

Daraus ergibt sich die Re-Zahl der Rohrströmung zu

$$Re = \frac{c_1 D}{\nu_1} = \frac{68\cdot 0{,}162}{0{,}8\cdot 10^{-6}} = 1{,}38\cdot 10^7$$

Die relative Rauhigkeit der Rohre hat den Wert

$$\frac{k_s}{D} = \frac{0{,}04}{162} = 2{,}47\cdot 10^{-4}$$

Dem $\lambda = f(Re,\ k_s/D)$ Diagramm Bild 2.68 in 2.3 entnehmen wir damit die Rohrreibungszahl

$$\lambda = 0{,}0143$$

Für den Druckabfall Δp in der Frischdampfleitung erhalten wir nun mit obigen Grössen

$$\Delta p = \lambda \frac{\ell}{D}\ \frac{\rho_1}{2} c_1^2 = 0{,}0143\ \frac{115\cdot 45{,}5\cdot 68^2}{0{,}162\cdot 2} = 10{,}7\ \mathrm{bar}$$

Ohne Beachtung der durch den Druckabfall verursachten Volumenzunahme des Dampfes beträgt demnach der Frischdampfdruck vor der Turbine bei inkompressibler Betrachtungsweise

$$p_2 = p_1 - \Delta p = 150 - 10{,}7 = \underline{\underline{139{,}3\ \mathrm{bar}}}$$

b) Berücksichtigung der Kompressibilität. Der Rohrabschnitt dx verursacht den Druckabfall

$$dp = -\ \lambda \frac{dx}{D}\frac{\rho}{2}c^2 \qquad (1)$$

Isotherme: $p/\rho = p_1/\rho_1 = \text{konstant} \quad \Longrightarrow \rho = \rho_1 p/p_1$ (2)

Kontinuität: Mit konstantem Rohrquerschnitt A gilt

$$\rho c = \rho_1 c_1 = \text{konstant}$$

oder mit (2) $$c = \frac{c_1 p_1}{p} \qquad (3)$$

Mit (2) und (3) geht (1) über in $$p\,dp = -\frac{\lambda}{2}\,\frac{p_1 \rho_1 c_1^2}{D}\int_0^{\ell} dx \qquad (4)$$

(4) integriert $$\int_{p_1}^{p_2} p\,dp = -\frac{\lambda}{2}\,\frac{\rho_1 p_1 c_1^2}{D}\int_0^{\ell} dx$$ ergibt mit $pv = p_1 v_1 = RT_1$

die Druckbeziehung $$p_2^2 = p_1^2 - p_1 \frac{\lambda \ell}{D} \rho_1 c_1^2 \qquad (5)$$

Somit beträgt der Enddruck in der Frischdampfleitung vor der Turbine unter Berücksichtigung der Kompressibilität

$$p_2 = \sqrt{(150 \cdot 10^5)^2 - 150 \cdot 10^5 \,\frac{0{,}0143 \cdot 115}{0{,}162}\; 45{,}5 \cdot 68^2} = \underline{\underline{138{,}9 \text{ bar}}}$$

Inkompressibler und kompressibler Enddruck weichen erwartungsgemäss zufolge des relativ kleinen Druckabfalles (ca 7% des Anfangsdruckes) nur wenig voneinander ab.

Aufgabe 8

Die Zufuhr der Druckluft zum Betrieb eines Abbauhammers auf einer Baustelle erfolgt mittels einer verzinkten Rohrleitung NW 25. Die Leitung hat eine Länge von $\ell = 500$ m, eine lichte Weite von D = 25,5 mm (A = 5,1 cm²) und die Wandrauhigkeit beträgt $k_s =$ 0,1 mm. In ℓ sind die gleichwertigen Längen verschiedener Einzelwiderstände wie Krümmer und Ventile einbezogen. Die Daten der Arbeitsluft am Kompressoraustritt (Eintritt Rohrleitung) sind folgende: $p_e = 16{,}0$ bar, $t_e = 180\,°C$, $\rho_e = 12{,}3$ kg/m³, $c_e = 15$ m/s, Massenstrom $\dot{m} = 0{,}094$ kg/s. Auf dem Wege zur Verbrauchsstelle fällt die Temperatur der Luft je 50 m Leitungslänge um 15 °C.

a) Man ermittle den Enddruck p_a und die Geschwindigkeit c_a am Ende des Rohres mit Hilfe schrittweiser Berechnung der Zustandsänderung in 10 aufeinanderfolgenden Teilstrecken von 50 m Länge,

b) Welchen Wert erhält man für p_a durch formelmässige Berechnung unter Verwendung der Näherungsgleichung

$$p_e^2 - p_a^2 = \frac{\ell}{D}\left(\frac{\dot{m}}{A}\right)^2 p_m v_m \qquad (1)$$

worin $$p_m v_m = \frac{R(T_e - T_a)}{2} \quad ? \qquad (2)$$

Lösung:

a) 1. Rohrreibungszahl λ: Mit $\nu_e = 1{,}92 \cdot 10^{-5}\ m^2/s$ wird

$$Re_e = \frac{c_e D}{\nu_e} = \frac{15 \cdot 0{,}0255}{1{,}92 \cdot 10^{-5}} = 1{,}99 \cdot 10^5$$

Zusammen mit $k_s/D = 0{,}1/25{,}5 = 0{,}00393$ folgt aus λ-Diagrammen für Kreisrohre

$\lambda = 0{,}029$ im praktisch hydraulisch rauhen Bereich. Daraus folgt: λ unabhängig von Re .

2. Schrittweise Berechnung der Strömungszustände

Beginn mit $p_1 = p_e = 16{,}0$ bar, $T_1 = T_e = 453$ K, $\rho_1 = \rho_e = 12{,}3\ kg/m^3$, $c_1 = c_e = 15$ m/s, $\ell_1 = 50$ m. Man erhält für den Druckabfall des ersten Rohrabschnittes

$$\Delta p_1 = \frac{\lambda \ell_1}{D} \frac{\rho_e}{2} c_e^2 = \frac{0{,}029 \cdot 50}{0{,}0255} \frac{12{,}3}{2} 15^2 = 78700\ Pa = 0{,}787\ bar$$

Dies liefert am Ende von ℓ_1 den Druck

$$p_2 = p_e - \Delta p_1 = 16 - 0{,}787 = 15{,}21\ bar$$

In gleicher Weise wird die Rechnung für die nachfolgenden Teilstrecken fortgesetzt. Das Ergebnis ist in der folgenden Tabelle zusammengestellt. Man findet am Ende der Rohrleitung

$$p_a = \underline{7{,}04\ bar}, \quad c_a = \underline{22{,}8\ m/s}$$

Ort	Laufende Rohrlänge [m]	Druckverlust der vorangehenden 50 m Rohrlänge [bar]	Druck p [bar]	Temperatur t [°C]	Temperatur T [K]	Dichte ρ [kg/m³]	Geschwindigkeit c [m/s]
1 = e (Einlauf)	0	0	16	180	453	12,3	15
2	50	0,787	15,21	165	438	12,1	15,25
3	100	0,80	14,41	150	423	11,86	15,56
4	150	0,815	13,60	135	408	11,6	15,9
5	200	0,835	12,76	120	393	11,32	16,3
6	250	0,857	11,91	105	378	10,98	16,82
7	300	0,885	11,02	90	363	10,58	17,45
8	350	0,916	10,11	75	348	10,12	18,25
9	400	0,96	9,14	60	333	9,57	19,3
10	450	1,012	8,13	45	318	8,91	20,7
11 = a (Ausfluß)	500	1,09	7,04	30	303	8,08	22,8

b) Formelmässige Näherung: Wir wenden auf das vorliegende Problem die in der Aufgabenstellung angeschriebene Näherungsgleichung (1) an. Für den Mittelwert (2) rechnen wir mit

$$p_m v_m = \frac{R(T_e + T_a)}{2} = \frac{287(453 + 303)}{2} = 108600 \text{ J/kg}$$

Damit folgt aus (1)

$$p_a^2 = p_e^2 - \lambda \frac{\ell}{D} \left(\frac{\dot{m}}{A}\right)^2 p_m v_m = (16 \cdot 10^5)^2 - 0{,}029 \frac{500}{0{,}0255} \left(\frac{0{,}094}{0{,}00051}\right)^2 108600 =$$

$$= 46{,}5 \cdot 10^{10} \text{ Pa}^2$$

und hieraus $p_a = 6{,}82 \cdot 10^5$ Pa = 6,82 bar

Das Ergebnis zeigt, dass für den Fall unveränderlicher Rohrreibungszahl λ das Resultat der formelmässigen Näherungslösung der mühsameren schrittweise Berechnung sehr nahe kommt. Die Abweichung gegenüber letzterem Wert beträgt knapp 3%.

Aufgabe 9

Im Querschnitt A einer adiabaten Gasströmung sind bekannt: p = 30,0 bar, ρ = 15,7 kg/m^3, $\dot{m}$ = 150 kg/s, R = 287 J/kgK, κ = 1,4. Wie gross ist a) die statische Temperatur T ?, b) die Gesamttemperatur T_t ?, c) Die Machzahl M ?, d) die kritische Temperatur T_*, wenn A = 530,8 cm^2 misst ?

Lösung: a) T = 665,8 K, b) T_t = 681,9 K, c) M = 0,348, d) T_* = 568 K.

Aufgabe 10 (Bild 3.21)

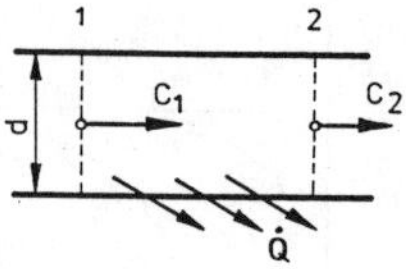

Bild 3.21 A 10

Einer Rohrströmung wird zwischen den Querschnitten 1 und 2 die Wärmemenge $\dot{Q}$ entzogen. Bekannt sind folgende Daten: d = 150 mm, p_1 = 1,50 bar, T_1 = 600 K, c_1 = 200m/s, $\dot{Q}$ = 645,2 kW, κ = 1,36, c_p = 1084 J/kgK, R = 287 J/kgK, T_2 = 400 K.
Man bestimme a) Strömungsgeschwindigkeit c_2, b) Machzahl M_1, c) Machzahl M_2, d) Statischer Druck p_2.

Lösung: a) Der Energieentzug $\dot{Q}$ führt auf die Gesamttemperatur

$$T_{2t} = T_{1t} - \frac{\dot{Q}}{\dot{m}\, c_p} = T_2 + \frac{c_2^2}{2\, c_p} \qquad (1)$$

Darin ist $\dot{m} = \rho_1 c_1 A = p_1 c_1 A/(RT_1) = 3{,}0786$ kg/s (2)

(2) in (1) und nach c_2 aufgelöst, man erhält

$$c_2 = \sqrt{2\left[c_p(T_1 - T_2) + \frac{c_1^2}{2\, c_p} - \frac{\dot{Q}\, R\, T_1}{p_1 c_1 A}\right]} \qquad (3)$$

$$= \sqrt{2\left[1084(600-400) + \frac{200^2}{2} - \frac{645{,}2\cdot 10^3\cdot 287\cdot 600}{1{,}5\cdot 10^5\cdot 200\cdot 0{,}0176714}\right]}$$

$= \underline{233{,}35 \text{ m/s}}$

b) $M_1 = \dfrac{c_1}{\sqrt{\kappa\, R\, T_1}} = \dfrac{200}{\sqrt{1{,}36\cdot 287\cdot 600}} = \underline{0{,}4132}$

3.3 Senkrechter und schiefer Stoss

Aufgabe 1 (Bild 3.22)

Senkrechter Verdichtungsstoss. Die Machzahl vor einem senkrechten Verdichtungsstoss eines Gases mit dem Isentropenexponent κ sei M_*, die Gesamttemperatur T_t und der Ruhedruck p_t.

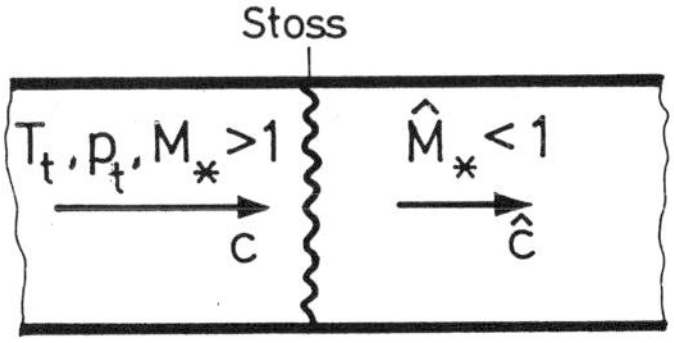

Bild 3.22 A 1

a) Man berechne vor und nach dem Stoss die Grössen: Druck, Strömungsgeschwindigkeit, Schallgeschwindigkeit, Temperatur, Dichte und Machzahl.

b) Man skizziere die unter a) berechneten Grössen. Gegeben: $M_* = 1{,}8$, $\kappa = 1{,}4$, $T_t = 600$ K, $p_t = 5{,}0$ bar, Prandtl-Relation

$\hat{M}_* M_* a_*^2 = \hat{c} \cdot c = a_*^2$. Gasdynamische Funktionen Tabelle 3.1 in 3.1, gasdynamische Funktionen des eindimensionalen senkrechten Verdichtungsstosses im Anhang sowie die Stossbeziehung $\hat{p}/p = 1 + (2\kappa)/(\kappa+1))(M^2 - 1)$. Die Strömungsgrössen nach dem Stoss werden mit dem Index ^ bezeichnet, die Grössen vor dem Stoss bleiben unverändert ohne Index.

Lösung:

a) Aus der Prandtl-Relation folgt durch Division mit a_*^2

$$\frac{\hat{c}}{a_*} \frac{c}{a_*} = \hat{M}_* M_* = 1 \qquad (1)$$

Damit wird $$\hat{M}_* = \frac{1}{M_*} = \frac{1}{1,8} = 0,5555$$

M und M_* sind über die bekannte Beziehung

$$M^2 = \frac{M_*^2}{1 - \frac{\kappa - 1}{2}(M_*^2 - 1)} \qquad (2)$$

verknüpft. Somit wird

$$M^2 = \frac{1,8^2}{1 - \frac{0,4}{2}(1,8^2 - 1)} = 5,869$$

und daraus $\underline{M = 2,42}$

Setzen wir in (2) $\hat{M}_*$ ein, so erhält man

$$\hat{M}^2 = \frac{0,555^2}{1 - \frac{0,4}{2}(0,555^2 - 1)} = 0,27114 \quad \text{und daraus} \quad \underline{\hat{M} = 0,5207}$$

Die kritische Temperatur folgt aus

$$T_* = T_t \frac{2}{1 + \kappa} = 600 \frac{2}{2,4} = 500 \text{ K}$$

Die kritische Geschwindigkeit beträgt

$$a_* = \sqrt{\kappa R T_*} = \sqrt{1,4 \cdot 287 \cdot 500} = 448,2 \text{ m/s}$$

Man findet $$c = M_* a_* = 1,8 \cdot 448,2 = \underline{806,8 \text{ m/s}}$$

und $$\hat{c} = \hat{M}_* a_* = 0,555 \cdot 448,2 = \underline{249 \text{ m/s}}$$

Lokale Schallgeschwindigkeiten:

$$a = \sqrt{\kappa R T} = \sqrt{1,4 \cdot 287 \cdot 276} = 333 \text{ m/s}$$

$$\hat{a} = \sqrt{\kappa R \hat{T}} = \sqrt{1,4 \cdot 287 \cdot 569,1} = 478,2 \text{ m/s}$$

$$\text{Aus} \quad \frac{T}{T_t} = \left(1 + \frac{\kappa - 1}{2} M^2\right)^{-1} \qquad (3)$$

folgt $T = 600\left(1 + \frac{0,4}{2} 2,4227^2\right)^{-1} = \underline{276\ K}$

und $\hat{T} = 600\left(1 + \frac{0,4}{2} 0,5207^2\right)^{-1} = \underline{569,1\ K}$

Aus $$\frac{p}{p_t} = \left(1 + \frac{\kappa - 1}{2} M^2\right)^{-\frac{\kappa}{\kappa-1}} \qquad (4)$$

ergibt sich $p = 5,0\left(1 + \frac{0,4}{2} 2,4227^2\right)^{-\frac{1,4}{0,4}} = \underline{0,33009\ bar}$

und aus $\frac{\hat{p}}{p} = 1 + \frac{2\kappa}{\kappa + 1}(M^2 - 1)$ folgt

$$\hat{p} = 0,33009\left[1 + \frac{2 \cdot 1,4}{2,4}(2,4227^2 - 1)\right] = \underline{2,2053\ bar}$$

Aus (4) $\hat{p}_t = 2,2053\left[1 + \frac{0,4}{2} 0,5207^2\right]^{3,5} = \underline{2,653\ bar}$

Die Gasgleichung liefert $\rho = \frac{p}{RT} = \frac{0,33009 \cdot 10^5}{287 \cdot 276} = \underline{0,4167\ kg/m^3}$

und $\hat{\rho} = \frac{\hat{p}}{R\hat{T}} = \frac{2,2053 \cdot 10^5}{287 \cdot 569,1} = \underline{1,3502\ kg/m^3}$

b) Graphische Darstellung der unter a) berechneten Grössen in Bild 3.23.

Aufgabe 2 (Bild 3.24, 3.25)

Schiefe Verdichtungsstösse: Die Abmessungen eines Zweistossdiffusors für Luft sind zu berechnen.
a) Lage des Punktes B und des Eckpunktes C, b) Geschwindigkeitsverhältnis $\hat{c}_2/c_\infty$, c) Statische Druckverhältnisse $\hat{p}_1/\hat{p}_\infty$ und $\hat{p}_2/\hat{p}_1$, statischer Druck $\hat{p}_1$ und $\hat{p}_2$, Totaldruckverhältnis $\hat{p}_{1t}/p_{\infty t}$ und $\hat{p}_{2t}/\hat{p}_{1t}$, d) Gesamtdruckverhältnis $\hat{p}_{2t}/p_{\infty t}$.
Gegeben: $M_{*\infty} = 1,6$ bzw. $M_\infty = 1,929$, $p_\infty = 1,0$ bar, $\tan\vartheta = 0,15$ ($\vartheta^o = 8,53$), $h_\infty = 1,0$ m, womit sich die Geometrie des Diffusors im Verhältnis zu h_∞ festlegen lässt.

Lösung:

Anwendung des Stosspolarendiagramms (Bild 3.26)

Vom Pol O aus Gerade legen unter dem Winkel $\vartheta = 8,53^o$ ergibt Schnittpunkt mit der von $M_* = M_{*\infty} = 1,6$ auf der x-Achse ausgehenden

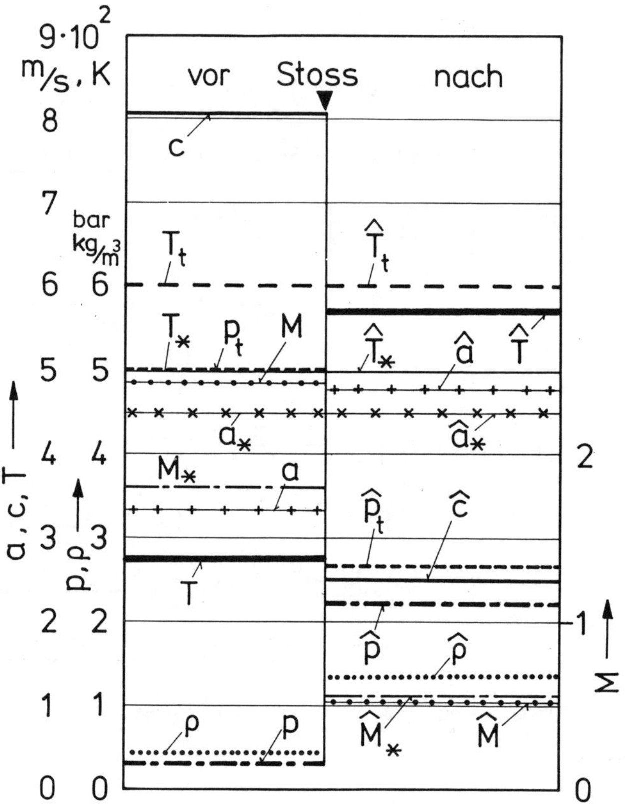

Bild 3.23 A 1

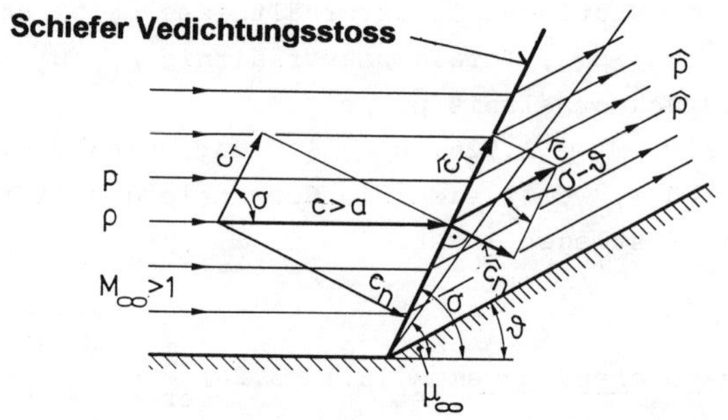

Bild 3.24 A 2

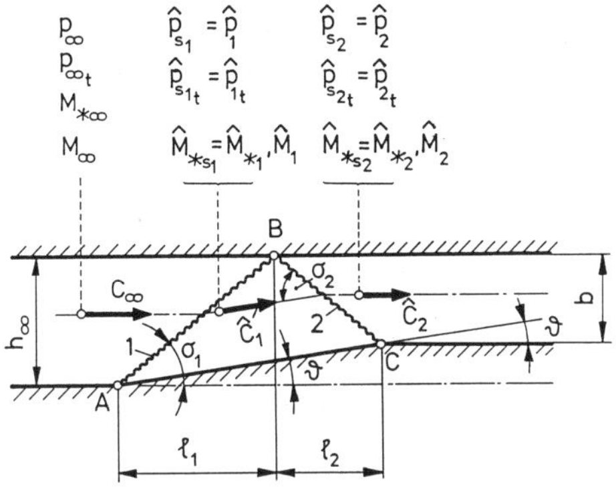

Bild 3.25 A 2

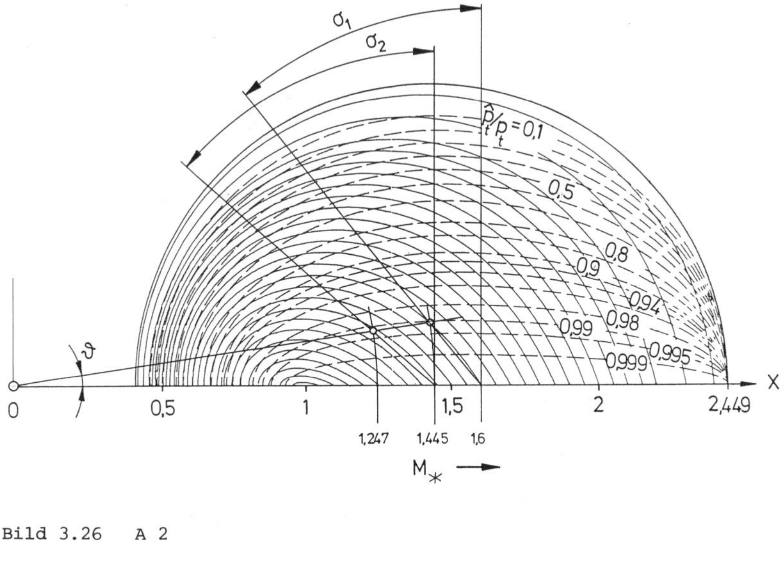

Bild 3.26 A 2

Stosspolaren. Strecke Pol-Schnittpunkt herunterklappen auf x-Achse liefert die Machzahl nach dem 1. schiefen Verdichtungsstoss. Man findet $\hat{M}_{*1} = 1{,}445$ bzw. $\hat{M}_1 = 1{,}633$, Stosswinkel $\sigma_1 = 39^\circ$. Es folgt eine weitere Querschnittsverengung und abermalige Umlenkung um $\vartheta = 8{,}53^\circ$. Die Zuströmmachzahl ist jetzt $\hat{M}_{*1} = 1{,}445$. Zurück auf dieser Stosspolaren ergibt einen neuen Schnittpunkt mit der unter dem Winkel ϑ verlaufenden Geraden. Diese radial nach unten geklappt liefert $\hat{M}_{*2}$ auf der x-Achse. Man findet nach dem 2. schiefen Stoss $\hat{M}_{*2} = 1,247$ bzw. $\hat{M}_2 = 1,322$ und den Stosswinkel $\sigma_2 = 48^\circ$.

a) Nun ist (Bild 3.25):

$$\ell_1 = \frac{h_\infty}{\tan\sigma_1} = \frac{1}{\tan 39^\circ} = \underline{1,235\ \mathrm{m}}$$

$$\ell_2 = \frac{h_\infty - \ell_1 \tan\vartheta}{\tan(\sigma_2 - \vartheta) + \tan\vartheta} = \frac{1 - 1,23489 \cdot 0,15}{\tan(48^\circ - 8,53^\circ) + 0,15} = \underline{0,84\ \mathrm{m}}$$

$$b = h_\infty - (\ell_1 + \ell_2)\tan\vartheta = 1 - (1,23489 + 0,8398)\ 0,15 = 0,689\mathrm{m}$$

b)

$$\hat{c}_2 = a_* \hat{M}_* \qquad (1)$$

$$c_\infty = a_* M_{*\infty} \qquad (2)$$

Aus (1) und (2) $\quad \dfrac{\hat{c}_2}{c_\infty} = \dfrac{\hat{M}_{*2}}{M_{*\infty}} = \dfrac{1,247}{1,6} = \underline{0,7793}$

c) <u>1. Schiefer Stoss</u> <u>Statische Drücke</u>

Es gilt die Stossbeziehung $\quad \dfrac{\hat{p}_1}{p_\infty} = 1 + \left(\dfrac{2\kappa}{\kappa + 1}\right)(M_\infty^2 \sin^2\sigma_1 - 1) \qquad (3)$

auf die bekannten Werte angewendet liefert mit $M_{*\infty} = 1,6$ bzw. $M_\infty = 1,929$ und $\sigma_1 = 39^\circ$

$$\frac{\hat{p}_1}{p_\infty} = 1 + \frac{2,8}{2,4}(1,929^2 \sin^2 39^\circ - 1) = \underline{1,5526}$$

Damit wird $\quad \hat{p}_1 = 1,5526\ p_\infty = \underline{1,5526\ \mathrm{bar}}$

Mit der kritischen Machzahl M_* in Verbindung steht für denselben Sachverhalt die Beziehung

$$\frac{\hat{p}_1}{p_\infty} = \frac{M_{*\infty}^2\left[\sin^2\sigma_1 + \left(\frac{\kappa - 1}{\kappa + 1}\right)^2 \cos^2\sigma_1\right] - \frac{\kappa - 1}{\kappa + 1}}{1 - \frac{\kappa - 1}{\kappa + 1} M_{*\infty}^2} \qquad (4)$$

<u>2. Schiefer Stoss</u> <u>Statische Drücke</u>

In (3) $\hat{M}_1 = 1,63365$ bzw. in (4) $\hat{M}_{*1} = 1,445$ gesetzt ergibt mit $\sigma_2 = 48^\circ$ aus der Stossbeziehung

$$\frac{\hat{p}_2}{\hat{p}_1} = 1 + \left(\frac{2\kappa}{\kappa + 1}\right)(\hat{M}_1^2 \sin^2\sigma_2 - 1) \qquad (5)$$

$$= 1 + \frac{2,8}{2,4}(1,63365^2 \sin^2 48° - 1) = \underline{1,5528}$$

Damit wird $\hat{p}_2 = 1,5528\ \hat{p}_1 = 1,5528 \cdot 1,5526 = \underline{2,4109 \text{ bar}}$

Für (5) gilt auch

$$\frac{\hat{p}_2}{\hat{p}_1} = \frac{\hat{M}_{*1}^2\left[\sin^2\sigma_2 + (\frac{\kappa - 1}{\kappa + 1})^2 \cos^2\sigma_2\right] - \frac{\kappa - 1}{\kappa + 1}}{1 - \frac{\kappa - 1}{\kappa + 1}\hat{M}_{*1}^2} \tag{6}$$

<u>1. Schiefer Stoss</u> <u>Totaldruckverhältnis</u>

Aus der Beziehung $\frac{p}{p_t} = (1 - \frac{\kappa - 1}{\kappa + 1} M_*^2)^{\frac{\kappa}{\kappa-1}}$ (7)

folgt $\frac{p_\infty}{p_{\infty t}} = (1 - \frac{\kappa - 1}{\kappa + 1} M_{*\infty}^2)^{\frac{\kappa}{\kappa-1}}$ (8)

sowie $\frac{\hat{p}}{\hat{p}_{1t}} = (1 - \frac{\kappa - 1}{\kappa + 1} \hat{M}_{*1}^2)^{\frac{\kappa}{\kappa-1}}$ (9)

und aus (8) und (9) gewinnt man das

Totaldruckverhältnis $\frac{\hat{p}_{1t}}{\hat{p}_{\infty t}} = \frac{\hat{p}_1}{\hat{p}_\infty}\left[\frac{1 - \frac{\kappa - 1}{\kappa + 1} M_{*\infty}^2}{1 - \frac{\kappa - 1}{\kappa + 1} M_{*1}^2}\right]^{\frac{\kappa}{\kappa-1}}$ (10)

$$= \frac{1,5526}{1}\left(\frac{1 - 0,1666 \cdot 1,6^2}{1 - 0,1666 \cdot 1,247^2}\right)^{3,5} = \underline{0,9900}$$

(vgl. dazu in Bild 3.26 mit $\hat{p}_t/p_t = \hat{p}_{1t}/p_{\infty t}$)

<u>2. Schiefer Stoss</u> <u>Totaldruckverhältnis</u>

(10) auf die Strömung am 2. schiefen Stoss angesetzt lautet

$$\frac{\hat{p}_{2t}}{\hat{p}_{1t}} = \frac{\hat{p}_2}{\hat{p}_1}\left[\frac{1 - \frac{\kappa - 1}{\kappa + 1}\hat{M}_{*1}}{1 - \frac{\kappa - 1}{\kappa + 1}\hat{M}_{*2}}\right]^{\frac{\kappa}{\kappa-1}} \tag{11}$$

$$= \frac{2,4109}{1,5526}\left(\frac{1 - 0,1666 \cdot 1,445^2}{1 - 0,1666 \cdot 1,247^2}\right)^{3,5} = \underline{0,993}$$

(vgl. dazu in Bild 3.26 mit $\hat{p}_t/p_t = \hat{p}_{2t}/\hat{p}_{1t}$)

d) Gesamtdruckverhältnis der Stösse

Aus (10) und (11) folgt das Gesamtdruckverhältnis

$$\frac{\hat{p}_{2t}}{p_{\infty t}} = \frac{\hat{p}_{1t}}{p_{\infty t}} \frac{\hat{p}_{2t}}{\hat{p}_{1t}} = 0{,}99 \cdot 0{,}993 = \underline{\underline{0{,}983}}$$

Zusammenfassung: Durch zwei schiefe Stösse 1 und 2 mit geringen Stossverlusten wird die Zuströmmachzahl $M_\infty = \underline{\underline{1{,}929}}$ auf $\hat{M}_2 = \underline{\underline{1{,}322}}$ gesenkt.

Hinweis: Ueberschall-Einläufe (Ueberschalldiffusoren) an Triebwerken für Flugzeuge mit Ueberschallgeschwindigkeiten haben die Funktion, die Luftströmung auf Machzahlen von 0,5 bis 0,8 vor dem Verdichter zu verzögern. Die Verzögerung soll dabei mit kleinstmöglichem Gesamtdruckverlust erfolgen. Man erreicht dies, indem die Verzögerung durch einen schwachen senkrechten Stoss oder durch mehrere schwache schiefe Stösse und einen abschliessenden mässigen geraden Stoss, welcher endgültig auf Unterschall verzögert, vorgenommen wird.

3.4 Ebene Platte und schlanke Profile im Überschall

Aufgabe 1 (Bild 3.27)

Ebene Platte im Ueberschall.

Eine ebene Platte wird unter kleinem Winkel α gegen die Anströmrichtung u_∞ mit der Machzahl $M_\infty > 1$ angeströmt. Die Gasströmung hat die Temperatur T_∞ beim Druck p_∞.

a) Wie gross ist der Druck p, die Machzahl M, die Temperatur T und die Strömungsgeschwindigkeit u in den Zonen 2, 3, 4 und 5 ?,

b) Wie gross ist der Auftriebsbeiwert c_a und der Widerstandsbeiwert c_w ? Für die Berechnung des Druckes soll die Theorie der linearisierten ebenen reibungsfreien Ueberschallströmung $M_\infty > 1$ angewendet werden (Ackeret-Formel).

Gegeben: $M_\infty = 2$, $\alpha = 5°$, $T_\infty = 260{,}41$ K = $-12{,}74°$C, $p_\infty = 0{,}59520$ bar, $a_\infty = 323{,}5$ m/s, R = 287 J/kgK, $\kappa = 1{,}4$.

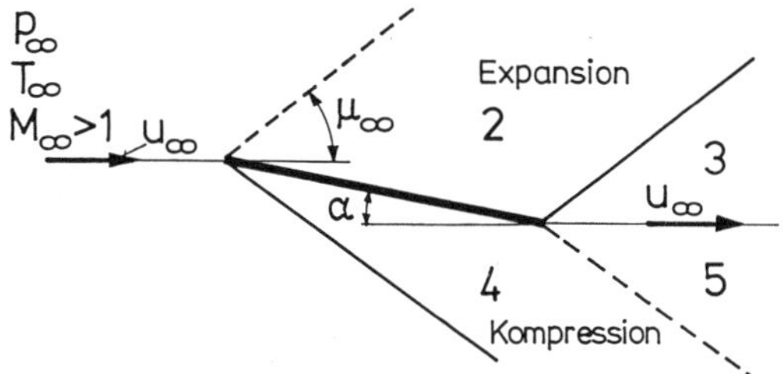

Bild 3.27 A 1

Lösung:

a) Der Ueberschallstrom empfindet die dünne wenig angestellte Platte als schwache Störung. Solche Störungen pflanzen sich im Ueberschall näherungsweise längs Machschen Linien (Verdichtungs- und Verdünnungslinien) aus und haben die unveränderliche auf u_∞ bezogene Richtung

$$\mu_\infty = \arcsin \frac{1}{M_\infty} \tag{1}$$

Im vorliegenden Fall beträgt $\mu_\infty = 30^\circ$. Nach Ackeret beträgt der Drucksprung Δp am Flächenelement mit der Neigung $dy/dx = \tan\alpha \approx \widehat{\alpha}$

$$\Delta p = \pm \frac{\rho_\infty u_\infty^2 \tan\alpha}{\sqrt{M_\infty^2 - 1}} \qquad (2)$$

(+ Oberseite, - Unterseite, Vorzeichen von $dy/dx = \tan\alpha$ beachten)

(2) wird nun auf die Plattenumströmung angewendet:

<u>Oberseite</u>

<u>Zone 2</u> nach der Verdünnungslinie (Expansion)

$\tan\alpha = \frac{dy}{dx} < 0$

$$\rho_\infty = \frac{p_\infty}{R\,T_\infty} = \frac{0{,}5952 \cdot 10^5}{287 \cdot 260{,}41} = 0{,}79638 \text{ kg/m}^3$$

$$u_\infty = M_\infty a_\infty = 2 \cdot 323{,}5 = 647 \text{ m/s}$$

Aus (2) ergibt sich ein gleichmässiger Unterdruck der Grösse

$$\Delta p_2 = \frac{0{,}79638 \cdot 647^2 (-0{,}087488)}{\sqrt{2^2 - 1}} = -\ 16839 \text{ Pa}$$

(Bild 3.28)

Somit $\qquad p_2 = \Delta p_2 + p_\infty = -\ 16839 + 59520 = \underline{0{,}42681 \text{ bar}}$

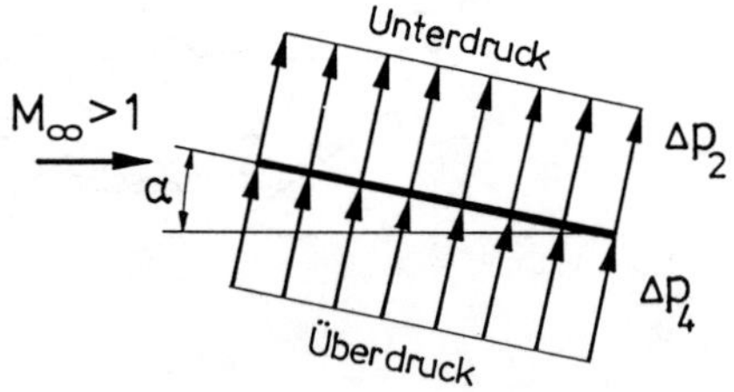

Bild 3.28 A 1

Aus Isentropenbeziehungen erhält man

$$\frac{p_\infty}{p_2} = \left[\frac{2 + (\kappa - 1)M_2^2}{2 + (\kappa - 1)M_\infty^2}\right]^{\frac{\kappa}{\kappa-1}} \qquad (3)$$

$$p_\infty/p_2 = \frac{0,5952}{0,42681} = 1,39453 \qquad \text{und daraus} \quad \underline{M_2 = 2,213}$$

$$T = T_\infty \left(\frac{p_\infty}{p_2}\right)^{\frac{1-\kappa}{\kappa}} = 260,41 \cdot 1,39453^{-0,28571} = \underline{236,8\ K} \qquad (4)$$

$$u_2 = M_2 a_2 = 2,213 \cdot \sqrt{1,4 \cdot 287 \cdot 236,8} = \underline{682,6\ m/s}$$

Zone 3 nach Verdichtungslinie (Kompression)

$\tan\alpha = \frac{dy}{dx} > 0$ (bezüglich Platte)

Die für den Drucksprung Δp_3 massgebende Näherung (2) wird mit denselben Werten gebildet wie zur Berechnung von Δp_2. Unterschiedlich ist aber das Vorzeichen. Also gilt

$$\Delta p_3 = 16839 \text{ Pa}$$

und demnach $\quad p_3 = \Delta p_3 + p_2 = 16839 + 42681 = \underline{0,59520 \text{ bar}}$

Somit $\quad p_3 = p_\infty$

Richtung, Geschwindigkeit und Druck der reibungslosen Strömung werden nach dem Durchgang durch die von der Hinterkante ausgehende Verdichtungslinie den ungestörten Anströmbedingungen angepasst.

Unterseite

Zone 4 nach Verdichtungslinie

$\tan\alpha = \frac{dy}{dx} < 0$. Gl.(2) ausgewertet mit den Daten für ρ_∞, u_∞, M_∞ und $\tan\alpha$ sowie Beachtung der Vorzeichen ergibt den Ueberdruck

$$\Delta p_4 = 16839 \text{ Pa} \qquad \text{(Bild 3.28)}$$

Somit wird $\quad p_4 = p_4 + p_\infty = 16839 + 59520 = \underline{0,76359 \text{ bar}}$

und mit $p_\infty/p_4 = 0,5952/0,76359 = 0,77947$ folgt nach (3)

$$\underline{M_4 = 1,8392}$$

Aus (4) wird $\quad T_4 = \underline{279,6\ K}$

Schliesslich $\quad u_4 = M_4 a_4 = 1,8392 \cdot \sqrt{1,4 \cdot 287 \cdot 279,6} = \underline{616,5\ m/s}$

Zone 5 nach Verdünnungslinie, $\tan\alpha = \frac{dy}{dx} > 0$

Hiemit wird aus (2) $\quad \Delta p_5 = -\ 16839$ Pa

und $p_5 = \Delta p_5 + p_4 = -16839 + 76359 = \underline{0{,}5952\ \text{bar}}$

Somit $p_5 = p_\infty$

Nach dem Durchgang durch die von der Hinterkante nach unten ausgehenden Verdünnungslinie liegen in der Strömung wieder die ungestörten Zuströmbedingungen vor.

b) Die resultierende Gesamtkraft R, gebildet aus Δp_2 und Δp_4 und den wirksamen Flächen $b \cdot s$, greift senkrecht zur Platte an (Bild 3.29).

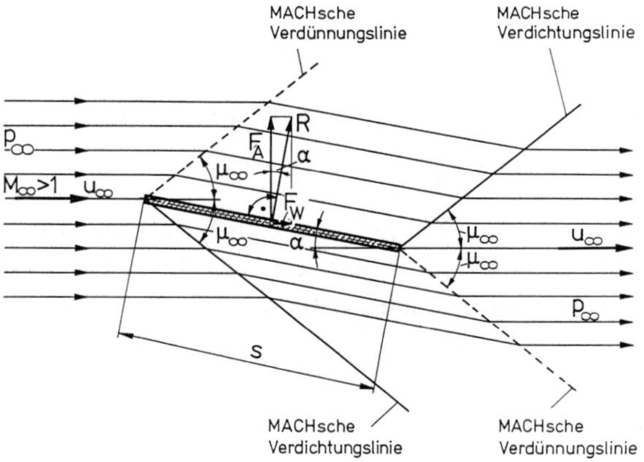

Bild 3.29 A 1

Setzt man bei dem vorliegenden kleinen Anstellwinkel $\alpha \approx \tan\alpha$ für die Auftriebskraft

$$F_A = R\cos\alpha \approx R \tag{5}$$

und für den Wellenwiderstand

$$F_W = R\sin\alpha \approx F_A\,\alpha \tag{6}$$

so bekommt man mit den aus (2) berechneten Druckdifferenzen, die an den beiden Flächen $b \cdot s$ angreifen, und (5) für den Auftriebsbeiwert

$$c_a = \frac{F_A}{\frac{\rho_\infty}{2} u_\infty^2 b\, s}$$

in kompressibler Ausdrucksweise

$$c_a = \frac{4\,\alpha}{\sqrt{M_\infty^2 - 1}} \tag{7}$$

$$= \frac{4 \cdot 0{,}087488}{\sqrt{2^2 - 1}} = \underline{0{,}202}$$

und für den Widerstandsbeiwert $c_w = F_W/((\rho_\infty/2)u_\infty^2 bs)$

$$c_w = \frac{4\,\alpha^2}{\sqrt{M_\infty^2 - 1}} \tag{8}$$

$$= \frac{4 \cdot 0{,}087488^2}{\sqrt{2^2 - 1}} = \underline{0{,}0176}$$

Aufgabe 2 (Bild 3.30)

Schlankes Profil im Ueberschall.

Für schlanke und unter kleinem Winkel α angeströmte Profile gilt unter bestimmten Vereinfachungen (Linearisierung) in der ebenen reibungsfreien Ueberschallströmung $M_\infty > 1$ die Ackeret Formel

$$\Delta p = \pm\, \rho_\infty u_\infty^2 \left(\frac{dy}{dx}\right)_{Kontur} \cdot \frac{1}{\sqrt{M_\infty^2 - 1}} \tag{1}$$

(siehe vorangehende Aufgabe).

In (1) ist Δp der wirksame Druck an einem Flächenelement dA mit der Neigung $dy/dx = \tan\vartheta \approx \vartheta$. Das Vorzeichen + gilt für die Oberseite, - für die Unterseite des Profils.

Weiterhin gilt: Im reibungsfreien Ueberschall $M_\infty > 1$ hängt der Auftriebsbeiwert c_a nur vom Anstellwinkel α und von der Anström-Machzahl M_∞ ab und ist somit völlig unabhängig von der Profilform.

Es gilt die Näherung mit α im Bogenmass:

$$c_a = \frac{4\,\alpha}{\sqrt{M_\infty^2 - 1}} \tag{2}$$

(vgl. dazu Gl.(7) in vorangehender Aufgabe 1)

Man zeige an dem beliebig geformten Polygonprofil (Bild 3.31) die Gültigkeit der Beziehung (2).

Gegeben: $M_\infty = 2$, $\alpha = 5^\circ$, Neigung der Konturflächen in Bezug auf die

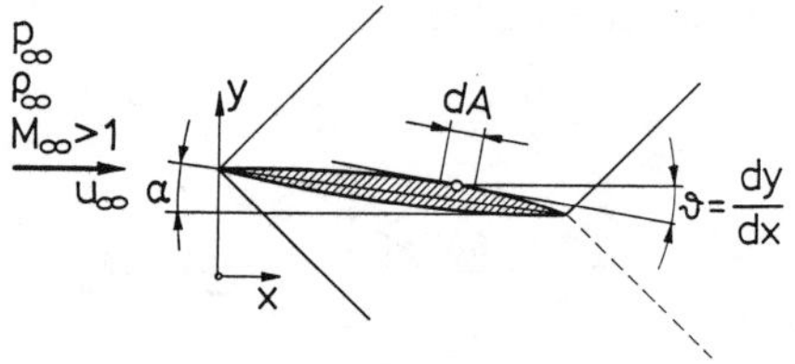

Bild 3.30 A 2

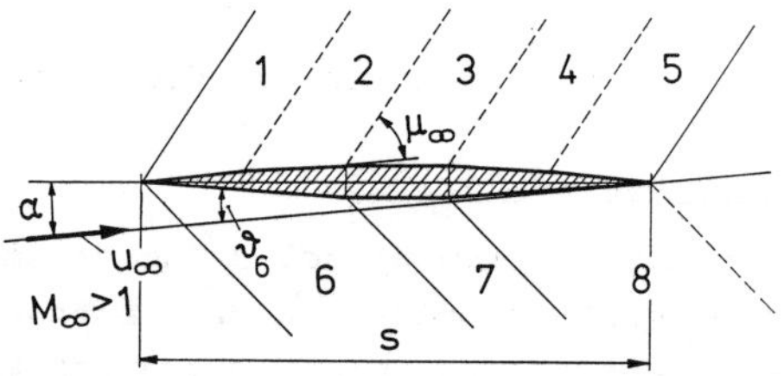

Bild 3.31 A 2

Anströmrichtung von u_∞: $\vartheta_1= 1^\circ$, $\vartheta_2= -2^\circ$, $\vartheta_3= -5^\circ$, $\vartheta_4= -8^\circ$, $\vartheta_5= -11^\circ$, $\vartheta_6= 9^\circ$, $\vartheta_7= 5^\circ$, $\vartheta_8= 1^\circ$(zur Entlastung der Skizze ist stellvertretend für die genannten Neigungswinkel nur ϑ_6 eingezeichnet). Länge der Flächenteile: Oberseite mit 5 Flächen (Zone 1 bis 5), Länge je s/5. Unterseite mit 3 Flächen (Zone 6, 7, 8), Länge 2s/5, s/5 und 2s/5. In der Skizze sind ausserdem die wirksamen Machschen Verdichtungslinien (———) und die Machschen Verdünnungslinien (Expansion - - - - - -) eingetragen, welche die Zonen 1 bis 8 voneinander trennen.

Lösung:

Wir berechnen zunächst den Auftrieb der einzelnen Flächenteile für die Profilbreite b=1m.
Die lineare Theorie nach (1) setzt an allen Teilen dieselben Werte für ρ_∞,u_∞ und M_∞ voraus. Man fasst in (1) die konstanten Grössen

zu K zusammen und beachtet

$$\frac{dy}{dx} = \vartheta \quad , \quad wo \ \vartheta = \frac{\vartheta^{\circ}}{57{,}3^{\circ}/rad}$$

und schreibt: $$\Delta p = \pm K\vartheta \tag{2}$$

Damit sind folgende Kräfte angebbar:

Oberseite:

$$F_{ob} = \frac{1}{5}\, s\, b\, K(-\vartheta_1 + \vartheta_2 + \vartheta_3 + \vartheta_4 + \vartheta_5)\, \frac{1}{57{,}3} \tag{3}$$

Unterseite:

$$F_{unt} = \frac{1}{5}\, s\, b\, K(2\vartheta_6 + \vartheta_7 + 2\,\vartheta_8)\, \frac{1}{57{,}3} \tag{4}$$

Die resultierende Gesamtkraft R liefert die Summe aus (3) und (4):

$$R = \frac{1}{5}\, s\, b\, K\, \frac{50}{57{,}3} = \frac{10\ sb\ K}{57{,}3} \tag{5}$$

Am schlanken und wenig angestellten Profil darf man $R \approx F_A \perp u_\infty$ setzen. Daraus ergibt sich der Auftriebsbeiwert c_a mit Verwendung des nominellen Staudruckes

$$q = \frac{\rho_\infty}{2} u_\infty^2 \tag{6}$$

definitionsgemäss zu

$$c_a = \frac{R}{q\, b\, s} \tag{7}$$

Mit (5) und (6) in (7) erhält man schliesslich

$$c_a = \frac{\frac{2 \cdot 10}{57{,}3}}{\sqrt{M_\infty^2 - 1}} = \underline{\frac{4\,\alpha}{\sqrt{M_\infty^2 - 1}}} \tag{8}$$

Den Zähler in (8) erkennt man als Bogenmass 4α von $4\alpha^{\circ} = 4 \cdot 5^{\circ} = 20^{\circ}$, womit (2) nachgewiesen ist.
(8) liefert numerisch

$$c_a = \frac{20}{57{,}3\ \sqrt{2^2 - 1}} = \underline{0{,}202}$$

Das ist aber derselbe c_a-Wert wie an der in Aufgabe 1 diskutierten ebenen Platte bei gleichem α und M_∞. Das Resultat zeigt die Unabhängigkeit des c_a-Wertes (und des c_w-Wertes) von der Profilform im reibungsfreien Ueberschall.

3.5 Lavaldüse, reibungsfreie Strömung

Aufgabe 1 (Bild 3.32)

Von einer Laval-Düse (konvergent-divergente Düse) ist der Durchmesserverlauf

$$d/d_* = \sqrt{A/A_*}$$

längs der Düsenlänge gegeben. d_* ist der kleinste Durchmesser des Strömungskanals.

Die Düse wird von einem zweiatomigen Gas mit dem Isentropenexponenten $\kappa = 1{,}4$ überkritisch durchströmt. Für die eindimensionale stationäre kompressible isentrope Strömung ist unter der skizzierten Düse der Verlauf der Strömungsmachzahl M, das Querschnittsverhältnis A/A_*, das Druckverhältnis p/p_t und das Geschwindigkeitsverhältnis c/a_* aufgetragen.

Man weise die eingetragenen Werte p/p_t, A/A_* und c/a_* an der Stelle der Strömungsmachzahl M = 3 nach.

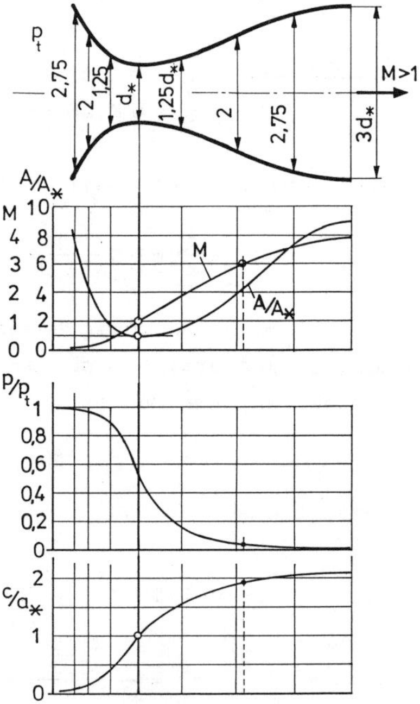

Bild 3.32 A 1

Lösung: Mit der Wahl von M-Werten folgt aus der bekannten gasdynamischen Gleichung (11) in 3.1 Aufgabe 17

$$\frac{A}{A_*} = \frac{1}{M}\left[\frac{2}{\kappa + 1}\left(1 + \frac{\kappa - 1}{2} M^2\right)\right]^{\frac{\kappa+1}{2(\kappa-1)}} \qquad (1)$$

das zugehörige Flächenverhältnis A/A_*, womit M, p/p_t und c/a_* ablesbar sind. Man liest ab für M = 3: $A/A_* = \underline{4,234}$ (aus (1)), $p/p_t = \underline{0,03}$ (0,02722 aus (2)), $c/a_* = \underline{1,95}$ (1,9638 aus (3)).

Wir schreiben noch die erwähnten Beziehungen (2) und (3) an:

$$\frac{p}{p_t} = \frac{1}{\left[1 + \frac{\kappa - 1}{2} M^2\right]^{\frac{\kappa}{\kappa-1}}} \tag{2}$$

$$c = \sqrt{-\frac{2\kappa}{\kappa - 1} RT_t\left[\left\{\frac{p}{p_t}\right\}^{\frac{\kappa-1}{\kappa}} - 1\right]}\ , \qquad a_* = \sqrt{\kappa RT_t \frac{2}{1 + \kappa}}$$

und daraus

$$\frac{c}{a_*} = \sqrt{\frac{1 + \kappa}{1 - \kappa}\left[\left\{\frac{p}{p_t}\right\}^{\frac{\kappa-1}{\kappa}} - 1\right]} \tag{3}$$

(1), (2) und (3) ausgewertet ergeben die in Bild 3.32 dargestellten Kurvenverläufe.

Aufgabe 2 (Bild 3.33)

In einer Ueberschalldüse expandiert Luft isentrop. Gegeben: $\dot{m}$ = 20 kg/s, p_{1t} = 7,0 bar, p_2 = 1,08 bar, T_{1t} = 393 K, R = 287 J/kgK, κ = 1,4, d_e = d_a = 150 mm.
Man bestimme a) d_* im engsten Querschnitt, b) d_2 des Austrittsquerschnittes, c) Machzahl M_{*2} und M_2 in 2, d) Statischer Druck p_e und p_a sowie Machzahl M_{*e} und M_{*a} im Querschnitt mit dem Durchmesser $d_e = d_a$ vor bzw. nach der engesten Stelle der Düse.

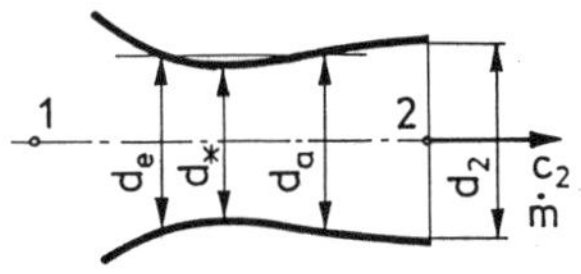

Bild 3.33 A 2

Lösung:

a) Kritischer Druck $\quad p_* = p_t \left(\frac{2}{\kappa + 1}\right)^{\frac{\kappa}{\kappa-1}} = 7 \cdot 0,52828 = 3,6979\text{bar}$

Kritische Temperatur $\quad T_* = T_t \frac{2}{1 + \kappa} = 393 \cdot 0,8333 = 327,5$ K

Dichte $\quad \rho_* = \frac{p_*}{R\,T_*} = \frac{3,6979 \cdot 10^5}{287 \cdot 327,5} = 3,934\ \text{kg/m}^3$

Kritische Geschwindigkeit $a_* = \sqrt{\kappa R T_*} = \sqrt{1{,}4\cdot 287\cdot 327{,}5} = 362{,}75$ m/s

Durchmesser $d_* = \sqrt{\dfrac{4\,A_*}{\pi}} = \sqrt{\dfrac{4\,\dot m}{\rho_*\,a_*\,\pi}} = \sqrt{\dfrac{4\cdot 20}{3{,}934\cdot 362{,}75\,\pi}}$

$= \underline{133{,}6\ \text{mm}}$

b) $c_2 = \sqrt{2\Delta h_s} = \sqrt{2\,\dfrac{\kappa}{\kappa - 1}\,RT_t\left[1 - \left(\dfrac{p_2}{p_{1t}}\right)^{\frac{\kappa-1}{\kappa}}\right]}$

$= \sqrt{2\,\dfrac{1{,}4}{0{,}4}\,287\cdot 393\left[1 - \left(\dfrac{1{,}08}{7}\right)^{\frac{0{,}4}{1{,}4}}\right]} = 571{,}54$ m/s

$$T_2 = T_t - \frac{c_2^2}{2c_p} = 393 - \frac{571{,}54^2}{2\cdot 1004} = 230{,}3\ \text{K}$$

oder $T_2 = T_{1t}\left(\dfrac{p_2}{p_{1t}}\right)^{\frac{\kappa-1}{\kappa}} = 393\ \left(\dfrac{1{,}08}{7}\right)^{\frac{0{,}4}{1{,}4}} = 230{,}4$ K

$$A_2 = \frac{\dot m}{\rho_2\ c_2} = \frac{\dot m R T_2}{p_2 c_2} = \frac{20\cdot 287\cdot 230{,}3}{1{,}08\cdot 10^5\cdot 571{,}54} = 0{,}0214158\ \text{m}^2$$

$d_2 = \underline{165{,}13\ \text{mm}}$

c) $M_2 = \dfrac{c_2}{a_2} = \dfrac{c_2}{\sqrt{\kappa R T_2}} = \dfrac{571{,}54}{\sqrt{1{,}4\cdot 287\cdot 230{,}3}} = \underline{1{,}878}$

$$M_{*2} = \frac{c_2}{a_*} = \frac{571{,}54}{362{,}75} = \underline{1{,}575}$$

d) Statischer Druck p_e in d_e vor dem engsten Querschnitt A_* und p_a in d_a nach A_*.
Die Flächen sind: $A = A_e = A_a = \frac{\pi}{4}\,d_e^2 = 0{,}017671\ \text{m}^2$, $A_* = 0{,}0140185\ \text{m}^2$

Der Massenstrom beträgt $\dot m = \rho c\, A$ (1)

und lässt sich mit A, p_t, p, ρ_t und κ wie folgt verbinden:

Aus der Bernoulli-Gleichung $\dfrac{c_2^2 - c_1^2}{2} + \displaystyle\int_1^2 \frac{dp}{\rho} = 0$ gewinnt man mit den Ruhewerten p_t, ρ_t und T_t (bei der Strömungsgeschwindigkeit $c_1 = 0$) die Geschwindigkeitsbeziehung

$$c_2 = c = \left\{-\left[\frac{2\kappa}{\kappa - 1}\right]RT_t\left[\left(\frac{p}{p_t}\right)^{\frac{\kappa-1}{\kappa}} - 1\right]\right\}^{1/2} \tag{2}$$

Ferner ist $RT_t = p_t/\rho_t$ (3)

und $$\rho = \rho_t (p/p_t)^{1/\kappa} \qquad (4)$$

Mit (2), (3) und (4) in (1) findet man die Massenstrombeziehung

$$\dot{m} = A \sqrt{\frac{2\kappa}{\kappa - 1} p_t \rho_t \left[\left(\frac{p}{p_t}\right)^{\frac{2}{\kappa}} - \left(\frac{p}{p_t}\right)^{\frac{\kappa+1}{\kappa}} \right]} \qquad (5)$$

Aus (5) kommt

$$\frac{\dot{m}(\kappa - 1)}{2\kappa p_t \rho_t A^2} = 0{,}0421207 = \left(\frac{p}{7}\right)^{\frac{2}{\kappa}} - \left(\frac{p}{7}\right)^{\frac{\kappa+1}{\kappa}} \qquad (6)$$

Zwei Werte für p erfüllen Gleichung (6) im Querschnitt $A = A_e = A_a$, nämlich

$p_e = \underline{5{,}715 \text{ bar}}$ im konvergenten Unterschallteil der Düse

und $p_a = \underline{1{,}614 \text{ bar}}$ im divergenten Ueberschallteil der Düse

Für die zu p_e und p_a zugehörigen Strömungsgeschwindigkeiten findet man entsprechend der Berechnung in b)

$$c_e = \sqrt{2 \frac{1{,}4}{0{,}4} 287 \cdot 393 \left[1 - \left(\frac{5{,}715}{7}\right)^{\frac{0{,}4}{1{,}4}}\right]} = 210{,}8 \text{ m/s}$$

$$c_a = \sqrt{2 \frac{1{,}4}{0{,}4} 287 \cdot 393 \left[1 - \left(\frac{1{,}614}{7}\right)^{\frac{0{,}4}{1{,}4}}\right]} = 520 \text{ m/s}$$

und damit wird $M_{*e} = \frac{c_e}{a_*} = \underline{0{,}581}$, $\quad M_{*a} = \frac{c_a}{a_*} = \underline{1{,}43}$

Andere Lösungsmöglichkeit:

Aus gasdynamischen Tafeln oder Diagrammen (vgl. Anhang) für die eindimensionale kompressible Strömung liest man aus Bild 3.34 ab:

Im Durchmesser $d_e = d_a$:

Für $$\frac{A_*}{A} = \left(\frac{d_*}{d_e}\right)^2 = \left(\frac{d_*}{d_a}\right)^2 = \left(\frac{133{,}6}{150}\right)^2 = 0{,}79328$$

ergibt sich im Unterschall $M < 1$:

$$\Rightarrow \frac{p_e}{p_t} = 0{,}8164 \Rightarrow p_e = 7 \cdot 0{,}8164 = \underline{5{,}715 \text{ bar}}$$

$$M_e = \underline{0{,}545}, \qquad M_{*e} = \underline{0{,}58}$$

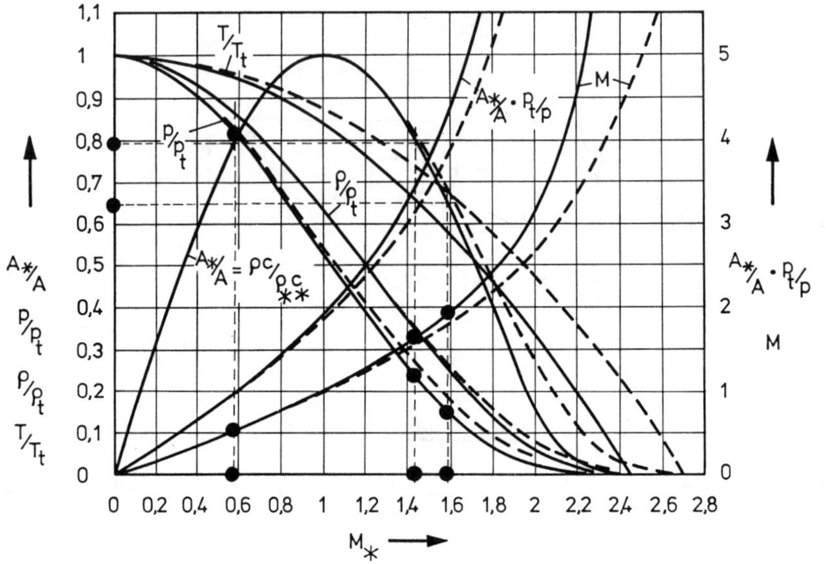

Bild 3.34 A 2 $\kappa = 1{,}4$ ——— $\kappa = 1{,}3$ - - - - -

und im <u>Ueberschall M > 1</u>:

$$\Rightarrow \frac{p_a}{p_t} = 0{,}2309 \quad \Rightarrow p_a = 7 \cdot 0{,}2309 = \underline{1{,}616 \text{ bar}}$$

$$M_a = \underline{1{,}60}, \qquad M_{*a} = \underline{1{,}43}$$

Am <u>Düsenaustritt</u> (Ueberschall M > 1) beträgt

$$\frac{A_*}{A} = \left(\frac{d_*}{d_2}\right)^2 = \left(\frac{133{,}6}{165{,}13}\right)^2 = \underline{0{,}6545}$$

$$\Rightarrow \frac{p_2}{p_t} = 0{,}1542, \quad M_2 = \underline{1{,}878}, \quad M_{*2} = \underline{1{,}57}$$

Diese den A_*/A-Werten zugeordneten Grössen sind in Bild 3.34 auf den fein gestrichelten Linien zusammen mit den für $\kappa = 1{,}4$ gültigen Graphen (Volllinien) punktweise eingetragen.

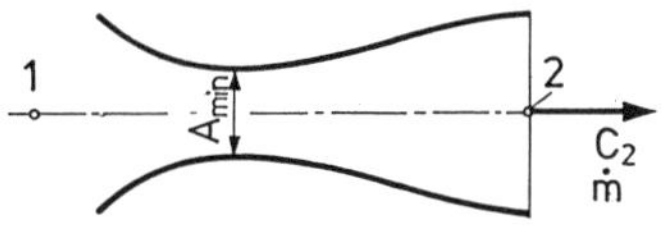

Bild 3.35 A 3

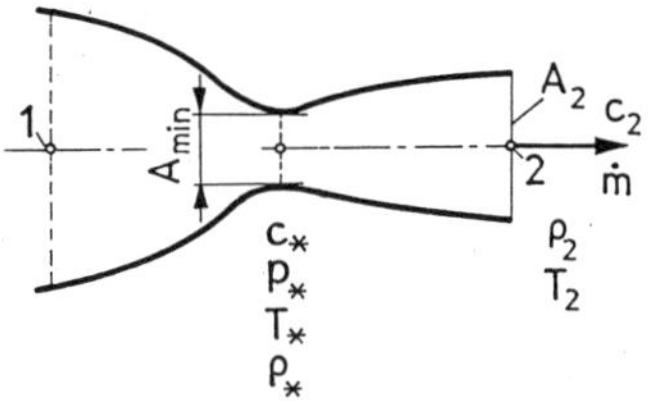

Bild 3.36 A 4

Aufgabe 3 (Bild 3.35)

In einer konvergent-divergenten Düse expandiert Luft isentrop vom Druck p_1 = 4,0 bar und t_1 = 130°C vollständig auf den Enddruck p_2 = 0,980 bar. p_1 und t_1 sind als Ruhewerte des Zustromes zu betrachten. Die engste Stelle in der Düse misst A_{min} = 3 cm^2. Daten der Luft: κ = 1,4, R = 287 J/kgK, c = 1004 J/kgK.
Man berechne a) Austrittsgeschwindigkeit c_2, b) Strömungstemperatur t_2, c) Statische Temperatur T_* in $A_{min} = A_*$, d) Statischer Druck p_* in A_{min}, e) Dichte ρ_* in A_{min}, f) Strömungsgeschwindigeit c_* in A_{min}, g) Massenstrom $\dot{m}$, h) Machzahl M_2.

Lösung: a) c_2 = 517,6 m/s, b) T_2 = 269,5 K = - 3,4°C, c) T_* = 335,8 K = 62,8°C, d) p_* = 2,1131 bar, e) ρ_* = 2,1926 kg/m^3, f) c_* = 367,3 m/s, g) $\dot{m}$ = 0,241 kg/s, h) M_2 = 1,57.

Aufgabe 4 (Bild 3.36)

Luft expandiert in einer konvergent-divergenten Düse vom Druck p_{1t} = 11,0 bar und der Temperatur t_{1t} = 200 C auf den Druck p_2 = 1,40 bar. Der Massendurchsatz beträgt $\dot{m}$ = 1,95 kg/s, κ = 1,39, R = 287 J/kgK. a) Wie gross ist im engsten Querschnitt $A_{min} = A_*$: p_*, T_*, c_*, ρ_*, A_* ? b) Wie gross ist im Austrittsquerschnitt A_2: c_2, T_2, ρ_2, A_2, M_2 ?

Lösung: a) p_* = 5,8297 bar, T_* = 395,8 K = 122,8°C, c_* = 397,4m/s, ρ_* = 5,132 kg/m^3, A_* = 9,56 cm^2, b) c_2 = 652 m/s, T_2 = 265,3 K = - 7,7°C, ρ_2 = 1,8387 kg/m^3, A_2 = 16,26 cm^2, M_2 = 2,00.

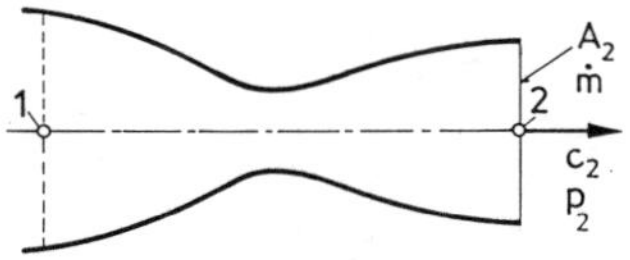

Bild 3.37 A 5

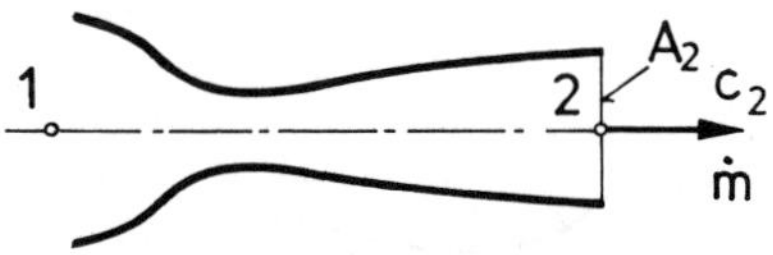

Bild 3.38 A 6

Aufgabe 5 (Bild 3.37)

Aus dem Ruhezustand in 1 wird in einer erweiterten Düse $\dot{m}$ = 0,5 kg/s Luft (κ = 1,4, R = 287 J/kgK) isentrop von p_1 = 7,0 bar und t_1 = 120°C auf p_2 = 1,09 bar vollständig entspannt. Wie gross ist die Austrittsgeschwindigkeit c_2, die Machzahl M_2 und der Austrittsquerschnitt A_2 ?

Lösung: c_2 = 571,5 m/s, M_2 = 3,46, A_2 = 5,35 cm^2.

Aufgabe 6 (Bild 3.38)

Aus Kesselbedingungen wird in einer erweiterten Düse mit dem Austrittsquerschnitt A_2 Luft isentrop von p_{1t} und t_{1t} auf p_2 vollständig entspannt. Wie gross ist c_2, M_2, t_2, $\dot{m}$?
Gegeben: p_{1t} = 4,0 bar, p_2 = 1,05 bar, t_{1t} = 100°C, A_2 = 2,14 cm^2, κ = 1,4, c_p = 1004 J/kgK.

Lösung: c_2 = 487,7 m/s, t_2 = - 18,5°C = 254,5 K, M_2 = 1,52, $\dot{m}$ = 0,15 kg/s.

Aufgabe 7 (Bild 3.39)

Ein durch Verbrennung von Flüssigtreibstoff LH+LOX (flüssiger Wasserstoff und flüssiger Sauerstoff) betriebenes Raketentriebwerk entwickelt in der Brennkammer den Gesamtdruck p_t und die Gesamttemperatur T_t. Der ausgestossene Heissgasstrom $\dot{m}$ erreicht bei der Entspannung auf den Umgebungsdruck p_B die Ausströmgeschwindigkeit c. Welchen Wert hat a) die Abströmgeschwindigkeit c aus der Schubdüse unter der vereinfachten Annahme, das Gas verhalte sich kalorisch

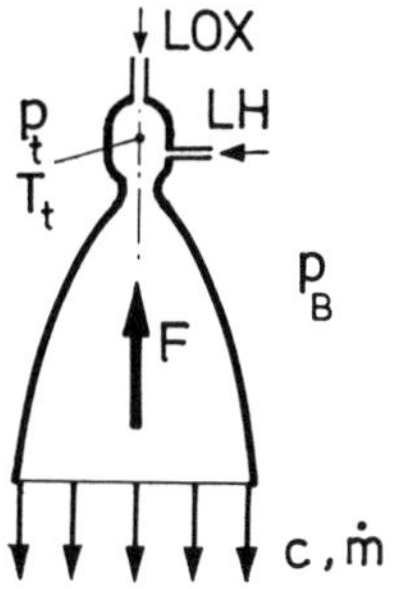

Bild 3.39 A 7

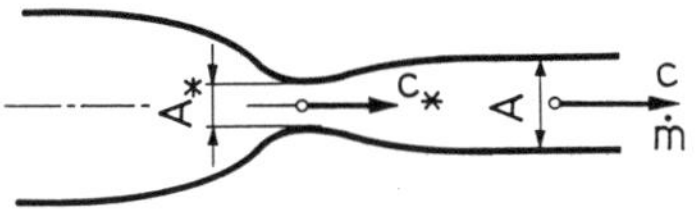

Bild 3.40 A 8

ideal ? b) die Schubkraft F ? Gegeben: p_t= 100 bar, T_t= 3500 K, p_B= 1,0 bar, κ = 1,2, c_p= 2820 J/kgK, R = 470 J/kgK.

Lösung:

a) Aus der Bernoulli-Gleichung

$$\frac{c_2^2 - c_1^2}{2} = \int_2^1 \frac{dp}{\rho} \quad \text{folgt mit } c_1 = 0 \text{ und } c_2 = c$$

$$c = \sqrt{\frac{2\kappa}{\kappa - 1} RT_t \left[1 - \left(\frac{p_B}{p_t}\right)^{\frac{\kappa-1}{\kappa}}\right]}$$

$$= \sqrt{\frac{2\ 1{,}2}{0{,}2}\ 470 \cdot 3500 \left[1 - \left(\frac{1}{100}\right)^{\frac{0{,}2}{1{,}2}}\right]} = \underline{3252\ \text{m/s}}$$

b) Die Impulsbilanz liefert

$$F = \dot{m}\ c = 230 \cdot 3252 = \underline{748\ \text{kN}}$$

Aufgabe 8 (Bild 3.40)

Im engsten Querschnitt A_* der Lavaldüse strömt Luft mit der Schallgeschwindigkeit c_*= a und der grössten Massenstromdichte $(\rho c)_{max} = \rho_* c_*$. Die Strömung wird isentrop angenommen. a) Wie gross ist A_* sowie T_*, c_*, M_*, p_*, ρ_*? , b) Man zeige, dass in A_* die Schallgeschwindigkeit a = c_* herrscht. Gegeben: A = 0,01 m^2, c = 443,7 m/s, T_t= 330 K, $\dot{m}$ = 10 kg/s, κ = 1,4, R = 287 J/kgK.

Lösung: Aus den Grundgleichungen

$$\frac{\rho}{\rho_*} = \left(\frac{T}{T_*}\right)^{\frac{1}{\kappa-1}} \qquad (1)$$

$$T_t = T_* \frac{\kappa + 1}{2} \qquad (2)$$

$$T_t = T + \frac{c^2}{2\, c_p} \qquad (3)$$

$$c_p = \frac{\kappa}{\kappa - 1} R \qquad (4)$$

gewinnt man $\left(\frac{T}{T_*}\right)^{\frac{1}{\kappa-1}} = \frac{\rho}{\rho_*} = \left[\frac{\kappa + 1}{2} - \frac{M_*^2 (\kappa - 1)}{2}\right]^{\frac{1}{\kappa-1}}$ (5)

Aus (5) und der Kontinuitätsgleichung

$$\rho\, c\, A = \rho_* c_*\, A_*$$

sowie $$M_* = \frac{c}{a_*} = \frac{c}{\kappa\, R\, T_*}$$

folgt $$A_* = A\, \frac{\rho c}{\rho_*\, c_*} = A\, M_* \left[\frac{\kappa + 1}{2} \left(1 - \frac{\kappa - 1}{\kappa + 1} M_*^2\right)\right]^{\frac{1}{\kappa-1}} \qquad (6)$$

Die numerischen Werte zusammengefasst ergeben:

a) $T_* =$ 275 K, $c_* =$ 332,4 m/s, $M_* =$ 1,335, $A_* =$ 87,25 cm², $\rho_* = \frac{\dot{m}}{A_* c_*} =$ 3,448 kg/m³, $p_* = \rho_* R T_* =$ 2,7213 bar,

b) Strömt die Luft in $A_* = A$ mit Schallgeschwindigkeit, dann ist dort $M_* = M = 1$. Der in (6) in eckiger Klammer stehende Ausdruck muss dann den Wert 1 ergeben: Man erhält

$$\left[\frac{\kappa + 1}{2}\left(1 - \frac{\kappa - 1}{\kappa + 1}\right)\right]^{\frac{1}{\kappa-1}} = 1^{\frac{1}{\kappa-1}} = 1$$

Aufgabe 9 (Bild 3.41)

In der Messstrecke eines Ueberschallwindkanales mit dem Querschnitt A sind der statische Druck p und die Gesamttemperatur T_t bekannt. Der sekundliche Massendurchsatz ist $\dot{m}$. Wie gross ist die mittlere Strömungsgeschwindigkeit $c = \bar{c} = \dot{m}/\rho A$ und die Machzahl M im Querschnitt A ? Gegeben: $\dot{m} = 10$ kg/s, $A = 0{,}01$ m², $R = 287$ J/kgK, $p = 1{,}5$ bar, $c_p = 1004$ J/kgK, $T_t = 330$ K.

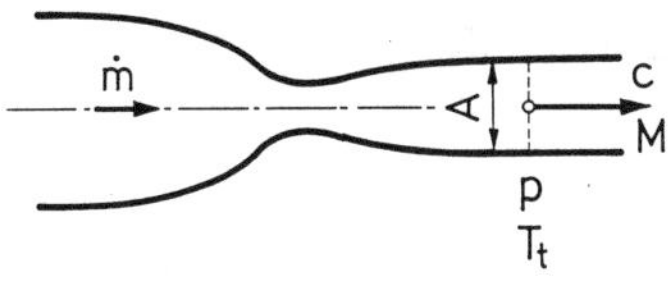

Bild 3.41 A 9

Lösung: Kontinuität $\dot{m} = \rho c A$ (1)

Gasgleichung $p/\rho = RT$ (2)

Energiegleichung $T = T_t - \frac{c^2}{2\,c_p}$ (3)

(2) und (3) in (1) ergibt

$$\dot{m} = A\,c\,\frac{p}{R\left(T_t - \frac{c^2}{2c_p}\right)} \tag{4}$$

Aus (4) folgt mit Setzung von

$$K = \frac{c_p\,p\,A}{\dot{m}\,R} \tag{5}$$

die Strömungsgeschwindigkeit $c = -K + \sqrt{K^2 + 2c_pT_t}$ (6)

Mit K aus (5) in (6) wird $c = \underline{443{,}7\ m/s}$

Für die Machzahl erhält man $M = \frac{c}{\sqrt{\kappa RT}} = \frac{c}{\sqrt{\kappa R\left(T_t - \frac{c^2}{2\,c_p}\right)}} = \underline{1{,}45}$

3.6 Lavaldüse bei unterschiedlichem Aussendruck. Reibungsfreie Strömung

In den folgenden drei Aufgaben werden die Strömungszustände in einer konvergent-divergenten Düse (Laval-Düse) bei unterschiedlichem Aussendruck diskutiert.

Die drei Fälle:

- Reine Unterschallströmung $M < 1$ längs der Düse.
- Unterschall $M < 1$ im konvergenten Teil, Schallgeschwindigkeit $M = 1$ im engsten Querschnitt, Ueberschallgeschwindigkeit $M > 1$ im divergenten Teil und vollständige Expansion auf den zum Austrittsflächenverhältnis passenden Aussendruck.
- Unterschall $M < 1$ im konvergenten Teil, Schallgeschwindigkeit im engsten Querschnitt, danach wegen zu hohem Gegendruck Verdichtungsstoss im divergenten Teil und Unterschallabstrom $M < 1$ am Düsenaustritt.

Aufgabe 1 (Bild 3.42)

Reine Unterschallströmung $M < 1$

Von der konvergent-divergenten Düse ist der Flächenverlauf A_0/A sowie die Machzahl M_0 im engsten Querschnitt A_0 bekannt. Die Düse wird von einem zweiatomigen Gas mit dem Isentropenexponenten κ durchströmt. Vorausgestzt wird ferner eindimensionale stationäre isentrope Strömung (Fadenströmung).

Man berechne die Werte p/p_t, ρ/ρ_t, T/T_t sowie die Strömungsmachzahl M in der Düse und skizziere die Daten über der relativen Lauflänge x/ℓ.

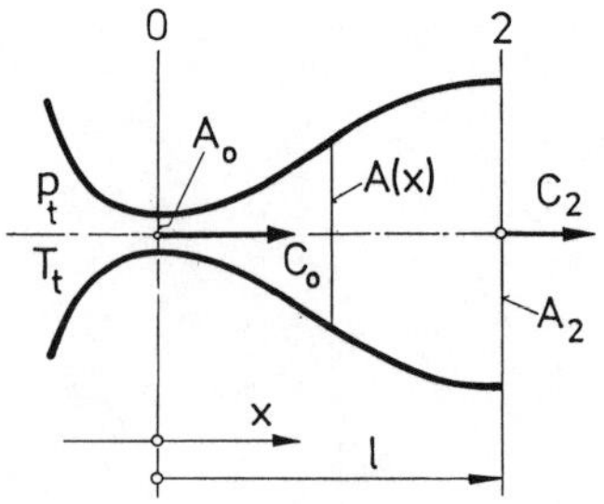

Bild 3.42 A 1

Gegeben: $A_0/A = f(x/\ell)$, M_0, A_0, p_t, T_t, R, κ, ρ_t.

Angaben zum Flächenverlauf A_0/A:

x/ℓ	1	0,8	0,6	0,4	0,2	0,1	0	-0,1	-0,2	-0,3
A_0/A	0,1125	0,1198	0,1507	0,2497	0,5075	0,8380	1,0	0,7201	0,3401	0,1415
A/A_0	8,88	8,34	6,63	4,00	1,97	1,19	1,0	1,38	2,94	7,06

Hinweis: Man beachte, dass in Bild 3.42 das Flächenverhältnis graphisch dargestellt ist. Wenn es sich beispielsweise um eine Düse mit kreisförmigem Querschnitt handelt, dann beträgt das entsprechende Durchmesserverhältnis am Düsenende $d_2/d_0 = 2{,}98$. Die Düse hat dann eine etwa dem Bild 3.32 entsprechende (schlankere) Form.

Für die numerischen Daten gelten folgende: $\kappa = 1{,}4$, Machzahl $M_0 = 0{,}9$, $T_t = 400$ K, $p_t = 10{,}0$ bar, $R = 287$ J/kgK, $\rho_t = 8{,}7108$ kg/m^3.

Lösung:

Wie gehen aus von der gasdynamischen Beziehung (11) in Aufgabe 17 Abschnitt 3.1. Die Gleichung beschreibt das Flächenverhältnis einer Strömröhre:

$$\frac{A_*}{A} = M\left[\frac{2}{\kappa + 1}\left(1 + \frac{\kappa - 1}{2} M^2\right)\right]^{-\frac{\kappa + 1}{2(\kappa - 1)}} \qquad (1)$$

A_* ist der kleinste Querschnitt der Stromröhre, in der das Fluid mit der örtlichen Schallgeschwindigkeit strömt. Dort ist $M = M_* = 1$.
In der vorliegenden Düse im Unterschall strömt das Medium im engsten Querschnitt A_0 aber bloss mit $M_0 = 0{,}9$.

Mit $M_0 = 0{,}9$ in (1) kommt

$$\frac{A_*}{A_0} = 0{,}99121$$

Die weiteren Querschnittsverhältnisse A_*/A folgen zusammen mit den gegebenen A_0/A aus

$$\frac{A_*}{A} = \frac{A_*}{A_0}\,\frac{A_0}{A} = 0{,}99121\frac{A_0}{A} \qquad (2)$$

In (1) eingeführt, die nun mit den gegebenen Werten die Form

$$\frac{A_*}{A} = M\left[0{,}8333(1 + 0{,}2\ M^2)\right]^{-3} \qquad (3)$$

annimmt, ergibt sich nach M aufgelöst der Machzahlverlauf $M = M(x/\ell)$, zusammengefasst in der nachfolgenden Aufstellung:

x/ℓ	A_0/A	A_*/A	M
1	0,1125	0,11151	0,064
0,8	0,1198	0,11874	0,072
0,6	0,1507	0,14937	0,091
0,4	0,2497	0,24750	0,145
0,2	0,5075	0,50304	0,308
0,1	0,8380	0,83063	0,594
0	1,0	0,99121	0,900
-0,1	0,7201	0,71377	0,465
-0,2	0,3401	0,33711	0,195
-0,3	0,1415	0,14025	0,081

Für die Grössen p/p_t, T/T_t, ρ/ρ_t gelten die Isentropenbeziehungen (Tabelle 3.1 Abschnitt 3.1). Diese sind

$$\frac{p}{p_t} = \left(1 + \frac{\kappa - 1}{2} M^2\right)^{-\frac{\kappa}{\kappa-1}} \qquad (4)$$

$$\frac{T}{T_t} = \left(1 + \frac{\kappa - 1}{2} M^2\right)^{-1} \qquad (5)$$

$$\frac{\rho}{\rho_t} = \left(1 + \frac{\kappa - 1}{2} M^2\right)^{-\frac{1}{\kappa-1}} \qquad (6)$$

Auszugsweise erhält man in der Ebene 0 (engster Querschnitt) und in der Ebene 2 (Düsenendquerschnitt) nachstehende Werte:

x/ℓ	M	p/p_t	ρ/ρ_t	T/T_t
0 (Ebene 0)	0,9	0,59126	0,68704	0,86058
1 (Ebene 2)	0,0647	0,9971	0,9979	0,999

Die weiteren Daten sind zusammenfassend in Bild 3.43 veranschaulicht. Damit sind alle Strömungsgrössen der im reinen Unterschall arbeitenden Düse über der relativen Lauflänge x/ℓ dargestellt.

Man erkennt dabei aus dem statischen Druck

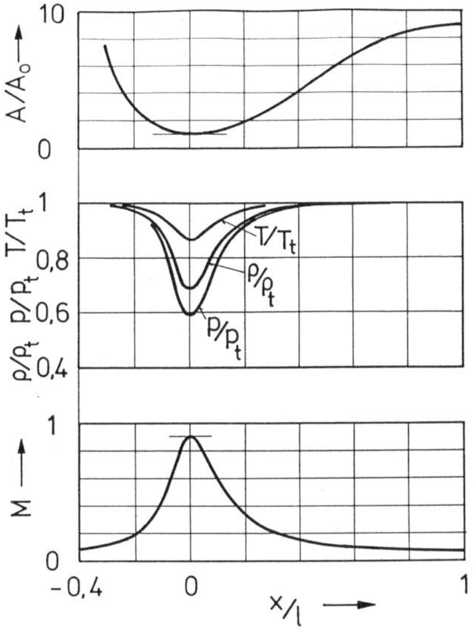

Bild 3.43 A 1

$$p_2 = 0{,}9971\ p_t = 0{,}9971 \cdot 10 = 9{,}971\ \text{bar}$$

am Düsenende im Vergleich mit dem Gesamtdruck $p_t = 10$ bar, dass infolge des geringen Düsen-Druckgefälles $\Delta p = p_t - p_2 = 0{,}029$ bar im Endteil der Düse annähernd inkompressible Strömungsverhältnisse vorliegen. Für die Abströmgeschwindigkeit, inkompressibel berechnet, erhält man

$$c_2 \approx \sqrt{\frac{2\Delta p}{\rho_t}} = \sqrt{\frac{2 \cdot 0{,}029 \cdot 10^5}{8{,}7108}} = 25{,}8\ \text{m/s} \quad (25{,}83\ \text{m/s})$$

Die Machzahl wird $M_2 \approx \dfrac{c_2}{\sqrt{\kappa R T_t}} = \dfrac{25{,}8}{\sqrt{1{,}4 \cdot 287 \cdot 400}} = 0{,}0643 \quad (0{,}0647)$

(In Klammern die kompressibel berechneten Werte zum Vergleich)

Aufgabe 2 (Bild 3.42)

Expansion auf Ueberschall $M > 1$. Vollständige Expansion des Druckgefälles auf den Aussendruck am Düsenende

Die Strömung durch die in Aufgabe 1 behandelte Laval-Düse wird dem vorliegenden Flächenverhältnis A_*/A_2 und dem Druckgefälle angepasst isentrop auf Ueberschallgeschwindigkeit beschleunigt. Da nunmehr an der engsten Stelle die lokale Schallgeschwindigkeit herrscht ($M = M_* = 1$), geht für die nachfolgenden Berechnungen A_0 in A_* über. Im Vergleich mit Aufgabe 1 ist jetzt $A_*/A = A_0/A$ und es gelten die dort angeschriebenen Grössen.

Man bestimme die Werte für p/p_t, ρ/ρ_t, T/T_t und M längs der Düse sowie die Ausströmgeschwindigkeit c_2 und skizziere die ermittelten Daten über der relativen Lauflänge x/ℓ. Ferner ist die numerische Berechnung der Strömungswerte im engsten Querschnitt (Ebene 0), am Düsenende (Ebene 2) und in der Düse am Ort mit der Machzahl $M = 3$ anzugeben.
Gegeben: $A_*/A = f(x/\ell)$ (entspricht dem Flächenverlauf A_0/A in der vorangehenden Aufgabe 1), $\kappa = 1{,}4$, $R = 287$ J/kgK, $M_* = M_0 = 1$, $p_t = 10{,}0$ bar, $T_t = 400$ K, $\rho_t = 8{,}7108$ kg/m³.

Lösung:

Aus A_*/A folgt die Machzahl M nach Gl.(11) der vorangehenden Aufgabe 1. Damit lassen sich aus den Beziehungen (4), (5) und (6) die Verhältnisse p/p_t, T/T_t und ρ/ρ_t berechnen. Die nachfolgende Zahlentabelle fasst die ausgearbeiteten Daten zusammen, die in Bild 3.44 veranschaulicht sind.

Ausgewählte numerische Werte

1) Grössen im engsten Querschnitt A_*, Ebene 0

$$p_* = p_t \left(\frac{2}{\kappa + 1}\right)^{\frac{\kappa}{\kappa-1}} = 10 \cdot 0{,}52828 = \underline{5{,}2828 \text{ bar}}$$

$$T_* = T_t \frac{2}{\kappa + 1} = 400 \cdot 0{,}8333 = \underline{333{,}3 \text{ K}}$$

$$\rho_* = \frac{p_*}{R\, T_*} = \frac{5{,}2828 \cdot 10^5}{287 \cdot 333{,}3} = \underline{5{,}522 \text{ kg/m}^3}$$

$$c_* = \sqrt{\kappa R\, T_*} = \sqrt{1{,}4 \cdot 287 \cdot 333{,}3} = \underline{365{,}96 \text{ m/s}}$$

$$M_* = M = \underline{1}$$

x/ℓ	A_*/A	A/A_*	M	M_*	T/T_t	ρ/ρ_t	p/p_t	p_2 (bar)
1	0,1125	8,888	3,792	2,11	0,2580	0,0338	0,0087	0,087
0,8	0,1198	8,347	3,724	2,10	0,2650	0,0361	0,0096	
0,6	0,1507	6,635	3,476	2,06	0,2927	0,0464	0,0136	
0,4	0,2497	4,004	2,941	1,95	0,3662	0,0812	0,0297	
0,2	0,5075	1,970	2,180	1,71	0,5126	0,1881	0,0965	
0,1	0,8380	1,193	1,525	1,38	0,6826	0,3850	0,2628	
0	1,00	1,00	1,00	1,00	0,8333	0,6340	0,5283	
- 0,1	0,7201	1,388	0,476	0,51	0,9567	0,8951	0,8563	
- 0,2	0,3401	2,940	0,202	0,22	0,9919	0,9799	0,9720	
- 0,3	0,1415	7,067	0,0822	0,09	0,9987	0,9967	0,9993	

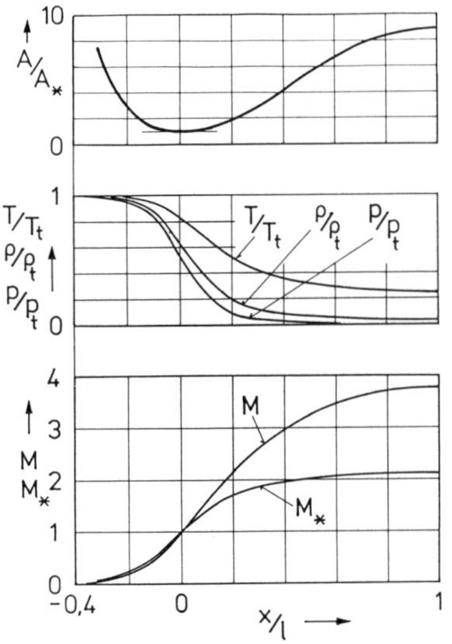

Bild 3.44 A 2

2) <u>Grössen am Düsenende, Ebene 2</u>

$$\frac{A_*}{A_2} = 0{,}1125 \Longrightarrow M_2 = \underline{3{,}792}, \qquad M_{*2} = \underline{2{,}11}$$

$$p_2 = p_t\left(1 + \frac{\kappa - 1}{2} M_2^2\right)^{\frac{\kappa}{1-\kappa}} = 10\left(1 + \frac{0{,}4}{2}\, 3{,}792^2\right)^{-3{,}5} = \underline{0{,}08724 \text{ bar}}$$

$$T_2 = T_t\left(1 + \frac{\kappa - 1}{2} M_2^2\right)^{-1} = 400\left(1 + \frac{0,4}{2} 3,792^2\right)^{-1} = \underline{103,2\ K}$$

$$\rho_2 = \frac{p_2}{R\ T_2} = \frac{8724}{287 \cdot 103,2} = \underline{0,2945\ kg/m^3}$$

$$a_2 = \sqrt{\kappa R T_2} = \sqrt{1,4 \cdot 287 \cdot 103,2} = \underline{203,63\ m/s}$$

$$c_2 = \sqrt{2\ c_p(T_t - T_2)} = \sqrt{2 \cdot 1005(400 - 103,2)} = \underline{772,38\ m/s}$$

$$= \sqrt{2 \frac{\kappa}{\kappa - 1} R\ T_t\left[1 - \left(\frac{p_2}{p_t}\right)^{\frac{\kappa-1}{\kappa}}\right]}, M_2 = \frac{c_2}{a_2} = \frac{772,38}{203,63} = \underline{3,793}$$

3) Grössen in der Düse am Ort mit der Strömungs-Machzahl M = 3

Wird in Gl.(1) Aufgabe 1 die Machzahl M = 1 gesetzt, so erhält man für das Flächenverhältnis an diesem Ort

$$\frac{A_*}{A} = 0,23614 \quad \text{bzw.} \quad \frac{A}{A_*} = 4,2347$$

an der Stelle $x/\ell \approx 0,406$.

Ferner liefern die bekannten gasdynamischen Beziehungen (vgl. vorangehende Zahlentafel):

$$p = 0,02722\ p_t = 0,02722 \cdot 10 = \underline{0,2722\ bar}$$

$$T = 0,35714\ T_t = 0,35714 \cdot 400 = \underline{142,85\ K}$$

$$\rho = 0,07623\ \rho_t = 0,07623 \cdot 8,7108 = \underline{0,66402\ kg/m^3}$$

$$M_* = \sqrt{\frac{(\kappa + 1)M^2}{2 + (\kappa - 1)M^2}} = \sqrt{\frac{2,4 \cdot 3^2}{2 + 0,4 \cdot 3^2}} = \underline{1,964}$$

$$a = \sqrt{\kappa R T} = \sqrt{1,4 \cdot 287 \cdot 142,85} = \underline{239,57\ m/s}$$

$$c = M \cdot a = 3 \cdot 239,57 = \underline{718,73\ m/s} \quad \text{oder}$$

$$c = M_* c_* = 1,964 \cdot 365,96 = 718,74\ m/s$$

Aufgabe 3 (Bild 3.45)

Laval-Düse mit Verdichtungsstoss und Unterschallabstrom $M < 1$

An der in Aufgabe 2 besprochenen Laval-Düse wird nun der Aussendruck p_2 so weit erhöht, dass p_2 nicht mehr zu dem vorgegebenen Flächenverhältnis A_2/A_* passt und deshalb im Ueberschallteil ein Verdichtungsstoss entsteht. Ort und Machzahl vor dem Verdichtungsstoss nehmen wir an. Wir setzen für die Stoss-Machzahl $M_S = 3$.

Zu ermitteln sind für diese Wahl der Stosslage der Machzahlverlauf M, der Verlauf von Druck, Dichte, Temperatur und Strömungsgeschwindigkeit vor und nach dem Stoss bis zum Düsenende.
Gegeben: Flächenverhältnis $A_*/A = f(x/\ell)$, $\kappa = 1{,}4$, $M_* = M_0 = 1$, $R = 287$ J/kgK, $p_t = 10{,}0$ bar, $T_t = 400$ K, $\rho_t = 8{,}7108$ kg/m^3.
Druck-, Dichte-, Temperatur- und Machzahlverlauf bis zum Stoss entsprechen der zum Austritts-Flächenverhältnis A_*/A_2 und Aussendruck p_2 sich einstellenden reibungsfreien Expansion, wie in Aufgabe 2 behandelt.

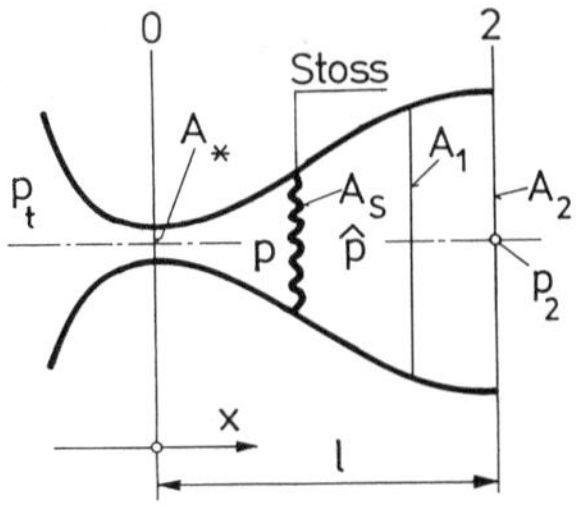

Bild 3.45 A 3

Lösung:

Verwendete Formelzeichen:

Vor dem Stoss	T_t, T, p_t, p, ρ_t, ρ, A, M
Unmittelbar nach dem Stoss (Index ^)	$\hat{T}_t$, $\hat{T}$, $\hat{p}_t$, $\hat{p}$, $\hat{\rho}_t$, $\hat{\rho}$, $\hat{M}$, A_S, $\hat{c}$ (A_S = Stossfläche)
In der Strömung nach dem Stoss stromabwärts (Index 1)	T_{1t}, T_1, p_{1t}, p_1, ρ_{1t}, ρ_1, c_1, M_1, A_1
Am Düsenaustritt	T_2, p_2, ρ_2, c_2, M_2, A_2

Strömung vor dem Verdichtungsstoss

Es gelten die Strömungsgrössen der Düse mit dem abgestimmten richtigen Aussendruck p_2 aus Aufgabe 2.

Im Verdichtungsstoss

Keine Aenderung der Gesamttemperatur $T_t = \hat{T}_t$ in der Strömung beim Stossdurchgang (adiabate Strömung). Sprunghafte Erhöhung des statischen Druckes auf $\hat{p} > p$, sprunghafte Absenkung des Ruhedruckes $\hat{p}_t < p$ (Ruhedruckverlust) und der Ruhedichte $\hat{\rho}_t < \rho$.

Nach dem Stoss (senkrechter Stoss)

Im Stoss wird das Gas von Ueberschall- auf Unterschallgeschwindigkeit verzögert: Von $M_1 = 3$ auf $\hat{M} < 1$. Die nachfolgende Strömungsverzögerung bis zum Düsenaustritt erfolgt nach den Gesetzen der isentropen Strömung.

Grössen unmittelbar vor dem Stoss.

Aus den Berechnungen in Aufgabe 2 entnimmt man bei

$$M = 3 \quad \text{bzw.} \quad M_* = 1{,}964 :$$

$p/p_t = 0{,}02722$	$p = \underline{0{,}2722\ \text{bar}}$	$p_t = \underline{10{,}0\ \text{bar}}$
$T/T_t = 0{,}35714$	$T = \underline{142{,}85\ \text{K}}$	$T_t = \underline{400\ \text{K}}$
$\rho/\rho_t = 0{,}07623$	$\rho = \underline{0{,}66402\ \text{kg/m}^3}$	$\rho_t = \underline{8{,}7108\ \text{kg/m}^3}$

Grössen unmittelbar nach dem senkrechten Stoss. Aus Stossbziehungen berechnet.

Machzahl
$$\hat{M} = \left[\frac{\kappa + 1 + (\kappa - 1)(M^2 - 1)}{\kappa + 1 + 2\kappa (M^2 - 1)}\right]^{1/2} \tag{1}$$

$$= \left[\frac{1{,}4 + 1 + 0{,}4(3^2 - 1)}{1{,}4 + 1 + 2\ 1{,}4(3^2 - 1)}\right]^{1/2} = \underline{0{,}47}_{5191}$$

Statischer Druck Druckverhältnis
$$\frac{\hat{p}}{p} = 1 + \frac{2\kappa}{\kappa + 1}(M^2 - 1) \tag{2}$$

$$= 1 + \frac{2 \cdot 1{,}4}{1{,}4 + 1}(3^2 - 1) = \underline{10{,}333}$$

$$\frac{\hat{p}}{p_t} = \frac{\hat{p}}{p}\,\frac{p}{p_t} = 10{,}333 \cdot 0{,}02722 = \underline{0{,}28126}$$

$$\hat{p} = 10 \cdot 0{,}28126 = \underline{2{,}8126\ \text{bar}}$$

Gesamtdruck Druckverhältnis
$$\frac{\hat{p}_t}{p_t} = \left[\frac{M^2}{1 + \frac{\kappa - 1}{\kappa + 1}(M^2 - 1)}\right]^{\frac{\kappa}{\kappa-1}} \cdot \left[\frac{1}{M^2 + \frac{\kappa - 1}{\kappa + 1}(M^2 - 1)}\right]^{\frac{1}{\kappa-1}} \tag{3}$$

$$= \left[\frac{3^2}{1 + \frac{0,4}{2,4}(3^2 - 1)}\right]^{3,5} \cdot \left[\frac{1}{3 + \frac{0,4}{2,4}(3 - 1)}\right]^{2,5} = \underline{0,328339}$$

Damit $\hat{p}_t = 10 \cdot 0,328339 = \underline{3,28339 \text{ bar}} = p_{1t}$

Temperaturverhältnis
$$\frac{\hat{T}}{T} = \left[1 + \frac{2\kappa}{\kappa + 1}(M^2 - 1)\right] \cdot \left[1 - \frac{2}{\kappa + 1}(1 - \frac{1}{M^2})\right] \qquad (4)$$

$$= \left[1 + \frac{2 \cdot 1,4}{2,4}(3^2 - 1)\right] \cdot \left[1 - \frac{2}{2,4}(1 - \frac{1}{3^2})\right] = \underline{2,6790}$$

$$\Longrightarrow \frac{\hat{T}}{T_t} = \frac{\hat{T}}{T}\,\frac{T}{T_t} = 2,679 \cdot 0,35714 = \underline{0,95678}$$

Dichteverhältnis $\frac{\rho}{\hat{\rho}} = 1 - \frac{2}{\kappa + 1}(1 - \frac{1}{M^2}) = 1 - \frac{2}{2,4}(1 - \frac{1}{3^2}) = \underline{0,259259}$

$$\Longrightarrow \frac{\hat{\rho}}{\rho_t} = \frac{\hat{\rho}}{\rho}\,\frac{\rho}{\rho_t} = \frac{1}{0,259259}\; 0,07623 = \underline{0,29403}$$

<u>Nach dem Stoss stromäbwärts</u> (isentrope Zustandsänderung)

Für <u>isentrope</u> Zustandsänderungen gilt:

$$\hat{p}_t = \hat{p}(1 + \frac{\kappa - 1}{2}\hat{M}^2)^{\frac{\kappa}{\kappa-1}} = p_{1t} = \underline{3,28339 \text{ bar}}$$

Daraus $\hat{p} = \underline{2,8126 \text{ bar}}$

$$\rho_{1t} = \hat{\rho}_t = \hat{\rho}(1 + \frac{\kappa - 1}{2}\hat{M}^2)^{\frac{1}{\kappa-1}}$$

Man erhält mittels den bereits bekannten Werten

$$\hat{\rho} = 0,29403 \cdot 8,7108 = \underline{2,56123 \text{ kg/m}^3}$$

$$\hat{\rho}_t = 1,116756 \cdot 2,56123 = \underline{2,8602 \text{ kg/m}^3}$$

Die vorliegende gasdynamische isentrope Strömung nach dem Stoss stromabwärts hat also jetzt folgende neue <u>konstante</u> Totalwerte:

$\hat{T}_t = T_{1t} = \underline{400 \text{ K}}$ (unverändert)

$\hat{\rho}_t = \rho_{1t} = \underline{2,8602 \text{ kg/m}^3}$

$\hat{p}_t = p_{1t} = \underline{3,282839 \text{ bar}}$

Im Querschnitt A_S beträgt die Strömungsmachzahl $\hat{M} = M_1 = 0,47_{5191}$. Mit der gasdynamischen Beziehung (11) in Aufgabe 17 Abschnitt 3.1 zur Festlegung des Flächenverhältnisses A_*/A einer Stromröhre berechnet man nun für die vorliegende isentrope Strömung nach dem Stoss den rechnerisch kleinsten Querschnitt A_{*1} der Stromröhre, ausgehend vom Querschnitt A_S und der dort vorliegenden Machzahl $\hat{M}$. Man erhält aus

$$\frac{A_{*1}}{A_S} = \hat{M}\left[\frac{2}{\kappa+1}\left(1+\frac{\kappa-1}{2}\hat{M}^2\right)\right]^{-\frac{\kappa+1}{2(\kappa-1)}}$$

$$= 0{,}475191\left[\frac{2}{2{,}4}\left(1+\frac{0{,}4}{2}\,0{,}475191^2\right)\right]^{-3} = 0{,}71922$$

Die weiteren Querschnittsverhältnisse A_{*1}/A stromabwärts folgen aus Gl.(2) in Aufgabe 1, umgeschrieben auf die hier gewählten Bezeichnungen:

$$\frac{A_{*1}}{A} = \frac{A_{*1}}{A_S}\frac{A_S}{A_1} = 0{,}71922\frac{A_S}{A_1} \tag{6}$$

Gleichung (6) ausgewertet mit mit den aus der Düsengeometrie bekannten A_S/A_1-Werten ergeben die nachstehend aufgelisteten Daten:

x/ℓ	A_S/A_1	A_{*1}/A	M_1
0,415	1	0,71922	0,475 = $\hat{M}$
0,6	0,6382	0,45900	0,2781
0,8	0,5073	0,36487	0,2171
1,0	0,4764	0,34263	0,2035

Die berechneten A_{*1}/A-Werte in

$$\frac{A_{*1}}{A} = \left[M_1\frac{2}{\kappa+1}\left(1+\frac{\kappa-1}{2}M_1^2\right)\right]^{-\frac{\kappa+1}{2(\kappa-1)}}$$

eingesetzt ergeben die in der Zahlentafel am Schluss der Lösung angeschriebenen Machzahlen M_1 stromabwärts vom Stoss bis zum Düsenaustritt in $x/\ell = 1$.

p_1, ρ_1, T_1 stromabwärts nach dem Stoss folgen aus den für die isentrope Zustandsänderung gültigen gasdynamischen Gleichungen, die mit dem festgelegten Index 1 lauten:

$$\frac{T_1}{T_{1t}} = \left(1+\frac{\kappa-1}{2}M_1^2\right)^{-1} \qquad \frac{\rho_1}{\rho_{1t}} = \left(1+\frac{\kappa-1}{2}M_1^2\right)^{-\frac{1}{\kappa-1}} \qquad \frac{p_1}{p_{1t}} = \left(1+\frac{\kappa-1}{2}M_1^2\right)^{-\frac{\kappa}{\kappa-1}}$$

Hierin sind T_{1t}, ρ_{1t} und p_{1t} die konstanten Ruhegrössen hinter dem senkrechten Verdichtungsstoss. Beispielsweise findet man nach dem V-Stoss in $x/\ell = 0,6$ bei $M_1 = 0,2781$:

$$T_1 = 400\left(1 + \frac{0,4}{2}\, 0,2781^2\right)^{-1} = \underline{393,9\ K}$$

$$\rho_1 = 2,8601\left(1 + \frac{0,4}{2}\, 0,2781^2\right)^{-2,5} = \underline{2,7524\ kg/m^3}$$

$$p_1 = 3,28339\left(1 + \frac{0,4}{2}\, 0,2781^2\right)^{-3,5} = \underline{3,11165\ bar}$$

Und mit denselben Beziehungen erhält man am Düsenende:

$$p_2 = \underline{3,189\ bar},\quad T_2 = \underline{396,7\ K},\quad M_2 = \underline{0,2035},\quad \rho_2 = \underline{2,801\ kg/m^3}$$

$$c_2 = M_2 a_2 = M_2 \sqrt{\kappa R T_2} = \underline{81,24\ m/s}$$

Bei dem berechneten Druck $p_2 = 3,189$ bar am Düsenende steht also der Verdichtungsstoss in der Düse an der Stelle $x/\ell = 0,415$. Weicht der Enddruck von dem berechneten ab, so verschiebt sich der Stoss. Qualitativ lässt sich darüber sagen: Grössere p_2-Werte haben zur Folge, dass der Stoss nach innen verschoben wird, bei kleineren Enddrücken verschiebt er sich in Richtung Düsenende. Schliesslich kommt man mit den oben ermittelten Werten zu den in der nachstehenden Tabelle zusammengestellten Daten und zu Bild 3.46 in graphischer Darstellung.

x/ℓ	M_1	p_1 bar	p_1/p_t	ρ_1 kg/m^3	ρ_1/ρ_t	T_1 K	T_1/T_t
0,415*	0,475	2,812	0,2812	2,561	0,2940	382,7	0,9567
0,6	0,2781	3,111	0,3111	2,752	0,3159	393,9	0,9847
0,8	0,2171	3,177	0,3177	2,793	0,3207	396,2	0,9906
1,0**	0,2035	3,189	0,3189	2,801	0,3216	396,7	0,9917

* x/ℓ am Ort des Stosses

** Düsenende, dort ist $p_1 = p_2 = 3,189$ bar

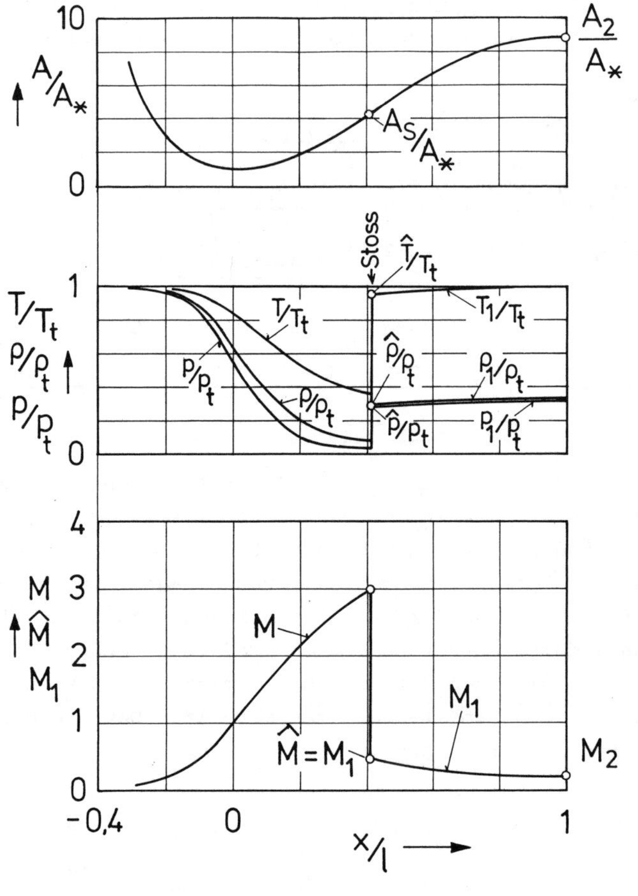

Bild 3.46 A 3

Der Aussendruck p_2 hat nicht den zum Flächenverhältnis A_2/A_* zutreffenden Wert. In der Laval-Düse entsteht ein Verdichtungsstoss im Ueberschallteil bei der Machzahl M = 3 an der Stelle x/ℓ = 0,415. Gasdaten: p_t= 10,0 bar, T_t= 400 K, R = 287 J/kgK, κ = 1,4.

3.7 Lavaldüse, reibungsbehaftete Strömung

In der idealen konvergent-divergenten Düse (isentrope Strömung) erreicht die Massenstromdichte $\rho_* c_*$ im engsten Querschnitt A_* (Bild 3.47) des Strömungskanals den Grösstwert.

Darin ist

$$c_* = \sqrt{\kappa R T_*} \tag{1}$$

$$\rho_* = p_*/RT_* \tag{2}$$

$$T_* = T_t\,(2/1+\kappa) \tag{3}$$

$$p_* = p_t\,(2/1+\kappa)^{\frac{\kappa}{\kappa-1}} \tag{4}$$

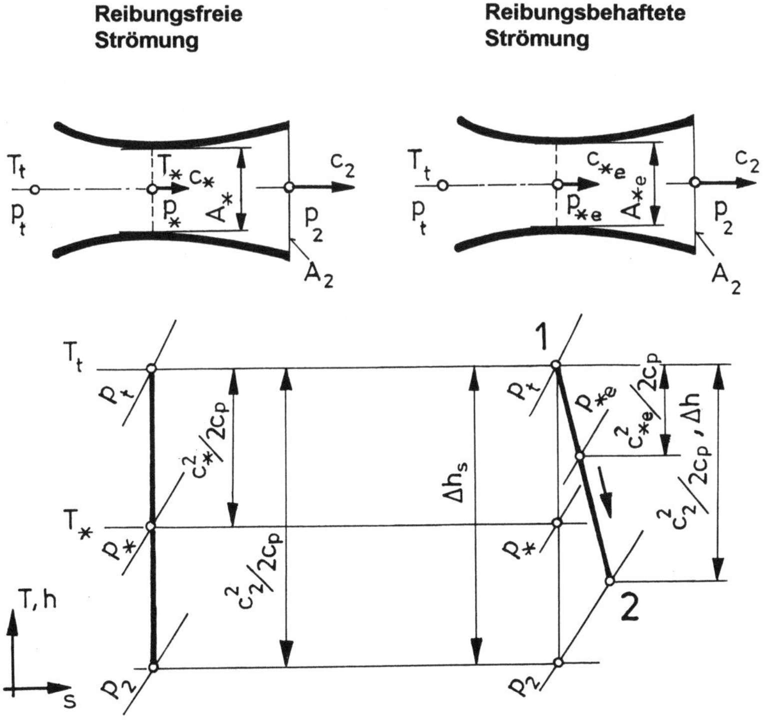

Bild 3.47

Ueberlegungen auf der Grundlage der Thermo- und Gasdynamik zeigen, dass in reibungsbehafteter polytroper Expansion mit $n < \kappa$ die Geschwindigkeit am Ort grösster Massenstromdichte nicht mehr die Grösse c_* erreicht. Die effektive kritische Strömungsgeschwindigkeit ist kleiner. Es gilt $c_{*e} < c_*$ (Kritische Zustandswerte in der Strömung mit Reibung werden im folgenden mit dem Index $_{*e}$ bezeichnet).

Die Abweichungen gegenüber den für die isentrope Strömung gültigen Gleichungen erfassen nun folgende Beziehungen[4].

Für c_{*e} in der Strömung grösster Massenstromdichte gilt

$$\frac{c_{*e}}{c_*} = \frac{n-1}{n+1}\,\frac{\kappa+1}{\kappa-1} \tag{5}$$

Zu c_{*e} gehört der Druck p_{*e}. Für das kritische Druckverhältnis erhält man

$$\frac{p_{*e}}{p_t} = \left(\frac{2}{n+1}\right)^{\frac{n}{n-1}} \tag{6}$$

Es ist zweckmässig, die Reibungseffekte in der Düse durch den

Düsenwirkungsgrad $$\eta_D = \frac{\Delta h}{\Delta h_s} \tag{7}$$

zu erfassen. Zur Berechnung des Polytropenexponenten n in (6) lässt sich die Beziehung

$$n = \frac{\ln \pi}{\ln \pi - \ln\left[1 - \eta_D\left(1 - \pi^{\frac{\kappa-1}{\kappa}}\right)\right]} \tag{8}$$

anwenden, worin $\pi = p_2/p_t$ das Expansionsverhältnis darstellt. (8) basiert auf den bekannten für die Polytrope gültigen Druck- und Temperaturbeziehungen mit Beizug von (7), ausgedrückt durch Temperaturdifferenzen der idealen und realen Strömung. Bild 3.48 zeigt den näherungsweise bestehenden Zusammenhang

$$n = f(\eta_D, \kappa)$$

unter Vernachlässigung des geringen Einflusses des Expansionsverhältnisses π. Mit abnehmendem Düsenwirkungsgrad η_D bzw. kleinerem $n < \kappa$ wächst das durch (6) ausgedrückte kritische Druckverhältnis p_{*e}/p_t (Bild 3.49).

Damit gilt ganz allgemein: $$\frac{p_{*e}}{p_t} > \frac{p_*}{p_t} \tag{9}$$

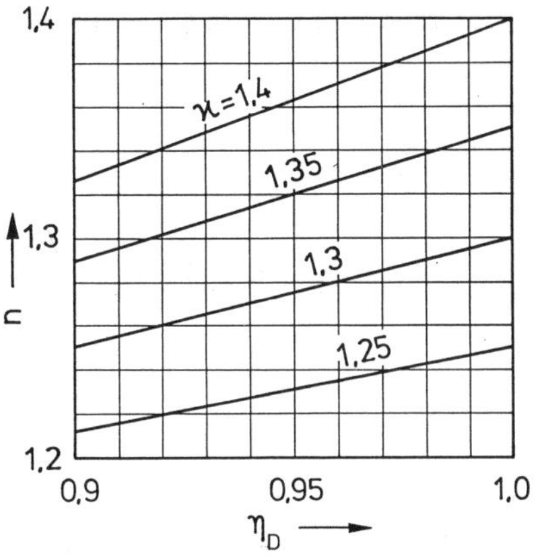

Bild 3.48

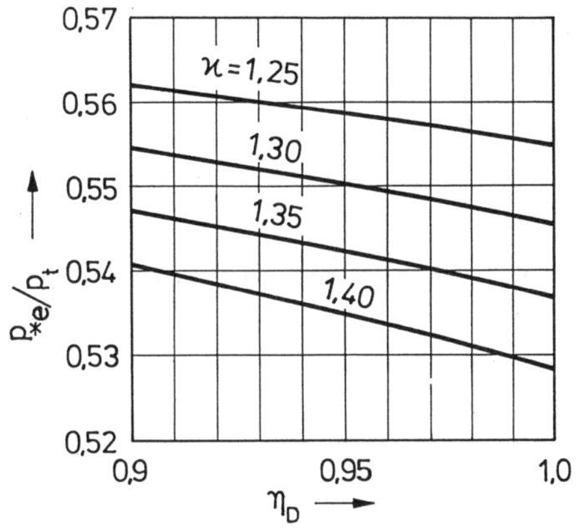

Bild 3.49

Vollzieht sich die polytrope Expansion mit vernachlässigbar kleiner Anfangsgeschwindigkeit, dann lässt sich die grösste Massenstromdichte in der Stromröhre durch die Beziehung

$$\rho_{*e} c_{*e} = \rho_t \left(\frac{p_{*e}}{p_t}\right)^{1/n} \left\{ 2 \frac{\kappa}{\kappa - 1} \, RT_t \; 1 - \left(\frac{p_{*e}}{p_t}\right)^{\frac{n-1}{n}} \right\}^{1/2} \tag{10}$$

ausdrücken, worin c_{*e} wegen (1) und (5)

$$c_{*e} = \left\{ 2 \frac{n - 1}{n + 1} \frac{\kappa}{\kappa - 1} \, RT_t \right\}^{1/2} \tag{11}$$

beträgt. Die Düsenquerschnitte berechnet man am einfachsten aus der Kontinuitätsbedingung mit Beachtung von $\dot{m}$ = konstant:

Engster Querschnitt mit Rückgriff auf (10)

$$A_* = \frac{\dot{m}}{\rho_{*e} c_{*e}} \tag{12}$$

Austrittsquerschnitt

$$A_2 = \frac{\dot{m}}{\rho_2 \, c_2} \tag{13}$$

mit $\rho_2 = p_2/RT_2$, worin $T_2 = T_t - c_2^2/2c_p$ und

$$c_2 = \left[2 \frac{\kappa}{\kappa - 1} \, RT_t \left\{ 1 - \left(\frac{p_2}{p_t}\right)^{\frac{\kappa-1}{\kappa}} \right\} \eta_D \right]^{1/2} \tag{14}$$

Uebungsbeispiele zur reibungsbehafteten Strömung in Düsen mit Ueberschallabstrom folgen im anschliessenden Abschnitt 3.8.

3.8 Verstellbare Lavaldüsen von Flugtriebwerken

Aufgabe 1 (Bild 3.50)

Die stufenlos verstellbare Lavaldüse (Bereich 9-9_*-10) eines Zweiwellen-Zweistrom-Triebwerkes mit Nachverbrennung [5] ermöglicht sowohl den engsten Querschnitt als auch den Austrittsquerschnitt dem jeweiligen Expansionsverhältnis anzupassen. Damit ist das verfügbare thermische Gefälle verlustarm in Geschwindigkeitsenergie umsetzbar.

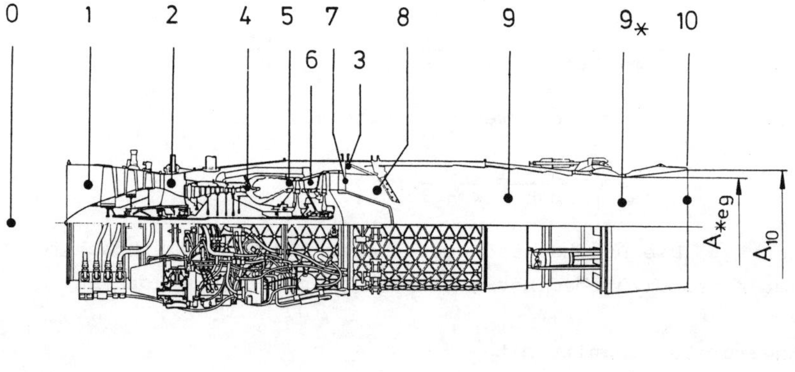

Bild 3.50 A 1

Zu bestimmen sind:

a) Druck, Temperatur, kritisches Druckverhältnis, Dichte und die Strömungsgeschwindigkeit bei grösster Massenstromdichte im engsten

Querschnitt, b) Temperatur, Dichte, Strömungsgeschwindigkeit und Machzahl im Austrittsquerschnitt, c) Fläche und Durchmesser des engsten und des Austrittsquerschnittes, d) Die vom Triebwerk erzeugte Schubkraft F.

Gegebene Betriebsdaten bei Startbedingungen und Betrieb mit Nachverbrennung:

$M_0 = 0$, $H = 0$ m, Massenstrom $\dot{m} = 80{,}2$ kg/s, Ruhetemperatur $T_{9t} =$ 1975 K, Ruhedruck $p_{9t} = 3{,}85$ bar, Aussendruck $p_0 = 1{,}01325$ bar, Düsenwirkungsgrad $\eta_D = 0{,}93$, $\kappa = 1{,}28$, $c_p = 1315$ J/kgK, $R =$ 287 J/kgK, $\rho_{9t} = 0{,}679222$ kg/m^3.

Lösung:

a) Engster Querschnitt in 9_*

Der Polytropenexponent n der reibungsbehafteten Strömung, abhängig von $\eta_D = 0{,}93$ und $\kappa = 1{,}28$, entnehmen wir dem Diagramm Bild 3.48. Man findet

$$n = 1{,}25$$

Gestützt auf die Ausführungen im Abschnitt 3.7 kommt aus Gl.(5)

$$\frac{c_{*9e}}{c_{*9}} = \left[\frac{n-1}{n+1}\,\frac{\kappa+1}{\kappa-1}\right]^{1/2} = \left[\frac{0{,}25}{2{,}25}\,\frac{2{,}28}{0{,}28}\right]^{1/2} = 0{,}9512$$

Aus (3) $\quad T_{*9} = T_{9t}\dfrac{2}{1+\kappa} = 1975\,\dfrac{2}{1+1{,}28} = \underline{\underline{1732\ \text{K} = 1459^\circ\text{C}}}$

Aus (1) die kritische Geschwindigkeit

$$c_{*9} = \sqrt{\kappa R T_{*9}} = \sqrt{1{,}28\cdot 287\cdot 1732} = \underline{\underline{797{,}7\ \text{m/s}}}$$

Damit beträgt die Strömungsgeschwindigkeit bei grösster Massenstromdichte

$$c_{*e9} = \frac{c_{*e9}}{c_{*9}}\,c_{*9} = 0{,}9512\cdot 797{,}7 = \underline{\underline{758{,}8\ \text{m/s}}}$$

Aus (6) das kritische Druckverhältnis

$$\frac{p_{*e9}}{p_{9t}} = \left[\frac{2}{n+1}\right]^{\frac{n}{n-1}} = \left[\frac{2}{2{,}25}\right]^{\frac{1{,}25}{0{,}25}} = \underline{\underline{0{,}55492}}$$

Das kritische Druckverhältnis lässt sich auch aus Bild 3.49 $p_{*e}/p_t = f(\eta_D, \kappa)$ bestimmen.

Für den kritischen Druck erhält man

$$p_{*e9} = \frac{p_{*e9}}{p_{9t}}\, p_{9t} = 0{,}55492 \cdot 3{,}850 = \underline{2{,}13644 \text{ bar}}$$

Die Temperatur im Strom mit der grössten Massenstromdichte beträgt

$$T_{*e9} = T_{9t} - \frac{c_{*e9}^2}{2\, c_p} = 1975 - \frac{758{,}8^2}{2 \cdot 1315} = \underline{1756 \text{ K} = 1483\,^\circ\text{C}}$$

und für die Dichte erhält man

$$\rho_{*e9} = \rho_{9t}\left(\frac{p_{*e9}}{p_{9t}}\right)^{1/n} = 0{,}679222 \left(\frac{2{,}13644}{3{,}850}\right)^{\frac{1}{1{,}25}} = \underline{0{,}42403 \text{ kg/m}^3}$$

b) Austrittsquerschnitt in 10

Entsprechend (14) Abschnitt 3.7 ergibt sich für die

Abströmgeschwindigkeit $c_{10} = \left\{ 2\, \frac{\kappa}{\kappa + 1}\, RT_{9t} \left[1 - \left(\frac{p_0}{p_{9t}}\right)^{\frac{\kappa-1}{\kappa}} \right] \eta_D \right\}^{1/2}$

$$= \left\{ 2\, \frac{1{,}28}{0{,}28}\, 287 \cdot 1975 \left[1 - \left(\frac{1{,}01325}{3{,}850}\right)^{\frac{0{,}28}{1{,}28}}\right] 0{,}93 \right\}^{1/2} = \underline{1104 \text{ m/s}}$$

Statische Temperatur $T_{10} = T_{9t} - \frac{c_{10}^2}{2c_p} = 1975 - \frac{1104^2}{2 \cdot 1315} = \underline{1512 \text{ K} = 1239\,^\circ\text{C}}$

Dichte. Mit $p_0 = p_{10}$ gilt $\rho_{10} = p_{10}/RT_{10} = \frac{1{,}01325 \cdot 10^5}{287 \cdot 1512} = \underline{0{,}2335 \text{ kg/m}^3}$

Machzahl. Es folgt $M_{10} = \frac{c_{10}}{a_{10}} = \frac{c_{10}}{\sqrt{\kappa R T_{10}}} = \frac{1104}{\sqrt{1{,}28 \cdot 287 \cdot 1512}} = \underline{1{,}48}$

c) Engster Querschnitt der Laval-Düse

Aus (12) erhält man

$$A_{*e9} = \frac{\dot{m}}{\rho_{*e9}\, c_{*e9}} = \frac{80{,}2}{0{,}42403 \cdot 758{,}8} = \underline{0{,}249258 \text{ m}^2}$$

Daraus $d_{*e9} = 0{,}563 \text{ m} = \underline{563 \text{ mm}}$

Austrittsquerschnitt der Laval-Düse. Aus (13) findet man

$$A_{10} = \frac{\dot{m}}{\rho_{10}\, c_{10}} = \frac{80{,}2}{0{,}2335 \cdot 1104} = \underline{0{,}31111 \text{ m}^2}$$

somit $d_{10} = \underline{630 \text{ mm}}$

d) Aus der Impulsbilanz bei vollständiger Expansion auf den Umgebungsdruck $p_{10} = p_0$ erhält man für den Schub im Stand beim Betrieb mit Nachverbrennung

$$F = \dot{m}\, c_{10} = 80{,}2 \cdot 1104 = \underline{88{,}6\ \text{kN}}$$

Aufgabe 2 (Bild 3.50)

Für das gleiche wie in Aufgabe 1 behandelte Triebwerk ist bei Startbedingungen ohne Nachverbrennung zu berechnen:
a) Engster Düsendurchmesser d_{*e9}, b) Austrittsdurchmesser d_{10} der verstellbaren Laval-Düse, c) Abström-Machzahl M_{10}, d) Schubkraft F. Gegeben: $M_0 = 0$, H = 0 m, $\dot{m} = 77{,}3$ kg/s, $T_{8t} = 944$ K, $p_{8t} = 4{,}10$ bar, $p_0 = p_{10} = 1{,}01325$ bar, $\eta_D = 0{,}94$, $\kappa = 1{,}34$, $c_p = 1120$ J/kgK, R = 287 J/kgK, $\rho_{8t} = 1{,}5133$ kg/m^3.

Lösung: a) $d_{*e9} = \underline{442\ \text{mm}}$, b) $d_{10} = \underline{495\ \text{mm}}$, c) $M_{10} = \underline{1{,}52}$,
d) $F = \underline{59{,}8\ \text{kN}}$.

Aufgabe 3 (Bild 3.50)

Zweiwellen-Zweistromtriebwerk (wie Aufgabe 1 und 2) im Flug.
Im Betrieb ohne Nachverbrennung bei der Flugmachzahl $M_0 = 0{,}90$ mit der Fluggeschwindigkeit $v_0 = 269{,}5$ m/s in H = 10000 m Flughöhe beim Aussendruck $p_0 = p_{10} = 0{,}26436$ bar sind ausserdem nachstehende Daten bekannt:
Eintrittsluftmasse $\dot{m}_L = 36{,}1$ kg/s, Massendurchsatz in der Düse $\dot{m} = 36{,}7$ kg/s, $T_{8t} = 934$ K, $p_{8t} = 2{,}10$ bar, $\eta_D = 0{,}94$, $\kappa = 1{,}34$, $c_P = 1130$ J/kgK, R = 287 J/kgK, $\rho_{8t} = 0{,}7834$ kg/m^3.
Man berechne a) Engster Düsendurchmesser d_{*e9} und Austrittsdurchmesser d_{10}, b) Machzahl M_{10}, c) Schubkraft F, wenn davon ausgegangen wird, dass die Expansion in der Düse vollständig auf den Aussendruck erfolgt (wie in a) vorausgesetzt). Andernfalls würde der verbleibende Restüberdruck am Düsenende einen bestimmten Druckschub bewirken, der zum Schub durch Impulsstromänderung zu addieren ist.

Lösung: Man findet mit dem Polytropenexponenten $n = \underline{1{,}304}$
a) $d_{*e9} = \underline{424\ \text{mm}}$, $d_{10} = \underline{569\ \text{mm}}$, b) $M_{10} = \underline{1{,}91}$,
c) $F = \dot{m}\, w_{10} - \dot{m}_L v_0 = \underline{23{,}35\ \text{kN}}$.

Aufgabe 4 (Bild 3.50)

Das in Aufgabe 1, 2 und 3 beschriebene Strahltriebwerk im Nachverbrennungsbetrieb fliegt mit der Flugmachzahl $M_0 = 1{,}8$ entsprechend der Fluggeschwindigkeit $v_0 = 531{,}1$ m/s in H = 12000 m im Ueberschall. Der atmosphärische Druck in dieser Flughöhe beträgt $p_0 = p_{10} = 0{,}193303$ bar. Weitere gegebene Daten: Eintrittsluftmasse $\dot{m}_L = 67{,}2$ kg/s, Massendurchsatz in der Schubdüse $\dot{m} = 70{,}73$ kg/s, $T_{9t} = 1975$ K, $p_{9t} = 2{,}950$ bar, $\eta_D = 0{,}93$, $\kappa = 1{,}28$, $c_p = 1315$ J/kgK, $\rho_{9t} = 0{,}52044$ kg/m^3. a) Wie gross ist der Düsendurchmesser d_{*e9} an der engsten Stelle und d_{10} am Düsenaustritt ?, b) Mit welcher Machzahl M_{10} am Düsenende verlässt der Strahl die Düse ?, c) Wie gross ist die Schubkraft F des Triebwerkes ? Es wird vorausgesetzt, dass die Expansion in der Düse im Endquerschnitt den Aussendruck p_0 erreicht.

Lösung:

Der Polytropenexponent der Düsenströmung wird mit $n = \underline{1{,}25}$ angenommen (Bild 3.48). Damit erhält man unter Rückgriff auf die Ausführungen im Abschnitt 3.7:

a) $d_{*e9} = \underline{604 \text{ mm}}$, $d_{10} = \underline{1023 \text{ mm}}$ (sofern es der Verstellmechanismus zulässt, die Düse dem vorliegenden Druckgefälle völlig anzupassen), b) $M_{10} = \underline{2{,}26}$, c) $F = \underline{68{,}3 \text{ kN}}$.

3.9 Konvergente Schubdüsen von Flugtriebwerken

Aufgabe 1 (Bild 3.51)

Im abgebildeten Zweikreis-Turbinen-Luftstrahltriebwerk expandiert der Innen- und Aussenstrom in einer gemeinsamen konvergenten Düse [6]. Bei Startbedingungen sind bekannt: $M_0 = 0$, $H = 0$ m, $p_0 = 1{,}01325$ bar, $T_o = 288$ K, $\rho_0 = 1{,}225$ kg/m^3, Luftstrom gesamt $\dot{m}_L = 181{,}9$ kg/s, davon im Aussenstrom $\dot{m}_a = 137{,}1$ kg/s, im Innenstrom $\dot{m}_i = 44{,}8$ kg/s. Brennstoffmasse $\dot{m}_{Br} = 0{,}763$ kg/s. In der Mischkammer herrscht der Druck $p_{6t} = 1{,}590$ bar bei der Temperatur $T_{6t} = 455$ K. Düsenströmung: $\eta_D = 0{,}96$, $c_P = 1100$ J/kgK, $\kappa = 1{,}36$.
a) Wie gross sind am Schubdüsenaustritt bei völliger Entspannung auf den Aussendruck die Grössen p_7, T_7, c_7, M_7 ?, b) Man ermittle den Düsenquerschnitt A_7, c) Welche Schubkraft F entwickelt das Triebwerk ?

Lösung:

a) Aus dem Diagramm 3.48 in 3.7 folgt $n = f(\kappa, \eta_D) = \underline{1{,}335}$. Aus (6) $p_{*e7}/p_{6t} = \underline{0{,}53948} < p_0/p_{6t}$, somit herrscht unterkritisches Druckverhältnis an der Düse. Man findet $c_7 = \underline{326 \text{ m/s}}$, $T_7 = \underline{405 \text{ K}}$,

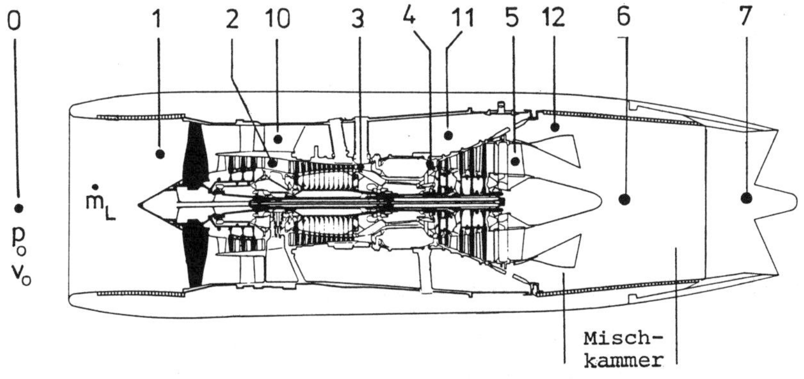

Bild 3.51 A 1/2

$p_7 = p_0 = \underline{1{,}01325\ \text{bar}}$, $M_7 = \underline{0{,}82}$, b) $A_7 = \underline{0{,}642\ m^2}$, c) $F = \underline{59{,}55\ kN}$.

Aufgabe 2 (Bild 3.51)

Von dem in Aufgabe 1 behandelten Strahltriebwerk im Flug mit der Machzahl $M_0 = 0{,}70$ in H = 7010 m (23000 ft) Flughöhe sind zusätzlich gegeben: $p_0 = 0{,}41045$ bar, $T_0 = 242{,}6$ K = - 30,4°C, $v_0 = 219$m/s, $\rho_0 = 0{,}58933$ kg/m³, Luftstromeintritt $\dot{m}_L = 109$ kg/s, verteilt auf den Innenstrom $\dot{m}_i = 23$ kg/s und den Aussenstrom $\dot{m}_a = 85$ kg/s. Brennstoffmasse $\dot{m}_{Br} = 0{,}5$ kg/s. Mischkammerdruck $p_{6t} = 0{,}915$ bar, Temperatur $T_{6t} = 432$ K. Düse mit $\eta_D = 0{,}96$, $\kappa = 1{,}39$, $c_p = 1083$ J/kgK.
a) Man ermittle am Austritt aus der Schubdüse in der Ebene 7: Druck p_7, Temperatur T_7, Strömungsgeschwindigkeit w_i und Machzahl M_7, b) Wie gross muss der Austrittsquerschnitt A_7 gewählt werden ?, c) Welche Schubkraft F erzeugt das Triebwerk (Bei nicht vollständiger Expansion in der Düse ($p_{*e7} > p_0$) ist der entstehende Druckschubanteil zu beachten, vgl. dazu Aufgabe 3) ?

Lösung:

a) Die Untersuchung zeigt, dass das Triebwerk mit leicht überkritischem Druckverhältnis arbeitet. Im Düsenendquerschnitt tritt die grösste Massenstromdichte $\rho_{*e7} w_{*e7}$ auf. Unvollständige Expansion in der Düse, $p_{*e7} > p_0$. Aus Diagramm 3.48 in 3.7 entnimmt man

$$n = f(\kappa, \eta_D) = \underline{1{,}36}$$

und erhält aus (6) in 3.7 $p_{*e7}/p_{6t} = \underline{0{,}53511} > p_0/p_{6t}$. Damit besteht ein überkritisches Expansionsdruckverhältnis.
Weitere Ergebnisse: $p_{*e7} = \underline{0{,}48962\ \text{bar}}$ ($> p_0$), $w_i = \underline{367\ m/s}$,
$T_7 = \underline{370\ K}$, $M_7 = \underline{0{,}95}$, $p_7 = p_{*e7}$.

b) $A_7 = \underline{0{,}634\ m^2}$ (ca 1% Abweichung bezüglich der Berechnung in Aufgabe 1).

c) $F = (\dot{m}_a + \dot{m}_i + \dot{m}_{Br}) w_i - \dot{m}_L v_0 + A_7 (p_{*e7} - p_0) \approx \underline{21{,}0\ kN}$.

Aufgabe 3 (Bild 3.52 und Bild 2.107 in 2.4 Aufgabe 9)

Die Schnittzeichnung zeigt ein Zweikreis-Turbinen-Luftstrahltriebwerk, in welchem die Expansion des Innen- und Aussenstromes voneinander getrennt in gesonderten rein konvergenten Düsen erfolgt [7]. Das Triebwerk arbeitet bei der Flugmachzahl $M_0 = 0{,}85$ (Flug-

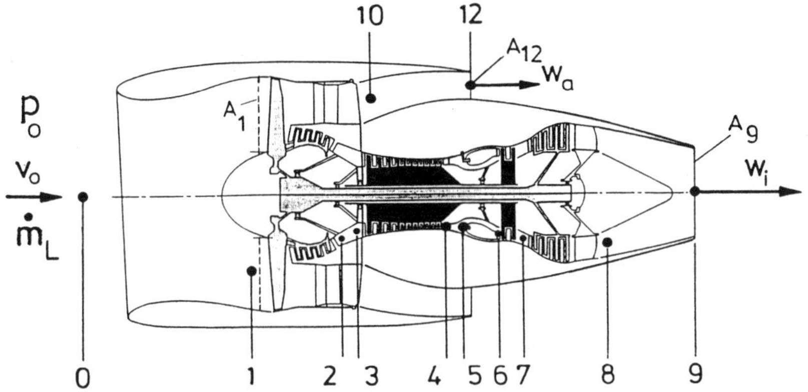

Bild 3.52 A 3

geschwindigkeit $v_0 = 252$ m/s, $T_0 = -54{,}3°C$) in H = 10668 m (35000 ft) Flughöhe beim Aussendruck $p_0 = 0{,}23855$ bar. Weitere gegebene Daten: Aussenstrom: $\dot{m}_a = 278$ kg/s, $p_{10t} = 0{,}61977$ bar, $T_{10t} = 293$ K, $\rho_{10t} = 0{,}7370$ kg/m³, $\eta_{Da} = 0{,}97$, $A_{12} = 1{,}94$ m², $\kappa = 1{,}4$, $c_p = 1004$ J/kgK. Innenstrom: $\dot{m}_i = 44$ kg/s, $\dot{m}_{Br} = 0{,}90$ kg/s, $p_{8t} = 0{,}650$ bar, $T_{8t} = 793$ K, $\rho_{8t} = 0{,}2856$ kg/m³, $\eta_{Di} = 0{,}96$, $A_9 = 0{,}50$ m², $\kappa = 1{,}35$, $c_p = 1110$ J/kgK.

a) Wie gross ist am Ende der Aussenstromdüse (Kaltstrom) der Druck p_{12}, die Strömungsgeschwindigkeit w_a und die Machzahl M_{12}? Man weise den angegebenen Austrittsquerschnitt A_{12} nach, b) Wie gross ist am Austritt der Innenstromdüse (Heissstrom) p_9, w_i und M_9 ? Man zeige, dass der Austrittsquerschnitt A_9 den gegebenen Wert hat, c) Man ermittle die Schubkraft F.

Lösung:

Es gilt zunächst abzuklären, ob in den rein konvergenten Düsen des Aussen-und Innenstromes über- oder unterkritische Expansionsverhältnisse vorliegen. Danach richten sich dann der Druck und die Strömungsgeschwindigkeit am Düsenaustritt.

a) <u>Aussenstrom</u>: Druck und Strömungsgeschwindigkeit am Düsenaustritt.

Mit $\kappa = 1{,}4$ und dem Düsenwirkungsgrad $\eta_{Da} = 97\%$ folgt aus Bild

3.48: $n = f(\kappa, \eta_{Da}) = 1{,}377$, gewählt $n = 1{,}38$. Für die weitere Auswertung greifen wir auf die Beziehungen in 3.7 zurück.

Aus (6) $$\frac{p_{*e12}}{p_{10t}} = \left\{\frac{2}{n+1}\right\}^{\frac{n}{n-1}} = \left\{\frac{2}{1{,}38+1}\right\}^{\frac{1{,}38}{0{,}38}} = 0{,}5361$$

Das Expansionsverhältnis beträgt

$$\frac{p_0}{p_{10t}} = \frac{0{,}23855}{0{,}61977} = 0{,}3849$$

Man erkennt, dass $p_0/p_{10t} < p_{*e12}/p_{10t}$,

somit überkritische Expansion in der rein konvergenten Düse vorliegt. Im Austrittsquerschnitt A_{12} als engster Querschnitt stellt sich somit der kritische Druck p_{*e12} ein. Er ist grösser als der Umgebungsdruck p_0. Im Endquerschnitt strömt die Luft mit der maximalen Massenstromdichte $\rho_{*e12} c_{*e12}$. c_{*e12} ist die Austrittsgeschwindigkeit. Die Luft expandiert nach der Düse im freien Strahl auf den Aussendruck p_0 .

Die numerische Berechnung ergibt für den Druck p_{12} im Endquerschnitt der Aussenstromdüse

$$p_{12} = p_{*e12} = 0{,}5316\ p_{10t} = 0{,}5316 \cdot 0{,}61977 = \underline{0{,}32947\ \text{bar}}$$

Aus (5) folgt $$\frac{w_{*e12}}{w_{*12}} = \sqrt{\frac{n-1}{n+1}\,\frac{\kappa+1}{\kappa-1}} = \sqrt{\frac{0{,}38}{2{,}38}\,\frac{2{,}4}{0{,}4}} = 0{,}97876$$

Die kritische Temperatur beträgt

$$T_{*12} = T_{12t}\,\frac{2}{1+\kappa} = 293\ \frac{2}{1+1{,}4} = 244{,}2\ \text{K}$$

Die kritische Geschwindigkeit bei reibungsfreier Expansion:

$$w_{*12} = \sqrt{\kappa R T_{*12}} = \sqrt{1{,}4 \cdot 287 \cdot 244{,}2} = 313{,}2\ \text{m/s}$$

Und damit die Abströmgeschwindigkeit

$$w_a = w_{*e12} = \frac{w_{*e12}}{w_{*12}}\, w_{*12} = 0{,}97876 \cdot 313{,}2 = \underline{307\ \text{m/s}}$$

Machzahl am Düsenaustritt:

$$T_{*e12} = T_{10t} - \frac{w_{*e12}^2}{2c_p} = 293 - \frac{307^2}{2 \cdot 1004} = 330{,}4\ \text{m/s}$$

$$M_{12} = \frac{w_{*e12}}{a_{*e12}} = \frac{307}{330} = \underline{0,93}$$

Düsenaustrittsfläche:

$$\rho_{*e12} = \rho_{10t}\left\{\frac{p_{*e12}}{p_{10t}}\right\}^{1/n} = 0,737023\left\{\frac{0,32947}{0,61977}\right\}^{1/1,38} = 0,466262 \text{ kg/m}^3$$

Aus der Massenstrombilanz am Düsenende folgt die Düsenaustrittsfläche

$$A_{12} = \frac{\dot{m}_a}{\rho_{*e12}\, w_{*e12}} = \frac{278}{0,466262\cdot 307} = \underline{1,94 \text{ m}^2}$$

b) Innenstrom: Druck und Strömungsgeschwindigkeit am Düsenaustritt.

Aus Bild 3.48 der Polytropenexponent $n = f(\kappa,\ \eta_{Di})$. Mit $\eta_{Di} = 0,96$ und $\kappa = 1,35$ findet man $n = 1,326$. Gewählt $n = 1,33$.

Wir erhalten der Reihe nach entsprechend der Aussenstromberechnung:

Aus (6) $$\frac{p_{*e9}}{p_{8t}} = \left\{\frac{2}{n+1}\right\}^{\frac{n}{n-1}} = \left\{\frac{2}{1,33+1}\right\}^{\frac{1,33}{0,33}} = 0,54036$$

$$\frac{p_0}{p_{8t}} = \frac{0,23855}{0,650} = 0,367$$

Der Vergleich beider Druckverhältnisse weist auf überkritisches Expansionsdruckverhältnis an der rein konvergenten Innenstromdüse.

Es folgt für den Druck im Düsenendquerschnitt

$$p_9 = p_{*e9} = 0,54036\ p_{8t} = 0,54036\cdot 0,650 = \underline{0,351234 \text{ bar}}$$

Aus (5) $$\frac{w_{*e9}}{w_{*9}} = \sqrt{\frac{n-1}{n+1}\ \frac{\kappa+1}{\kappa-1}} = \sqrt{\frac{1,33-1}{1,33+1}\ \frac{1,35+1}{1,35-1}} = 0,97517$$

$$T_{*9} = T_{8t}\,\frac{2}{1+\kappa} = 793\ \frac{2}{1+1,35} = 675 \text{ K}$$

$$w_{*9} = \sqrt{\kappa R T_{*9}} = \sqrt{1,35\cdot 287\cdot 675} = 511,5 \text{ m/s}$$

Abströmgeschwindigkeit (reibungsbehaftet)

$$w_i = w_{*e9} = \frac{w_{*e9}}{w_{*9}}\ w_{*9} = 0,97517\cdot 511,5 = \underline{499 \text{ m/s}}$$

Machzahl am Düsenaustritt

$$T_{*e9} = T_{8t} - \frac{w_{*e9}^2}{2c_p} = 793 - \frac{499^2}{2 \cdot 1110} = 681 \text{ K}$$

$$a_{*e9} = \sqrt{\kappa R T_{*e9}} = \sqrt{1{,}35 \cdot 287 \cdot 681} = 513{,}7 \text{ m/s}$$

$$M_9 = \frac{w_{*e9}}{a_{*e9}} = \frac{499}{513{,}7} = \underline{0{,}9714}$$

Nachweis des Austrittsquerschnittes der Heissstromdüse.

Dichte am Austritt

$$\rho_{*e9} = \rho_{8t}\left\{\frac{p_{*e9}}{p_{8t}}\right\}^{1/n} = 0{,}28560\left\{\frac{0{,}351234}{0{,}650}\right\}^{1/1{,}33} = 0{,}179791 \text{ kg/m}^3$$

$$A_9 = \frac{\dot{m}_i + \dot{m}_{Br}}{\rho_{*e9}\, w_{*e9}} = \frac{44 + 0{,}9}{0{,}179791 \cdot 499} = \underline{0{,}50 \text{ m}^2}$$

c) Schubkraft F

Aussenstrom, Impulsbilanz

$$F_a = \dot{m}_a(w_a - v_0) + A_{12}(p_{12} - p_0)$$

$$= 287(307 - 252) + 1{,}94(0{,}32947 - 0{,}23855)10^5 = \underline{32{,}93 \text{ kN}}$$

Innenstrom, Impulsbilanz

$$F_i = \dot{m}_i(w_i - v_0) + \dot{m}_{Br}\, w_i + A_9(p_9 - p_0)$$

$$= 0{,}44(511{,}5 - 252) + 0{,}9 \cdot 511{,}5 + 0{,}50(0{,}351234 - 0{,}23855)10^5 = \underline{17{,}512 \text{ kN}}$$

Totale Schubkraft F

$$F = F_a + F_i = 32{,}93 + 17{,}512 = \underline{50{,}44 \text{ kN}}$$

4 Strömungsmaschinen

4.1 Hydraulische Strömungsmaschinen

Aufgabe 1 (Bild 4.1)

Das Laufrad einer Radialpumpe ist durch folgende Grössen gekennzeichnet: Lauradaussendurchmesser d_2= 2230 mm, Drehzahl n = 375/min, Volumenstrom $\dot{V}$ = 7,85 m^3/s, Breite des Diffusoreintritts b = 170 mm, hydraulischer Wirkungsgrad η_h = 0,85, absolute Austrittsgeschwindigkeit aus dem Laufrad c_2= (2/3)u_2, drallfreier Eintritt in 1 c_{u1} = 0.
Wie gross ist die Förderhöhe H der Pumpe ?

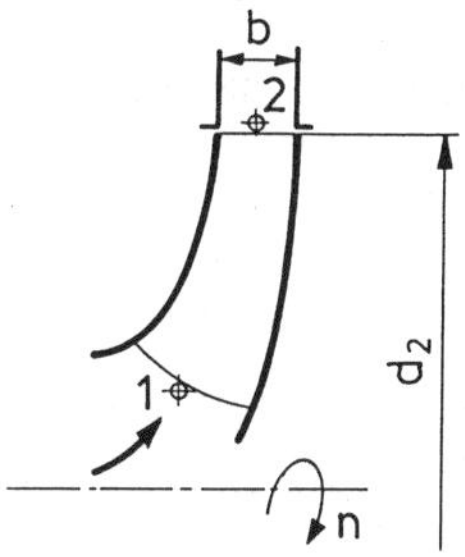

Bild 4.1 A 1

Lösung:

Eulerarbeit $a = u_2 c_{u2} - u_1 c_{u1}$ (1)

Mit c_{u1} = 0 ist $a = u_2 c_{u2}$ (2)

Meridionalgeschwindigkeit am Radaustritt

$$c_{m2} = \frac{\dot{V}}{\pi\ d_2 b} = \frac{7,85}{\pi \cdot 2,23 \cdot 0,17} = 6,59\ \text{m/s}$$

Mit der Umfangsgeschwindigkeit u_2 = 43,78 m/s wird die Strömungsgeschwindigkeit nach dem Laufrad

$$c_2 = \frac{2}{3}\ u_2 = \frac{2}{3}\ 43,78 = 29,2\ \text{m/s}$$

Aus c_2, u_2 und c_{m2} lässt sich der Geschwindigkeitsplan am Radaustritt entwerfen (Bild 4.2). Daraus der Abströmwinkel α_2 der Absolutgeschwindigkeit c_2:

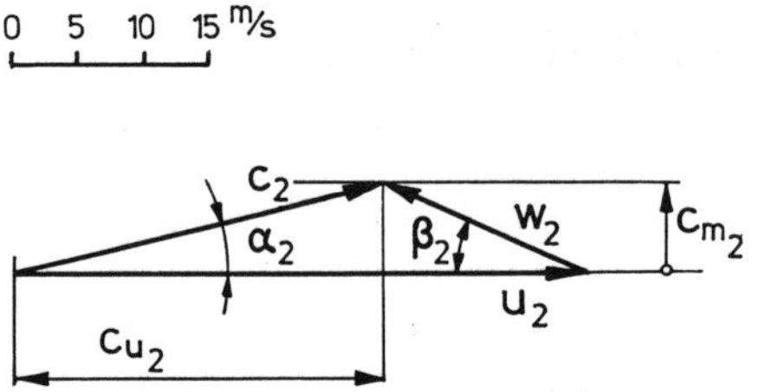

Bild 4.2 A 1

α_2 = arc sin α_2 = arc sin $\frac{c_{m2}}{c_2}$ = 13,04°. Ferner $c_{u2} = c_2 \cos\alpha_2$ = 28,44 m/s. Schliesslich wird die Förderhöhe H aus (2) und η_h:

$$H = \frac{u_2 c_{u2} \eta_h}{g} = \frac{43{,}78 \cdot 28{,}44 \cdot 0{,}85}{9{,}81} = \underline{\underline{107{,}9\ m}}$$

Aufgabe 2 (Bild 4.3)

Von einem radialen Pumpenlaufrad sind gegeben: n = 750/min, d_1 = 915 mm, d_2 = 2013 mm, $\dot{V}$ = 7,25 m^3/s, A_1 = 0,698 m^2, A_2 = 1,043 m^2, $c_1 \perp u_1$, $\rho = 10^3$ kg/m^3, c_2 bildet mit u_2 den Winkel $\alpha_2 = 9°$. Spezifischer Energieverlust im Laufrad (1 bis 2) Δh_{v12} = 200 J/kg.

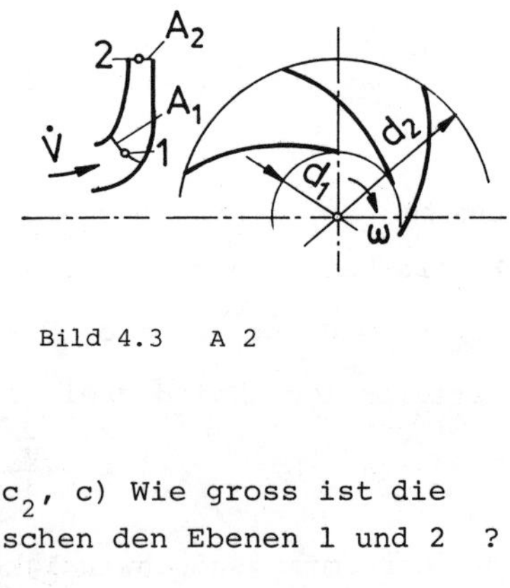

Bild 4.3 A 2

a) Wie gross ist die relative Strömungsgeschwindigkeit w_1 und w_2 ?, b) Man ermittle die absolute Strömungsgeschwindigkeit c_1 und c_2, c) Wie gross ist die Gesamtdruckänderung $\Delta p_t = p_{2t} - p_{1t}$ zwischen den Ebenen 1 und 2 ?

Lösung: a) w_1 = $\underline{\underline{37{,}36\ m/s}}$, w_2 = $\underline{\underline{35{,}3\ m/s}}$, b) c_1 = $\underline{\underline{10{,}36\ m/s}}$, c_2 = $\underline{\underline{44{,}42\ m/s}}$, c) Δp_t = $\underline{\underline{32{,}87\ bar}}$

Aufgabe 3 (Bild 4.4)

Mit einer zweistufigen Radialpumpe will man bei einer Drehzahl $n = 750/\text{min}$ die Förderhöhe $H = 400$ m erreichen. Der hydraulische Wirkungsgrad der Pumpe wird mit $\eta_h = 0{,}9$ angenommen. Der Austrittswinkel der Absolutströmung c_2 am Radaustritt beträgt $\alpha_2 = 14^\circ$. Der Zufluss am Radeintritt erfolgt drallfrei. Ausserdem ist im Betriebspunkt mit dem angenommenen Wirkungsgrad die Umfangsgeschwindigkeit $u_2 = 2\,c_2$.

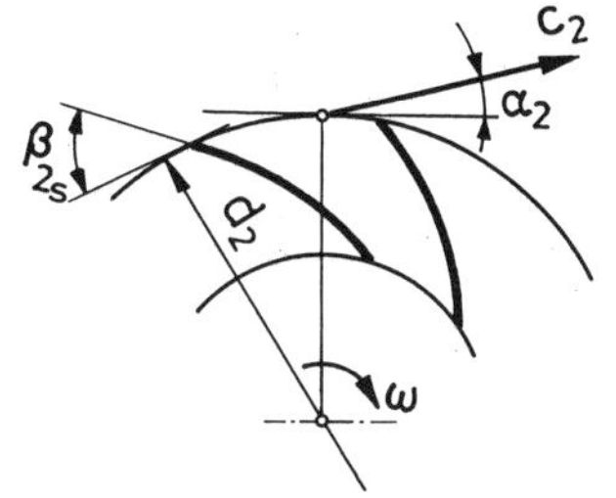

Bild 4.4 A 3

Wie gross muss der Laufraddurchmesser d_2 der zwei Räder gewählt werden ?

Lösung: $d_2 = \sqrt{\dfrac{4gH}{\omega^2 \cos\alpha_2\,\eta_h}} = \underline{\underline{1707\ \text{mm}}}$

Aufgabe 4 (Bild 4.5)

Der zweiten Pumpenstufe einer 2-stufigen Speicherpumpe radialer Bauart strömt das Wasser in der Ebene 1 (Eintritt Laufrad) mit dem statischen Druck p_1 und der Geschwindigkeit c_1 zu. $c_1 \perp u_1$. Man ermittle den statischen Druck p_3 im Druckstutzen mit der Fläche A_3, wenn folgende Daten gegeben sind: $p_1 = 30{,}5$ bar (Ueberdruck), $n = 750/\text{min}$, $d_2 = 2013$ mm, $u_2 = 79{,}05$ m/s, $u_1/u_2 = 0{,}5047$, $A_1/A_3 = 0{,}842$, $c_1 = 9{,}47$ m/s, $c_{m2}/c_1 = 0{,}8179$, $c_2/u_2 = 0{,}5692$, $\rho = 10^3$ kg/m^3. Strömungsverlust im Laufrad 7% der idealen reibungsfreien statischen Druckerhöhung im Laufrad. Diffusorwirkungsgrad (Strömung von 2 bis 3)

$$\eta_D = \frac{p_3 - p_2}{\frac{\rho}{2}(c_2^2 - c_3^2)} = 0{,}82 \ .$$

Lösung: Aus w_1, w_2, u_1, u_2 und dem Laufradverlust Δh_{vLa} folgt zunächst der statische Druck am Laufradaustritt aus der Bernoulli-Gleichung im rotierenden Bezugssystem. Man erhält $p_2 = \underline{\underline{54{,}1\ \text{bar}}}$.
Zu diesem Druck addiert sich die Druckerhöhung im Diffusor

$$\Delta p_D = \eta_D \frac{\rho}{2}(c_2^2 - c_3^2) = 8{,}04\ \text{bar} \implies p_3 = p_2 + \Delta p_D = 64{,}1 + 8{,}04 = \underline{\underline{62{,}15\ \text{bar.}}}$$

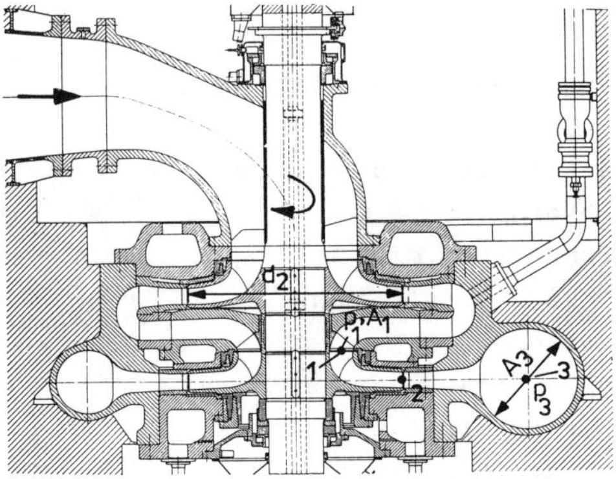

Bild 4.5 A 4

Aufgabe 5 (Bild 4.6)

In einer 6-stufigen Radialpumpe arbeiten sechs gleichartige Laufräder mit dem Durchmesser $d_2 = 1350$ mm bei einer Drehzahl $n = 750\ \text{min}^{-1}$ und fördern $\dot{V} = 2{,}73\ \text{m}^3/\text{s}$ Wasser auf $H = 906$ m Förderhöhe. Die Schaufelung hat eine lichte Austrittsbreite $b_2 = 91{,}5$ mm und weist den Minderleistungsfaktor $\mu = c_{u2}/c_{u2\infty} = 0{,}79$ auf. Der Radwirkungsgrad beträgt $\eta = 0{,}90$.

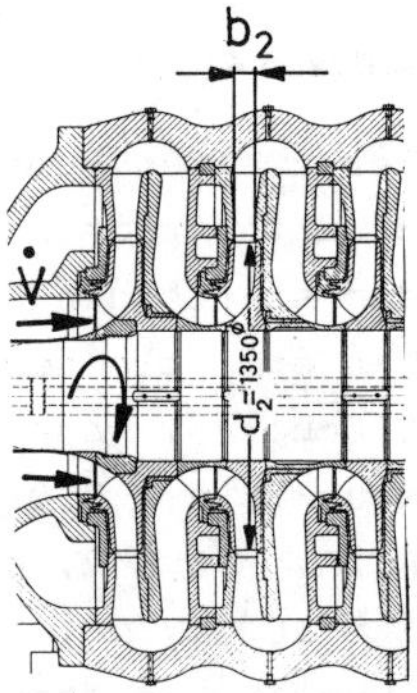

Bild 4.6 A 5

a) Wie gross ist der Konstruktions-Schaufelwinkel β_{2s} (vgl. Bild 4.4) am Radaustritt, wenn das Rad für drallfreien Eintritt des Volumenstromes ausgelegt ist ?,

b) Wie gross ist die Antriebsleistung der Pumpe, wenn der mechanische Wirkungsgrad $\eta_m = 0{,}99$ beträgt ?

Lösung:

a) Drallfreier Eintritt vorausgesetzt, dann lautet die Eulersche Hauptgleichung für die spezifische Stufenarbeit

$$a = u_2 c_{u2} = \frac{gH}{6\eta} = \frac{P}{6\dot{m}} = \frac{9{,}81 \cdot 906}{6 \cdot 0{,}9} = 1646\ \text{J/kg}$$

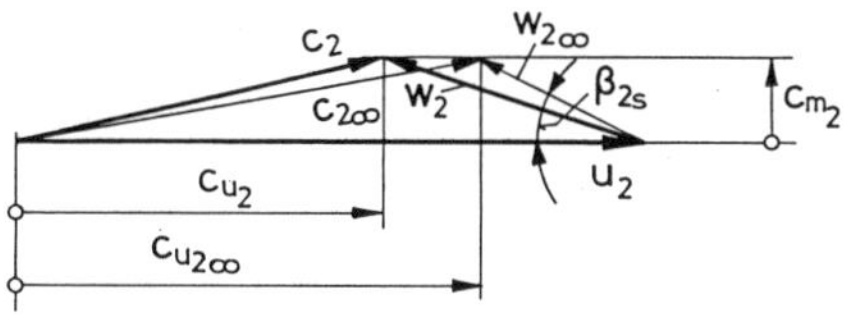

Bild 4.7 A 5

$$u_2 = \frac{\pi\, d_2 n_2}{60} = 53\ \text{m/s}, \qquad c_{u2} = \frac{a}{u_2} = \frac{1646}{53} = 31\ \text{m/s}$$

$$c_{m2} = \frac{\dot{V}}{A_2} = \frac{\dot{V}}{\pi\, d_2 b_2} = \frac{2{,}73}{\pi \cdot 1{,}35 \cdot 0{,}0915} = 7{,}03\ \text{m/s}$$

$$c_{u2\infty} = \frac{c_{u2}}{\mu} = \frac{31{,}0}{0{,}79} = 39{,}3\ \text{m/s}$$

Aus den berechneten Geschwindigkeiten folgt der Geschwindigkeitsplan am Radaustritt (Bild 4.7). Daraus entnimmt man

$$\tan \beta_{2s} = \frac{c_{m2}}{u_2 - c_{u2\infty}} = \frac{7{,}03}{53 - 39{,}3} = 0{,}5131 \quad \Longrightarrow \quad \beta_{2s} = \underline{\underline{27{,}1^\circ}}$$

b) Antriebsleistung $\quad P = \dfrac{\dot{V}\,\rho\, g H}{\eta\, \eta_m} = \dfrac{2{,}73 \cdot 10^3 \cdot 9{,}81 \cdot 906}{0{,}9 \cdot 0{,}99} = \underline{\underline{27{,}23\ \text{MW}}}$

Aufgabe 6 (Bild 4.8)

Eine Kreiselpumpe soll Wasser von 22 °C aus einem offenen Wasserspeicher beim barometrischen Druck p_0 in ein Leitungssystem fördern. Der Saugstutzen in Punkt E liegt in der Höhe H_S über dem Unterwasserspiegel. Die Saugleitung, in der das Wasser mit der Geschwindigkeit c_s strömt, verursacht bis zum Punkt E die Druckverlusthöhe H_{vs}. Zur Vermeidung von Kavitation im Laufrad der Kreiselpumpe muss der Druck vor dem Laufrad um einen bestimmten Wert NPSH (Druckreserve) über dem Dampfdruck p_d der Förderflüssigkeit liegen. Zusätzlich wird noch ein Sicherheitszuschlag S vorgese-

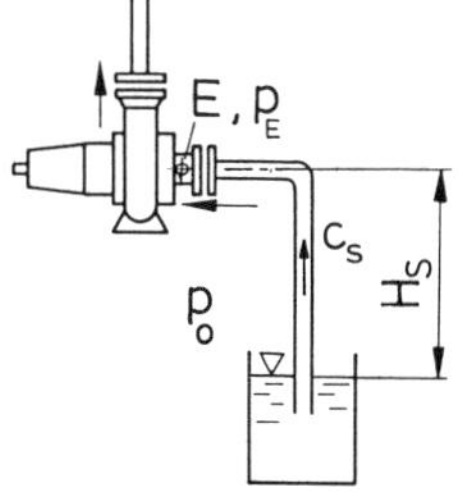

Bild 4.8 A 6

hen. Man bestimme den zulässigen Druck p_E am Laufradeintritt E und ändere falls notwendig die Ansaugverhältnisse.
Gegeben: H_s = 5,5 m (geodätische Saughöhe), H_{vs} = 4,3 m, p_d = 0,02643 bar, S = 0,6 m, NPSH = 5,5 m, p_0 = 930 hPa, c_s = 4,7 m/s, ρ = 997 kg/m³.

Lösung:

Statischer Druck im Pumpensaugmund

$$p_E = p_0 - \rho g H_{vs} - \rho g H_s - \frac{\rho}{2} c_s^2 \qquad (1)$$

$$= 93000 - 997(9{,}81 \cdot 5{,}32 + 9{,}81 \cdot 5{,}5 + \frac{4{,}7^2}{2}) = -13861 \text{ Pa}$$

Dieser Druck ist nicht realisierbar, es muss

$$p_E > 0 \quad \text{sein, und zwar}$$

$$\frac{p_E}{\rho g} = \text{NPSH} + H_d + S$$

somit $p_E = \rho g(\text{NPSH} + H_d + S) = 997 \cdot 9{,}81(5{,}5 + \frac{2643}{997 \cdot 9{,}81} + 0{,}60)$

$$= \underline{0{,}62304 \text{ bar}}$$

Mit p_E in (1) lässt sich nun die notwendige (zulässige) geodätische Saughöhe berechnen:

$$H_s = \frac{p_0 - p_E - \rho g H_{vs} - \frac{\rho}{2} c_s^2}{\rho g} =$$

$$= \frac{93000 - 0{,}62304 \cdot 10^5 - 997 \cdot 9{,}81 \cdot 4{,}3 - (997/2) 4{,}7^2}{997 \cdot 9{,}81} = \underline{-2{,}29 \text{ m}}$$

Bei vorausgesetzt gleichem Saughöhenverlust H_{vs} muss demnach die Pumpe mit der Zulaufhöhe H_s betrieben werden (Bild 4.9).

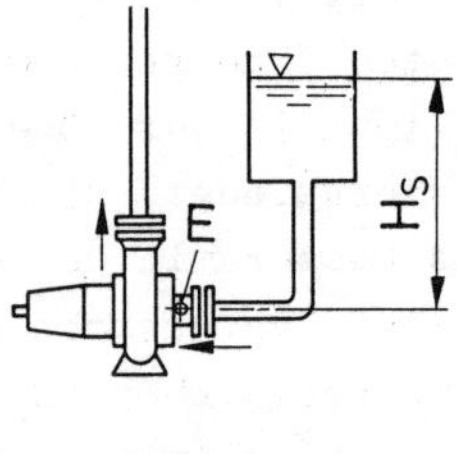

Bild 4.9 A 6

Aufgabe 7

Ein Kreiselpumpenrad weist folgende Betriebsdaten auf:
Drehzahl n = 3000/min, Innendurchmesser der Schaufelung (Radeintritt) d_1 = 200 mm, Radaussendurchmesser d_2 = 400 mm, Radeintrittsbreite b_1 = 50 mm, Radaustrittsbreite b_2 = 20 mm, Strömungswinkel zwischen

w_1 und u_1 (Radeintritt) $\beta_1 = 15^\circ$ (drallfreier Eintritt: $\alpha_1 = 90^\circ$), Strömungswinkel zwischen w_2 und u_2 (Radaustritt) $\beta_2 = 30^\circ$, Pumpenwirkungsgrad $\eta_P = 0{,}9$, Dichte des Fördermittels $\rho = 10^3 \text{kg/m}^3$.
Gesucht: a) Eulerarbeit a, b) Volumenstrom $\dot{V}$, c) Drehmoment M, d) Antriebsleistung P, e) Förderhöhe H.

Lösung: a) $a = \underline{\underline{2802 \text{ J/kg}}}$, b) $\dot{V} = \underline{\underline{264{,}5\ \ell/\text{s}}}$, c) $M = \underline{\underline{2359{,}4 \text{ Nm}}}$, d) $P = \underline{\underline{741 \text{ kW}}}$, e) $H = \underline{\underline{257 \text{ m}}}$.

Aufgabe 8

Eine Pumpenturbine arbeitet im Pumpen- und Turbinenbetrieb unter derselben statischen (geodätischen) Förderhöhe bzw. Fallhöhe $H_P = H_T = H$ (Index P für Pumpe, T für Turbine). Die Druckverluste in der Druckrohrleitung sind im Pumpen- und Turbinenbetrieb unterschiedlich, nämlich Δp_{vP} bzw. Δp_{vT}. Die Wirkungsgrade der Maschinen sind $\eta_P \neq \eta_T$. Die Durchsatzvolumen $\dot{V}_P$ bzw. $\dot{V}_T$.
Welchen Wert hat das Verhältnis der Pumpenantriebsleistung zur abgegebenen Turbinenleistung ?

Lösung: $\underline{\underline{\dfrac{P_P}{P_T} = \dfrac{\dot{V}_P (H + H_{vP})}{\dot{V}_T (H - H_{vT}) \eta_T \eta_P}}}$, worin $H_{vP} = \Delta p_{vP}/\rho g$ und $H_{vT} = \Delta p_{vT}/\rho g$.

Aufgabe 9 (Bild 4.10)

Saugrohr zu Wasserturbine mit dem Wirkungsgrad η_D.
a) Wie gross ist der statische Druck p_s im Saugrohreintritt in S bei der Saughöhe H_s ? Man ermittle die Saughöhe H_s, wenn in S gerade der Dampfdruck $p_d = p_s$ bei der Temperatur t herrscht. Gegeben: $c_s = 9$ m/s, $c_A = 3$ m/s, $H_s = 3{,}5$ m, $p_0 = 950$ hPa, $\eta_D = 0{,}90$, $p_d = 0{,}01704$ bar, t = 15°C, $\rho = 10^3$ kg/m³.

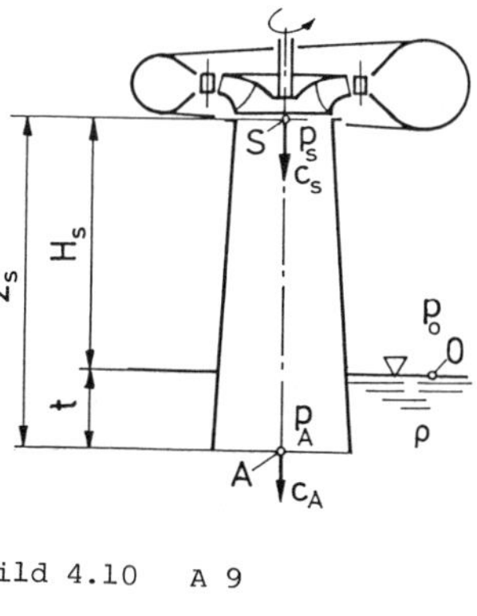

Bild 4.10 A 9

Lösung: a) $p_s = p_0 - \rho g H_s + \eta_D \frac{\rho}{2}(c_A^2 - c_s^2) = \underline{0{,}28265 \text{ bar}}$

$$\text{mit } \eta_D = 1 - \frac{\Delta p_{vD}}{\frac{\rho}{2}\,(c_s^2 - c_A^2)}$$

b) $$H_s = \frac{p_0 - p_d + \eta_D \frac{\rho}{2}\,(c_A^2 - c_s^2)}{\rho g} = \underline{6{,}20 \text{ m}}$$

Aufgabe 10 (Bild 4.11)

Der Druck p_1 nach dem Laufrad einer Kaplanturbine wird mit einem U-Rohr-Manometer gemessen. Dabei zeigt die Quecksilbersäule den Ausschlag Δh an. a) Wie gross ist der Druck p_1 ?, b) Welche Differenzhöhe Δh stellt sich ein ? Gegeben: $p_0 = 960$ mbar, $c_1 = 6{,}2$ m/s, $c_A = 1{,}3$ m/s, $z = 1{,}2$ m, $y = 1{,}05$ m, $H_s = 2{,}2$ m, Druckverlust von 1 bis A $\Delta p_v = \zeta(\rho/2)c_1^2$ mit $\zeta = 0{,}15$, $\rho = 10^3 \text{kg/m}^3$, $\rho_M = 13600 \text{ kg/m}^3$.

Lösung:

a) Bernoulli-Gleichung von 1 bis A

$$\frac{\rho}{2}\,c_1^2 + p_1 + \rho g(H_s + y) = \frac{\rho}{2}\,c_A^2 + p_A + \Delta p_v \qquad (1)$$

$$p_A = p_0 + \rho g y \qquad (2)$$

(2) in (1) und daraus $p_1 = \frac{\rho}{2}\,(c_A^2 - c_1^2) - \rho g H_s + p_0 + \Delta p_v$ (3)

$= 0{,}960 \cdot 10^5 - 10^3 \cdot 9{,}81 \cdot 1{,}2 - 13600 \cdot 9{,}81 \cdot 0{,}1896 = \underline{0{,}5893 \text{ bar(abs)}}$

$= 0{,}5893 - 0{,}9600 = \underline{-\ 0{,}37067 \text{ bar}}$ (relativ, Unterdruck)

b) Am U-Rohr $\quad p_1 = p_0 - \rho g z - \rho_M g\,\Delta h$ (4)

(3) und (4) gleichgesetzt liefert

$$\Delta h = \frac{\frac{\rho}{2}(c_A^2 - c_1^2) - \rho g(H_s - z) + \Delta p_v}{-\rho_M g} \qquad (5)$$

$$= \frac{\frac{10^3}{2}\,(1{,}3^2 - 6{,}2^2) - 10^3 \cdot 9{,}81(2{,}2 - 1{,}2) + 0{,}15\,\frac{10^3}{2}\,6{,}2^2}{-\ 13600 \cdot 9{,}81}$$

$= 0{,}1896 \text{ m} = \underline{189{,}6 \text{ mm}}$

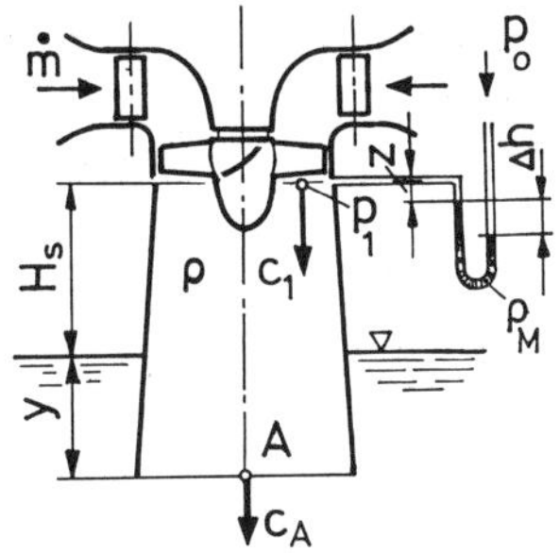

Bild 4.11 A 10

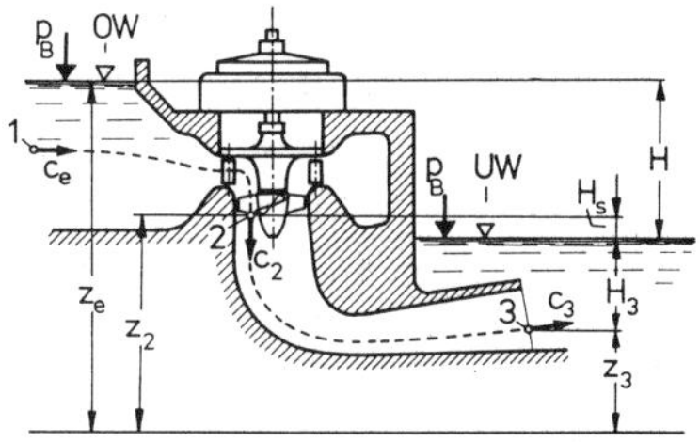

Bild 4.12 A 11

Aufgabe 11 (Bild 4.12)

Im Saugrohr einer Kaplan-Turbinenanlage wird die Strömung von der Geschwindigkeit c_2 nach dem Laufrad auf c_3 am Saugrohraustritt verzögert. Die Energieumsetzung im Saugrohr hat den Wirkungsgrad

$\eta_D = 1 - \Delta p_v/((\rho/2)(c_2^2 - c_3^2))$ mit Δp_v als Druckverlust im Saugrohr. Die Höhendifferenz zwischen Laufradaustritt in 2 und dem Unterwasserspiegel UW beträgt H_s. H_s ist positiv, wenn der UW unterhalb 2, negativ, wenn UW oberhalb 2 liegt.
Man ermittle den statischen Druck p_2 nach dem Laufrad.
Gegeben: $p_B = 950$ hPa, $c_2 = 9{,}5$ m/s, $c_3 = 2{,}0$ m/s, $H_s = -1{,}85$ m, $\eta_D = 0{,}87$, $\rho = 10^3$ kg/m^3.

Lösung: $p_2 = p_B - \rho g H_s - \eta_D \frac{\rho}{2}(c_2^2 - c_3^2) = \underline{0{,}7537 \text{ bar}}$ (abs) .

Aufgabe 12 (Bild 4.12)

Das Saugrohr der Kaplanturbine wird vom Volumenstrom $\dot{V}$ durchströmt. In einem gewissen Betriebszustand beträgt der im Strömungsquerschnitt A_2 in der Ebene 2 nach dem Laufrad herrschende Druck p_2 gerade den Dampfdruck p_d des Wassers. Der Laufradaustritt liegt entgegen der Darstellung in der skizzierten Anlage um H_s tiefer als der Unterwasserspiegel. a) Wie gross ist in diesem Falle der Volumenstrom $\dot{V}$ bei angenommener reibungsfreien Strömung im Saugrohr ?, b) Wie gross ist $\dot{V}$, wenn die Reibungsverluste im Saugrohr mit dem Diffusorwirkungsgrad η_D (vgl. Aufgabe 11) berücksichtigt werden ?, c) Wie erklärt sich der Unterschied der unter a) und b)

berechneten Volumenströme ?, d) Wenn die Turbine im Normalbetrieb $\dot{V} = 500\ m^3/s$ verarbeitet, wie gross ist dann der Druck p_2 am Saugrohreintritt ?, e) Mit welchem Druck p_2 ist zu rechnen, wenn durch Absenken des Unterwasserspiegels die Saughöhe noch $H_s = -2{,}5$ m beträgt bei sonst unverändertem Volumenstrom $\dot{V}$?
Gegeben: $A_2 = 48\ m^2$, $A_3 = 243\ m^2$, $p_d = 2337$ Pa (20°C), $\eta_D = 0{,}91$, $H_s = -5{,}5$ m, $p_B = 980$ hPa, $\rho = 10^3\ kg/m^3$.

Lösung:

a) Gl.(3) in Aufgabe 10 mit den vorliegenden Formelzeichen angeschrieben unter Beachtung der Kontinuitätsbedingung $c_A = \dot{V}/A_3$ und $c_2 = \dot{V}/A_2$ ergibt zunächst

$$p_2 = p_B - \rho g H_s + \eta_D \frac{\rho}{2} \dot{V}^2 \left(\frac{1}{A_3^2} - \frac{1}{A_2^2}\right) \tag{1}$$

Daraus erhalten wir

$$\dot{V} = \sqrt{\frac{2(p_2 - p_3 + \rho g H_s)}{\rho\, \eta_D \left\{\frac{1}{A_3^2} - \frac{1}{A_2^2}\right\}}} \tag{2}$$

(2) ausgewertet für die reibungsfreie Strömung mit $\eta_D = 1$ und der Bedingung $p_2 = p_d$ ergibt den Volumenstrom $\dot{V} = \underline{847\ m^3/s}$.

b) (2) ausgewertet für die Strömung mit Reibung, berücksichtigt durch $\eta_D = 0{,}91$ und Setzung von $p_2 = p_d$ ergibt $\dot{V} = \underline{887{,}9\ m^3/s}$.

c) Diskussion der Resultate a) und b):
Die Austrittsbedingungen aus dem Saugrohr in 3 sind bezüglich des dort herrschenden statischen Druckes in a) und b) dieselben. Infolge des Druckverlustes Δp_v im Saugrohr muss demnach der Gesamtdruck

$$p_{2t} = p_d + \frac{\rho}{2} c_2^2$$

im Saugrohreintritt bei reibungsbehafteter Strömung grösser sein als in der Strömung ohne Reibung. Dies kann aber nur durch eine höhere Eintrittsgeschwindigkeit c_2 erreicht werden, also durch einen grösseren Volumenstrom $\dot{V}$.

d) Aus (1) folgt bei dem Volumenstrom $\dot{V} = 500\ m^3/s$: $p_2 = \underline{1{,}045\ bar}$ (absolut)

e) Für den Druck p_2 ergibt sich aus (1) mit $H_s = -2{,}5$ m :

$p_2 = \underline{0{,}75081\ bar}$. In diesem Betriebszustand herrscht in 2 ein

Unterdruck von $p_2 - p_B = 75081 - 98000 = \underline{-\ 22119\ Pa = -\ 0{,}221\ bar}$

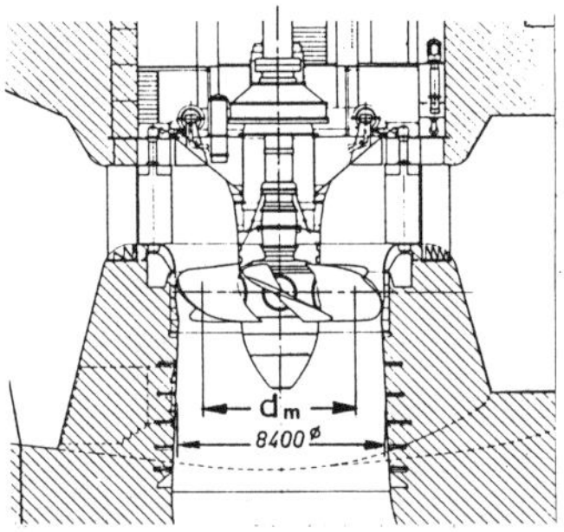

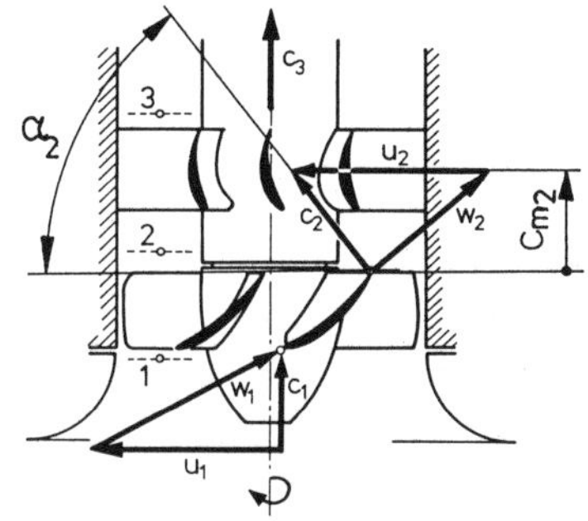

Bild 4.13 A 13

Bild 4.14 A 14

Aufgabe 13 (Bild 4.13)

Eine Kaplanturbine mit dem flächenhalbierenden Laufraddurchmesser d_m verarbeitet den Volumenstrom $\dot{V}$ mit dem Turbinenwirkungsgrad η_T. In d_m ist der Geschwindigkeitsplan bekannt und es wird angenommen, dass der Energieumsatz gleichmässig über die Laufradschaufelung erfolgt. Wie gross ist die Leistung P und das Nettogefälle H der Turbine ? Gegeben: $d_m = 6329$ mm, n = 68,2/min, $c_{m1} = c_{m2} = c_m = 10{,}5$ m/s, $\alpha_1 = 53^o$ (Winkel zwischen c_1 und u_2), $\alpha = 80^o$ (Winkel zwischen c_2 und u_2), $\eta_T = 0{,}91$, $\dot{V} = 500\ m^3/s$, $\rho = 10^3\ kg/m^3$.

Lösung:

$$P = \dot{V}\ \rho\ u_m\ c_m \left[\frac{1}{\tan\alpha_1} - \frac{1}{\tan\alpha_2}\right] = \underline{68{,}5\ MW}$$

$$H = \frac{P}{\dot{V}\ \rho\ g\ \eta_T} = \underline{15{,}3\ m}\ .$$

Aufgabe 14 (Bild 4.14)

Im mittleren Durchmesser einer Axialpumpe, mit drallfreiem Zustrom zum Laufrad ist der Geschwindigkeitsplan am Laufradein- und Austritt bekannt. Die Energieumsetzung wird über die Schaufelung als gleichmässig angenommen mit dem Wirkungsgrad η_P.
Wie gross ist die Förderhöhe H der Pumpe ? Gegeben: $u_1 = u_2 =$

20 m/s, c_{m2} = 10,5 m/s, α_2 = 52°, α_1 = 90°, η_P = 85%.

Lösung: $H = \frac{a}{g}\eta_P = \frac{u_2 c_{u2}}{g}\eta_P$. Mit $c_{u2} = c_2 \cos\alpha_2 = \frac{c_{m2}}{\tan\alpha_2}$ wird

$$H = \frac{u_2\, c_{m2}\, \eta_P}{g \tan\alpha_2} = \underline{14{,}2 \text{ m}} .$$

Aufgabe 15 (Bild 4.15)

Eine Francis-Turbinenanlage verarbeitet den Volumenstrom $\dot{V}$ bei einem Gefälle H und gibt an die Turbinenwelle die Leistung P ab. Die Anlage hat den Wirkungsgrad η_T. Das Wasser strömt unter dem Winkel β_1 dem rotierenden Laufrad zu und verlässt dieses drallfrei mit der Absolutgeschwindigkeit c_2.

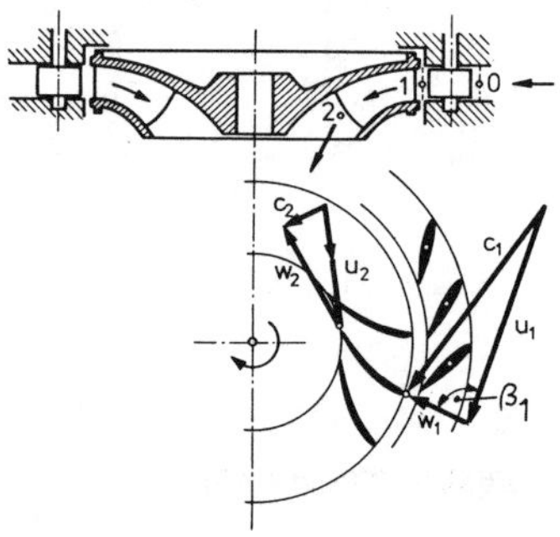

Bild 4.15 A 15

a) Wie gross ist der Strömungswinkel β_1 und mit welcher Geschwindigkeit w_1 strömt das Wasser der Laufradschaufelung zu ?, b) Unter welchem Nettogefälle H arbeitet die Turbine ? Gegeben: H = 225 m, $\dot{V}$ = 1,2 m³/s, P = 2328 kW, c_1 = 45 m/s, u_1 = 45 m/s, η_T = 0,88, $\rho = 10^3$ kg/m³.

Lösung:

a) $$\beta_1 = 90^\circ - \frac{\arccos \frac{P}{\dot{V}\rho u_1 c_1}}{2} = \underline{81{,}6^\circ}$$

$$w_1 = 2\, u_1 \sin\frac{\alpha_1}{2} = \underline{13{,}07 \text{ m/s}}$$

b) $$H = \frac{P}{\dot{V}\rho g \eta_T} = \underline{225 \text{ m}}$$

Aufgabe 16 (Bild 4.16)

Die in Teilturbinen zerlegte rotationssymmetrische Strömung durch das Laufrad einer Francis-Spiralturbine, welche den Volumenstrom $\dot{V}$ = 306 m³/s bei einem Gefälle H = 65 m verarbeitet, zeigt Bild 4.17. Es wird angenommen, dass jede Teilturbine dieselbe spezifi-

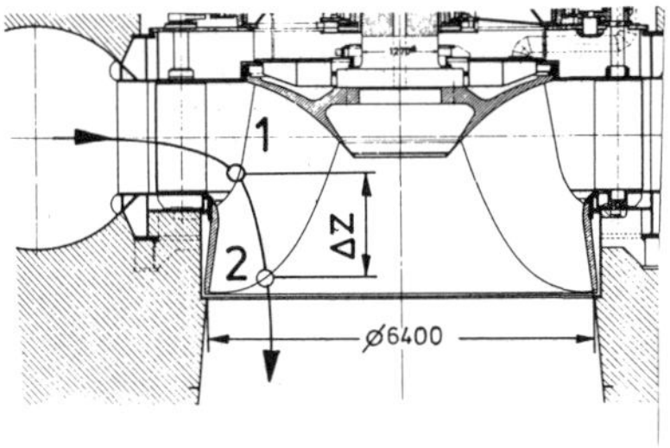

Bild 4.16   A 16

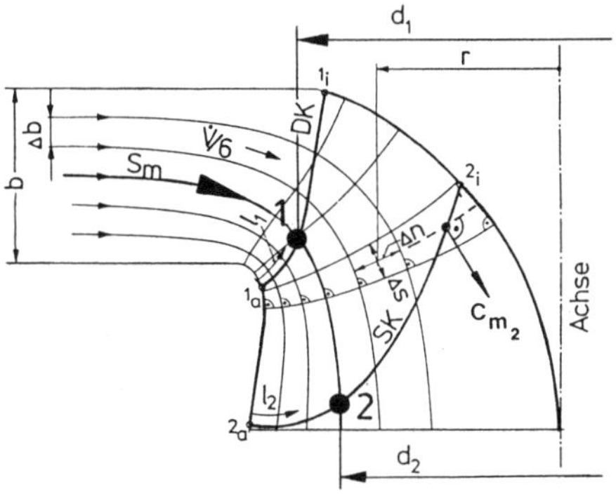

Bild 4.17   A 16

sche Stufenarbeit umsetzt. Dabei gehen im Laufrad 2% der angebotenen spezifischen Gefällsarbeit gH verloren. Aus den Geschwindigkeitsdreiecken (Bild 4.18) auf der mittleren Stromlinie vom Eintritt 1 in das Laufrad bis zu dem um Δz = 1,68 m tiefer gelegenen Austritt in 2 sind bekannt:

c_1 = 24,2 m/s, w_1 = 12,1 m/s, u_1 = 28,3 m/s, p_1 = 3,40 bar,
c_2 = 9,9 m/s (drallfreier Abstrom), w_2 = 25,8 m/s, u_2 = 23,8 m/s .

a) Wie gross ist der statische Druck p_2 am Laufradaustritt in 2, wenn $\rho = 10^3$ kg/m^3 ?, b) Welche spezifische Stufenarbeit a (Eulerarbeit) setzt die Turbine um und wie gross ist die Leistung P ?

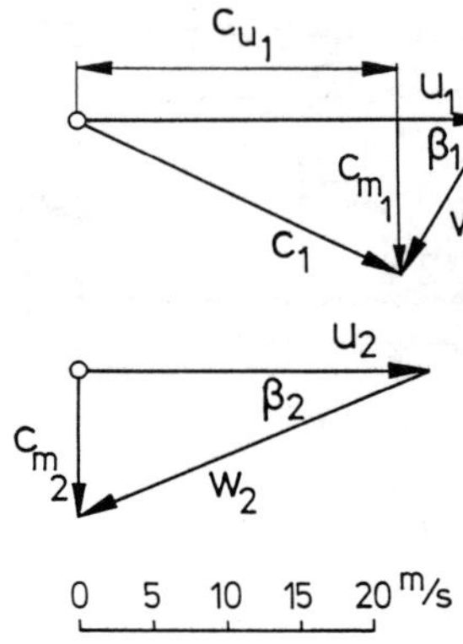

Bild 4.18 A 16

a) Statischer Druck p_2

Aus der Bernoullli-Gleichung für die Strömung im rotierenden Hohlraum von 1 bis 2

$$\frac{\rho}{2} w_1^2 - \frac{\rho}{2} u_1^2 + p_1 + \rho g \Delta z = \frac{\rho}{2} w_2^2 - \frac{\rho}{2} u_2^2 + p_2 + \Delta p_v \quad (1)$$

folgt

$$p_2 = \frac{\rho}{2}(w_1^2 - w_2^2 + u_2^2 - u_1^2) + p_1 + \rho(g\Delta z - \Delta h_v) \quad (2)$$

In (2) ist $\Delta h_v = 0{,}02\ gH$, damit erhält man für

$$p_2 = \frac{10^3}{2}(12{,}1^2 - 25{,}8^2 + 23{,}8^2 - 28{,}3^2) + 3{,}40 \cdot 10^5 + 10^3(9{,}81 \cdot 1{,}68 - 0{,}02 \cdot 9{,}81 \cdot 65)$$

$$= \underline{-\ 0{,}33112\ \text{bar}}$$

b) Spezifische Stufenarbeit a

Die Eulersche Hauptgleichung lautet bei drallfreiem Abstrom ($c_{u2} = 0$):

$$a = u_1 c_{u1} \quad (3)$$

Mit $c_{u1} = c_1 \cos\alpha_1$ und $\cos\alpha_1 = \sqrt{1 - \sin^2\alpha_1} = \sqrt{1 - (c_{m1}/c_1)} = 0{,}9049$

folgt aus (3) $a = 28{,}3 \cdot 24{,}2 \cdot 0{,}9049 = \underline{619{,}7\ \text{J/kg}}$

Leistung P

$$P = \dot{m}a = \dot{V}\rho a = 306 \cdot 10^3 \cdot 619{,}7 = \underline{189{,}6\ \text{MW}}$$

Zur Kontrolle kann man P auch aus der Totaldruckänderung Δp_t der Laufradströmung und dem Volumenstrom $\dot{V}$ berechnen:

Die Totaldruckänderung beträgt $\Delta p_t \approx p_1 - p_2 + \frac{\rho}{2}(c_1^2 - c_2^2)$

und die Leistung $$P = \dot{V}\,\Delta p_t \qquad (4)$$

Die bekannten Werte in (4) eingesetzt ergeben

$$P = 306 \left\{ \left[3{,}40 - (-\,0{,}33112)\right] 10^5 + \frac{10^3}{2}(24{,}2^2 - 9{,}9^2)\right\} = \underline{188{,}8\ \text{MW}}$$

Die Leistungsdifferenz von < 1% zwischen der auf (3) und (4) fussenden Berechnung ist im Rahmen der eindimensionalen Betrachtung unbeachtlich.

Aufgabe 17

Die Daten einer Francis-Turbine lauten: Drehzahl $n_1 = 750/\text{min}$, Volumenstrom $\dot{V}_1 = 1{,}4\ \text{m}^3/\text{s}$, $\rho = 10^3\ \text{kg/m}^3$, Leistung $P_1 = 600$ kW, statischer Ueberdruck im Druckstutzen $p_1 = 4{,}50$ bar, Strömungsgeschwindigkeit $c_1 = 7$ m/s, Höhe über Unterwasser $z_1 = z_3 = 1{,}9$ m (vgl. Bild 4.22).

a) Mit welcher Nettofallhöhe H_1 arbeitet die Turbine ?, b) Wie gross ist der Turbinenwirkungsgrad η_T ?, c) Wie gross ist die bei einer Nettofallhöhe $H_2 = 65$ m und geometrisch ähnlicher Strömung zu wählende Drehzahl n_2 ?, d) Wie gross ist der Volumenstrom $\dot{V}_2$ für die Betriebsverhältnisse unter c) ?, e) Welche Leistung der Turbine kann man erwarten bei den unter c) und d) bestimmten neuen Betriebsverhältnissen, wenn für η_T der in b) berechnete Wert gilt ?

Lösung:

a) $$H_1 = \frac{p_1}{\rho g} + \frac{c_1^2}{2g} + z_1 = \frac{4{,}5 \cdot 10^5}{10^3 \cdot 9{,}81} + \frac{7^2}{2 \cdot 9{,}81} + 1{,}9 = \underline{50{,}2\ \text{m}}$$

b) $$\eta_T = \frac{P_1}{\dot{V}\rho g H_1} = \frac{600 \cdot 10^3}{1{,}4 \cdot 10^3 \cdot 9{,}81 \cdot 50{,}26} = \underline{87\%}$$

c) Dem Affinitätsgesetz zufolge gilt

$$H_1 \sim n_1^2 \qquad H_2 \sim n_2^2$$

Damit $n_2 = n_1\sqrt{\frac{H_2}{H_1}} = 750\sqrt{\frac{65}{50,26}} = \underline{\underline{853/\text{min}}}$

d) Für die Volumenströme liefert die Affinitätsbedingung

$$\dot{V}_1 \sim n_1 \qquad \dot{V}_2 \sim n_2$$

Daraus $\dot{V}_2 = \dot{V}_1 \frac{n_2}{n_1} = 1,4\ \frac{853}{750} = \underline{\underline{1,592\ m^3/s}}$

Bemerkung: Die Forderung geometrisch ähnlicher Strömungsverhältniss für die Gefälle H_1 und H_2 heisst auch, dass die Turbine in beiden Betriebsarten die gleiche spezifische Drehzahl n_q aufweist.

Man erhält aus $n_q = n\ \dot{V}^{1/2}/\ H^{3/4}$ mit H_1, n_1 und $\dot{V}_1$

$$n_{q1} = 750\ \frac{1,4^{1/2}}{50,26^{3/4}} = \underline{\underline{47/\text{min}}}$$

Anderseits mit H_2, n_2 und $\dot{V}_2$ $\quad n_{q2} = 853\ \frac{1,592^{1/2}}{65^{3/4}} = \underline{\underline{47/\text{min}}}$

Somit $n_{q1} = n_{q2}$ nach Voraussetzung

e) $P_2 = \dot{V}_2 \rho\ g\ H_2 \eta_T = 1,592 \cdot 10^3 \cdot 9,81 \cdot 65 \cdot 0,87 = \underline{\underline{883\ kW}}$

Aufgabe 18 (Bild 4.19)

Von einer Francis-Turbine sind nachstehende Daten gegeben: Nutzfallhöhe $H = 265$ m, Volumenstrom $\dot{V} = 51,3\ m^3/s$ ($\rho = 10^3\ kg/m^3$), Drehzahl $n = 300/\text{min}$, Leistung $P = 121$ MW. Geometrische Abmessungen des Laufrades nach Bild 4.20: Die Punkte 1 und 2 mit den Durchmessern $d_1 = 3,307$ m und $d_2 = 1,837$ m und der Höhendifferenz $\Delta z = 0,4$ m beziehen sich auf die Stromröhre der "mittleren Teilturbine". Alle Teilturbinen haben denselben Energieumsatz. Der Abstrom erfolgt drallfrei ($\alpha_2 = 0°$). Eintrittsfläche $A_1 = 5,09\ m^2$, Austrittsfläche $A_2 = 4,905\ m^2$.

a) Wie gross ist die Meridiangeschwindigkeit c_{m1} am Laufradeintritt in 1 ?, b) Wie gross ist die absolute Zuströmgeschwindigkeit c_1 zum Laufrad ?, c) Man skizziere den Geschwindigkeitsplan am Laufradein- und Austritt, d) Wie gross ist der statische Druck p_1 am Laufradeintritt, wenn bis zum Punkt 1 der Verlust an Nutzfallhöhe 1% beträgt ?, e) Wie gross ist der statische Druck p_2

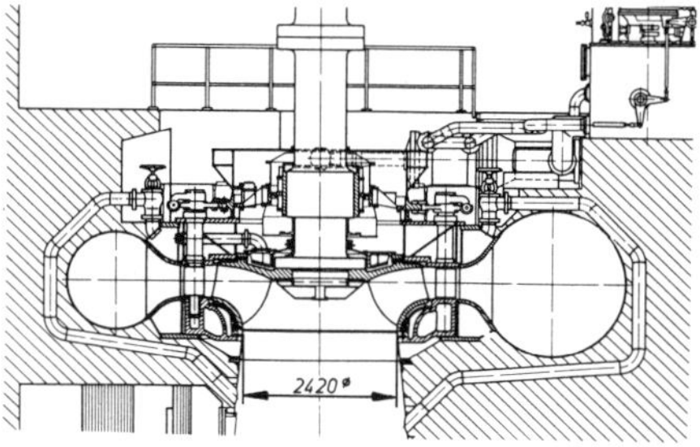

Bild 4.19 A 18

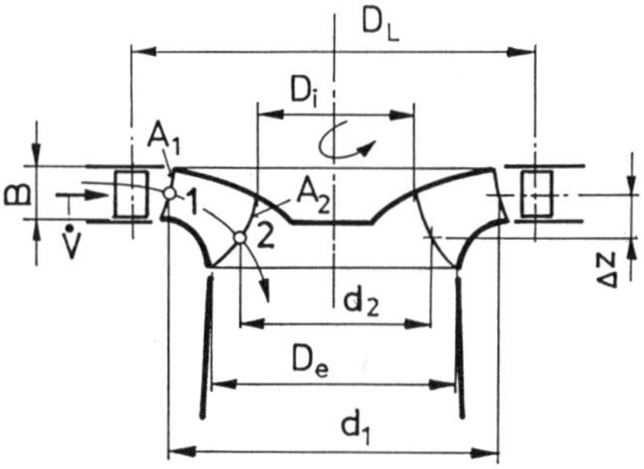

Bild 4.20 A 18

am Laufradaustritt in 2, wenn der spezifische Verlust im Laufrad 8,8% der Nutzfallhöhe H beträgt ?

a) $$c_{m1} = \frac{\dot{V}}{A_1} = \frac{51,3}{5,09} = \underline{\underline{10,08\ m/s}}$$

b) $$c_2 = \frac{\dot{V}}{A_2} = \frac{51,3}{4,905} = \underline{\underline{10,46\ m/s}}$$

c) Eulerarbeit $a = u_1 c_{u1} - u_2 c_{u2}$ (1)

Bei drallfreiem Abstrom in der Ebene 2 geht (1) über in

$$a = u_1 c_{u1} \qquad (2)$$

(2) in Verbindung mit der Turbinenleistung:

$$P = \dot{m}a = \dot{V}\,\rho\,u_1 c_{u1} \tag{3}$$

und daraus mit $u_1 = 51{,}94$ m/s

$$c_{u1} = \frac{P}{\dot{V}\,\rho\,u_1} = \frac{121\cdot 10^6}{51{,}3\cdot 10^3\cdot 51{,}94} = 45{,}4 \text{ m/s}$$

$$\alpha_1 = \text{arc tan}\,\frac{c_{m1}}{c_{u1}} = 12{,}5^\circ \qquad c_1 = \frac{c_{m1}}{\sin\alpha_1} = 46{,}5 \text{ m/s}$$

$$\beta_1 = \text{arc tan}\,\frac{c_{m1}}{u_1 - c_{u1}} = 57{,}1^\circ \qquad w_1 = \frac{c_{m1}}{\sin\beta_1} = 12{,}03 \text{ m/s}$$

Mit $u_2 = 28{,}85$ m/s wird $\quad w_2 = \sqrt{c_2^2 + u_2^2} = 30{,}5$ m/s

Mit diesen Werten aus a), b) und c) lassen sich die Geschwindigkeitspläne zeichnen (Bild 4.21).

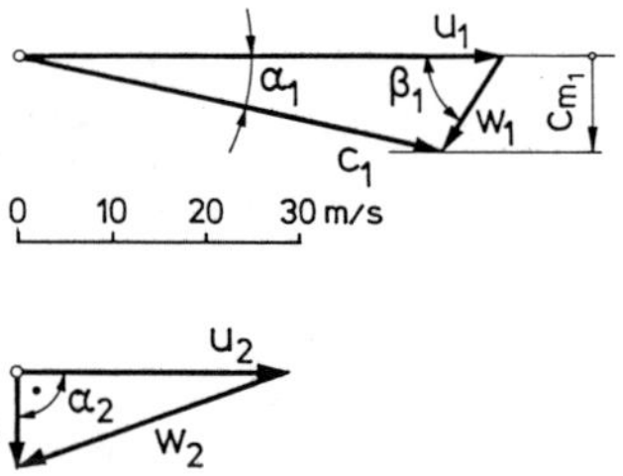

Bild 4.21 A 18

d) Bernoulli-Gleichung vom Druckstutzen bis Punkt 1 :

$$\rho g H = \frac{\rho}{2}\,c_1^2 + p_1 + \Delta p_{v01} \tag{4}$$

Daraus

$$p_1 = \rho g H - \frac{\rho}{2}\,c_1^2 - \Delta p_{v01} \tag{5}$$

In (5) ist $\quad \Delta p_{v01} = 0{,}01\,\rho g H = 0{,}260$ bar. Somit aus (5)

$$p_1 = 10^3\cdot 9{,}81\cdot 265 - \frac{10^3}{2}\,46{,}5^2 - 0{,}26\cdot 10^5 = \underline{\underline{14{,}925 \text{ bar}}}$$

e) Bernoulli-Gleichung für den rotierenden Laufradhohlraum:

$$\frac{\rho}{2}\,(w_1^2 - u_1^2) + p_1 + \rho g z_1 = \frac{\rho}{2}\,(w_2^2 - u_2^2) + p_2 + \rho g z_2 + \Delta p_{v12} \tag{6}$$

Hieraus mit $\Delta z = z_1 - z_2$ und $\Delta p_{v12} = 0{,}088\,\rho g H$

$$\Delta p = p_1 - p_2 = \frac{\rho}{2}\,(w_2^2 - u_2^2 - w_1^2 + u_1^2) - \rho g \Delta z + 0{,}088\,\rho g H$$

$$= \frac{10^3}{2}\,(30{,}6^2 - 28{,}85^2 - 12{,}03^2 + 51{,}94^2) - 10^3\cdot 9{,}81\cdot 0{,}4 + 0{,}088\cdot 10^3\cdot 9{,}81\cdot 265 =$$

$$\Delta p = 15{,}527 \text{ bar}$$

woraus $\quad p_2 = p_1 - \Delta p = 14{,}925 - 15{,}527 = \underline{-\ 0{,}602 \text{ bar}}$

Wie ersichtlich, kann p_2 am Austritt aus dem Laufrad einer Ueberdruckturbine erheblich unter den Atmosphärendruck p_3 absinken und damit Kavitation ins Spiel bringen. Um lokale Unterdruckspitzen zu vermeiden, ist daher der Formgebung der Schaufeln grosse Beachtung beizumessen.

Aufgabe 19 (Bild 4.22)

Von einer Francis-Spiralturbine sind folgende Betriebs- und geometrische Daten bekannt:

$\dot{V} = 22{,}5\ m^3/s$, $n = 333/min$, $P = 34{,}55$ MW, $H = 172$ m, Gesamtdruck $p_{0t} = 16{,}677$ bar (Ueberdruck) im Druckstutzen mit dem Durchmesser $d_0 = 1535$ mm. Raddurchmesser $d_1 = 2160$ mm, mittlerer Radaustrittsdurchmesser $d_2 = 1200$ mm, Radeintrittsbreite $b_1 = 330$ mm, Saugrohr Eintritt $d_3 = 1600$ mm. Strömungswinkel $\alpha_1 = 13{,}5^\circ$ (Winkel zwischen c_1 und u_1), $\alpha_2 = 90^\circ$ (drallfreier Abstrom in 2), Strömungsgeschwindigkeit $c_2 = 9{,}5$ m/s am Laufradaustritt.
Verluste in % von H: Spirale und Leitrad 1,35, Laufrad 4,0, Saugrohr (Diffusor) 1,075. Der Unterwasserspiegel UW liegt $z_3 = 2$ m

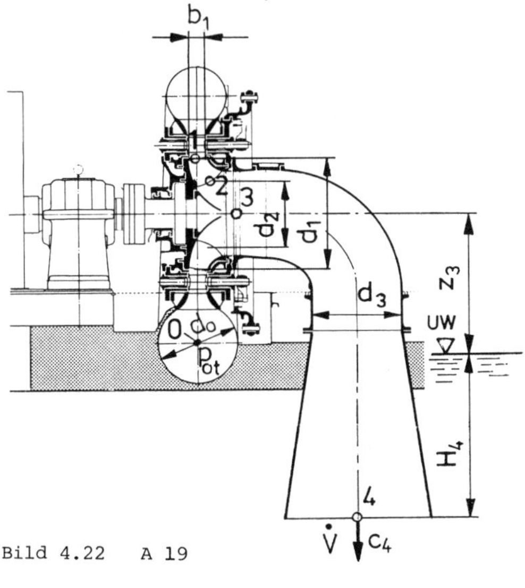

Bild 4.22 A 19

unterhalb der Maschinenachse und der Saugrohraustritt $H_4 = 2{,}60$ m unter dem UW. Dichte des Wassers $\rho = 1000$ kg/m^3.
Berechnungen, bezogen auf den "mittleren Stromfaden" entlang dem Strömungsweg 0-1-2-3-4-UW :

a) Wie gross sind im Druckstutzen (Ebene 0) c_0, p_0 und am Laufradeintritt (Ebene 1) c_{m1}, c_1, w_1, u_1, p_1, p_{1t} ?, b) Wie gross sind am Laufradaustritt (Ebene 2) u_2, w_2, p_2 ?, c) Man entwerfe das Geschwindigkeitsdreieck am Laufradein- und Austritt, d) Wie gross sind im Saugrohreintritt (Ebene 3) c_3, p_3 und im Saugrohraustritt (Ebene 4) c_4, p_4 ?, e) Man skizziere den Verlauf von p, c und w mit Beginn im Druckstutzen in 0 bis zum Unterwasserspiegel UW, f) Um wieviel muss der Abstand der Turbinenachse gegenüber dem UW geändert werden, damit der Druck p_2 am Laufradaustritt um 0,15 bar zunimmt ? Alle andern massgebenden Grössen sollen dabei unverändert angenommen werden.

Lösung:

a) $c_0 = \frac{\dot V}{A_0} = \frac{4\dot V}{\pi d_0^2} = \underline{9{,}55 \text{ m/s}}, \quad p_0 = p_{0t} - \frac{\rho}{2} c_0^2 = \underline{16{,}221 \text{ bar}}$

$c_{m1} = \frac{\dot V}{A_1} = \frac{\dot V}{\pi d_1 b_1} = \underline{10{,}05 \text{ m/s}}, \quad u_1 = \frac{\pi d_1 n}{60} = \underline{37{,}66 \text{ m/s}}$

$c_1 = \frac{c_{m1}}{\sin\alpha_1} = \underline{43{,}05 \text{ m/s}}, \quad w_1 = \sqrt{(c_1 \cos\alpha_1 - u_1)^2 + c_{m1}^2} = \underline{10{,}90 \text{ m/s}}$

$p_1 = p_{0t} - \frac{\rho}{2} c_1^2 - 0{,}0135\,\rho g H = \underline{7{,}1827 \text{ bar}}, \quad p_{1t} = p_1 + \frac{\rho}{2} c_1^2 = \underline{16{,}449 \text{ bar}}$

b) $u_2 = \frac{\pi d_2 n}{60} = \underline{20{,}92 \text{ m/s}}, \quad w_2 = \sqrt{c_2^2 + u_2^2} = \underline{22{,}97 \text{ m/s}}$

Bernoulli-Gleichung mit Verlustglied im rotierenden Bezugssystem (Laufrad):

$$p_1 + \frac{\rho}{2} w_1^2 - \frac{\rho}{2} u_1^2 = p_2 + \frac{\rho}{2} w_2^2 - \frac{\rho}{2} u_2^2 + \Delta p_{vLa} \qquad (1)$$

In (1) ist $\Delta p_{vLa} = 0{,}04\,\rho g H = 0{,}04 \cdot 10^3 \cdot 9{,}81 \cdot 172 = 0{,}67493$ bar

Aus (1) folgt damit

$$p_2 = p_1 + \frac{\rho}{2}(w_1^2 - w_2^2 + u_2^2 - u_1^2) - \Delta p_{vLa} \qquad (2)$$

$$p_2 = 7{,}1827 \cdot 10^5 + \frac{10^3}{2}(10{,}9^2 - 22{,}97^2 + 20{,}92^2 - 37{,}66^2) - 67493 =$$

$$= \underline{-\ 43943\ \text{Pa}}\ \text{(Unterdruck)}$$

c) Die bekannten Bestimmungsgrössen führen auf die Geschwindigkeitsdreiecke in Bild 4.23.

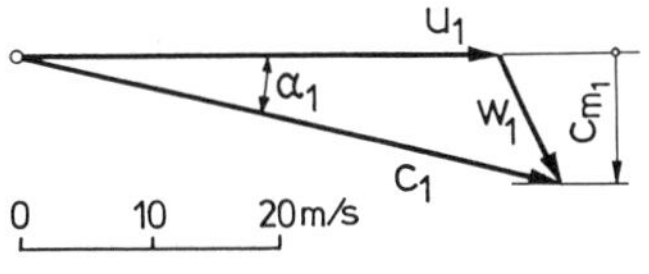

d) $c_3 = \frac{\dot{V}}{A_3} = \frac{4\dot{V}}{\pi d_3^2} = \underline{11{,}2\ \text{m/s}}$

Mit Vernachlässigung der geringen Reibungsverluste zwischen den Ebenen 2 und 3 wird

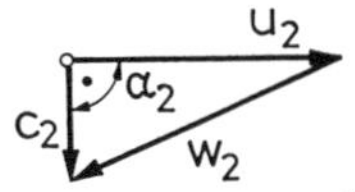

Bild 4.23 A 19

$$p_3 = p_2 + \frac{\rho}{2}(c_2^2 - c_3^2) = \underline{-\ 0{,}61538\ \text{bar}}$$

Bernoulli-Gleichung von 3 bis 4:

$$p_3 + \frac{\rho}{2} c_3^2 + \rho g(z_3 + H_4) = p_4 + \frac{\rho}{2} c_4^2 + \Delta p_D \qquad (3)$$

mit dem Druckverlust im Saugrohr $\Delta p_D = 0{,}01075\ \rho g H = 18138$ Pa

und $$p_4 = \rho g H_4 = \underline{25506\ \text{Pa}} \qquad (4)$$

wird $$c_4 = \sqrt{\frac{2}{\rho}\left[p_3 + \frac{\rho}{2} c_3^2 + \rho g z_3 - \Delta p_D\right]} = \underline{2{,}31\ \text{m/s}} \qquad (5)$$

e) Verlauf von c, w und p von Ebene 0 bis UW: Darstellung in Bild 4.24.

f) Aus (3) und (4) kommt

$$z_3 = \frac{c_4^2 - c_2^2}{2g} - \frac{p_2}{\rho g} + \frac{\Delta p_D}{\rho g} \qquad (6)$$

(6) ausgewertet, wobei jetzt $p_2 = -\ 0{,}43943 + 0{,}15 = -\ 0{,}28943$ bar betragen soll, ergibt

$$z_3 = 0{,}47\ \text{m}$$

Die Turbine muss somit um $2 - 0{,}47 = \underline{1{,}53\ \text{m}}$ tiefer gesetzt werden.

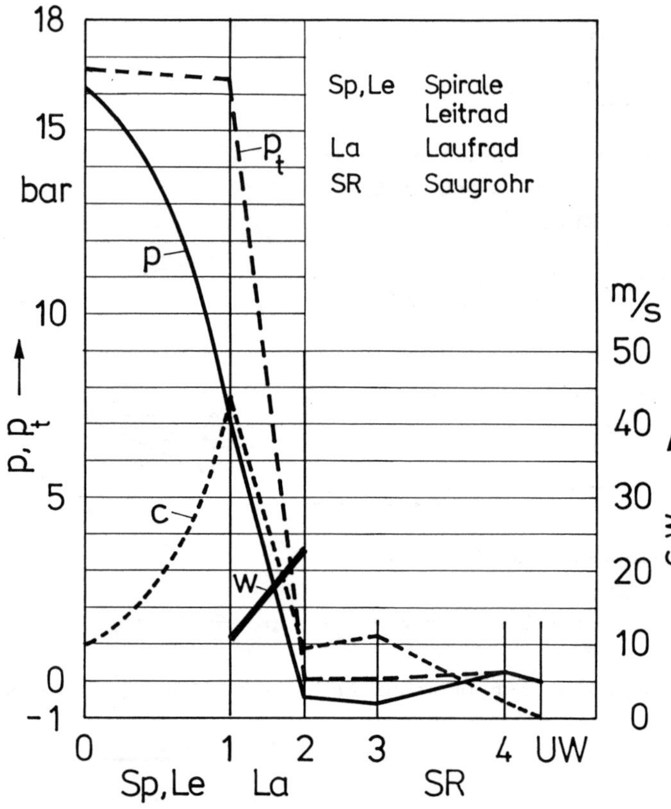

Bild 4.24 A 19

Aufgabe 20 (Bild 4.22)

Eine Francis-Turbine mit sonst im wesentlichen denselben Abmessungen und Betriebsdaten ($\dot{V}$, P, n) wie in der vorhergehenden Aufgabe 19 arbeitet mit dem im Druckstutzen wirksamen Nettogefälle H = 172 m. Veränderungen hinsichtlich Verlusten und Strömungsgeschwindigkeiten sind folgende:

Verlust in % von H: Spirale und Leitrad 1,5, Laufrad 5,5. Saugrohrwirkungsgrad η_D = 0,80 = Verhältnis von effektivem Druckrückgewinn zu idealem Druckrückgewinn. Dichte des Wasser ρ = 10^3 kg/m^3.

a) Mit welchem statischen Druck p_2 verlässt das Wasser das Laufrad in 2 ?, b) Wie gross ist der Druckverlust Δp_D im Saugrohr ?, c) Mit welcher Saughöhe H_s (Abstand Maschinenachse bis UW) arbeitet die Turbine ?

Lösung:

a) Man erhält aus den gegebenen Daten (vgl. auch Aufgabe 19):

$u_1 = 37{,}66$ m/s, $u_2 = 20{,}92$ m/s, $c_{m1} = 10{,}05$ m/s, $c_1 = 43{,}04$ m/s,
$\beta_1 = 112{,}6^\circ$, $w_1 = 10{,}88$ m/s, $c_2 = c_{m2} = 9{,}5$ m/s, $c_3 = 11{,}2$ m/s,
$w_2 = 22{,}97$ m/s, $c_{u1} = 41{,}85$ m/s,

$$p_1 = 0{,}985\ \rho g H - \frac{\rho}{2}\, c_1^2 = 7{,}3579 \text{ bar}$$

$$p_2 = \frac{\rho}{2}\,(w_1^2 - u_1^2 - w_2^2 + u_2^2) + p_1 - 0{,}055\ \rho g H = \underline{-\ 0{,}51950 \text{ bar}}$$

b) $c_4 = 2{,}31$ m/s aus Aufgabe 19, damit

$$\Delta p_D = (1 - \eta_D)\,(c_3^2 - c_4^2) = \underline{12010 \text{ Pa}}$$

c) $$p_3 = p_2 + \frac{\rho}{2}\,(c_2^2 - c_3^2) = -\ 0{,}69545 \text{ bar}$$

Aus der Bernoulli-Gleichung von 3 bis 4 folgt, wenn H_s die Rolle von z_3 in Gl.(3) Aufgabe 19 übernimmt:

$$H_s = \frac{p_3 + \eta_D \frac{\rho}{2}\,(c_3^2 - c_4^2)}{-\ \rho g} = \underline{2{,}19 \text{ m}}$$

Aufgabe 21 (Bild 4.25)

Eine Peltonturbine hat die Betriebsdaten:
Nutzfallhöhe H = 1129 m, Volumenstrom $\dot{V} = 6{,}18\ m^3/s$, Drehzahl n = 500/min, Durchmesser des Druckrohres D = 600 mm, mittlerer Laufraddurchmesser $D_m = 2616$ mm. Die Ausflussgeschwindigkeit c_1 aus der Düse beträgt $\varphi = 97\%$ derjenigen bei reibungsfreier Strömung. Dichte des Wassers $\rho = 1000\ kg/m^3$.

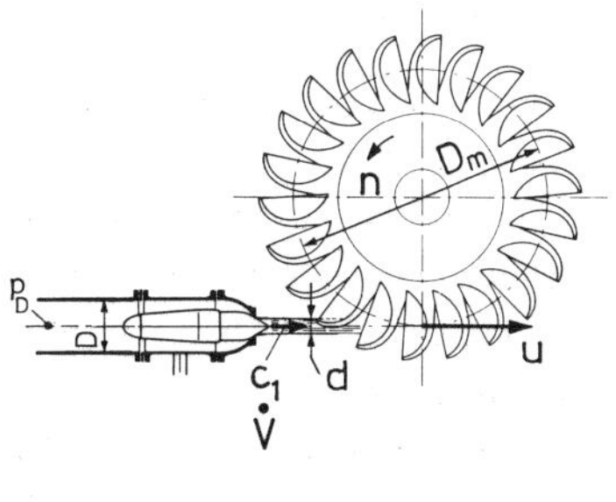

Bild 4.25 A 21

a) Wie gross ist der Strahldurchmesser d ?, b) Welcher statische Druck p_D herrscht im Druckrohr mit dem Durchmesser D ?, c) Mit welchem Verhältnis u/c_1 arbeitet die Turbine ?, d) Wie gross ist die Zugkraft F am Flansch zwischen dem Düsenteil und dem Rohrende mit dem Durchmesser D ?, e) Wie gross ist die Umfangskraft F_u am stehenden Laufrad (u = 0) beim Volumenstrom $\dot{V}$, wenn das Wasser aus den Schaufelbechern im Winkel $\beta_2 = 15^\circ$ von der Radebene abströmt und die relative Abströmgeschwindigkeit w_2 90% der relativen Zuströmgeschwindigkeit w_1 beträgt ($k = w_2/w_1 = 0{,}9$) ?, f) Wie gross ist die an das Laufrad abgegebene hydraulische Leistung P, wenn im Normalbetrieb $w_2/w_1 = 0{,}90$ beträgt und die Abströmrichtung derjenigen in e) entspricht ?

Lösung:

a) $d = \sqrt{\dfrac{4\dot{V}}{0{,}97\ \pi\ \sqrt{2gH}}} = \underline{233\ \text{mm}}$, $\quad c_1 = \varphi\sqrt{2gH} = 144{,}36$ m/s

$u = \dfrac{\pi\ d_m n}{60} = 68{,}48$ m/s

b) $c_D = \dfrac{4\dot{V}}{\pi D^2} = 21{,}85$ m/s

$p_D = \rho g H - \dfrac{\rho}{2} c_D^2 = \underline{108{,}36\ \text{bar}}$

c) $\dfrac{u}{c_1} = \dfrac{\pi\ d_m n}{60 \cdot \varphi\sqrt{2gH}} = \underline{0{,}474}$

d) $F = \dot{V}\rho(c_D - c_1) + \dfrac{\pi}{4} D^2 p_D = \underline{2307\ \text{kN}}$

e) $F_u = \dot{V}\rho(c_1 - u)(1 + k\cos\beta_2) = \underline{1668\ \text{kN}}$

f) $P = F_u u = u\dot{V}\rho(c_1 - u)(1 + k\cos\beta_2) = \underline{60{,}17\ \text{MW}}$

Aufgabe 22

Von einer Peltonturbine sind bekannt:
Leistung P = 400 kW, Gesamtdruck $p_t = 10{,}0$ bar als Ueberdruck vor der Düse, Turbinenwirkungsgrad $\eta_T = 0{,}85$, Abströmrichtung $\beta_2 = 10^\circ$ (Relativströmung w_2 in Bezug auf u), Drehzahl n = 333/min, Verhältnis $u/c_1 = 0{,}5$, Düsenverlust 5% des angebotenen Gefälles.
a) Wie gross ist der Volumenstrom $\dot{V}$?, b) Welchen mittleren Laufraddurchmesser d_m hat das Laufrad ?, c) Mit welchem Geschwindigkeitsverhältnis w_2/w_1 arbeitet die Turbine ?

Lösung: a) $\dot{V}$ = $\underline{0{,}4278\ m^3/s}$, b) d_m = $\underline{1310\ mm}$, c) w_2/w_1 = $\underline{0{,}802}$.

Aufgabe 23 (Bild 4.26)

Hydrodynamischer Drehmomentwandler[8].
Aus der schematischen Darstellung eines dreikränzigen hydrodynamischen Getriebes (bestehend aus Pumpenrad P, Turbinenrad T und Leitrad R) gehen die Anordnung und Form der Beschaufelung sowie die Geschwindigkeitsdreiecke hervor.

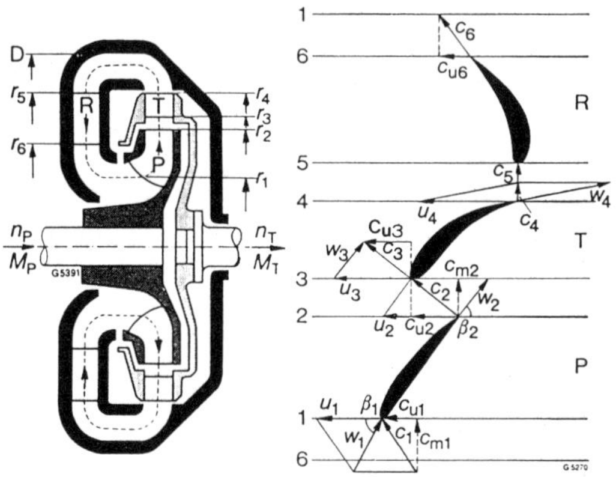

Bild 4.26 A 23

a) Wie lauten die Beziehungen für das hydraulische Moment M_P, M_T und M_R der drei Schaufelräder P, T und R , ausgedrückt durch die eingetragenen Bezeichnungen. Der umlaufende sekundliche Massenstrom beträgt $\dot{m}$ kg/s ?, b) In den schaufellosen Hohlräumen zwischen dem Pumpen- und Turbinenrad, der Turbine und dem Leitrad und dem Leitrad und der Pumpe wird angenommen, die arbeitsfreie Strömung folge dem Gesetz des Potentialwirbels (Drallsatz). Man formuliere den Drallsatz für die Strömung in den drei Hohlräumen. c) Wie lautet die Gleichgewichtsbedingung der Momente M_P, M_T und M_R ?

Lösung: a) Die Eulersche Momentengleichung der Strömungsmaschinentheorie liefert:

Pumpe: $M_P = \dot{m}(r_2 c_{u2} - r_1 c_{u1})$

Turbine: $M_T = \dot{m}(r_3 c_{u3} - r_4 c_{u4})$

Leitrad: $M_R = \dot{m}(r_5 c_{u5} - r_6 c_{u6})$

b) Es gilt im Hohlraum

2 - 3 (Pumpe-Turbine): $r_2 c_{u2} = r_3 c_{u3}$

4 - 5 (Turbine-Leitrad): $r_4 c_{u4} = r_5 c_{u5}$

6 - 1 (Leitrad-Pumpe): $r_6 c_{u6} = r_1 c_{u1}$

c) Die Summe der hydraulischen Momente muss Null sein:

$$\vec{\sum} M_h = \vec{M} = \vec{M}_P + \vec{M}_T + \vec{M}_R = 0$$

Die vektorielle Darstellung der Drehmomente ist erforderlich, weil ihr Wirkungssinn, ob positiv oder negativ, beachtet werden muss.

Aufgabe 24 (Bild 4.27 und 4.28)

Der Verlauf des Wirkungsgrades $\eta = \eta(n_T)$ eines hydrodynamischen Wandlers der dargestellten Bauart und Schaufelung vollzieht sich in Abhängigkeit der Turbinendrehzahl n_T bei konstanter Pumpendrehzahl n_P in der skizzierten Weise [8].

Man skizziere die qualitativen Geschwindigkeitspläne am Pumpenaustritt sowie am Turbinenein- und Austritt und begründe daraus den parabelförmigen Verlauf des Wandlerwirkungsgrades η.

Als Anhalt zum Entwurf der Geschwindigkeitsdreiecke am Austritt aus dem Pumpenlaufrad gelten folgende Annahmen: Im Bereiche von η_{opt} ist die Meridiangeschwindigkeit $c_{m2} \approx 0,25\ u_2$. Der umlaufende Massenstrom $\dot{m}$ nimmt von $n_T = 0$ bis n_{Tmax} etwa um 25% zu. Für den Minderleistungsfaktor des Pumpenlaufrades kann man $\mu_K \approx 0,75 = c_{u2}/c_{u2\infty}$ annehmen.

Lösung:

Vom Optimalpunkt abweichende Betriebszustände bewirken zunehmende

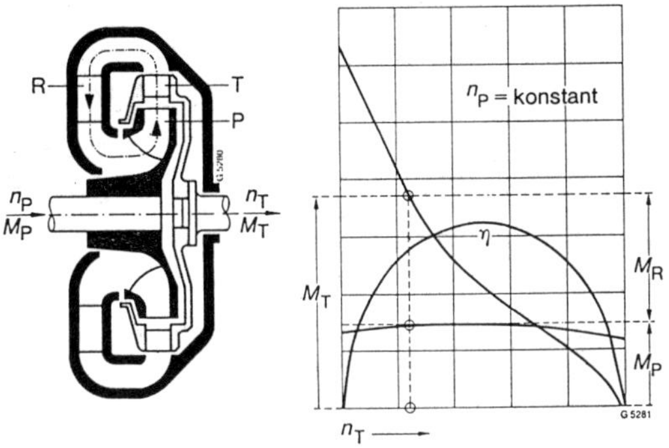

Bild 4.27 A 24

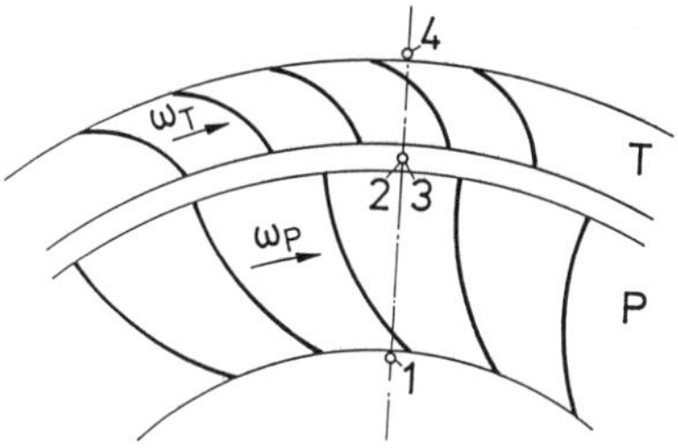

Bild 4.28 A 24

Strömungsverlust im Laufrad.
Grund: Die Anströmrichtung der Relativgeschwindigkeit w_3 am Laufradeintritt (Bild 4.29) weicht mehr oder weniger stark von der Richtung der Schaufelung am Radeintritt ab, was erhebliche verlusterzeugende Strömungsablösungen verursacht.

Zu den drei herausgegriffenen Strömungszuständen ist fogendes zu bemerken:
Der Wandlerwirkungsgrad η ist festgelegt durch $\eta = \frac{P_T}{P_P}$. Die Pumpenleistung P_P kann bei konstanter Drehzahl n_P auch als konstant angenommen werden. Somit wird η vornehmlich durch die mit

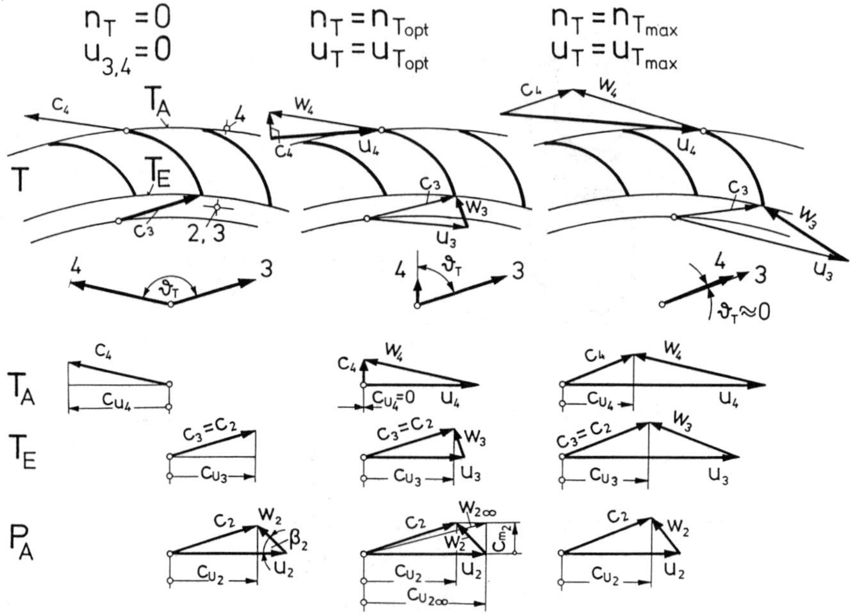

Bild 4.29 A 24

der Turbinendrehzahl n_T verknüpften Turbinenleistung $P_T = P_T(n_T)$ bestimmt. Wir greifen zur näheren Erklärung auf die Hauptgleichung der Strömungsmaschinentheorie

$$P_T = \dot{m}(u_3 c_{u3} - u_4 c_{u4})$$

Im Ursprungpunkt mit stillstehender Turbine $n_T = 0$ wird zufolge $u = 0$ ebenso die Leistung $P_T = 0$. Die Strömungsumlenkung ϑ und damit die Impulsstromänderung erreicht zusammen mit dem Turbinendrehmoment M_T den Grösstwert.

Am andern Ende der Kennlinie bei der Durchgangsdrehzahl n_{Tmax} ist die Umlenkung ϑ verschwindend klein und demzufolge $u_3 c_{u3} - u_4 c_{u4} \approx 0$. Ebenso sinkt die Turbinenleistung auf $P_T = 0$ und $M_T = 0$ auf Null ab. Damit sind die beiden Grenzpunkte der Wirkungsgradkurve erklärt.

In einem gewissen Punkt günstigster Anströmverhältnisse im Drehzahlbereich um $n_{T\,opt}$ zwischen $n_T = 0$ und n_{Tmax} erreicht schliesslich der Wandlerwirkungsgrad η den Maximalwert.

Aufgabe 25 (Bild 4.30 und 4.31)

Hydrodynamische Kupplung.

Eine hydrodynamische Kupplung besteht aus einer von der Antriebsmaschine mit der Drehzahl n_P angetriebenen Kreiselpumpe und einer mit der Abtriebswelle verbundenen Turbine mit der Drenzahl n_T. In der Kupplung ist somit nur ein Pumpen- und ein Turbinenrad vorhanden (der hydrodynamische Wandler hat als drittes Element ein Leitrad).

Von Strömungsverlusten abgesehen sind das Pumpen- und Turbinendrehmoment immer gleich gross. Bei Momentengleichheit beträgt die Wandlung $\mu = M_T/M_P = 1$.

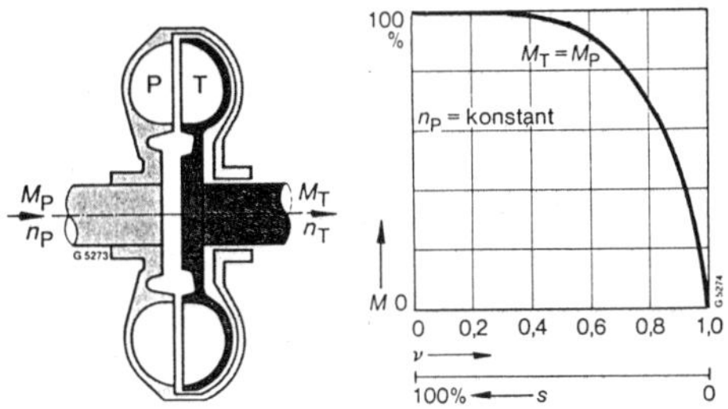

Bild 4.30 A 25

Innerhalb einer hydrodynamischen Kupplung muss stets ein gewisser Schlupf

$$s = \frac{n_P - n_T}{n_P} = 1 - \nu \qquad (1)$$

vorhanden sein.

$$\nu = \frac{n_T}{n_P} \qquad (2)$$

ist das Drehzahlverhältnis. Beim Nennmoment für Dauerbetrieb beträgt der Schlupf s = 2 bis 5%. Der Schlupf ist notwendig, um den energieübertragenden Umlauf der Betriebsflüssigkeit zu bewirken. Und Schlupf kommt nur auf, wenn die Fliehkraftwirkung im Pumpenrad grösser ist als die Gegenfliehkraft im Turbinenrad.

Infolge gleichgrosser Momente $M_P = M_T$ ist die Wandlung $\mu = 1$ und der Wirkungsgrad der Kupplung $\eta = \nu = 1 - s$.

Man skizziere die qualitativen Geschwindigkeitspläne auf dem "mittleren Stromfaden" einer hydrodynamischen Kupplung (Bild 4.31)

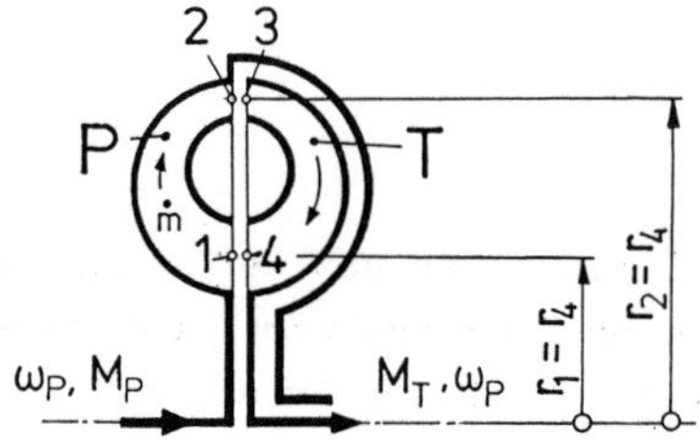

Bild 4.31 A 25

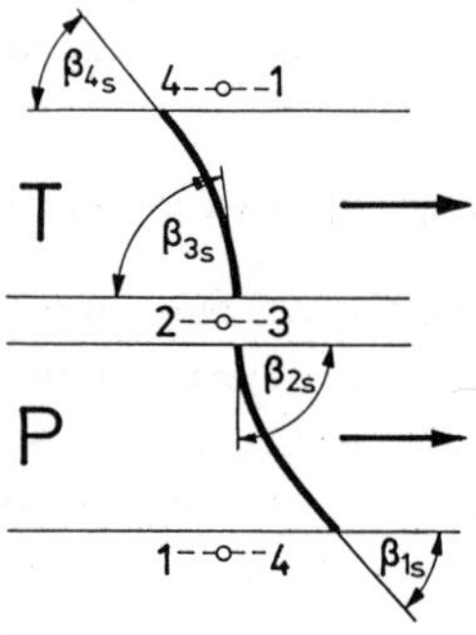

Bild 4.32 A 25

bei einem angenommenen Schlupf $s \approx 20\% = (n_P - n_T)/n_P$. Das Radienverhältnis im Mittelschnitt beträgt $r_2/r_1 = 1{,}5$. Die Konstruktions-Schaufelwinkel an der Pumpe (P) und der Turbine (T) sind aus der schematischen Darstellung in Bild 4.32 ersichtlich. Sie betragen an der Pumpe $\beta_{1s} = 47°$ und $\beta_{2s} = 90°$, an der Turbine $\beta_{3s} = 82°$ und $\beta_{4s} = 50°$. Wir setzen für den hydrodynamischen Kreislauf vereinfachend eindimensionale Strömung (Fadenströmung) voraus.

Lösung:

Mit (1) folgt das Drehzahlverhältnis für s = 20% aus (2). Es beträgt

$$\nu = \frac{n_T}{n_P} = 1 - 0{,}2 = 0{,}8 \ .$$

In diesem Verhältnis stehen auch die Umfangsgeschwindigkeiten u_T/u_P. Indem man für die vorliegende Schaufelung die angenäherten Geschwindigkeitspläne unter Beachtung des Schlupfes aufzeichnet, erhält man die in Bild 4.33 skizzierten Geschwindigkeitsdreiecke am Pumpeneintritt in 1, am Pumpenaustritt in 2 und daraus die Strömungsverhältnisse am Turbineneintritt in 3 und am Turbinenaustritt in 4. Die Strömung in 4 geht wiederum über in die Zuströmung zur Pumpe in 1 (vgl. dazu Bild 4.31).

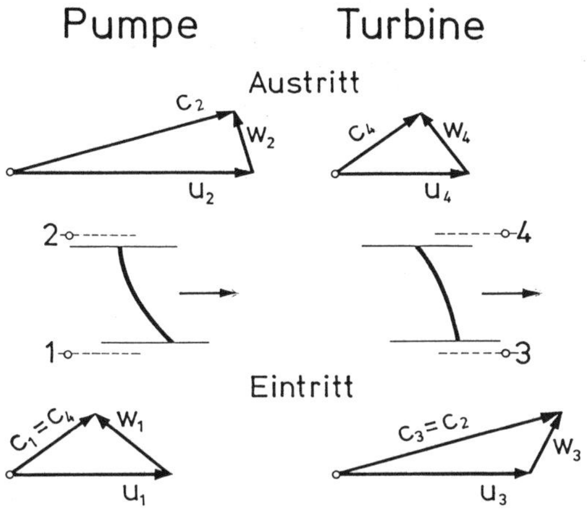

Bild 4.33 A 25

Aufgabe 26 (Bild 4.34)

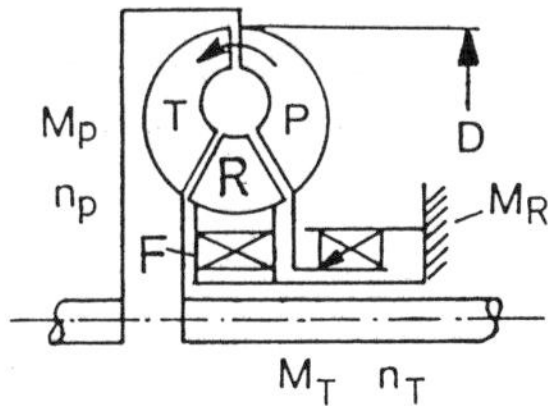

Bild 4.34 A 26

Hydrodynamischer Drehmomentenwandler. In der Automobilindustrie wird für die automatischen Getriebe bevozugt der Trilok-Wandler verwendet. In der dargestellten einfachsten Form ist das Leitrad R in der Regel am inneren Durchmesser zwischen Turbine (T) und Pumpe (P) auf einem "Freilauf" F gelagert. Dieser erlaubt in einem gewissen Betriebsbereich das Leitrad frei im Oelstrom ohne Reaktionsmoment mitrotieren zu lassen. Der Wandler arbeitet dann mit höherem Wirkungsgrad als Kupplung zufolge $M_R = 0$.

Von einem Trilok-Wandler und dessen Antriebsmotor sind im Auslegepunkt bekannt:

Motor: n = 4200/min, M = 202,5 Nm, P = 89,1 kW.

Wandler: Momentenverhältnis $\mu = M_T/M_P = 1{,}1$, Drehzahlverhältnis $\nu = n_T/n_P = 0{,}8$, $n_P = n = 4200$/min, $P_P = 89{,}1$ kW = P. Hydrauliköl-

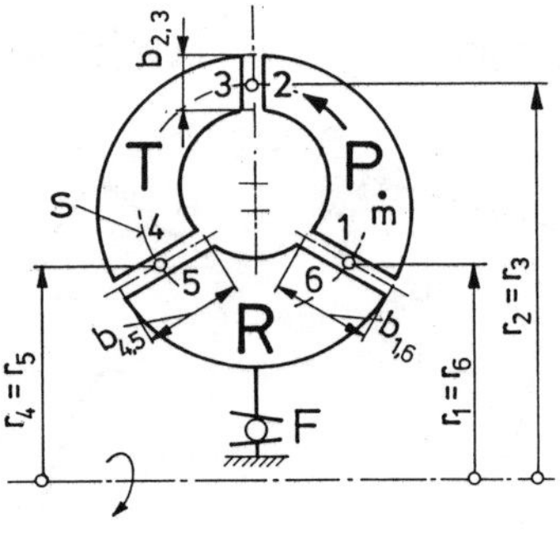

Bild 4.35 A 26

dichte ρ = 830 kg/m^3, Massenstrom $\dot{m}$ = 100 kg/s. Auf dem repräsentativen mittleren Stromfaden s gilt (Bild 4.35):

Radien in mm	Ringbreiten in mm
$r_1 = r_6 = 62{,}0$	$b_2 = b_3 = 10$
$r_4 = r_5 = 62{,}0$	$b_4 = b_5 = 28{,}1$
$r_2 = r_3 = 112{,}5$	$b_6 = b_1 = 28{,}1$

Umfangskomponenten c_u und Absolutgeschwindigkeiten c in m/s (Stromfadentheorie):

Pumpe	Turbine	Leitrad
$c_{u1} = -4{,}0$	$c_{u3} = 15{,}8$	$c_{u5} = -7{,}27$
$c_{u2} = 15{,}8$	$c_{u4} = -7{,}27$	$c_{u6} = -4{,}0$
$c_1 = 11{,}7$	$c_3 = 23{,}21$	$c_5 = 13{,}19$
$c_2 = 23{,}21$	$c_4 = 13{,}19$	$c_6 = 11{,}70$

a) Man zeige, dass $\sum\vec{M} = \vec{M}_P + \vec{M}_T + \vec{M}_R = 0$

b) Wie gross ist die Turbinendrehzahl n_T ?

c) Welchen Wert hat der Wirkungsgrad η des Wandlers ?

d) Wie gross ist die Turbinenleistung P_T ?

Lösung:

a) Die Eulersche Hauptgleichung liefert unter Beachtung des Wirkungssinnes des Drehmomentes (vgl. Aufgabe 22):

$M_P = \dot{m}(r_1 c_{u1} - r_2 c_{u2}) = 100\ [0{,}062\ (-4) - 0{,}1125 \cdot 15{,}8] = \underline{-\ 202{,}55\ \text{Nm}}$

$M_T = \dot{m}(r_3 c_{u3} - r_4 c_{u4}) = 100\ [0{,}1125 \cdot 15{,}8 - 0{,}062\ (-7{,}27)] = \underline{222{,}82\ \text{Nm}}$

$M_R = \dot{m}(r_5 c_{u5} - r_6 c_{u6}) = 100\ [0{,}062\ (-7{,}27) - 0{,}062\ (-4)] = \underline{-\ 20{,}27\ \text{Nm}}$

Somit $\Sigma M = -\ 202{,}55 + 222{,}82 - 20{,}27 = \underline{0}$

b) $n_T = \nu\, n_P = 0{,}8 \cdot 4200 = \underline{3360/\text{min}}$

c) $\eta = \dfrac{M_T \omega_T}{M_P \omega_P} = \dfrac{\text{Nutzen}}{\text{Aufwand}}$. Weil $\omega \sim n$ gilt auch:

$$\eta = \frac{M_T n_T}{M_P n_P} = \mu\nu = 1{,}1 \cdot 0{,}8 = \underline{0{,}88}$$

d) $P_T = \eta\ P_P = 0{,}88 \cdot 89{,}1 = \underline{78{,}4\ \text{kW}}$

Ergänzung: Es bleibt dem Leser überlassen, aus den gegebenen Strömungsgeschwindigkeiten, den Drehzahlen, der Radgeometrien am Ein- und Austritt der Beschaufelungen und des Massenstromes die Geschwindigkeitsdreiecke zu entwerfen.

Aufgabe 27 (Bild 4.36)

Von einer Modellturbine sind der Durchmesser D_M, die Drehzahl n_M, das Gefälle H_M, die Leistung P_M und der Wirkungsgrad η_M bekannt. Die Grossausführung (geometrisch ähnlich) hat den Durchmesser D_A, das Gefälle H_A und den Wirkungsgrad $\eta_A > \eta_M$.
Wie gross ist an der Grossausführung a) die Drehzahl n_A ?, b) der Volumenstrom $\dot{V}_A$?, c) die Leistung P_A ?

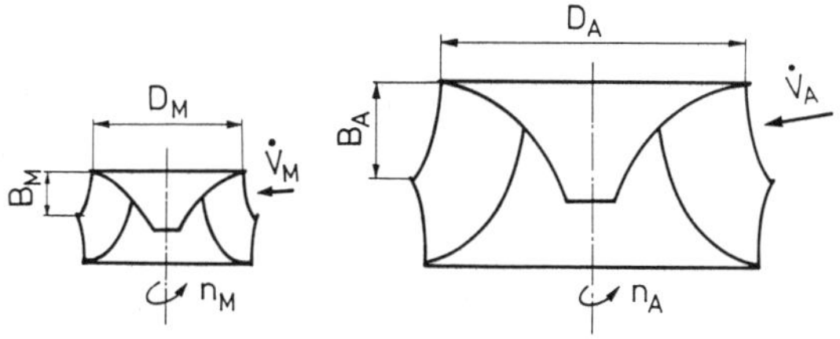

Bild 4.36 A 27

Lösung:

a) Für geometrisch ähnliche Laufräder und physikalisch ähnliche Betriebszustände (ähnliche Geschwindigkeitspläne) gilt

$$H_M \sim n_M^2 \sim u_M^2 \sim D_M^2 n_M^2 \qquad (1)$$

$$H_A \sim n_A^2 \sim u_A^2 \sim D_A^2 n_A^2 \qquad (2)$$

Aus (1) und (2) folgt

$$\underline{n_A = n_M \frac{D_M}{D_A} \sqrt{\frac{H_A}{H_M}}} \qquad (3)$$

b) $$\dot{V}_A \sim c_{mA} A_A \sim c_{mA} D_A^2 \sim u\, D_A^2 \sim n_A D_A D_A^2 = n_A D_A^3 \qquad (4)$$

Entsprechend zu (4)

$$\dot{V}_M \sim n_M D_M D_M^2 = \qquad = n_M D_M^3 \qquad (5)$$

Aus (4) und (5) erhält man

$$\underline{\dot{V}_A = \dot{V}_M \frac{n_A}{n_M} \left\{\frac{D_A}{D_M}\right\}^3} \qquad (6)$$

c) Mit (4) und (5) erhält man

$$P_A \sim H_A \dot{V}_A \eta_A \sim H_A n_A D_A^3 \eta_A \qquad (7)$$

$$P_M \sim H_M \dot{V}_M \eta_M \sim H_M n_M D_M^3 \eta_M \qquad (8)$$

Aus (7) und (8) folgt

$$P_A = P_M \frac{n_A H_A}{n_M H_M} \frac{D_A^3 \eta_A}{D_M^3 \eta_M} = \underline{P_M \left\{\frac{n_A}{n_M}\right\}^3 \left\{\frac{D_A}{D_M}\right\}^5 \frac{\eta_A}{\eta_M}} \qquad (9)$$

Aufgabe 28

Modellmaschine zu Pumpenturbine. Eine einflutige einstufige Pumpenturbine vom Typ Francis hat folgende kennzeichnende Daten im Pumpbetrieb:
Förderhöhe $H_A = 350$ m, Volumenstrom $\dot{V}_A = 39{,}4\ m^3/s$, Drehzahl $n_A = 375$/min, Leistung $P_A = 150{,}3$ MW, Radaussendurchmesser $D_A = 4238$ mm, Schaufelzahl z = 7.
Wie gross sind die nachstehend gesuchten Werte der Modell-Pumpen-

turbine, wenn die Drehzahl $n_M = 2300/\text{min}$, ein Modellmassstab $M_M = D_A/D_M = 10{,}464$ und der Modellwirkungsgrad $\eta_M = 0{,}87$ gewählt oder angenommen wird:

a) Raddurchmesser D_M ?, b) Volumenstrom $\dot{V}_M$?, c) Förderhöhe H_M ?, d) Antriebsleistung P_M ?

Lösung:

Aus den Lösungsgleichungen in Aufgabe 27 und den Betriebsdaten gewinnt man

a) $D_M = \underline{405\ \text{mm}}$, b) $\dot{V}_M = \underline{211\ \ell/\text{s}}$, c) $H_M = \underline{120{,}2\ \text{m}}$, d) $P_M = \underline{267\ \text{kW}}$.

Aufgabe 29

Modellmaschine zu Pumpenturbine. Es sind für eine Pumpenturbine die charakteristischen Modelldaten wie n_M, D_M, $\dot{V}_M$ und P_M zu bestimmen aus den Werten: $P_A = 152{,}6$ MW, $\dot{V}_A = 36{,}48\ \text{m}^3/\text{s}$, $H_A = 387$ m, $\eta_A = 91\%$, $n_A = 375/\text{min}$, $D_A = 4{,}240$ m. Für den Betrieb der Modellpumpe ist eine Förderhöhe $H_M = 129$ m vorgesehen beim Wirkungsgrad $\eta_M = 87\%$ und dem Modellmassstab $M_M = 10{,}469$.

Lösung: $n_M = \underline{2300/\text{min}}$, $D_M = \underline{405\ \text{mm}}$, $\dot{V}_M = \underline{0{,}195\ \text{m}^3/\text{s}}$, $P_M = \underline{280\ \text{kW}}$.

Aufgabe 30 (Bild 4.37)

Peltonturbine, Modell/Grossausführung. Das Modell einer 6-düsigen Peltonturbine kennzeichnen die Daten: Modellmassstab $M_M = 12{,}33$, Radmittelkreisdurchmesser $d_M = 270$ mm, Gefälle $H_M = 80$ m, Volumenstrom $\dot{V}_M = 153\ \ell/\text{s}$, Drehzahl $n_M = 1352/\text{min}$, Turbinenleistung $P_M = 109{,}5$ kW, Wirkungsgrad $\eta_M = 0{,}91$.

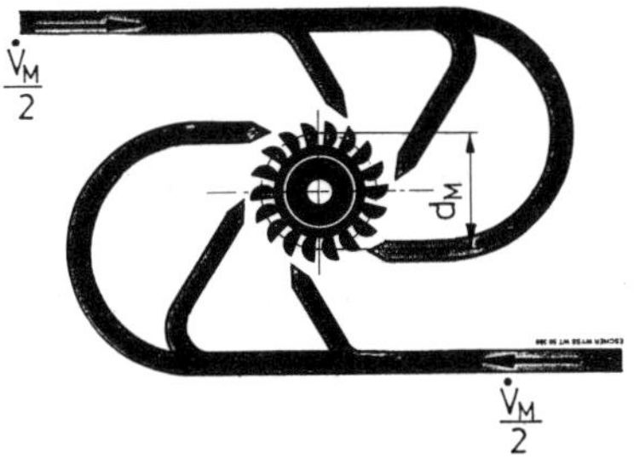

Bild 4.37 A 30

Man bestimme aus den vorgegebenen Daten für die Grossausführung, welche mit der Drehzahl $n_A = 240/\text{min}$ arbeitet:

a) Mittlerer Schaufelkreisdurchmesser D_A, b) Gefälle H_A, c) Volumenstrom $\dot{V}_A$, d) Strahldurchmesser d_s, wenn die Strahlgeschwindigkeit mit 97% der Grösse bei reibungsfreier Strömung angenommen wird, e) Leistung P_A, wobei zu beachten ist, dass für Peltonturbinen der Wirkungsgrad des Modells und der Grossausführung praktisch gleich gross ist.

Lösung: a) $D_A = \underline{3329\ mm}$, b) $H_A = \underline{383\ m}$, c) $\dot{V}_A = \underline{50{,}9\ m^3/s}$, d) $d_s = \underline{358\ mm}$, e) $P_A = \underline{174{,}5\ MW}$.

4.2 Thermische Strömungsmaschinen

Aufgabe 1 (Bild 4.38)

Von dem Fan (Frontgebläse) eines ZTL-Flugtriebwerkes bei Startbedingungen sind bekannt: Geschwindigkeitsplan im Mittelschnitt (Flächenhalbierender Radius des Laufrades) mit $c_1 = 210$ m/s, $w_1 = 410$ m/s, $w_2 = 261$ m/s, $c_2 = 220$ m/s, $u_1 = u_2 = 350$ m/s, $\alpha_2 = 49^\circ$, $A_1 = (\pi/4)(d_s^2 - d_n^2) = 3{,}3356\ m^2$, Druck $p_1 = 0{,}740$ bar, Laufradaussendurchmesser $d_s = 0{,}770$ m, isentroper Verdichterwirkungsgrad $\eta_s = 0{,}85$. Atmosphärische Bedingungen: $p_0 = 1{,}01325$ bar, $T_0 = 288$ K, $R = 287$ J/kgK, $c_p = 1005$ J/kgK, $\kappa = 1{,}4$.
Wie gross sind: a) Totaldruckverhältnis $\Pi_t = p_{3t}/p_{1t}$ des Fans ?, b) Dichte ρ_1 und Temperatur T_1 am Laufradeintritt ?, c) Machzahl M_1, auf w_1 bezogen ?, d) Massenstrom $\dot{m}$?, e) Antriebsleistung P_F des Fans (Spalt- und mechanische Verluste vernachlässigt) ?

Lösung:

a) Eulerarbeit $\qquad a = u_1 c_{u1} - u_2 c_{u2} \qquad (1)$

$c_{u1} = 0$ ($\alpha_1 = 0$, drallfreier Eintritt)

$c_{u2} = c_2 \cos \alpha_2 = 220 \cos 49^\circ = 144{,}33$ m/s

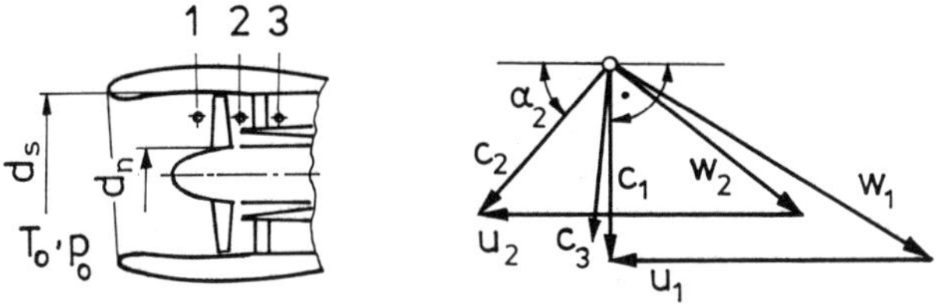

Bild 4.38 A 1

Aus (1)

$$a = u_2 c_{u2} \tag{2}$$

$$= 350 \cdot 144{,}33 = 50{,}516 \text{ kJ/kg}$$

$$\Delta h_s = \eta_s a \tag{3}$$

$$= 0{,}85 \cdot 50{,}516 = 42{,}94 \text{ kJ/kg}$$

$$\Delta h_s = \frac{\kappa}{\kappa - 1} R\, T_{1t} \left\{ \left(\frac{p_{3t}}{p_{1t}} \right)^{\frac{\kappa-1}{\kappa}} - 1 \right\} \tag{4}$$

Mit (3) und (2) sowie $T_{1t} = T_0$ in (4) erhält man das Druckverhältnis

$$\Pi_t = \frac{p_{3t}}{p_{1t}} = \left[\frac{\Delta h_s (\kappa - 1)}{\kappa\, R\, T_0} + 1 \right]^{\frac{\kappa}{\kappa-1}}$$

$$\Pi_t = \left[\frac{42{,}94 \cdot 10^3 \cdot 0{,}4}{1{,}4 \cdot 287 \cdot 288} + 1 \right]^{3,5} = \underline{1{,}62}$$

b) $$T_1 = T_0 - \frac{c_1^2}{2\, c_p} = 288 - \frac{210^2}{2 \cdot 1005} = \underline{266 \text{ K} = -\,7\,^\circ\text{C}}$$

$$\rho_1 = \frac{p_1}{R\, T_1} = \frac{0{,}74 \cdot 10^5}{287 \cdot 266} = \underline{0{,}9691 \text{ kg/m}^3}$$

c) $$M_1 = \frac{w_1}{\sqrt{\kappa R T_1}} = \frac{410}{\sqrt{1{,}4 \cdot 287 \cdot 266}} = \underline{1{,}25}$$

d) $$\dot{m} = c_1 \rho_1 A_1 = 210 \cdot 0{,}9691 \cdot 3{,}3356 = \underline{678{,}8 \text{ kg/s}}$$

e) $$P_F = \dot{m}\, a = 678{,}8 \cdot 50{,}516 = \underline{34{,}29 \text{ MW}}$$

Aufgabe 2 (Bild 4.38)

Das in Aufgabe 1 vorgestellte ZTL-Triebwerk im Flug mit der Machzahl $M_0 = 0{,}9354$ bei atmosphärischen Bedingungen $p_0 = 0{,}2650$ bar und $T_0 = 233$ K: Der Luftstrom in der Ebene 1 mit dem Querschntt $A_1 = 3{,}238\ m^2$ vor dem Frontgebläse hat die Geschwindigkeit $c_1 =$ 150 m/s. Der Einlaufwirkungsgrad des adiabaten Zustromes beträgt $\eta_D = p_{1t}/p_{0t} = 0{,}90$. $\kappa = 1{,}4$, $R = 287$ J/kgK, $c_p = 1004$ J/kgK.
Zu berechnen sind: a) Gesamtdruck p_{1t} vor dem Frontgebläse, b) Statische Temperatur T_1, c) Statischer Druck p_1, d) Massenstrom m.

Lösung: a) $p_{1t} = \underline{0{,}41939\ \text{bar}}$, b) $T_1 = \underline{250{,}8\ \text{K}}$, c) $p_1 = \underline{0{,}3599\ \text{bar}}$,
d) $\dot{m} = \underline{242{,}8\ \text{kg/s}}$.

Aufgabe 3 (Bild 4.39)

Hochdruckaxialverdichter zu ZTL-Triebwerk. Von einem 11-stufigen Axialverdichter mit der Drehzahl n = 9900/min und dem Luftdurchsatz $\dot{m} = 143{,}3$ kg/s sind Daten der 3. und 11. Stufe im flächenhalbierenden Durchmesser d_m bekannt:

<u>3. Stufe</u>: Umfangsgeschwindigkeit $u = u_1 = u_2 = 351$ m/s, Durchflusszahl $\varphi = c_m/u = 0{,}535$, Totaltemperatur am Laufradeintritt $T_{1t} =$ 495 K, resultierende spezifische Stufenarbeit $\bar{a} = 1{,}02\ a = 47{,}5$ kJ/kg (einschliesslich Spaltverluste, a ist die Eulerarbeit), Reaktionsgrad $\mathbf{r} = w_{\infty u}/u = 50\%$, Schaufellänge $\ell = 89$ mm, $\kappa = 1{,}39$, $R = 287$ J/kgK, Stufenwirkungsgrad $\eta_s = \Delta h_s/a = 88{,}5\%$.

<u>11. Stufe</u>: $u = 337$ m/s, $\varphi = 0{,}40$, $T_{1t} = 819$ K, $\bar{a} = 30$ kJ/kg, $\mathbf{r} = 50\%$, $\ell = 41$ mm, $\kappa = 1{,}35$, $R = 287$ J/kgK, $\eta_s = 83{,}6\%$.

Man bestimme: a) Geschwindigkeitspläne in d_m, b) Stufendruckverhältnis $\Pi_t = p_{3t}/p_{1t}$, c) Leistungsaufnahme P.

Lösung:

a) <u>3. Stufe</u>: Mit den gegebenen Werten findet man die

Meridionalgeschwindigkeit $c_m = \varphi u = 0{,}535 \cdot 351 = 187{,}8$ m/s.

Vektorieller Mittelwert von $\vec{w}_1$ und $\vec{w}_2$:

$$\vec{w}_\infty = \frac{\vec{w}_1 + \vec{w}_2}{2}$$

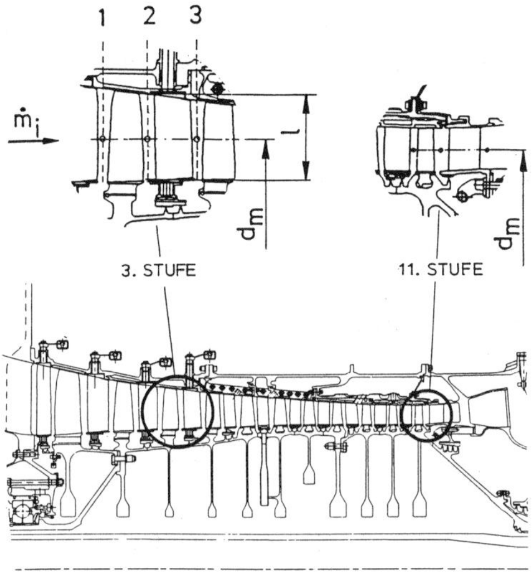

Bild 4.39 A 3

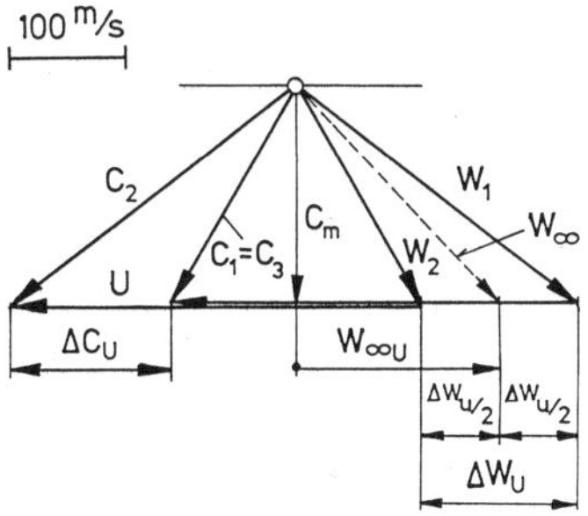

Bild 4.40 A 3

Umfangskomponente von $\vec{w}_\infty$: $w_{\infty u} = \mathbf{r} \cdot u = 0{,}5 \cdot 351 = 175{,}5$ m/s

Aus $\overline{a} = 1{,}02(u_1 c_{u1} - u_2 c_{u2}) = 1{,}02 \cdot u \cdot \Delta c_u$ folgt

$$\Delta c_u = \Delta w_u = \frac{\overline{a}}{1{,}02\ u} = \frac{47{,}5 \cdot 10^3}{1{,}02 \cdot 351} = 132{,}7 \text{ m/s}$$

Der Fusspunkt von w_∞ halbiert Δw_u. Mit diesen Ergebnissen lässt sich der Geschwindigkeitsplan für die 3.Stufe zeichnen (Bild 4.40).

11. Stufe:

Gleiches Vorgehen wie für die 3. Stufe.
Man erhält $c_m = 134{,}8$ m/s,
$w_{\infty u} = 168{,}5$ m/s,
$\Delta c_u = \Delta w_u = 87{,}3$ m/s und daraus den Geschwindigkeitsplan Bild 4.41.

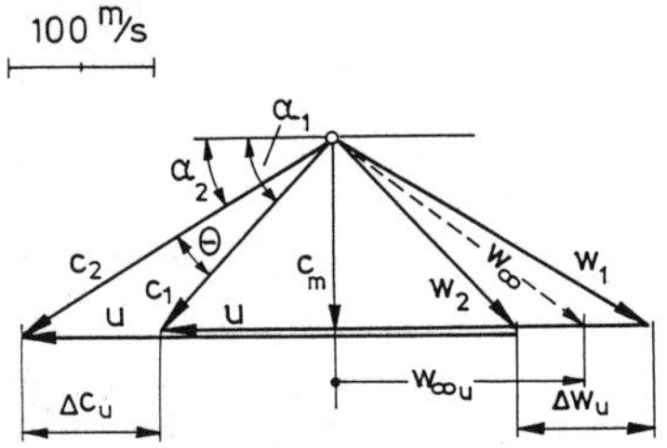

Bild 4.41 A 3

b) Isentrope Gesamtenthalpieänderung

$$\Delta h_s = a\,\eta_s = 1{,}02\ u\ \Delta c_u \eta_s \quad = \frac{\kappa}{\kappa - 1}\, RT_{1t}\left[\left\{\frac{p_{3t}}{p_{1t}}\right\}^{\frac{\kappa-1}{\kappa}} - 1\right]$$

und daraus das Druckverhältnis $\Pi_t = p_{3t}/p_{1t}$:

Für die 3. Stufe wird $\Pi_t = \left[\dfrac{(\kappa - 1)\eta_s\ a}{\kappa\ R\ T_{1t}} + 1\right]^{\frac{\kappa}{\kappa-1}} = \underline{1{,}33}$

und für die 11. Stufe folgt mit den dort massgebenden Grössen

$$\Pi_t = \underline{1{,}113}$$

Aus den berechneten Druckverhältnissen ist ersichtlich, wie mit kleinerem spezifischen Energieumsatz und höherer Gastemperatur die Π_t-Werte abnehmen.

c) Leistungsaufnahme 3. Stufe: $P = \dot{m}\ a = 143 \cdot 47{,}5 \cdot 10^3 = \underline{6{,}81\ \text{MW}}$

11. Stufe: $P = \dot{m}\ a = 143{,}3 \cdot 30 \cdot 10^3 = \underline{4{,}30\ \text{MW}}$

Aufgabe 4 (Bild 4.42)

Einlaufstutzen zu Axialverdichter. Die Einlaufströmung mit Reibung ist gekennzeichnet durch folgende Werte:
$T_{0t} = T_{1t} = 290$ K, $c_0 = 20$ m/s, $A_0 = 3{,}92$ m^2, $\dot{m} = 90$ kg/s, $A_1 = 0{,}56$m^2, $\eta_E = p_{1t}/p_{0t} = 0{,}95$, $\kappa = 1{,}4$, $R = 287$ J/kgK, $c_p = 1005$ J/kgK. Man bestimme a) Einlaufgeschwindigkeit c_1 und statische Temperatur T_1 im Querschnitt A_1, b) Statischer Druck p_0 im Querschnitt A_0 und c) Totaldruck p_{0t} in A_0.

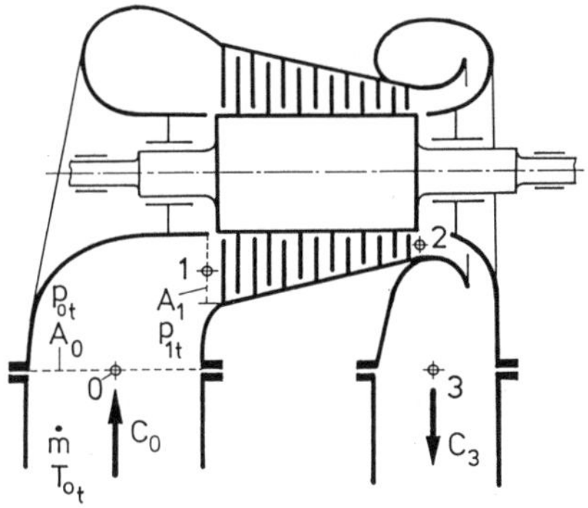

Bild 4.42 A 4

Lösung:

a) Kontinuität $\dot{m} = \rho_1 c_1 A_1$ (1)

Isentropenbeziehung $\frac{p_1}{p_{1t}} = \left[\frac{T_1}{T_{1t}}\right]^{\frac{\kappa}{\kappa-1}}$ (2)

Energiesatz $T_1 = T_{1t} - \frac{c_1^2}{2\,c_p}$ (3)

Gasgleichung $\rho_1 = \frac{p_1}{R\,T_1}$ (4)

(4) mit p_1 aus (2) sowie Beachtung von η_E und (3) in (1) ergibt den Zusammenhang

$$\dot{m} = \frac{p_{0t}\,\eta_E\,c_1 A_1}{R\,T_{1t}} \left\{1 - \frac{c_1^2}{2\,c_p T_{1t}}\right\}^{\frac{1}{\kappa-1}} \qquad (5)$$

und daraus $c_1 = \underline{166{,}4\ \text{m/s}}$, damit aus (3) $T_1 = \underline{276{,}3\ \text{K}}$

b) $T_0 = T_{0t} - \dfrac{c_0^2}{2\,c_p} = 290 - \dfrac{20^2}{2\cdot 1005} = 289{,}8\ \text{K}$

$$\rho_0 = \frac{\dot{m}}{c_0 A_0} = \frac{90}{20\cdot 3{,}92} = 1{,}1479\ \text{kg/m}^3$$

$$p_0 = \rho_0 R\,T_0 = 1{,}1479\cdot 287\cdot 289{,}8 = \underline{0{,}95474\ \text{bar}}$$

c) Die Einlaufgeschwindigkeit c_0 im Druckstutzen ist gasdynamisch eine kleine Geschwindigkeit. Daher genügt zur Berechnung des Gesamtdruckes der inkompressible Ansatz

$$p_{0t} \cong p_0 + \frac{\rho_0}{2} c_0^2 = 0{,}95474\cdot 10^5 + \frac{1{,}1479}{2}\, 20^2 = \underline{0{,}95703\ \text{bar}}$$

Aufgabe 5

Axialventilator zur Förderung von Luft. Man bestimme unter der Annahme inkompressibler Strömung a) den Geschwindigkeitsplan im mittleren Durchmesser d_m, b) die Gesamtdruckerhöhung Δp_t, c) den Leistungsbedarf P (ohne mechanische Verluste). Die Betriebsdaten sind: Schaufellänge ℓ = 1000 mm, Laufradaussendurchmesser $d_a = d_m + \ell = 3{,}95$ m, Laufradinnendurchmesser $d_i = d_m - \ell = 1{,}95$ m, mittlerer Laufraddurchmesser $d_m = (d_a + d_i)/2 = 2{,}95$ m, Zuströmgeschwindigkeit $c_{ax} = c_1 = 35$ m/s ($\alpha_1 = 90^\circ$).
Strömungswinkel in d_m: $\beta_1 = 20{,}5^\circ$ (Winkel zwischen w_1 und u), $\beta_2 = 25^\circ$ (Winkel zwischen w_2 und u). Statische Werte am Eintritt: $p_1 = 1{,}0$ bar, $t_1 = 27^\circ$C. Drehzahl n = 600/min, Gebläsewirkungsgrad η = 0,90.

Lösung:

a) Aus u, c_{ax}, β_2 und β der Geschwindigkeitsplan Bild 4.43.

b) Aus a) mit Δc_u = 18,5 m/s und u = 92,7 m/s die Eulerarbeit

$a = u\,\Delta c_u = 1720$ J/kg. $\Delta h_s \cong \eta\, a = 0{,}9\cdot 1720 = 1548$ J/kg.

$\Delta p_t \cong \Delta h_s \rho_1 = (\eta\, a\, p_1)/RT_1 = \underline{1798\ \text{Pa}}$

c) $\dot{V} = c_{ax} \frac{\pi}{4} (d_a^2 - d_i^2) = 324{,}4\ \text{m}^3/\text{s}$, $P = \dot{V}\,\Delta p_t = \underline{583\ \text{kW}}$

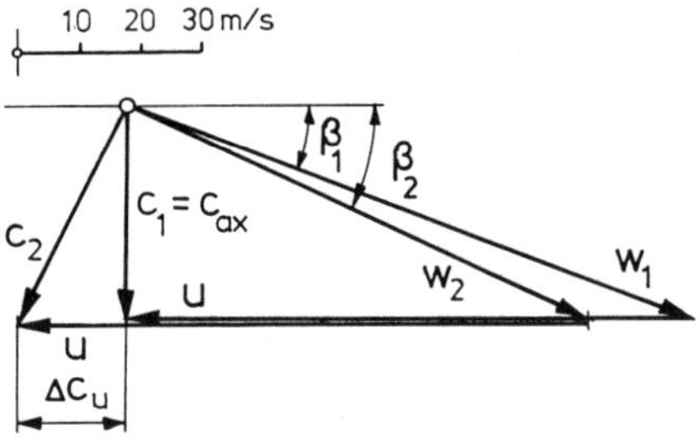

Bild 4.43 A 5

Aufgabe 6 (Bild 4.44)

Parallelschaltung zweier Ventilatoren. Zwei unterschiedliche Ventilatoren mit den bekannten Kennlinien I $\Delta p_t[(\dot{V})]$ und II $[\Delta p_t(\dot{V})]$ sind parallel geschaltet. Sie liefern zusammen Luft durch eine 24 m lange gerade Rohrleitung mit rechteckigem Querschnitt 25×10 cm und der Rohrreibungszahl λ = 0,019 in einen Behälter, in welchem der konstante Ueberdruck p_3 = 300 Pa herrscht. Die Daten der Luft im Ansaug sind p_{1t} = 1,0 bar, T_{1t} = 20°C, R = 287 J/kgK. Es wird inkompressible Strömung angenommen.

a) Man ermittle die Anlagekennlinie, b) Wo liegt der Betriebspunkt, wenn beide Ventilatoren im Parallelbetrieb arbeiten ?,

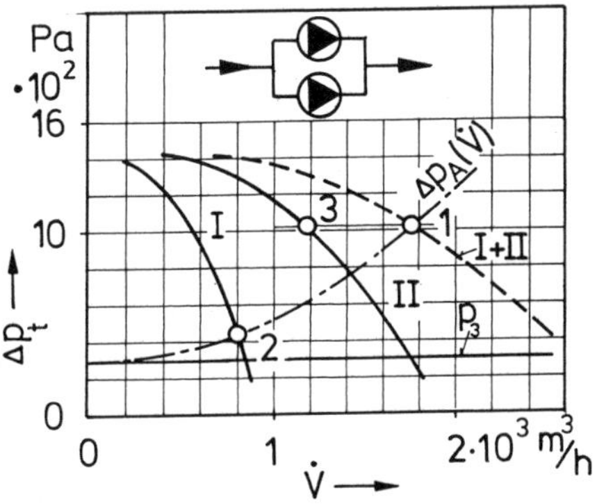

Bild 4.44 A 6

c) Wo liegt der Betriebspunkt, wenn nur der Ventilator I arbeitet ?, d) Man bestimme den Betriebspunkt des Ventilators II im Parallelbetrieb.

Lösung:

a) Die Anlagekennlinie $\Delta p_A(\dot{V})$ setzt sich zusammen aus dem

dynamischen Anteil (Rohrparabel) $\Delta p_R = k\,\dot{V}^2$ (1)

und dem statischen Anteil p_3. Somit lautet die Anlagekennlinie

$$\underline{\underline{\Delta p_A(\dot{V}) = k\,\dot{V}^2 + p_3}} \qquad (2)$$

worin $k = \dfrac{\lambda \ell \rho}{2\,d_h A^2}$. (3)

(3) kommt aus der bekannten Druckverlustbeziehung für Rohre.

Mit dem hydraulischen Durchmesser $d_h = \dfrac{4ab}{2(a + b)}$ für Rechteckrohre (Seitenlängen a und b) wird $k = 3040\ \mathrm{kg/m^7}$ und in (2) eingesetzt ergibt die dargestellte Anlagekennlinie $\Delta p_A(\dot{V})$.

b) Der Betriebspunkt 1 im Parallelbetrieb folgt als Schnittpunkt von $\Delta p_A(\dot{V})$ mit der Summenkennlinie I+II. Er hat die Werte $\dot{V}$ = $\underline{\underline{1750\ \mathrm{m^3/h}}}$ = $\underline{\underline{0{,}4861\ \mathrm{m^3/s}}}$, Δp_t = $\underline{\underline{1020\ \mathrm{Pa}}}$.

c) Punkt 2 als Schnittpunkt von $\Delta p_A(\dot{V})$ mit der Kennlinie I. Die Betriebswerte sind $\dot{V}$ = $\underline{\underline{800\ \mathrm{m^3/h}}}$ = $\underline{\underline{0{,}2222\ \mathrm{m^3/s}}}$, Δp_t = $\underline{\underline{450\ \mathrm{Pa}}}$.

d) Punkt 3 als Schnittpunkt der Horizontalen von Punkt 1 aus mit der Kennlinie II. Der Betriebspunkt liefert $\dot{V}$ = $\underline{\underline{1180\ \mathrm{m^3/h}}}$ = $\underline{\underline{0{,}3277\ \mathrm{m^3/s}}}$, Δp_t = $\underline{\underline{1020\ \mathrm{Pa}}}$.

Aufgabe 7 (Bild 4.45)

Der Radialverdichter eines Wellenleistungstriebwerkes hat folgende Daten: Drehzahl n = 55000/min, Radaussendurchmesser d_2 = 181mm, Massenstrom $\dot{m}$ = 1,60 kg/s, Verdichterwirkungsgrad η = 0,81, Ansaugtemperatur $T_0 = T_{0t}$ = 288 K (15°C), Aussendruck $p_0 = p_{0t}$ = 1,01325 bar, Abströmgeschwindigkeit c_2 = 570 m/s, Abströmrichtung α_2 = 24°, bezogen auf u_2, statischer Druck p_2 = 4,0 bar (abs), Ansaugquerschnitt A_1 = 78,173 cm², drallfreier Zustrom in A_1, κ = 1,4, R = 287 J/kgK.

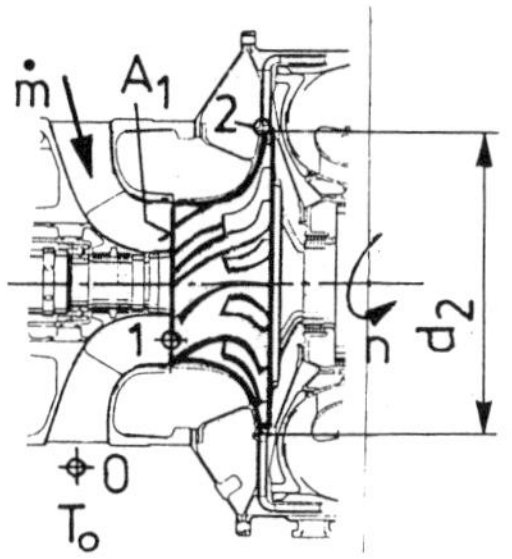

Bild 4.45 A 7

Man berechne a) die statischen Grössen T_1, p_1 und ρ_1, b) die auf c_2 bezogene Machzahl M_2 am Laufradaustritt, c) das Gesamtdruckverhältnis $\Pi_t = p_{3t}/p_{0t}$, d) die Antriebsleistung P des Radialverdichters.

Lösung:

a) Aus Gl.(5) in Aufgabe 4 kommt

$c_1 = 200$ m/s, damit

$$T_1 = T_0 - \frac{c_1^2}{2\,c_p} = \underline{268\ \text{K}}$$

$$p_1 = p_0 \left[\frac{T_1}{T_0}\right]^{\frac{\kappa}{\kappa-1}} = \underline{0{,}7876\ \text{bar}}$$

$$\rho_1 = \frac{p_1}{R\,T_1} = \underline{1{,}024\ \text{kg/m}^3}$$

b) Bei isentroper Verdichtung wäre die Temperaturänderung

$$\Delta T_s = T_0 \left[\frac{p_2}{p_0}^{\frac{\kappa-1}{\kappa}} - 1\right]$$

Unter Reibungseinfluss beträgt die wirkliche statische Temperaturänderung

$$\Delta T = \frac{\Delta T_s}{\eta}$$

und damit die statische Temperatur am Radaustritt

$$T_2 = T_0 + \Delta T = 288{,}0 + 170{,}8 = 458{,}8\ \text{K}$$

Die lokale Schallgeschwindigkeit beträgt $a_2 = \sqrt{\kappa R T_2} = 429{,}4$ m/s.

Somit die Machzahl $M_2 = \dfrac{c_2}{a_2} = \dfrac{570}{429{,}4} = \underline{1{,}32}$

c) Eulerarbeit $a = u_2 c_{u2} = \dfrac{1}{\eta}\dfrac{\kappa}{\kappa - 1} R T_0 \left[\Pi_t^{\frac{\kappa-1}{\kappa}} - 1\right]$

und daraus das Gesamtdruckverhältnis

$$\Pi_t = \left[\frac{\eta\, u_2 c_{u2} (\kappa - 1)}{\kappa\, R\, T_0} + 1\right]^{\frac{\kappa}{\kappa-1}}$$

$$= \left[\frac{0{,}81 \cdot 521{,}2 \cdot 570\ \cos\ 24^\circ (1{,}4 - 1)}{1{,}4 \cdot 287 \cdot 288} + 1\right]^{3{,}5} = \underline{7{,}23}$$

d) Antriebsleistung

$$P = \dot{m}\,\frac{\kappa}{\kappa - 1}\,RT_0\left\{\Pi_t^{\frac{\kappa-1}{\kappa}} - 1\right\}\frac{1}{\eta} =$$

$$= 1,60\,\frac{1,4}{0,4}\,287\cdot 288\,\left\{7,23^{\frac{0,4}{1,4}} - 1\right\}\frac{1}{0,81} = \underline{\underline{434\ \text{kW}}}$$

Aufgabe 8 (Bild 4.46)

Die Radialverdichterstufe eines ZTL-Flugtriebwerkes hat folgende Daten: Nebst der Radgeometrie ist der Geschwindigkeitsplan (Bild 4.47) bekannt. Hierin beträgt der Abströmwinkel von $c_2 =$

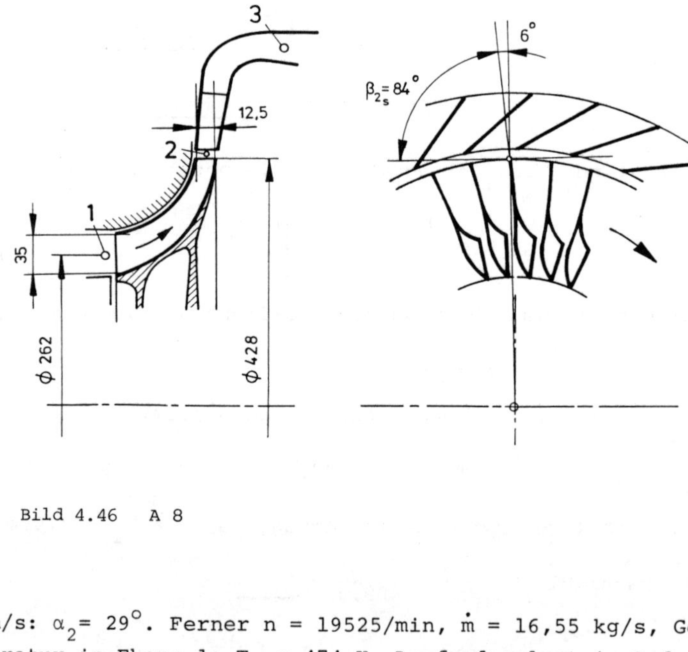

Bild 4.46 A 8

435 m/s: $\alpha_2 = 29^\circ$. Ferner n = 19525/min, $\dot{m}$ = 16,55 kg/s, Gesamttemperatur in Ebene 1: T_{1t} = 474 K. Laufradverlust in % der Eulerarbeit a: Δh_{vLa} = 6%. Verdichterwirkungsgrad η_v = 0,83. In Ebene 1: κ = 1,39, c_p = 1023 J/kgK. Im Verdichtungsprozess: κ = 1,38, c_p = 1042 J/kgK. R = 287 J/kgK. Man berechne a) die Zuströmgeschwindigkeit c_1 und die statischen Werte für T_1, p_1 und ρ_1, b) das Gesamtdruckverhältnis $\Pi_t = p_{3t}/p_{1t}$ sowie den Verdichtungsenddruck p_{3t}, c) den Minderlei-

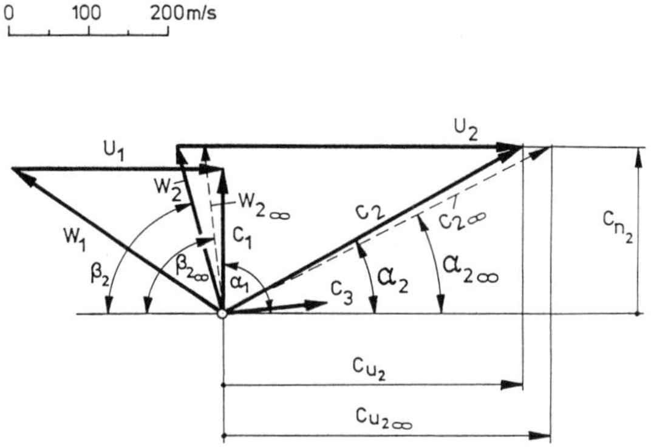

Bild 4.47 A 8

stungsfaktor μ der Laufradschaufelung, d) den statischen Druck p_2 nach dem Laufrad in der Ebene 2, e) die Leistungsaufnahme P des Verdichters (ohne Spalt-, Radreibungs- und mechanische Verluste).

Lösung:

a) Aus der Kontinuitätsgleichung $\dot{m} = \rho_1 c_1 A_1$ mit Beachtung der gasdynamischen Dichtebeziehung ρ_1/ρ_{1t}, der Gasgleichung $\rho_{1t} = p_{1t}/RT_{1t}$ sowie $M_{*1} = c_1/a_{*1}$ als kritische Machzahl findet man für den Massenstrom die Beziehung

$$\dot{m} = A_1 M_{*1} \rho_{1t} \left[1 - \frac{\kappa - 1}{\kappa + 1} M_{*1}^2\right]^{\frac{1}{\kappa-1}} a_{*1} \qquad (1)$$

Mit $T_{*1} = T_{1t} \dfrac{2}{\kappa + 1} = 396{,}65$ K, $a_{*1} = 397{,}6$ m/s,

$\rho_{1t} = p_{1t}/(RT_{1t}) = 3{,}433$ kg/m^3 und $A_1 = \pi\, d_1 b_1 = 0{,}02881$ m^2

folgt aus (1) $M_{*1} = 0{,}46026$ und damit $c_1 = M_{*1} a_{*1} = \underline{183 \text{ m/s}}$,

$T_1 = T_{1t} - \dfrac{c_1^2}{2\, c_p} = \underline{457 \text{ K} = 184^\circ\text{C}}$, $p_1 = p_{1t}\left[1 - \dfrac{\kappa - 1}{\kappa + 1} M_{*1}^2\right]^{\frac{\kappa}{\kappa-1}} = \underline{4{,}12 \text{ bar}}$

$\rho_1 = \dfrac{p_1}{R\, T_1} = \underline{3{,}141 \text{ kg/m}^3}$

b) Druckverhältnis und Enddruck.

Der Zustrom zum Laufrad erfolgt drallfrei ($c_{u1} = 0$), somit lautet die Eulersche Hauptgleichung

$$a = u_2 c_{u2} \tag{2}$$

Mit $c_{u2} = c_2 \cos\alpha_2 = 435 \cos 29^\circ = 380{,}46$ m/s kommt für

$$a = 437{,}5 \cdot 380{,}46 = 166{,}45 \text{ kJ/kg}$$

Aus
$$\Delta h_s = a\,\eta_v = \frac{\kappa}{\kappa - 1} RT_{1t}\left\{\left[\frac{p_{3t}}{p_{1t}}\right]^{\frac{\kappa-1}{\kappa}} - 1\right\}$$

gewinnt man das Druckverhältnis

$$\Pi_t = \frac{p_{3t}}{p_{1t}} = \left\{\frac{\eta_v\, a(\kappa - 1)}{\kappa R\, T_{1t}} + 1\right\}^{\frac{\kappa}{\kappa-1}} \tag{3}$$

$$= \left\{\frac{0{,}83 \cdot 166{,}45 \cdot 10^3 (1{,}38 - 1)}{1{,}38 \cdot 287 \cdot 474} + 1\right\}^{\frac{1{,}38}{0{,}38}} = \underline{2{,}45}$$

Damit wird $p_{3t} = \Pi_t p_{1t} = 2{,}45 \cdot 4{,}671 = \underline{11{,}44 \text{ bar}}$

c) Minderleistungsfaktor $\mu = c_{u2}/c_{u2\infty}$

Bei schaufelkongruenter Strömung würde die Relativströmung die Laufradschaufelung unter dem Winkel $\beta_{2\infty} = 90^\circ - 6^\circ = 84^\circ$ verlassen. Die wirkliche Abströmrichtung beträgt aber $\beta_2 = 74{,}5^\circ$.

Aus dem Geschwindigkeitsplan folgt

$$c_{2\infty} = \sqrt{c_{n2}^2 + (u_2 - c_{n2}\cot\beta_{2\infty})^2} = \sqrt{211^2 + (437{,}5 - 211 \cot 84^\circ)^2} = 465{,}8 \text{ m/s}$$

$$c_2 = \sqrt{c_{n2}^2 + (u_2 - c_{n2}\cot\beta_2)^2} = \sqrt{211^2 + (437{,}5 - 211 \cot 74{,}5^\circ)^2} = 433{,}8 \text{ m/s}$$

$$\alpha_2 = \arcsin\frac{c_{n2}}{c_{2\infty}} = 26{,}93^\circ,\ \alpha_2 = 29{,}0^\circ,\ c_{u2\infty} = c_2 \cos\alpha_{2\infty} = 415{,}3 \text{ m/s}$$

$$c_{u2} = c_2\cos\alpha_2 = 380{,}46 \text{ m/s, somit } \mu = \frac{380{,}46}{415{,}3} = \underline{0{,}91}$$

d) Statischer Druck p_2 am Laufradaustritt.

Am mitrotierenden Relativsystem gilt die Bernoulli-Gleichung mit Verlustglied für die kompressible Strömung in der Form

$$\frac{w_2^2 - w_1^2}{2} - \frac{u_2^2 - u_1^2}{2} + \int_{p_1}^{p_2} \frac{dp}{\rho} + \Delta h_{vLa} = 0 \tag{4}$$

$$\int_{p_1}^{p_2} \frac{dp}{\rho} = \frac{\kappa}{\kappa - 1} RT_1 \left\{ \left\{ \frac{p_2}{p_1} \right\}^{\frac{\kappa-1}{\kappa}} - 1 \right\} \tag{5}$$

Δh_{vLa} nach Voraussetzung 6% der spezifischen Eulerschen Radarbeit a gemäss Gl.(2). Somit

$$\Delta h_{vLa} = 0{,}06 \cdot 166{,}45 \cong 10 \text{ kJ/kg}$$

(5) in (6) liefert den statischen Druck

$$p_2 = p_1 \left\{ \frac{\kappa - 1}{\kappa RT_1} \left[\frac{w_1^2 - w_2^2}{2} + \frac{u_2^2 - u_1^2}{2} - \Delta h_{vLa} \right] + 1 \right\}^{\frac{\kappa}{\kappa-1}} \tag{6}$$

Nach Einsatz der bekannten Werte erhält man aus (6)

$$p_2 = \underline{\underline{7{,}18 \text{ bar}}}$$

e) Leistungsaufnahme $\quad P = \dot{m}\, a = 16{,}55 \cdot 166{,}45 \cdot 10^3 = \underline{\underline{2{,}754 \text{ MW}}}$

Aufgabe 9 (Bild 4.46)

Ein Radialverdichter für Luft mit den Betriebswerten: $u_1 = 268$ m/s, $u_2 = 431$ m/s, $c_1 = 154$ m/s, $c_{m2} = 130$ m/s $= c_{n2}$, $t_1 = 169\,^\circ$C, $t_2 = 294\,^\circ$C, $p_1 = 4{,}33$ bar, $p_2 = 9{,}414$ bar, $\beta_1 = 30°$, $\alpha_1 = 90°$, $\beta_2 = 62°$, 86% der Eulerarbeit a sind in Gesamtdruckerhöhung vom Laufradeintritt in 1 bis zum Diffusorende in 3 umsetzbar. $\kappa = 1{,}4$, R = 287 J/kgK.
a) Wie gross ist das vom Verdichter erzeugte Druckverhältnis $\Pi_t = p_{3t}/p_{1t}$?, b) Wie gross ist der Gesamtdruck p_{3t}?, c) Man entwerfe den Geschwindigkeitsplan, d) Man skizziere den Verdichtungsprozess in einem h,s-Diagramm, e) Welchen Wert hat der Diffusorwirkungsgrad $\eta = p_{3t}/p_{2t}$?

Lösung:

a) $\Pi_t = \underline{\underline{2{,}47}}$, b) $p_{3t} = \underline{\underline{11{,}726 \text{ bar}}}$, c) Bild 4.48, d) Bild 4.49,
e) $\eta_D = \underline{\underline{0{,}808}}$.

Aufgabe 10 (Bild 4.50)

Vom Radialverdichter eines Turboladers für einen Otto-Motor kennt man nachstehende Daten: Radaussendurchmesser $d_2 = 50$ mm, mittlerer

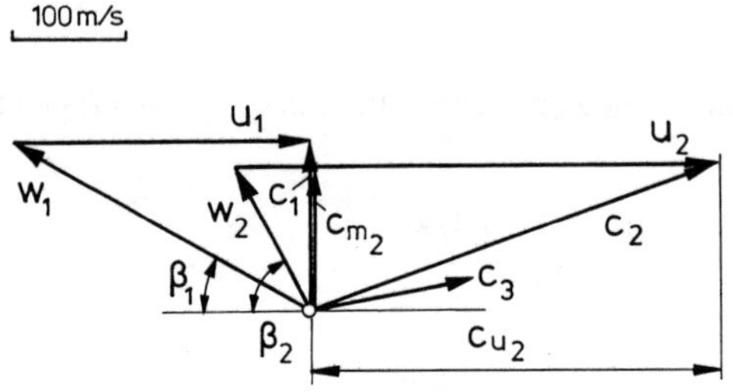

Bild 4.48 A 9

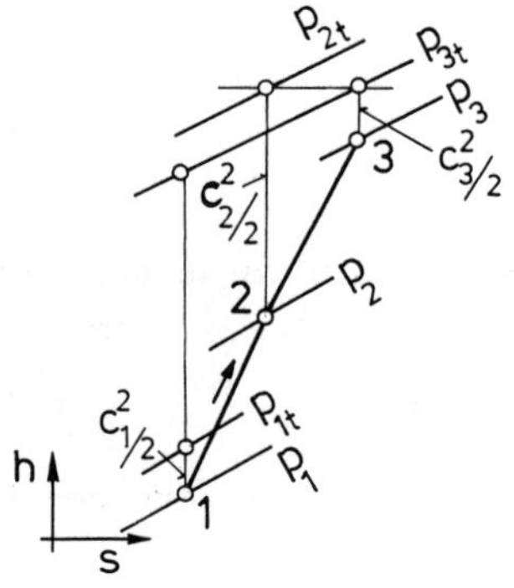

Bild 4.49 A 9

Radeintrittsdurchmesser $d_1 = 0{,}5\ d_2$, $n = 114600/\text{min}$, $\alpha_1 = 90^\circ$ (drallfrei), $\beta_2 = 90^\circ$ (Winkel zwischen u_2 und w_2), $T_{1t} = 300$ K, Verdichterwirkungsgrad $\eta_v = 0{,}6$ (Ebene 1 bis 3, auf Totalzustände bezogen), $\kappa = 1{,}4$, $R = 287$ J/kgK. a) Wie gross ist das vom Verdichter erzeigte Totaldruckverhältnis $\Pi_t = p_{3t}/p_{1t}$?, b) Man skizziere einen möglichen Geschwindigkeitsplan, der dem berechneten Π_t entspricht.

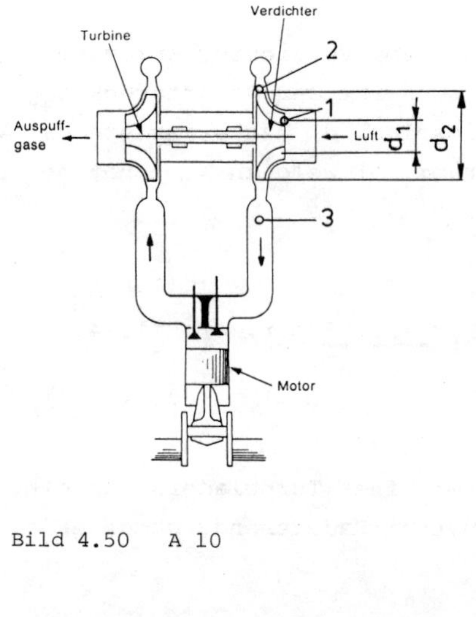

Bild 4.50 A 10

Lösung:

a) Die Hauptgleichung der Strömungsmaschinentheorie

$$a = u_2 c_{u2} - u_1 c_{u1}$$

nimmt infolge $c_{u1} = 0$ ($\alpha_1 = 90^\circ$) und wegen $c_{u2} = u_2$ ($\beta_2 = 90^\circ$) die Form

$$a = u_2^2$$

an. Die totale isentrope spezifische Stufenarbeit beträgt

$$\Delta h_s = a\,\eta_v = u_2^2 \eta_v = \frac{\kappa}{\kappa - 1} R T_{1t} \left\{ \Pi_t^{\frac{\kappa-1}{\kappa}} - 1 \right\}$$

und daraus

$$\Pi_t = \left[\frac{\eta_v u_2^2 (\kappa - 1)}{\kappa\, R\, T_{1t}} + 1 \right]^{\frac{\kappa}{\kappa-1}}$$

was mit $u_2 = 300$ m/s auf

$$\Pi_t = \frac{p_{3t}}{p_{1t}} = \left[\frac{0{,}6 \cdot 300^2 (1{,}4 - 1)}{1{,}4 \cdot 287 \cdot 300} + 1 \right]^{3{,}5} = \underline{\underline{1{,}78}}$$

führt.

b) Ein möglicher Geschwindigkeitsplan zur Verwirklichung des berechneten Druckverhältnisses Π_t zeigt Bild 4.51.

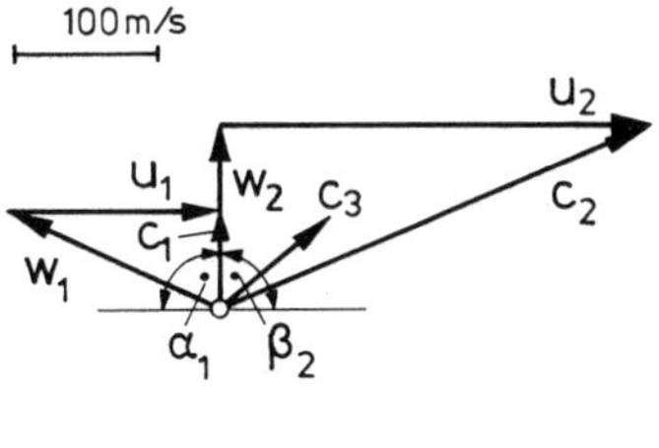

Bild 4.51   A 10

Aufgabe 11 (Bild 4.52)

Ein radiales Gasturbinenlaufrad verarbeitet den sekundlichen Massenstrom $\dot{m}$ und gibt an die Welle die Leistung P ab. Dem Rad mit dem Aussendurchmesser d_1 strömt das Gas mit der Relativgeschwindigkeit w_1 senkrecht zur Umfangsgeschwindigkeit u_1 zu. Der Gasstrom verlässt das Rad drallfrei mit der Absolutgeschwindig-

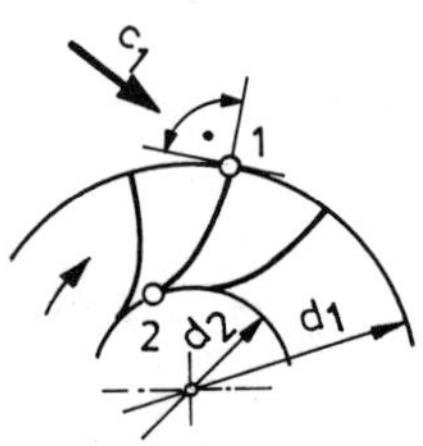

Bild 4.52 A 11

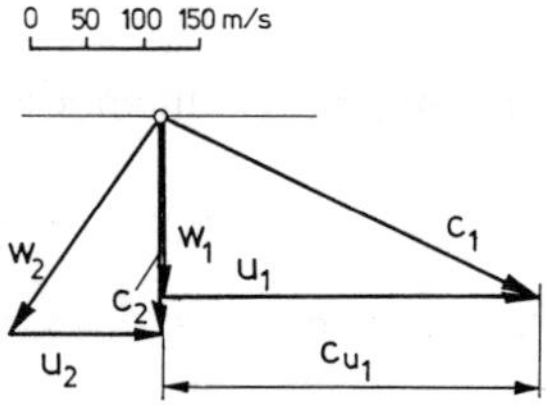

Bild 4.53 A 11

keit $c_2 = 1,2\ w_1$ senkrecht zu u_2.
Man bestimme den Geschwindigkeitsplan mit Angabe der umgesetzten spezifischen Arbeit a (Eulerarbeit) sowie der Werte für c_1, w_1 und w_2. Gegeben: $\dot{m} = 1,335$ kg/s, P = 150 kW, $d_1 = 200$ mm, $d_2 =$ 80 mm, $c_2 = 193$ m/s.

Lösung:

Mit $c_{u1} = u_1$ beträgt $a = u_1^2 = \frac{P}{\dot{m}} = \frac{150 \cdot 10^3}{1,335} = \underline{\underline{112,36 \text{ kJ/kg}}}$

$u_1 = 335,1$ m/s, $u_2 = 134,04$ m/s, $w_1 = \frac{c_2}{1,2} = \underline{\underline{60,83 \text{ m/s}}}$

$c_1 = \sqrt{c_2^2 + u_2^2} = \underline{\underline{371,7 \text{ m/s}}}$, $w_2 = \sqrt{c_2^2 + u_2^2} = \underline{\underline{235 \text{ m/s}}}$.

Damit lässt sich der Geschwindigkeitsplan entwerfen (Bild 4.53).

Aufgabe 12 (Bild 4.54)

Von einer radialen Gasturbinenstufe sind folgende Grössen bekannt: $d_1 = 145$ mm, $d_2 = 75$ mm, n = 50000/min, $\dot{m} = 1,735$ kg/s, P = 250 kW (aus Eulerarbeit). Drallfreier Abstrom in 2 (c_2 senkrecht zu u_2). Relative Zuströmgeschwindigkeit w_1 senkrecht zu u_1. Ausserdem $c_2 = 1,2\ w_1$, $w_1/u_1 = 0,7$, $T_{1t} = 700$ K, $\kappa = 1,34$, $c_p = 1131$ J/kgK, R = 287 J/kgK. Man bestimme a) die spezifische Stufenarbeit a, b) die absolute Zuströmgeschwindigkeit c_1 zum Laufrad, c) den Geschwindigkeitsplan, d) die statische Temperatur T_1, e) die Machzahl M_1 auf c_1 bezogen.

Lösung: a) $a = \underline{\underline{144,09 \text{ kJ/kg}}}$, b) $c_1 = u_1 \sqrt{1 + 0,7^2} = \underline{\underline{463,36 \text{ m/s}}}$,

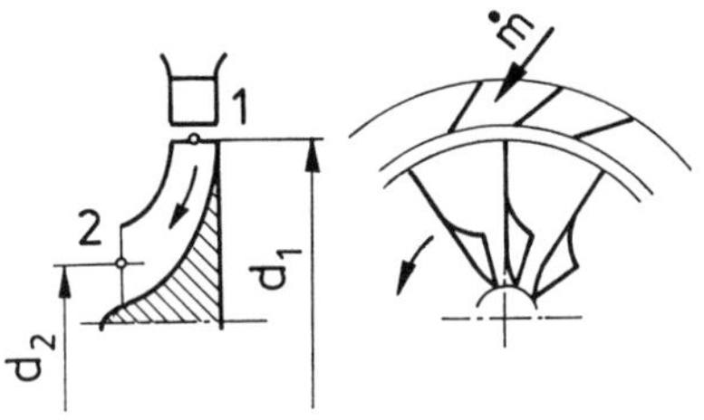

Bild 4.54 A 12

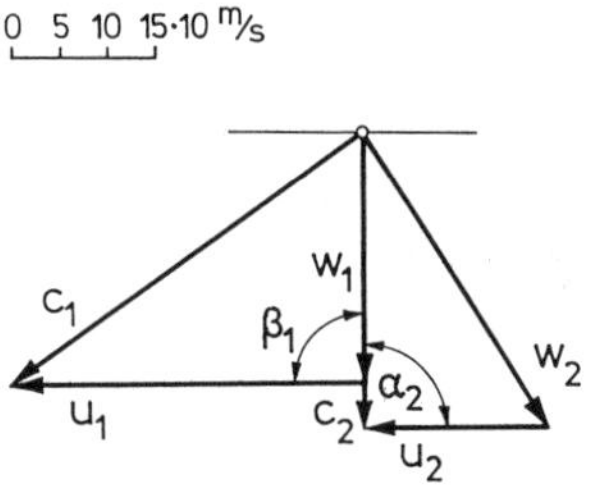

Bild 4.55 A 12

c) Bild 4.55 aus u_1, u_2, w_1, c_2, $\alpha_2 = 90^\circ$ und $\beta_1 = 90^\circ$,

d) $T_1 = T_{1t} - \frac{c_1^2}{2\,c_p} = \underline{605\ \text{K}}$, e) $M_1 = \frac{c_1}{\sqrt{\kappa R T_1}} = \underline{0{,}96}$.

Aufgabe 13 (Bild 4.54)

Wenn die radiale Gasturbinenstufe in Aufgabe 12 mit der Abströmgeschwindigkeit $c_2 = w_1 = 193$ m/s (senkrecht zu u_2) arbeitet und $T_{1t} =$ 850 K, $p_{1t} = 2{,}5$ bar, $p_1 = 1{,}813$ bar, $\kappa = 1{,}4$ und $R = 287$ J/kgK beträgt bei sonst unveränderten Werten n, $\dot{m}$ und P. Wie gross sind dann a) die absolute Zuströmgeschwindigkeit c_1 zum Laufrad ?, b) die spezifische Stufenarbeit a ?, c) die Strömungswinkel α_1 und β_2 ? , d) Man skizziere den Geschwindigkeitsplan.

Lösung: a) $c_1 = \underline{387\ \text{m/s}}$, b) $a = \underline{112{,}4\ \text{kJ/kg}}$, c) $\alpha_1 = \underline{30^\circ}$, $\beta_2 = \underline{55{,}2^\circ}$, d) Bild 4.56 .

Aufgabe 14 (Bild 4.57)

Von einer Dampfturbinenstufe aus dem Mitteldruckteil einer Kondensationsturbine in Kammerbauart sind in d_1 bis d_2 bekannt: Resultierende Stufenarbeit (innere Arbeit = Wellenarbeit) $\bar{a} = \Delta h =$ 64 kJ/kg, $u_1 = 246$ m/s, $u_2 = 250$ m/s, Volumenziffer $\varphi_1 = c_{m1}/u_1 =$ 0,305, $\varphi_2 = c_{m2}/u_2 = 0{,}324$, Abströmwinkel Leitrad $\alpha_1 = 16^\circ$, Zusatzverluste (Spalt- und Radreibungsverluste) $\Delta h_z = 2\%$ der Eulerarbeit a. Man entwerfe den Geschwindigkeitsplan im Stufenelement 1 bis 2

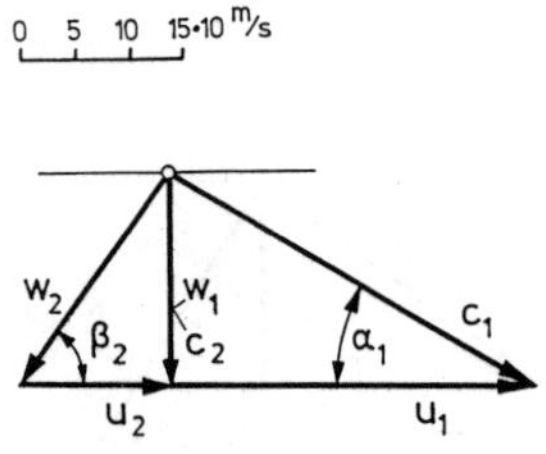

Bild 4.56 A 13

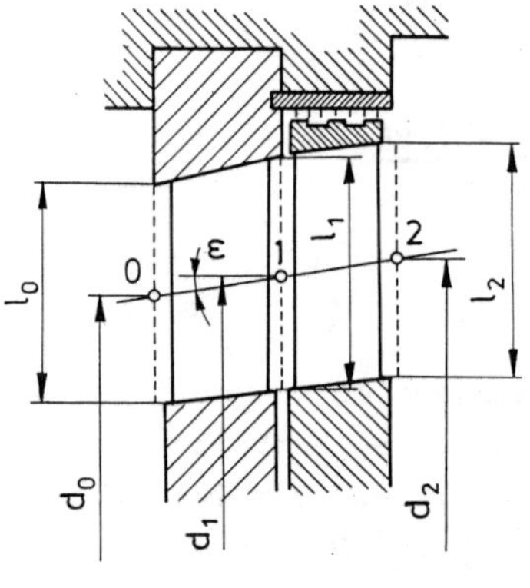

Bild 4.57 A 14

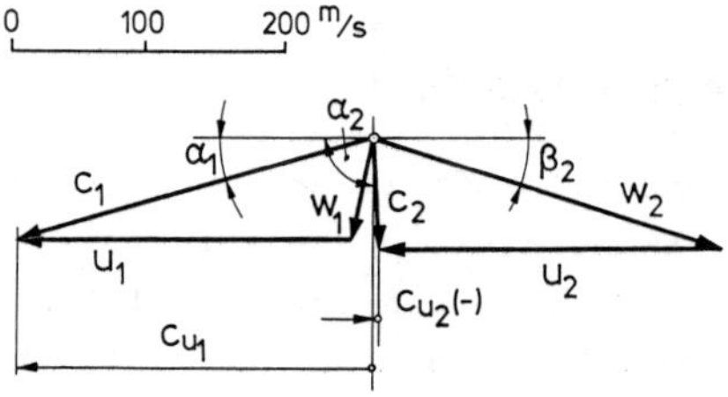

Bild 4.58 A 14

und berechne c_{m1}, c_{m2}, c_1, c_{u1}, c_{u2}, w_1, c_2, w_2, α_2, β_1, β_2.

Lösung: Bild 4.58.

$c_{m1} = \varphi_1 u_1 = 0{,}305 \cdot 246 = \underline{\underline{75\ \mathrm{m/s}}}$, $c_{m2} = \varphi_2 u_2 = 0{,}324 \cdot 250 = \underline{\underline{81\ \mathrm{m/s}}}$

Aus α_1, u_1 und c_{m1} das Eintrittsdreieck mit den Geschwindigkeiten

$$c_1 = \frac{c_{m1}}{\sin\alpha_1} = \frac{75}{\sin 16^\circ} = \underline{\underline{272{,}1\ \mathrm{m/s}}}$$

$$c_{u1} = \frac{c_{m1}}{\tan\alpha_1} = \frac{75}{\tan 16^\circ} = \underline{261{,}55\ \mathrm{m/s}}$$

Unter Berücksichtigung der Spalt- und Radreibungsverluste von 2% gilt für die innere nutzbare resultierende spezifische Arbeit

$$\overline{a} = \Delta h = (1 - 0{,}02)(u_1 c_{u1} - u_2 c_{u2})$$

und daraus

$$c_{u2} = \frac{u_1 c_{u1} - \frac{\Delta h}{0{,}98}}{u_2} = \frac{246 \cdot 261{,}55 - \frac{64000}{0{,}98}}{250} = \underline{-\ 3{,}86\ \mathrm{m/s}}$$

Aus c_{m2}, c_{u2} und u_2 ist das Austrittsdreieck konstruierbar und damit der gesamte Geschwindigkeitsplan bekannt.
Weitere Werte, aus dem Geschwindigkeitsplan berechnet, sind:

$w_1 = \underline{76{,}6\ \mathrm{m/s}}$, $c_2 = \underline{81{,}1\ \mathrm{m/s}}$, $w_2 = \underline{266{,}5\ \mathrm{m/s}}$, $\alpha_2 = \underline{92{,}7^\circ}$, $\beta_1 = \underline{78{,}3^\circ}$, $\beta_2 = \underline{17{,}7^\circ}$.

Aufgabe 15 (Bild 4.59)

Die Daten der Endstufe und des Geschwindigkeitsplanes im Spitzenschnitt des Niederdruckteils einer Kondensationsdampfturbine sind folgende:
Drehzahl n = 3000/min, Rotor Aussendurchmesser d_a = 4456 mm, Schaufellänge ℓ = 1200 mm.
Strömungsgeschwindigkeiten: Abstrom absolut Leitrad c_1 = 330 m/s, Zustrom relativ Laufrad w_1 = 390 m/s, Abstrom absolut Laufrad c_2 = 249 m/s, Axialkomponente von c_2: c_{n2} = 222 m/s.
Strömungswinkel: Leitrad Abstrom absolut $\alpha_1 = 18^\circ$, Laufrad Austritt absolut $\alpha_2 = 69^\circ$, Laufrad Austritt relativ $\beta_2 = 20^\circ$.

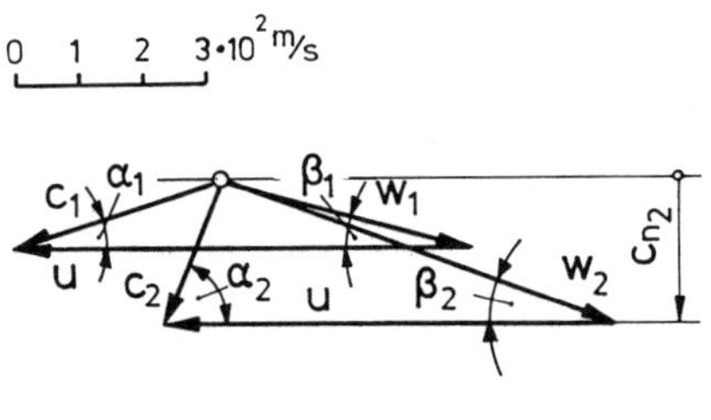

Bild 4.59 A 15

Abdampf: Druck $p_2 = 0{,}062$ bar, Temperatur $t_2 = 37^\circ$, spezifisches Volumen $v_2 = 21\ m^3/kg$.
a) Wie gross ist die spezifische Stufenarbeit a im Spitzenschnitt unter der Annahme gleicher Umfangsgeschwindigkeiten am Ein- und Austritt aus dem Laufrad ?, b) Welche Leistung P erzeugt die Endstufe, wenn über die Schaufellänge ℓ eine gleichmässig verteilte spezifische Stufenarbeit a angenommen wird ?

Lösung:

a) $c_{u1} = c_1 \cos\alpha_1 = 330 \cos 18^\circ = 313{,}85$ m/s

$c_{u2} = c_2 \cos\alpha_2 = 240 \cos 69^\circ = 86{,}0$ m/s

$\Delta c_u = c_{u1} - c_{u2} = 313{,}85 - 86 = 227{,}8$ m/s

$$u_a = u_1 = u_2 = u = \frac{\pi\, d_2 n}{60} = \frac{\pi \cdot 4{,}456 \cdot 3000}{60} = 700 \text{ m/s}$$

Spezifische Stufenarbeit $a = u\,\Delta c_u = 700 \cdot 227{,}8 = \underline{159{,}5 \text{ kJ/kg}}$

b) $c_{2n} = c_2 \sin\alpha_2 = 240 \sin 69^\circ = 224$ m/s

$d_m = d_a - \ell = 4{,}456 - 1{,}2 = 3{,}256$ m

$A = \pi\, d_m \ell = \pi \cdot 3{,}256 \cdot 1{,}2 = 12{,}275\ m^2$

$$\dot m = \frac{\dot V}{v} = \frac{A\, c_{2n}}{v} = \frac{12{,}275 \cdot 224}{21} = 130{,}9 \text{ kg/s}$$

Leistung der Endstufe $P = \dot m\, a = 130{,}9 \cdot 159{,}5 \cdot 10^3 = \underline{20{,}9 \text{ MW}}$

Anhang

Tabellen und Diagramme

Gasdynamische Zahlentafeln

Gasdynamische Funktionen der eindimensionalen isentropen kompressiblen Strömung

$\kappa = 1{,}4$

M_*	M	$\frac{T}{T_t}$	$\frac{\rho}{\rho_t}$	$\frac{p}{p_t}$	$\frac{A_*}{A} = \frac{\rho c}{\rho_* c_*}$	$\frac{A_*}{A} \frac{p_t}{p}$
0,00	0,0000	1,0000	1,0000	1,0000	0,0000	0,0000
0,01	0,0091	1,0000	0,9999	0,9999	0,0158	0,0158
0,02	0,0183	0,9999	0,9998	0,9998	0,0315	0,0316
0,03	0,0274	0,9999	0,9997	0,9995	0,0473	0,0473
0,04	0,0365	0,9997	0,9993	0,9990	0,0631	0,0631
0,05	0,0457	0,9996	0,9990	0,9986	0,0788	0,0789
0,06	0,0548	0,9994	0,9985	0,9979	0,0945	0,0947
0,07	0,0639	0,9992	0,9979	0,9971	0,1102	0,1105
0,08	0,0731	0,9989	0,9974	0,9963	0,1259	0,1263
0,09	0,0822	0,9987	0,9967	0,9953	0,1415	0,1422
0,10	0,0914	0,9983	0,9959	0,9942	0,1571	0,1580
0,11	0,1005	0,9980	0,9949	0,9929	0,1726	0,1739
0,12	0,1097	0,9976	0,9940	0,9916	0,1882	0,1897
0,13	0,1190	0,9972	0,9929	0,9901	0,2036	0,2056
0,14	0,1280	0,9967	0,9918	0,9886	0,2190	0,2216
0,15	0,1372	0,9963	0,9907	0,9870	0,2344	0,2375
0,16	0,1460	0,9957	0,9893	0,9851	0,2497	0,2535
0,17	0,1560	0,9952	0,9880	0,9832	0,2649	0,2695
0,18	0,1650	0,9946	0,9866	0,9812	0,2801	0,2855
0,19	0,1740	0,9940	0,9850	0,9791	0,2952	0,3015
0,20	0,1830	0,9933	0,9834	0,9768	0,3102	0,3176
0,21	0,1920	0,9927	0,9817	0,9745	0,3252	0,3337
0,22	0,2020	0,9919	0,9799	0,9720	0,3401	0,3499
0,23	0,2109	0,9912	0,9781	0,9695	0,3549	0,3660
0,24	0,2202	0,9904	0,9762	0,9668	0,3696	0,3823
0,25	0,2290	0,9896	0,9742	0,9640	0,3842	0,3985
0,26	0,2387	0,9887	0,9721	0,9611	0,3987	0,4148
0,27	0,2480	0,9879	0,9699	0,9581	0,4131	0,4311
0,28	0,2573	0,9869	0,9677	0,9550	0,4274	0,4475
0,29	0,2670	0,9860	0,9653	0,9518	0,4416	0,4640
0,30	0,2760	0,9850	0,9630	0,9485	0,4557	0,4804
0,31	0,2850	0,9840	0,9605	0,9451	0,4697	0,4970
0,32	0,2947	0,9829	0,9579	0,9415	0,4835	0,5135
0,33	0,3040	0,9819	0,9552	0,9379	0,4972	0,5302
0,34	0,3134	0,9807	0,9525	0,9342	0,5109	0,5469
0,35	0,3228	0,9796	0,9497	0,9303	0,5243	0,5636
0,36	0,3322	0,9784	0,9469	0,9265	0,5377	0,5804
0,37	0,3417	0,9772	0,9439	0,9224	0,5509	0,5973
0,38	0,3511	0,9759	0,9409	0,9183	0,5640	0,6142
0,39	0,3606	0,9747	0,9378	0,9141	0,5769	0,6312
0,40	0,3701	0,9733	0,9346	0,9097	0,5897	0,6482
0,41	0,3796	0,9720	0,9314	0,9053	0,6024	0,6654
0,42	0,3892	0,9706	0,9281	0,9008	0,6149	0,6826
0,43	0,3987	0,9692	0,9247	0,8962	0,6272	0,6998
0,44	0,4083	0,9677	0,9212	0,8915	0,6394	0,7172

(Fortsetzung) $\kappa = 1{,}4$

M_*	M	$\frac{T}{T_t}$	$\frac{\rho}{\rho_t}$	$\frac{p}{p_t}$	$\frac{A_*}{A} = \frac{\rho c}{\rho_* c_*}$	$\frac{A_*}{A} \frac{p_t}{p}$
0,45	0,4179	0,9663	0,9178	0,8868	0,6515	0,7346
0,46	0,4275	0,9647	0,9142	0,8819	0,6633	0,7521
0,47	0,4372	0,9632	0,9105	0,8770	0,6750	0,7697
0,48	0,4468	0,9616	0,9067	0,8719	0,6865	0,7874
0,49	0,4565	0,9600	0,9029	0,8668	0,6979	0,8052
0,50	0,4663	0,9583	0,8991	0,8616	0,7091	0,8230
0,51	0,4760	0,9567	0,8951	0,8563	0,7201	0,8409
0,52	0,4858	0,9549	0,8911	0,8509	0,7309	0,8590
0,53	0,4956	0,9532	0,8871	0,8455	0,7416	0,8771
0,54	0,5054	0,9514	0,8829	0,8400	0,7520	0,8953
0,55	0,5152	0,9496	0,8787	0,8344	0,7623	0,9136
0,56	0,5251	0,9477	0,8744	0,8287	0,7724	0,9321
0,57	0,5350	0,9459	0,8701	0,8230	0,7823	0,9506
0,58	0,5450	0,9439	0,8657	0,8172	0,7920	0,9692
0,59	0,5549	0,9420	0,8612	0,8112	0,8015	0,9880
0,60	0,5649	0,9400	0,8567	0,8053	0,8109	1,0069
0,61	0,5750	0,9380	0,8521	0,7992	0,8198	1,0258
0,62	0,5850	0,9359	0,8475	0,7932	0,8288	1,0449
0,63	0,5951	0,9339	0,8428	0,7870	0,8375	1,0641
0,64	0,6053	0,9317	0,8380	0,7808	0,8459	1,0842
0,65	0,6154	0,9296	0,8332	0,7745	0,8543	1,1030
0,66	0,6256	0,9274	0,8283	0,7681	0,8623	1,1226
0,67	0,6359	0,9252	0,8233	0,7617	0,8701	1,1423
0,68	0,6461	0,9229	0,8183	0,7553	0,8778	1,1622
0,69	0,6565	0,9207	0,8133	0,7488	0,8852	1,1822
0,70	0,6668	0,9183	0,8082	0,7422	0,8924	1,2024
0,71	0,6772	0,9160	0,8030	0,7356	0,8993	1,2227
0,72	0,6876	0,9136	0,7978	0,7289	0,9061	1,2431
0,73	0,6981	0,9112	0,7925	0,7221	0,9126	1,2637
0,74	0,7086	0,9087	0,7872	0,7154	0,9189	1,2845
0,75	0,7192	0,9063	0,7819	0,7086	0,9250	1,3054
0,76	0,7298	0,9037	0,7764	0,7017	0,9308	1,3265
0,77	0,7404	0,9012	0,7710	0,6948	0,9364	1,3478
0,78	0,7511	0,8986	0,7655	0,6878	0,9418	1,3692
0,79	0,7619	0,8960	0,7599	0,6809	0,9469	1,3908
0,80	0,7727	0,8933	0,7543	0,6738	0,9518	1,4126
0,81	0,7835	0,8907	0,7486	0,6668	0,9565	1,4346
0,82	0,7944	0,8879	0,7429	0,6597	0,9610	1,4567
0,83	0,8053	0,8852	0,7372	0,6526	0,9652	1,4790
0,84	0,8163	0,8824	0,7314	0,6454	0,9691	1,5016
0,85	0,8274	0,8796	0,7256	0,6382	0,9729	1,5243
0,86	0,8384	0,8767	0,7197	0,6310	0,9764	1,5473
0,87	0,8496	0,8739	0,7138	0,6238	0,9796	1,5704
0,88	0,8608	0,8709	0,7079	0,6165	0,9826	1,5938
0,89	0,8721	0,8680	0,7019	0,6092	0,9854	1,6174
0,90	0,8833	0,8650	0,6959	0,6019	0,9879	1,6412
0,91	0,8947	0,8620	0,6898	0,5946	0,9902	1,6652
0,92	0,9062	0,8589	0,6838	0,5873	0,9923	1,6895
0,93	0,9177	0,8559	0,6776	0,5800	0,9941	1,7140
0,94	0,9292	0,8527	0,6715	0,5726	0,9957	1,7388
0,95	0,9409	0,8496	0,6653	0,5653	0,9970	1,7638
0,96	0,9526	0,8464	0,6591	0,5579	0,9981	1,7891
0,97	0,9644	0,8432	0,6528	0,5505	0,9989	1,8146
0,98	0,9761	0,8399	0,6466	0,5431	0,9995	1,8404
0,99	0,9880	0,8367	0,6403	0,5357	0,9999	1,8665

(Fortsetzung) $\kappa = 1,4$

M_*	M	$\frac{T}{T_t}$	$\frac{\rho}{\rho_t}$	$\frac{p}{p_t}$	$\frac{A_*}{A} = \frac{\rho c}{\rho_* c_*}$	$\frac{A_*}{A} \frac{p_t}{p}$
1,00	1,0000	0,8333	0,6340	0,5283	1,0000	1,8929
1,01	1,0120	0,8300	0,6276	0,5209	0,9999	1,9195
1,02	1,0241	0,8266	0,6212	0,5135	0,9995	1,9464
1,03	1,0363	0,8232	0,6148	0,5061	0,9989	1,9737
1,04	1,0486	0,8197	0,6084	0,4987	0,9980	2,0013
1,05	1,0609	0,8163	0,6019	0,4913	0,9969	2,0291
1,06	1,0733	0,8127	0,5955	0,4840	0,9957	2,0573
1,07	1,0858	0,8092	0,5890	0,4766	0,9941	2,0858
1,08	1,0985	0,8056	0,5826	0,4693	0,9924	2,1147
1,09	1,1111	0,8020	0,5760	0,4619	0,9903	2,1439
1,10	1,1239	0,7983	0,5694	0,4546	0,9880	2,1734
1,11	1,1367	0,7947	0,5629	0,4473	0,9856	2,2034
1,12	1,1496	0,7909	0,5564	0,4400	0,9829	2,2337
1,13	1,1627	0,7872	0,5498	0,4328	0,9800	2,2643
1,14	1,1758	0,7834	0,5432	0,4255	0,9768	2,2954
1,15	1,1890	0,7796	0,5366	0,4184	0,9735	2,3269
1,16	1,2023	0,7757	0,5300	0,4111	0,9698	2,3588
1,17	1,2157	0,7719	0,5234	0,4040	0,9659	2,3911
1,18	1,2292	0,7679	0,5168	0,3969	0,9620	2,4238
1,19	1,2428	0,7640	0,5102	0,3898	0,9577	2,4570
1,20	1,2566	0,7600	0,5035	0,3827	0,9531	2,4906
1,21	1,2708	0,7560	0,4969	0,3757	0,9484	2,5247
1,22	1,2843	0,7519	0,4903	0,3687	0,9435	2,5593
1,23	1,2974	0,7478	0,4837	0,3617	0,9384	2,5944
1,24	1,3126	0,7437	0,4770	0,3548	0,9331	2,630
1,25	1,3268	0,7396	0,4704	0,3479	0,9275	2,6660
1,26	1,3413	0,7354	0,4638	0,3411	0,9217	2,7026
1,27	1,3558	0,7312	0,4572	0,3343	0,9159	2,7398
1,28	1,3705	0,7269	0,4505	0,3275	0,9096	2,7775
1,29	1,3853	0,7227	0,4439	0,3208	0,9033	2,8158
1,30	1,4002	0,7183	0,4374	0,3142	0,8969	2,8547
1,31	1,4153	0,7140	0,4307	0,3075	0,8901	2,8941
1,32	1,4305	0,7096	0,4241	0,3010	0,8831	2,9343
1,33	1,4458	0,7052	0,4176	0,2945	0,8761	2,9750
1,34	1,4613	0,7007	0,4110	0,2880	0,8688	3,0164
1,35	1,4769	0,6962	0,4045	0,2816	0,8614	3,0586
1,36	1,4927	0,6917	0,3980	0,2753	0,8538	3,1013
1,37	1,5087	0,6872	0,3914	0,2690	0,8459	3,1448
1,38	1,5248	0,6826	0,3850	0,2628	0,8380	3,1889
1,39	1,5410	0,6780	0,3785	0,2566	0,8299	3,2340
1,40	1,5575	0,6733	0,3720	0,2505	0,8216	3,2798
1,41	1,5741	0,6687	0,3656	0,2445	0,8131	3,3263
1,42	1,5909	0,6639	0,3592	0,2385	0,8046	3,3737
1,43	1,6078	0,6592	0,3528	0,2326	0,7958	3,4219
1,44	1,6250	0,6544	0,3464	0,2267	0,7869	3,4710
1,45	1,6423	0,6496	0,3401	0,2209	0,7778	3,5211
1,46	1,6598	0,6447	0,3338	0,2152	0,7687	3,5720
1,47	1,6776	0,6398	0,3275	0,2095	0,7593	3,6240
1,48	1,6955	0,6349	0,3212	0,2040	0,7499	3,6768
1,49	1,7137	0,6300	0,3150	0,1985	0,7404	3,7308
1,50	1,7321	0,6250	0,3088	0,1930	0,7307	3,7858
1,51	1,7506	0,6200	0,3027	0,1876	0,7209	3,8418
1,52	1,7694	0,6149	0,2965	0,1824	0,7110	3,8990
1,53	1,7885	0,6099	0,2904	0,1771	0,7009	3,9574
1,54	1,8078	0,6047	0,2844	0,1720	0,6909	4,0172

(Fortsetzung) $\kappa = 1{,}4$

$M_\star$	M	$\frac{T}{T_t}$	$\frac{\rho}{\rho_t}$	$\frac{p}{p_t}$	$\frac{A_\star}{A} = \frac{\rho c}{\rho_\star c_\star}$	$\frac{A_\star}{A}\,\frac{p_t}{p}$
1,55	1,8273	0,5996	0,2784	0,1669	0,6807	4,0778
1,56	1,8471	0,5944	0,2724	0,1619	0,6703	4,1398
1,57	1,8672	0,5892	0,2665	0,1570	0,6599	4,2034
1,58	1,8875	0,5839	0,2606	0,1522	0,6494	4,2680
1,59	1,9081	0,5786	0,2547	0,1474	0,6389	4,3345
1,60	1,9290	0,5733	0,2489	0,1427	0,6282	4,4020
1,61	1,9501	0,5680	0,2431	0,1381	0,6175	4,4713
1,62	1,9716	0,5626	0,2374	0,1336	0,6067	4,5422
1,63	1,9934	0,5572	0,2317	0,1291	0,5958	4,6144
1,64	2,0155	0,5517	0,2261	0,1248	0,5850	4,6887
1,65	2,0380	0,5463	0,2205	0,1205	0,5740	4,7647
1,66	2,0607	0,5407	0,2150	0,1163	0,5630	4,8424
1,67	2,0839	0,5352	0,2095	0,1121	0,5520	4,9221
1,68	2,1073	0,5296	0,2041	0,1081	0,5409	5,0037
1,69	2,1313	0,5240	0,1988	0,1041	0,5298	5,0877
1,70	2,1555	0,5183	0,1934	0,1003	0,5187	5,1735
1,71	2,1802	0,5126	0,1881	0,0965	0,5075	5,3167
1,72	2,2053	0,5069	0,1830	0,0928	0,4965	5,3520
1,73	2,2308	0,5012	0,1778	0,0891	0,4852	5,4449
1,74	2,2567	0,4954	0,1727	0,0856	0,4741	5,5403
1,75	2,2831	0,4896	0,1677	0,0821	0,4630	5,6383
1,76	2,3100	0,4837	0,1628	0,0787	0,4519	5,7390
1,77	2,3374	0,4779	0,1578	0,0754	0,4407	5,8427
1,78	2,3653	0,4719	0,1530	0,0722	0,4296	5,9495
1,79	2,3937	0,4660	0,1482	0,0691	0,4185	6,0593
1,80	2,4227	0,4600	0,1435	0,0660	0,4075	6,1723
1,81	2,4523	0,4540	0,1389	0,0630	0,3965	6,2893
1,82	2,4824	0,4479	0,1343	0,0602	0,3855	6,4091
1,83	2,5132	0,4418	0,1298	0,0573	0,3746	6,5335
1,84	2,5449	0,4357	0,1253	0,0546	0,3638	6,6607
1,85	2,5766	0,4296	0,1210	0,0520	0,3530	6,7934
1,86	2,6094	0,4234	0,1167	0,0494	0,3423	6,9298
1,87	2,6429	0,4172	0,1124	0,0469	0,3316	7,0707
1,88	2,6772	0,4109	0,1083	0,0445	0,3211	7,2162
1,89	2,7123	0,4047	0,1042	0,0422	0,3105	7,3673
1,90	2,7481	0,3983	0,1002	0,0399	0,3002	7,5243
1,91	2,7849	0,3920	0,0962	0,0377	0,2898	7,6858
1,92	2,8225	0,3856	0,0923	0,0356	0,2797	7,8540
1,93	2,8612	0,3792	0,0885	0,0336	0,2695	8,0289
1,94	2,9007	0,3727	0,0848	0,0316	0,2596	8,2098
1,95	2,9414	0,3662	0,0812	0,0297	0,2497	8,3985
1,96	2,9831	0,3597	0,0776	0,0279	0,2400	8,5943
1,97	3,0301	0,3532	0,0741	0,0262	0,2304	8,7984
1,98	3,0701	0,3466	0,0707	0,0245	0,2209	9,0112
1,99	3,1155	0,3400	0,0674	0,0229	0,2116	9,2329
2,00	3,1622	0,3333	0,0642	0,0214	0,2024	9,464
2,01	3,2104	0,3267	0,0610	0,0199	0,1934	9,706
2,02	3,2603	0,3199	0,0579	0,0185	0,1845	9,961
2,03	3,3113	0,3132	0,0549	0,0172	0,1758	10,224
2,04	3,3642	0,3064	0,0520	0,0159	0,1672	10,502
2,05	3,4190	0,2996	0,0491	0,0147	0,1588	10,794
2,06	3,4759	0,2927	0,0464	0,0136	0,1507	11,102
2,07	3,5343	0,2859	0,0437	0,0125	0,1427	11,422
2,08	3,5951	0,2789	0,0411	0,0115	0,1348	11,762
2,09	3,6583	0,2720	0,0386	0,0105	0,1272	12,121

(Fortsetzung) $\kappa = 1,4$

$M_\star$	M	$\frac{T}{T_t}$	$\frac{\rho}{\rho_t}$	$\frac{p}{p_t}$	$\frac{A_\star}{A} = \frac{\rho c}{\rho_\star c_\star}$	$\frac{A_\star}{A}\,\frac{p_t}{p}$
2,10	3,7240	0,2650	0,0361	0,0096	0,1198	12,500
2,11	3,7922	0,2580	0,0338	0,0087	0,1125	12,901
2,12	3,8633	0,2509	0,0315	0,0079	0,1055	13,326
2,13	3,9376	0,2439	0,0294	0,0072	0,0986	13,778
2,14	4,0150	0,2367	0,0273	0,0065	0,0921	14,259
2,15	4,0961	0,2296	0,0253	0,0058	0,0857	14,772
2,16	4,1791	0,2224	0,0233	0,0052	0,0795	15,319
2,17	4,2702	0,2152	0,0215	0,0046	0,0735	15,906
2,18	4,3642	0,2079	0,0197	0,0041	0,0678	16,537
2,19	4,4633	0,2006	0,0180	0,0036	0,0623	17,218
2,20	4,5674	0,1933	0,0164	0,0032	0,0570	17,949
2,21	4,6778	0,1860	0,0149	0,0028	0,0520	18,742
2,22	4,7954	0,1786	0,0135	0,0024	0,0472	19,607
2,23	4,9201	0,1712	0,0121	0,0021	0,0427	20,548
2,24	5,0533	0,1637	0,0116	0,0018	0,0408	22,983
2,25	5,1958	0,1563	0,00966	0,00151	0,0343	22,712
2,26	5,3494	0,1487	0,00813	0,00127	0,0290	23,968
2,27	5,5147	0,1412	0,00749	0,00106	0,0268	25,361
2,28	5,6940	0,1336	0,00652	0,00087	0,0234	26,893
2,29	5,8891	0,1260	0,00564	0,00071	0,0204	28,669
2,30	6,1033	0,1183	0,00482	0,00057	0,0175	30,658
2,31	6,3399	0,1106	0,00407	0,00045	0,0148	32,937
2,32	6,6008	0,1029	0,00340	0,00035	0,0124	35,551
2,33	6,8935	0,0952	0,00280	0,00027	0,0103	38,606
2,34	7,2254	0,0874	0,00226	0,00020	0,0083	42,233
2,35	7,6053	0,0796	0,00170	0,00014	0,0063	46,593
2,36	8,0450	0,0717	0,00138	$0{,}988 . 10^{-4}$	0,0051	51,914
2,37	8,5619	0,0638	0,00103	$0{,}657 . 10^{-4}$	0,0038	58,569
2,38	9,1882	0,0559	0,00074	$0{,}413 . 10^{-4}$	0,0028	67,144
2,39	9,9624	0,0480	0,00050	$0{,}242 . 10^{-4}$	0,0019	78,613
2,40	10,957	0,0400	0,00032	$0{,}128 . 10^{-4}$	0,0012	94,703
2,41	12,306	0,0320	0,00018	$0{,}584 . 10^{-5}$	0,0007	118,94
2,42	14,287	0,0239	$0{,}884 . 10^{-4}$	$0{,}211 . 10^{-5}$	0,0003	159,65
2,43	17,631	0,0158	$0{,}315 . 10^{-4}$	$0{,}499 . 10^{-6}$	0,0001	242,16
2,44	25,367	0,0077	$0{,}410 . 10^{-5}$	$0{,}316 . 10^{-7}$	$0{,}058 . 10^{-4}$	499,16
2,449	∞	0	0	0	0	∞

$\kappa = 1{,}4$

M	M_*	$\frac{T}{T_t}$	$\frac{\rho}{\rho_t}$	$\frac{p}{p_t}$	$\frac{A_*}{A} = \frac{\rho c}{\rho_* c_*}$	$\frac{A_*}{A}\,\frac{p_t}{p}$
0	0	1,00000	1,00000	1,00000	0	0
0,05	0,05476	0,99950	0,99875	0,99825	0,05181	0,05184
0,10	0,10943	0,99800	0,99502	0,99303	0,17176	0,17297
0,15	0,16395	0,99552	0,98884	0,98441	0,25573	0,25978
0,20	0,21822	0,99206	0,98027	0,97250	0,33743	0,34698
0,25	0,27216	0,98765	0,96942	0,95745	0,41619	0,43468
0,30	0,32572	0,98232	0,95638	0,93947	0,49137	0,52303
0,35	0,37879	0,97608	0,94128	0,91877	0,56243	0,63008
0,40	0,43133	0,96899	0,92428	0,89562	0,62889	0,70219
0,45	0,48326	0,96108	0,90552	0,87027	0,69027	0,79321
0,50	0,53452	0,95238	0,88517	0,84302	0,74638	0,88533
0,55	0,58506	0,94295	0,86342	0,81416	0,79681	0,97872
0,60	0,63480	0,93284	0,84045	0,78400	0,84161	1,07347
0,65	0,68374	0,92208	0,81644	0,75283	0,88059	1,16968
0,70	0,73179	0,91075	0,79158	0,72092	0,91376	1,26749
0,75	0,77893	0,89888	0,76603	0,68857	0,94124	1,36696
0,80	0,82514	0,88652	0,74000	0,65602	0,96317	1,46821
0,85	0,87037	0,87374	0,71361	0,62351	0,97974	1,57133
0,90	0,91460	0,86058	0,68704	0,59126	0,99121	1,67644
0,95	0,95781	0,84710	0,66044	0,55946	0,99786	1,78361
1,00	1,00000	0,83333	0,63394	0,52828	1,00000	1,89293
1,05	1,04114	0,81933	0,60765	0,49787	0,99798	2,00449
1,10	1,08124	0,80515	0,58169	0,46835	0,99213	2,11837
1,15	1,1203	0,79083	0,55616	0,43983	0,98283	2,23458
1,20	1,1583	0,77640	0,53114	0,41238	0,97045	2,35332
1,25	1,1952	0,76190	0,50670	0,38606	0,95532	2,47457
1,30	1,2311	0,74738	0,48291	0,36092	0,93781	2,59848
1,35	1,2660	0,73287	0,45980	0,33697	0,91823	2,72501
1.40	1,2999	0,71839	0,43742	0,31424	0,89694	2,85420
1,45	1,3327	0,70397	0,41581	0,29272	0,87412	2,98632
1,50	1,3646	0,68965	0,39498	0,27240	0,85019	3,12119
1,55	1,3955	0,67545	0,37496	0,25326	0,82542	3,25892
1,60	1,4254	0,66138	0,35573	0,23527	0,79987	3,39974

(Fortsetzung) $\kappa = 1,4$

M	M_*	$\frac{T}{T_t}$	$\frac{\rho}{\rho_t}$	$\frac{p}{p_t}$	$\frac{A_*}{A} = \frac{\rho c}{\rho c_*}$	$\frac{A_*}{A} \frac{p_t}{p}$
1,65	1,4544	0,64746	0,33731	0,21839	0,77387	3,54346
1,70	1,4825	0,63372	0,31969	0,20259	0,74760	3,69017
1,75	1,5097	0,62016	0,30287	0,18782	0,72124	3,83995
1,80	1,5360	0,60680	0,28682	0,17404	0,69492	3,99297
1,85	1,5614	0,59365	0,27153	0,16120	0,66880	4,14903
1,90	1,5861	0,58072	0,25699	0,14924	0,64300	4,30830
1,95	1,6099	0,56802	0,24317	0,13813	0,61755	4,47087
2,00	1,6330	0,55556	0,23005	0,12780	0,59259	4,63671
2,25	1,7374	0,49689	0,17404	0,08648	0,47700	5,51298
2,50	1,8258	0,44444	0,13169	0,05853	0,37926	6,48004
2,75	1,9005	0,39801	0,09994	0,03977	0,29961	7,53238
3,00	1,9640	0,35714	0,07623	0,02722	0,23614	8,67453
3,50	2,0342	0,28986	0,04523	0,01311	0,14728	11,23343
4,00	2,1381	0,23810	0,02766	0,00658	0,09329	14,16631
4,50	2,1936	0,19802	0,01745	0,00346	0,06037	17,47335
5,00	2,2361	0,16667	0,01134	$189 \cdot 10^{-5}$	0,04000	21,16402
6,00	2,2953	0,12195	0,00519	$633 \cdot 10^{-6}$	0,01880	29,69121
7,00	2,3333	0,09259	0,00261	$242 \cdot 10^{-6}$	0,00960	39,74562
10,00	2,3904	0,04762	0,000495	$236 \cdot 10^{-7}$	0,00186	79,17656
∞	2,4495	0	0	0	∞	∞

Gasdynamische Funktionen der eindimensionalen isentropen kompressiblen Strömung

$\kappa = 1{,}33$

M_*	M	$\frac{T}{T_t}$	$\frac{\rho}{\rho_t}$	$\frac{p}{p_t}$	$\frac{A_*}{A} = \frac{\rho c}{\rho_* c_*}$	$\frac{A_*}{A} \frac{p_t}{p}$
0	0	1	1	1	0	0
0,05	0,0093	1,0000	0,9999	0,9999	0,0159	0,0159
0,1	0,0927	0,9986	0,9958	0,9944	0,1582	0,1591
0,15	0,1392	0,9968	0,9903	0,9872	0,2360	0,2390
0,20	0,1858	0,9943	0,9830	0,9774	0,3123	0,3195
0,25	0,2327	0,9912	0,9734	0,9948	0,3866	0,4007
0,30	0,2797	0,9873	0,9619	0,9496	0,4584	0,4827
0,35	0,3271	0,9827	0,9484	0,9319	0,5273	0,5658
0,4	0,3749	0,9773	0,9329	0,9128	0,5928	0,6501
0,45	0,4230	0,9713	0,9156	0,8893	0,6545	0,7359
0,5	0,4717	0,9646	0,8966	0,8648	0,7121	0,8234
0,55	0,5208	0,9572	0,8757	0,8382	0,7651	0,9128
0,6	0,5706	0,9490	0,8533	0,8098	0,8133	1,0043
0,65	0,6211	0,9402	0,8294	0,7798	0,8564	1,0982
0,70	0,6723	0,9306	0,8041	0,7483	0,8941	1,1949
0,75	0,7243	0,9203	0,7777	0,7157	0,9265	1,2945
0,80	0,7772	0,9094	0,7499	0,6819	0,9529	0,3975
0,85	0,8312	0,8977	0,7210	0,6472	0,9735	1,5042
0,90	0,8862	0,8853	0,6913	0,6120	0,9883	1,6149
0,95	0,9424	0,8722	0,6608	0,5763	0,9972	1,7302
1,00	1,0000	0,8584	0,6296	0,5404	1,0000	1,8506
1,05	1,0590	0,8439	0,5979	0,5045	0,9972	1,9766
1,10	1,1196	0,8286	0,5658	0,4688	0,9886	2,1087
1,15	1,1819	0,8127	0,5334	0,4335	0,9744	2,2478
1,2	1,2461	0,7961	0,5007	0,3986	0,9545	2,3940
1,3	1,3820	0,7606	0,4365	0,3320	0,9014	2,7149
1,4	1,5290	0,7224	0,3733	0,2697	0,8303	3,0784
1,5	1,6836	0,6813	0,3126	0,2138	0,7449	3,4972
1,6	1,8567	0,6374	0,2554	0,1628	0,6492	3,9874
1,7	2,0493	0,5907	0,2029	0,1198	0,5478	4,5718
1,8	2,2670	0,5411	0,1555	0,0842	0,4447	5,2839
1,9	2,5180	0,4887	0,1142	0,0558	0,3447	6,1757
2,0	2,8143	0,4335	0,0794	0,0344	0,2523	7,3288
2,1	3,1754	0,3754	0,0514	0,0193	0,1713	8,8854
2,2	3,6344	0,3145	0,0300	0,0094	0,1050	11,111
2,3	4,2551	0,2508	0,0151	0,00379	0,0553	14,568
2,4	5,1807	0,1842	0,0059	0,00109	0,0226	20,696
2,5	6,8355	0,1148	0,001420	0,000163	0,00503	34,587
2,6	11,6736	0,0426	$0{,}0702 \cdot 10^{-4}$	$0{,}299 \cdot 10^{-5}$	0,00029	96,998
2,657	∞	0	0	0	0	∞

Gasdynamische Funktionen des eindimensionalen senkrechten Verdichtungsstosses

$\kappa = 1{,}4$

M	$\hat{M}$	$\frac{\hat{p}}{p}$	$\frac{\hat{\rho}}{\rho}$	$\frac{\hat{T}}{T}$	$\frac{\hat{p}_t}{p_t}$	$\frac{\hat{p}_t}{p}$
1,00	1,00000	1,00000	1,00000	1,00000	1,00000	1,8929
1,05	0,95312	1,1196	1,08398	1,03284	0,99987	2,0083
1,10	0,91177	1,2450	1,1691	1,06494	0,99892	2,1328
1,15	0,87502	1,3762	1,2550	1,09657	0,99669	2,2661
1,20	0,84217	1,5133	1,3416	1,1280	0,99280	2,4075
1,25	0,81264	1,6562	1,4286	1,1594	0,98706	2,5568
1,30	0,78596	1,8050	1,5157	1,1909	0,97935	2,7135
1,35	0,76175	1,9596	1,6028	1,2226	0,96972	2,8778
1,40	0,73971	2,1200	1,6896	1,2547	0,95819	3,0493
1,45	0,71956	2,2862	1,7761	1,2872	0,94483	3,2278
1,50	0,70109	2,4583	1,8621	1,3202	0,92978	3,4133
1,55	0,68410	2,6363	1,9473	1,3538	0,91319	3,6058
1,60	0,66844	2,8201	2,0317	1,3880	0,89520	3,8049
1,65	0,65396	3,0096	2,1152	1,4228	0,87598	4,0111
1,70	0,64055	3,2050	2,1977	1,4583	0,85573	4,2238
1,75	0,62809	3,4062	2,2791	1,4946	0,83456	4,4433
1,80	0,61650	3,6133	2,3592	1,5316	0,81268	4,6695
1,85	0,60570	3,8262	2,4381	1,5694	0,79021	4,9022
1,90	0,59562	4,0450	2,5157	1,6079	0,76735	5,1417
1,95	0,58618	4,2696	2,5919	1,6473	0,74418	5,3878
2,00	0,57735	4,5000	2,6666	1,6875	0,72088	5,6405
2,05	0,56907	4,7363	2,7400	1,7286	0,69752	5,8997
2,10	0,56128	4,9784	2,8119	1,7704	0,67422	6,1655
2,15	0,55395	5,2262	2,8823	1,8132	0,65105	6,4377
2,20	0,54706	5,4800	2,9512	1,8569	0,62812	6,7163
2,25	0,54055	5,7396	3,0186	1,9014	0,60554	7,0018
2,30	0,53441	6,0050	3,0846	1,9468	0,58331	7,2937
2,35	0,52861	6,2762	3,1490	1,9931	0,56148	7,5920
2,40	0,52312	6,5533	3,2119	2,0403	0,54015	7,8969
2,45	0,51792	6,8362	3,2733	2,0885	0,51932	8,2083

(Fortsetzung) $\kappa = 1,4$

M	$\hat{M}$	$\hat{p}/p$	$\hat{\rho}/\rho$	$\hat{T}/T$	$\hat{p}_t/p_t$	$\hat{p}_t/p$
2,50	0,51299	7,1250	3,3333	2,1375	0,49902	8,5262
2,55	0,50831	7,4196	3,3918	2,1875	0,47927	8,8505
2,60	0,50387	7,7200	3,4489	2,2383	0,46012	9,1813
2,65	0,49965	8,0262	3,5047	2,2901	0,44155	9,5187
2,70	0,49563	8,3383	3,5590	2,3429	0,42359	9,8625
2,75	0,49181	8,6562	3,6119	2,3966	0,40622	10,212
2,80	0,48817	8,9800	3,6635	2,4512	0,38946	10,569
2,85	0,48470	9,3096	3,7139	2,5067	0,37330	10,933
2,90	0,48138	9,6450	3,7629	2,5632	0,35773	11,302
2,95	0,47821	9,9860	3,8106	2,6206	0,34275	11,679
3,00	0,47519	10,333	3,8571	2,6790	0,32834	12,061
3,50	0,45115	14,125	4,2608	3,3150	0,21295	16,242
4,00	0,43496	18,500	4,5714	4,0469	0,13876	21,068
4,50	0,42355	23,458	4,8119	4,8751	0,09170	26,539
5,00	0,41523	29,000	5,0000	5,8000	0,06172	32,654
6,00	0,40416	41,833	5,2683	7,941	0,02965	46,815
7,00	0,39736	57,000	5,4444	10,469	0,01535	63,552
8,00	0,39289	74,500	5,5652	13,387	0,00849	82,865
9,00	0,38980	94,333	5,6512	16,695	0,00496	104,753
10,00	0,38757	116,50	5,7143	20,388	0,00304	129,217
∞	0,37796	∞	6,0000	∞	0	∞

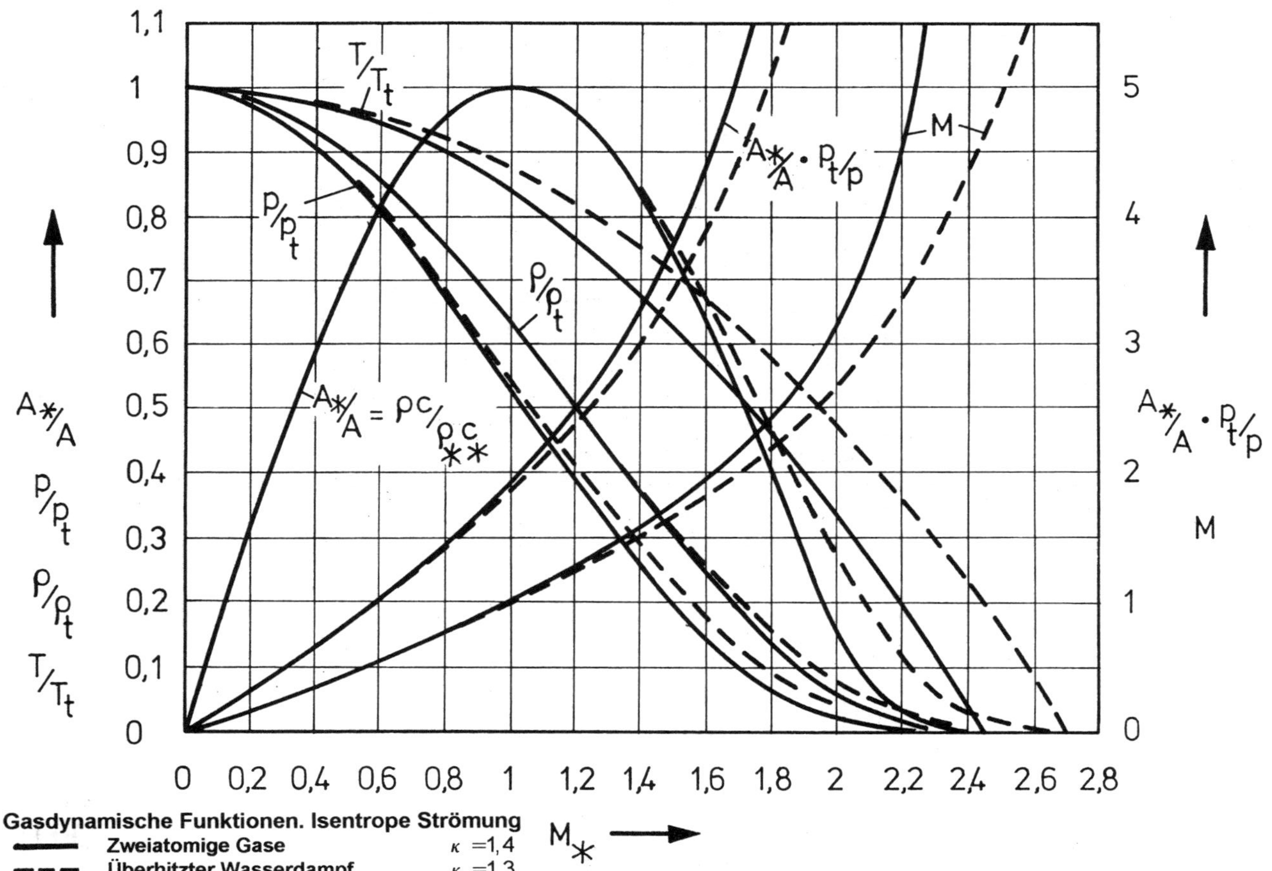

Gasdynamische Funktionen. Isentrope Strömung

———	Zweiatomige Gase	$\kappa = 1{,}4$
– – –	Überhitzter Wasserdampf	$\kappa = 1{,}3$

Stoffeigenschaften verschiedener Gase und Dämpfe

GAS oder DAMPF	Chemische Formel	Molare Masse	Isentropen Exponent	Molare Wärmekapazität		Gas Konstante	Schall Geschwindigkeit
		M	$\kappa = c_p/c_v$	C_{mp}		R	a
		kg/kmol		kJ/kmolK		J/kgK	m/s
			bei 15°C	bei 0°C	bei 100°C		bei 15°C
Aethan	C_2H_6	30,07	1,19	49,49	62,14	276,5	307,8
Aethylalkohol	C_2H_5OH	46,07	1,13	69,92	81,97	180,5	242,3
Aethylchlorid	C_2H_4Cl	64,52	1,19	59,61	70,16	128,9	210,1
Aethylen	C_2H_4	28,05	1,21	40,90	51,11	296,4	325,3
Ammoniak	NH_3	17,03	1,31	34,65	37,93	488,2	429,1
Argon	A	39,94	1,66	20,79	20,79	208,2	315,4
Azetylen	C_2H_2	26,04	1,24	42,16	48,16	319,3	337,7
Benzol	C_6H_6	78,11	1,12	74,18	103,52	106,4	185,2
Butan	C_4H_{10}	58,12	1,09	93,03	117,92	143,1	211,9
Butylen	C_4H_8	56,10	1,11	83,40	105,06	148,2	217,6
Chlor	Cl_2	70,91	1,36	35,29	35,53	234,5	303,1
Erdgas	$CH_4 + CO_2 + N_2 +$	18,82	1,27	34,66	39,54	441,8	402,0
Helium	He	4,00	1,66	20,79	20,79	2077,1	996,5
Hochofengas	$N_2 + CO + CO_2 + H_2 +$	29,6	1,39	29,97	30,64	280,9	335,3
Kohlendioxid	CO_2	44,01	1,30	36,04	40,08	188,9	265,9
Kohlenoxid	CO	28,01	1,40	29,10	29,31	296,8	345,9
Koksofengas	$H_2 + CH_4 + CO +$	10,71	1,35	31,95	34,21	776,3	549,4
Krackgas		28,83	1,20	46,16	57,31	288,4	315,7
Luft	$N_2 + O_2 +$	28,97	1,40	29,05	29,32	287,3	340,3
Methan	CH_4	16,04	1,31	34,50	40,13	518,3	442,2
Methylalkohol	CH_3OH	32,04	1,20	42,67	55,32	259,5	299,5
Methylchlorid	CH_3Cl	50,49	1,20	45,60	49,82	164,7	238,6
n-Dekan	$C_{10}H_{22}$	142,28	1,03	218,35	280,41	58,4	131,7
n-Heptan	C_7H_{16}	100,20	1,05	161,20	202,74	83,0	158,4
n-Hexan	C_6H_{14}	86,17	1,06	138,09	174,27	96,5	171,6
n-Nonan	C_9H_{20}	128,25	1,04	197,07	253,10	64,8	139,3
n-Oktan	C_8H_{18}	114,22	1,05	176,17	226,17	72,8	148,4
n-Pentan	C_5H_{12}	72,15	1,07	115,21	145,94	115,2	188,4
Pentylen	C_5H_{10}	70,13	1,08	102,11	130,37	118,6	192,1
Propan	C_3H_8	44,09	1,13	68,34	88,68	188,6	247,7
Propylen	C_3H_6	42,08	1,15	60,16	75,70	197,6	255,8
Rauchgas	$N_2 + CO_2 + H_2O + CO +$	30,00	1,38	30,17	30,98	277,2	331,9
Sauerstoff	O_2	32,00	1,40	29,17	29,92	259,8	323,8
Schwefeldioxid	SO_2	64,06	1,24	38,05	40,00	129,8	215,3
Schwefelwasserstoff	H_2S	34,08	1,32	33,71	35,07	243,9	304,5
Stickstoff	N_2	28,02	1,40	29,10	29,31	296,8	345,9
Wasserdampf	H_2O	18,02	1,33	33,31	34,07	461,5	420,4
Wasserstoff	H_2	2,02	1,41	28,67	29,03	4124,4	1294,1

Isentropenexponent κ von trockener Luft und überhitztem Wasserdampf

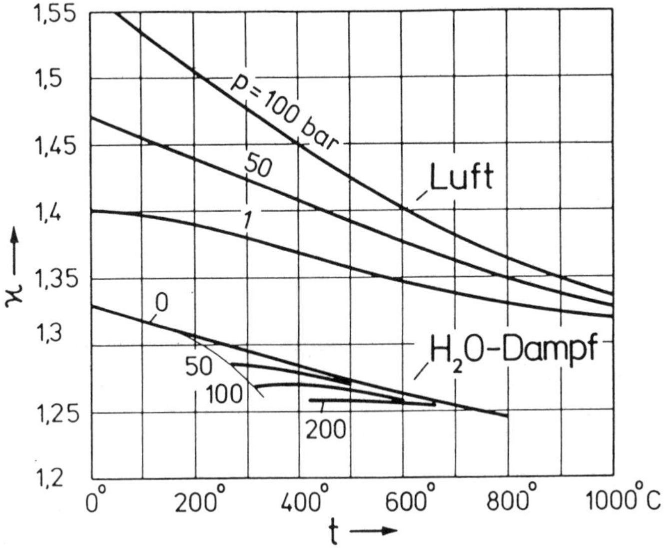

Spezifische Wärme c_p von reiner Luft

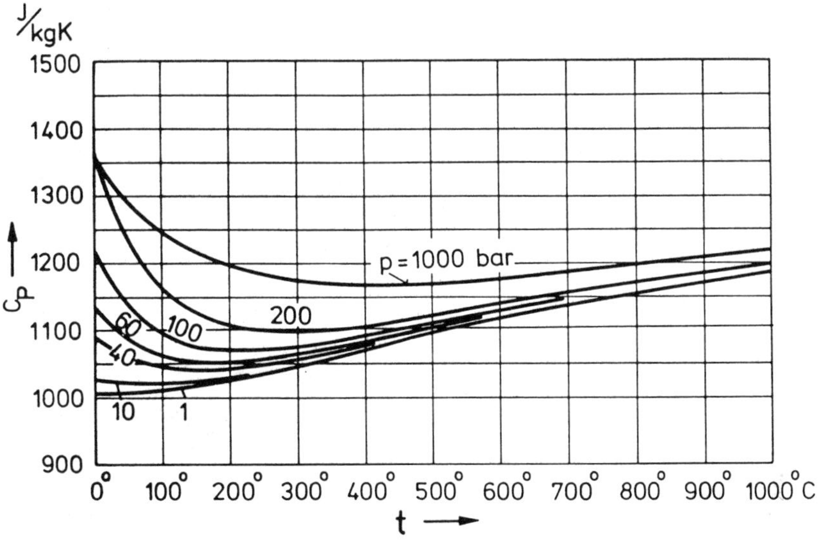

Bereich der dynamischen und kinematischen Viskosität η bzw. ν für verschiedene Stoffe bei unterschiedlichem Druck und Temperatur

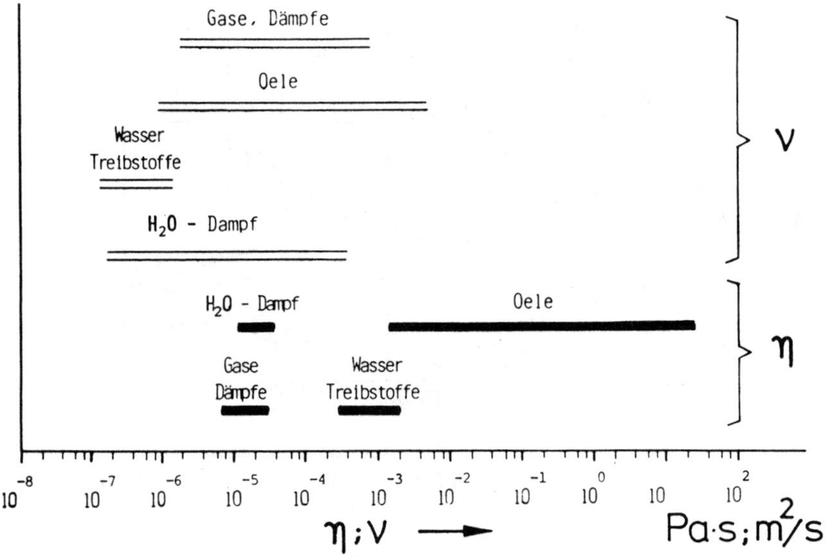

Kinematische Zähigkeit ν des Wasserdampfes

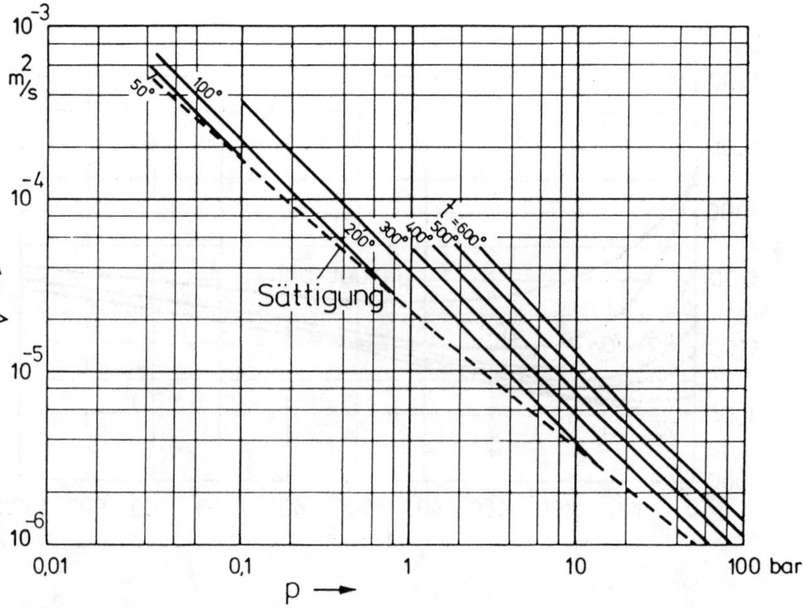

Kinematische Zähigkeit ν von Wasser und Luft, abhängig von der Temperatur

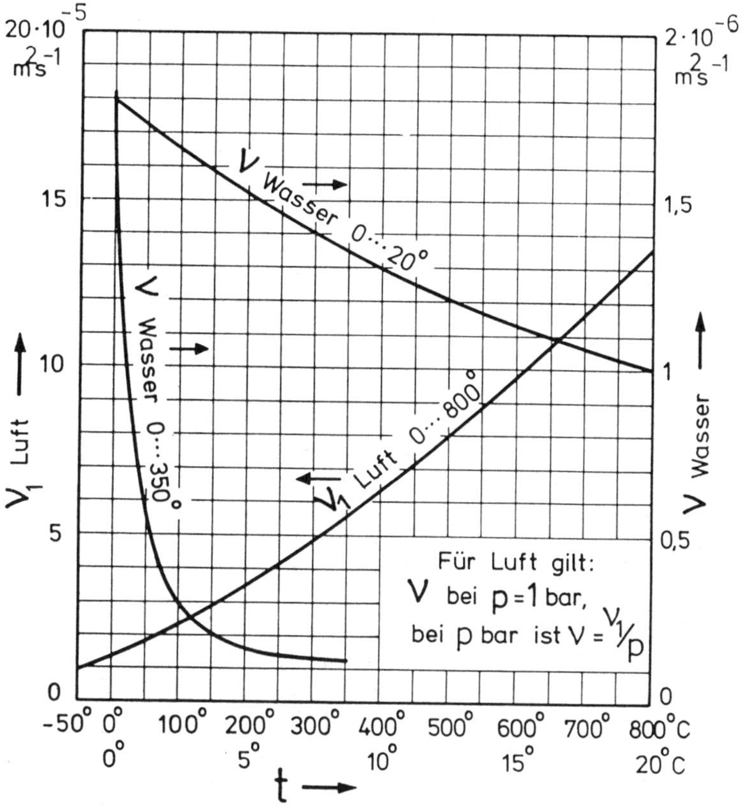

Dichte ρ des Quecksilbers in Abhängigkeit der Temperatur t

Temperatur t °C	Dichte ρ kg/m³	Temperatur t °C	Dichte ρ kg/m³	Temperatur t °C	Dichte ρ kg/m³	Temperatur t °C	Dichte ρ kg/m³
- 10	13619,8	15	13558,0	20	13545,7	25	13533,5
- 5	13607,4	16	13555,6	21	13543,3	30	13521,2
0	13595,1	17	13553,1	22	13540,8	35	13509,0
5	13582,7	18	13550,7	23	13538,4	40	13496,7
10	13570,4	19	13548,2	24	13535,9	45	13484,5

Reibungsbeiwert c_w der ebenen Platte für eine Plattenseite

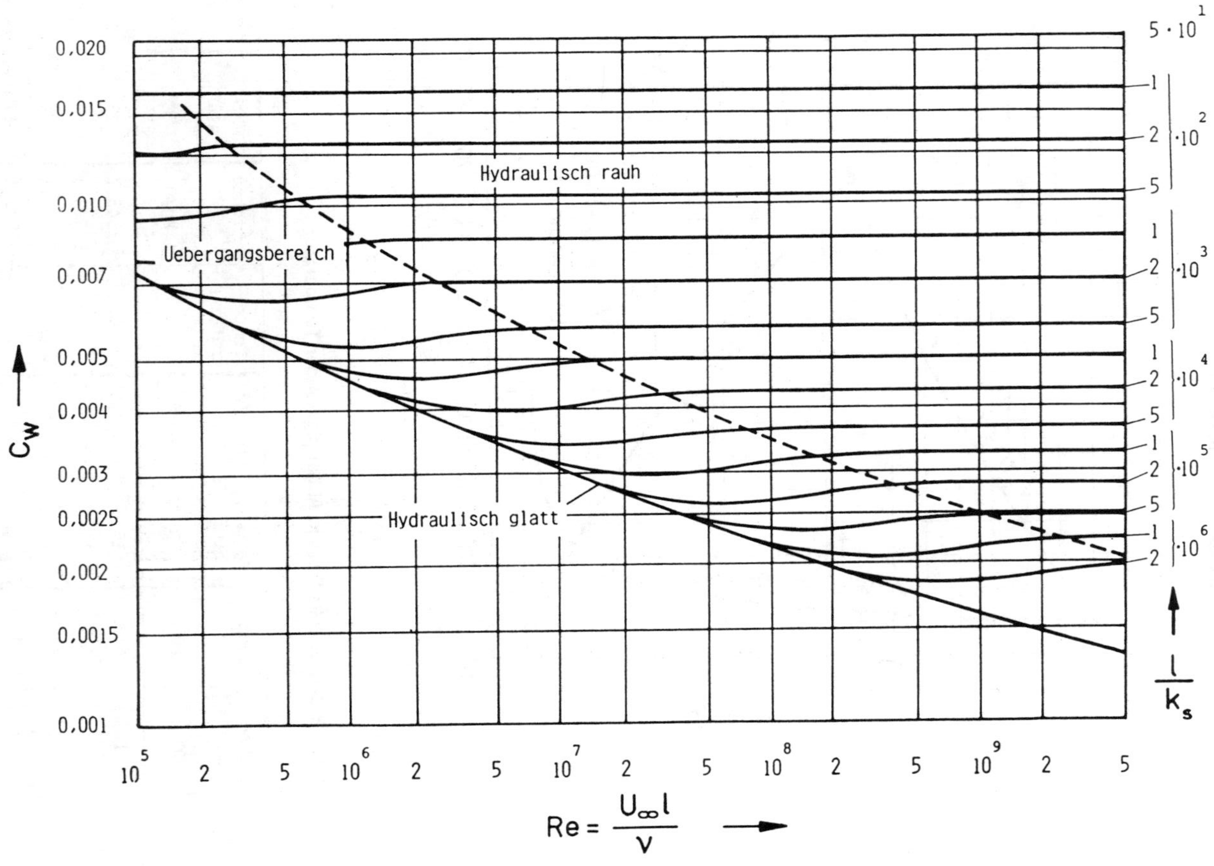

Widerstandsbeiwerte c_w umströmter Körper

Anströmug von links

c_w	Körper
2	Rechteckplatte h/b → ∞
	Quadratisches Prisma ∞ lang
	I - Träger
	Halbkugel ohne Boden
1,5	Kreisscheibe
	Halbkugel mit Boden
	Platte, quadratisch
	Kreiszylinder, $Re \leq 2\cdot 10^5$ ∞ lang
	Dicke Platte, scharfkantig ∞ lang
	Würfel
1	Kreiszylinder, Stirnseite vorn
	LKW mit Anhänger / LKW-Sattelzug / Omnibus — Kleinere c_w-Werte mit Luftleitblech über Fahrerkabine
	Dicke Platte, vorn gerundet, ∞ lang
	Kegelsitze 60° ohne Boden
0,5	Transporter
	Kugel, $Re \leq 2\cdot 10^5$
	Halbkugel mit Boden
	Kegelspitze 30°
	Halbkugel ohne Boden
	Kreiszylinder, $Re \geq 4\cdot 10^5$
	PKW
	Ellipsoid, ∞ lang
	Kugel, $Re \geq 4\cdot 10^5$
	Profilstrebe, ∞ breit
0	Tragflügel, ∞ breit

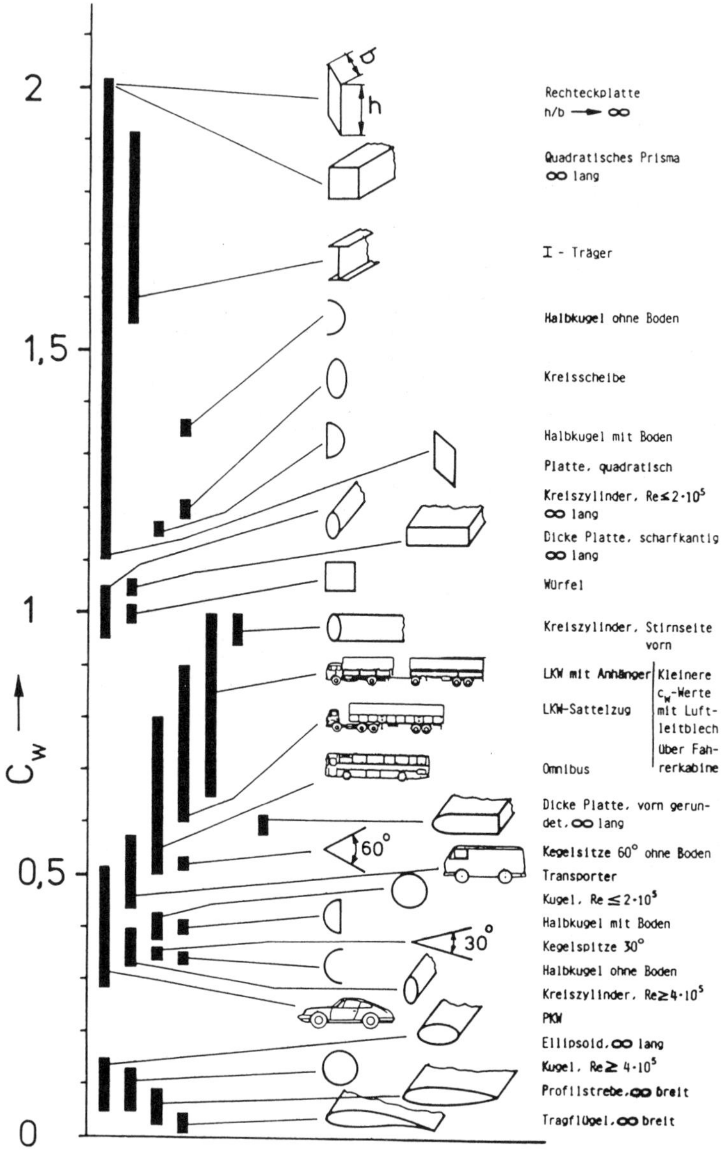

Rohrreibungszahl λ
Formeln für λ

Rohrreibungszahl λ

Es bedeuten: Mittlere Strömungsgeschw. $\bar{u} = \frac{\dot{m}}{\rho A} = c$

REYNOLDS-Zahl $Re = \frac{\bar{u} D}{\nu}$

Druckabfall $\Delta p = \lambda \frac{l}{D} \frac{\rho}{2} \bar{u}^2$

Laminare Strömung, Re < 2320

$\lambda = \frac{64}{Re}$, $\Delta p \sim \bar{u}$

Turbulente Strömung, Re > 2320

Hydraulisch glattes Rohr
(gibt niedrigstes λ bei jeder Re-Zahl > 2320)

$\lambda = f(Re)$
$\Delta p \sim \bar{u}^{1,\cdots}$

Übergangsbereich glatt - rauh

$\lambda = f(Re, k_s/D)$
$\Delta p \sim \bar{u}^{1,\cdots}$

Hydraulisch rauhes Rohr

$\lambda = f(k_s/D)$
$\Delta p \sim \bar{u}^2$

BLASIUS

$$\lambda = 0{,}3164\, Re^{-0{,}25} \quad (Re \leq 10^5) \tag{1}$$

PRANDTL - KÁRMÁN - NIKURADSE

$$\lambda = \frac{1}{\left(-2 \log \frac{2{,}51}{Re\sqrt{\lambda}}\right)^2} \tag{2}$$

PRANDTL - COLEBROOK

$$\lambda = \frac{1}{\left[-2 \log\left(\frac{2{,}51}{Re\sqrt{\lambda}} + \frac{k_s/D}{3{,}71}\right)\right]^2} \tag{3}$$

PRANDTL - KÁRMÁN - NIKURADSE

$$\lambda = \frac{1}{\left(-2 \log \frac{k_s/D}{3{,}71}\right)^2} \tag{4}$$

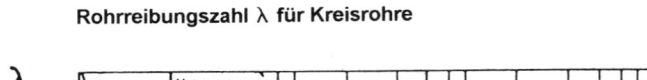

Rohrreibungszahl λ für Kreisrohre

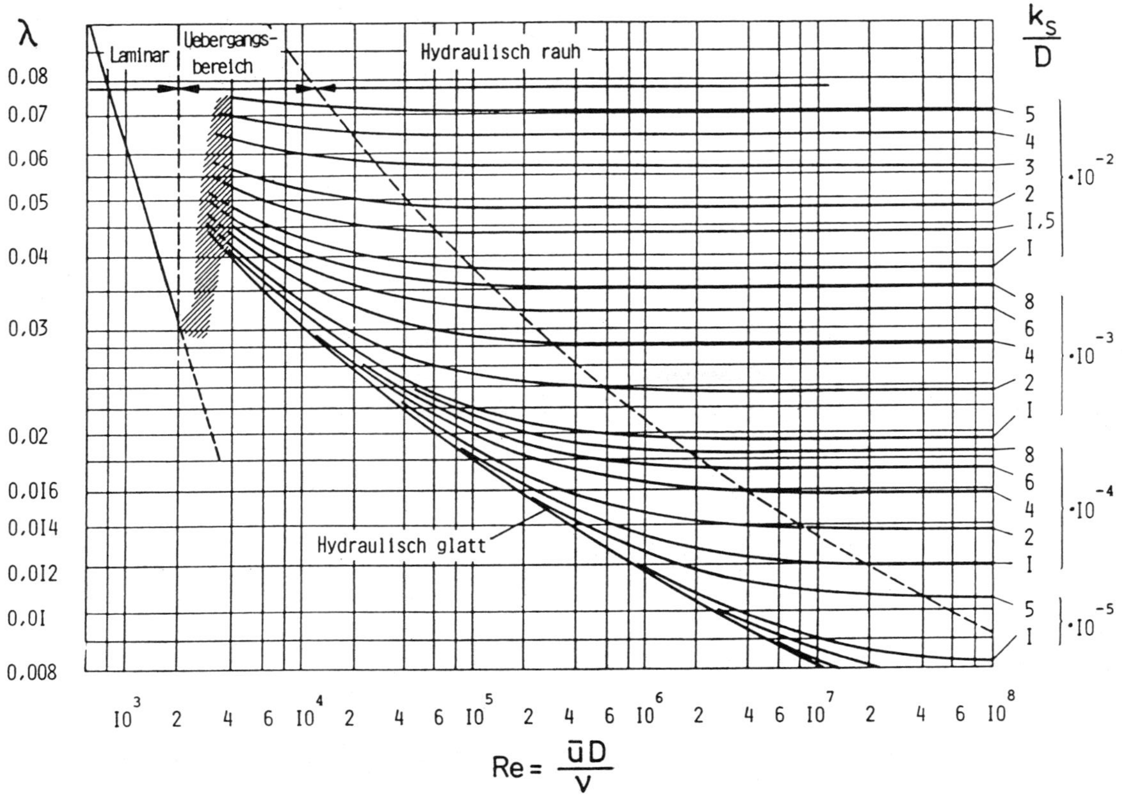

Umrechnung ausgewählter britischer (UK) und amerikanischer (US) Einheiten in SI-Einheiten

Größe	Britisch/amerikanische Werte mit dem angegebenen Faktor multipliziert ergibt die metrischen Werte	Faktor ▼	Metrische Werte mit dem angegebenen Faktor multipliziert ergibt die brit./amerik. Werte	Faktor ▼
Länge	in	· 2,540	cm	· 0,3937
	ft	· 0,3048	m	· 3,2808
Fläche	sq in	· 6,4516	cm^2	· 0,1550
	sq ft	· 0,0929	m^2	· 10,7639
Volumen	cu in	· 16,3871	cm^3	· 0,0610
	cu ft	· 28,3168	dm^3	· 0,0353
	bbl	· 158,987	dm^3	· $6{,}2898 \cdot 10^{-3}$
Masse	lb	· 0,45359	kg	· 2,2046
	(US) sh ton	· 0,90718	t	· 1,1023
	(UK) ton	· 1,01605	t	· 0,9842
Dichte	lb/cu ft	· 16,0182	kg/m^3	· 0,062428
Geschwindigkeit	ft/s	· 0,3048	m/s	· 3,28084
Beschleunigung	ft/s^2	· 0,3048	m/s^2	· 3,28084
Impuls	lb ft/s	· 0,13826	kg·m/s	· 7,23275
Kraft	lbf	· 4,4482	N	· 0,2248
	UK tonf	· 9964,02	N	· $1{,}0036 \cdot 10^{-4}$
	US tonf	· 8896,44	N	· $1{,}1240 \cdot 10^{-4}$
Mech. Spannung	lb/in^2	· 6894,76	N/m^2	· $1{,}4504 \cdot 10^{-4}$
Druck	lbf/ft^2	· 47,8803	Pa	· 0,02088
	lbf/in^2 (psi)	· 0,06894	bar	· 14,5037
Energie, Arbeit, Wärmemenge	ft lbf	· 1,35582	J	· 0,73756
	Btu	· 1,05506	kJ	· 0,94781
Leistung Wärmestrom	ft lbf/s	· 1,35582	W	· 0,73756
	Btu/h	· 0,293071	W	· 3,4121
	hp	· 0,7457	kW	· 1,34102
Dynamische Viskosität	lbf s/ft^2	· 47,866	Pa·s	· 0,02089
Kinematische Viskosität	ft^2/s	· 0,09290	m^2/s	· 10,7639
Temperatur	($^\circ$F − 32)	· 5/9	$^\circ$C	· 1,8 + 32
	$^\circ$R (Rankine)	· 5/9	K	· 1,8
	Δ1 $^\circ$F	· 5/9	Δ1 $^\circ$C = Δ1 K	· 9/5
Spez. Wärmekapaz.	Btu/lb $^\circ$F	· 4,187	kJ/kgK	· 0,2388
Spez. Entropie	ft lbf/lb $^\circ$F	· 5,38033	J/kgK	· 0,18586
Spez. Energie	ft lbf/lb	· 2,990	J/kg	· 0,3344
	Btu/lb	· 2,3260	kJ/kg	· 0,42992
Wärmekapazität Entropie	ft lbf/$^\circ$F	· 2,4413	J/K	· 0,40961
	Btu/$^\circ$F	· 1,8991	kJ/K	· 0,52654

Literatur

[1] Haimerl, L.A.: Hydraulik mit Beispielen. Blaue TR-Reihe Heft 98. Verlag "Technische Rundschau" im Hallwag-Verlag, Bern und Stuttgart, 1972.

[2] Kreiselpumpen Lexikon, 3. Auflage. KSB Aktiengesellschaft, Frankenthal 1989.

[3] Cross, H.: Analysis of Flow in Networks of Conduits or Conductors, Univ. Illinois. Eng. Expt. Sta. Bull. 286, 1936.

[4] Traupel, W.: Thermische Turbomaschinen. Erster Band. 3. Auflage. Springer, Berlin / Heidelberg / New York, 1977.

[5] MTU Motoren- und Turbinen-Union. München: Druckschrift Strahltriebwerk EJ 200.

[6] Rolls-Royce Ltd., Derby, GB. Triebwerk Tay MK 620-15.

[7] Pratt + Whitney Aircraft Div., East Hartford, CT, USA.

[8] Voith: Hydrodynamik in der Antriebstechnik, 1987.

Wertvolle Anregungen gaben folgende Werke:

Becker, E; Piltz, E.: Übungen zur Technischen Strömungslehre. Mehrere Auflagen. B.G. Teubner Stuttgart 1991.

Becker, E.: Technische Strömungslehre. Mehrere Auflagen. B.G. Teubner Stuttgart 1993.

Federhofer, K.: Aufgaben aus der Hydromechanik. Springer-Verlag, Wien 1954.

Franke, P.G.: Stationäre Strömung in Druckleitungen, 2. Aufl. 1974, Bauverlag Wiesbaden und Berlin. Die Zahlenwerte zu Aufgabe 42 in 2.3 wurden diesem Werk (S.105/106) entnommen.

Giles, R.V.: Strömungslehre und Hydraulik. Mc Graw-Hill Book Company GmbH, Düsseldorf, 1976.

Haimerl, L:A.: Hydraulik mit Beispielen. Blaue TR-Reihe Heft 98. Verlag "Technische Rundschau" im Hallwag-Verlag, Bern und Stuttgart, 1972.

Haimerl, L.A.: Hydraulik mit Beispielen. B. Hydrodynamik. Aus "Technische Rundschau" im Hallwag-Verlag, Bern und Stuttgart, 1971-1981.

Schade, H.; Kunz, E.: Strömungslehre. Walter de Gruyter, Berlin, New York, 1980.

Stichwortverzeichnis

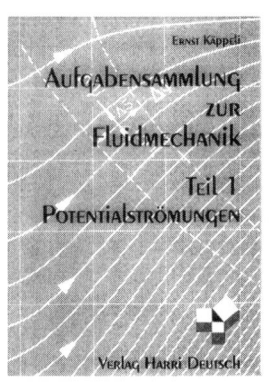

Aus unserem Verlagsprogramm

P. Hagedorn

Technische Mechanik

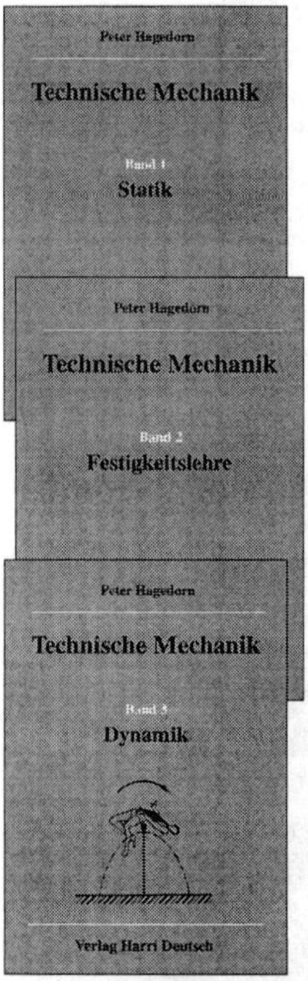

Band 1:

Statik

2. Auflage 1993, 210 Seiten, zahlreiche Abbildungen, kart.,
DM 24,- öS 178,- sFr 24,-
ISBN 3-8171-1339-0

Band 2:

Festigkeitslehre

2., überarbeitete Auflage 1995, 272 Seiten, zahlreiche Abbildungen, kart.,
DM 24,- öS 178,- sFr 24,-
ISBN 3-8171-1434-6

Band 3:

Dynamik

1990, 237 Seiten, zahlreiche Abbildungen, kart.,
DM 24,- öS 178,- sFr 24,-
ISBN 3-8171-1163-0

Dieses dreibändige Lehrbuch zur Technischen Mechanik zeichnet sich durch gut verständliche Begriffsbestimmungen und klare Erläuterungen bei ausführlicher Berücksichtigung mathematischer Zusammenhänge aus. Die wichtigsten und immer wieder verwendeten Formeln werden im Text wiederholt. Dies dient der Lesbarkeit, weil zusätzliche Verweise entfallen, darüber hinaus hilft es dem Studenten, sich Zusammenhänge leichter einzuprägen. Viele Zeichnungen veranschaulichen die Texte. Ingenieurstudenten aller Fachrichtungen bietet es eine solide Kenntnisvermittlung der Grundgesetze und Verfahren.

H. Stöcker u.a.

Taschenbuch mathematischer Formeln und moderner Verfahren

3., völlig überarbeitete Auflage 1995,
953 Seiten, Plastikeinband,
DM 38,- öS 281,- sFr 37,-
ISBN 3-8171-1461-3

Unabhängig davon, ob die elementare Schulmathematik gefragt ist, ob Basis- und Aufbauwissen für Abiturienten und Studenten benötigt wird oder ob es sich um den mathematischen Hintergrund für Ingenieure oder Wissenschaftler handelt, dieser Titel eignet sich hervorragend für alle Belange. Das vorliegende Taschenbuch ist ein Informationspool für Klausuren und Prüfungen, ein Hilfsmittel bei der Lösung von Problemen und Übungsaufgaben sowie ein Nachschlagewerk für den Berufspraktiker. Jedes Kapitel enthält wichtige Begriffe, Formeln, Regeln und Sätze, zahlreiche Beispiele und praktische Anwendungen, Hinweise auf wichtige Fehlerquellen, Tips und Querverweise. Der Anwender gewinnt die benötigten Informationen gezielt und rasch durch die benutzerfreundliche Gestaltung des Taschenbuchs. Ein strukturiertes Inhaltsverzeichnis, Griffleisten sowie ein umfassendes Stichwortverzeichnis erleichtern die Handhabung und ermöglichen einen schnellen Zugriff auf den gewünschten Sachbegriff. In allen Kapiteln sind die wichtigsten Computeranwendungen (Numerik, Grafik, Daten- und Programmstrukturen) entsprechend integriert. Zum Abschluß führt das Nachschlagewerk kurz in die Programmiersprache Pascal ein.

Irrtümer und Preisänderungen vorbehalten